절대등급

이 책 개발에 참여해 주신 선생님들께 감사드립니다.

강병덕 | 과천	강서은 | 서울	강유미 | 경기 광주	강정은 | 서울
강평원 | 구리	강현욱 | 안산	구태현 | 고양	기완희 | 청주
김국희 | 청주	김문희 | 하남	김민수 | 부산	김민지 | 부산
김민지 | 대구	김방래 | 파주	김선아 | 부산	김수희 | 서울
김영진 | 대구	김주영 | 서울	김진주 | 시흥	김진호 | 대전
김태건 | 대전	김혜선 | 고양	김훈회 | 청주	남경희 | 서울
노현주 | 안양	노형석 | 광주	문석배 | 용인	박미경 | 대구
박 솔 | 울산	박수견 | 안양	박순찬 | 대구	박정은 | 서울
박현주 | 울산	방석정 | 서울	배재준 | 파주	서유진 | 부산
서정술 | 마산	송경희 | 대전	신범수 | 대전	신수영 | 부천
신인철 | 성남	신지예 | 대전	안성주 | 영암	안현주 | 과천
양영인 | 성남	양현호 | 순천	오경진 | 고양	원민희 | 대구
유가영 | 서울	윤성희 | 서울	윤세현 | 서울	윤영숙 | 서울
윤현도 | 울산	윤희선 | 서울	이경화 | 마산	이동현 | 부천
이미란 | 광양	이미리 | 수원	이민하 | 시흥	이상일 | 서울
이상철 | 부천	이성희 | 인천	이승열 | 광주	이승희 | 대구
이영동 | 성남	이요현 | 청주	이유미 | 김포	이은석 | 울산
이정훈 | 부산	이주희 | 수원	이지혜 | 하남	이진희 | 청주
이창성 | 인천	임성춘 | 청주	임성환 | 서울	임안철 | 안양
임정아 | 부천	임정희 | 화성	장수정 | 서울	장영빈 | 천안
장전원 | 대전	전상훈 | 서울	전승환 | 안양	전지영 | 안양
정근찬 | 대구	정세인 | 시흥	정수진 | 서울	정재봉 | 광주
정정은 | 서울	정 환 | 고양	조민아 | 인천	지승룡 | 광주
차경나 | 대구	차문영 | 고양	채수현 | 광주	최병희 | 부천
최상이 | 오산	최주현 | 부산	최희영 | 고양	한원석 | 안양
허문석 | 천안	홍인숙 | 안양		

절대등급

중학 수학

1-1

기출 심화 교재
실전에 강한 교재
상위권 입문 필수 교재

전국 우수 학군 기출 문제와
교과서를
철저히 분석한

기출 심화 교재

강남, 목동 등의 전국 우수 학군
지역 중학교의 최신 기출 문제와
모든 교과서의 사고력 문항을 분석하여
수준 높은 문제만을 수록하였습니다.

기출 **A**

오답 피하는 필수 문제

중단원별로 꼭 알아야 할 핵심 개념과 전국 중학교 시험
문제 중에서 개념별 필수 문제를 선별하였습니다.

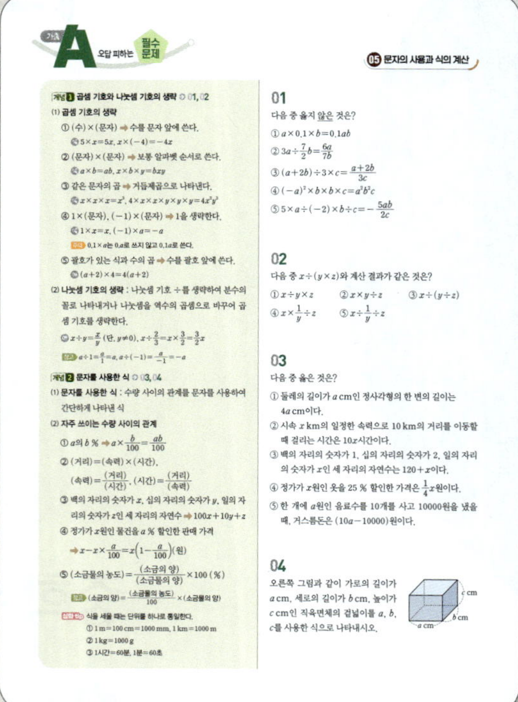

기출 **B**

실수 극복하는 심화 문제

학업 성취도 우수 중학교 기출 문제 중 까다롭지만 실제
학교 시험에 출제될 가능성이 높고 변별력 있는 최신 문
제를 엄선하였습니다.

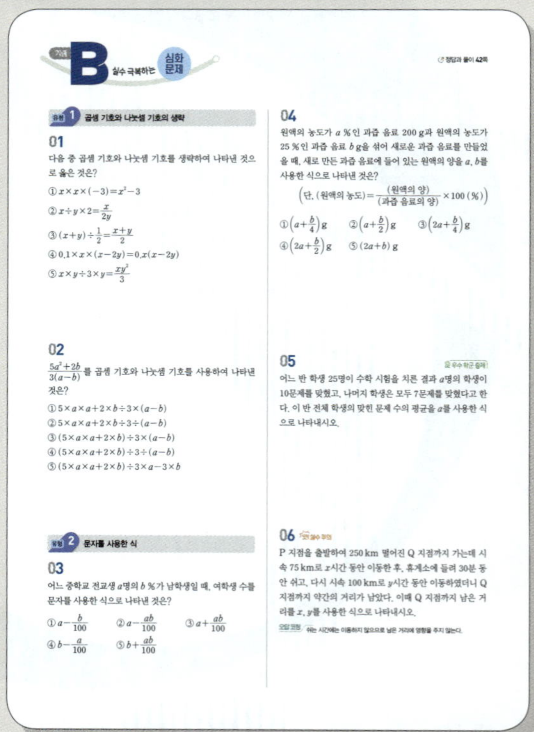

차례

I 자연수의 성질

개념 1 소수와 합성수 → 01, 02

(1) **소수**

① 소수 : 1보다 큰 자연수 중에서 1과 자기 자신만을 약수로 갖는 수

➡ 2, 3, 5, 7, 11, 13, 17, 19, …

② 모든 소수의 약수는 1과 자기 자신 2개뿐이다.

(예) 13은 약수가 1과 13뿐이므로 소수이다.

(2) **합성수**

① 합성수 : 1보다 큰 자연수 중에서 소수가 아닌 수

➡ 4, 6, 8, 9, 10, 12, 14, 15, …

② 합성수의 약수는 3개 이상이다.

(예) 12는 약수가 1, 2, 3, 4, 6, 12이므로 합성수이다.

(3) **소수와 합성수의 성질**

① 1은 소수도 아니고 합성수도 아니다.

② 소수 중 짝수는 2뿐이고 나머지는 모두 홀수이다.

③ 자연수는 1, 소수, 합성수로 이루어져 있다.

➡ 약수가 $\begin{cases} 1\text{개} : 1 \\ 2\text{개} : \text{소수} \\ 3\text{개 이상} : \text{합성수} \end{cases}$

개념 2 거듭제곱 → 03, 04

(1) **거듭제곱** : 같은 수나 문자를 거듭하여 곱한 것을 간단히 나타낸 것

(2) **밑** : 거듭하여 곱한 수 또는 문자

(3) **지수** : 거듭하여 곱해진 수 또는 문자의 개수

$$\underbrace{a \times a \times a \times \cdots \times a}_{n\text{개}} = a^{n} \xleftarrow{\text{지수}}_{\text{밑}}$$

(참고) $2^{1} = 2$로 정한다.

01

다음 수 중 소수의 개수를 a, 합성수의 개수를 b라 할 때, $a-b$의 값을 구하시오.

1,	2,	7,	16,	27,	29,	31,	37,	39

02

다음 중 옳은 것을 모두 고르면? (정답 2개)

① 모든 소수는 홀수이다.

② 10 이하의 소수는 4개이다.

③ 소수는 약수가 1개인 자연수이다.

④ 자연수는 소수와 합성수로 이루어져 있다.

⑤ 100에 가장 가까운 소수는 101이다.

03

다음 중 옳은 것은?

① $4+4+4=4^{3}$

② $6\times6\times6=3\times6$

③ $3\times3\times3\times3=3\times4$

④ $2\times2\times2\times3\times3=2^{3}+3^{2}$

⑤ $\dfrac{1}{5}\times\dfrac{1}{5}\times\dfrac{1}{7}\times\dfrac{1}{7}\times\dfrac{1}{7}=\dfrac{1}{5^{2}}\times\dfrac{1}{7^{3}}$

04

$2^{a}=256$, $5^{3}=b$를 만족시키는 두 자연수 a, b에 대하여 $a+b$의 값을 구하시오.

개념 3 소인수분해 → 05, 06

(1) **인수** : 자연수 a, b, c에 대하여 $a=b\times c$일 때, a의 약수 b, c를 a의 인수라 한다.

(2) **소인수** : 어떤 자연수의 약수 중에서 소수인 것

(3) **소인수분해** : 1보다 큰 자연수를 그 수의 소인수들만의 곱으로 나타내는 것

(4) **소인수분해 하는 방법**

❶ 나누어떨어지는 소수로 나눈다.

❷ 몫이 소수가 될 때까지 나눈다.

❸ 소인수분해 한 결과는 반드시 소인수들만의 곱으로 나타내며, 같은 소인수의 곱은 거듭제곱으로 나타낸다.

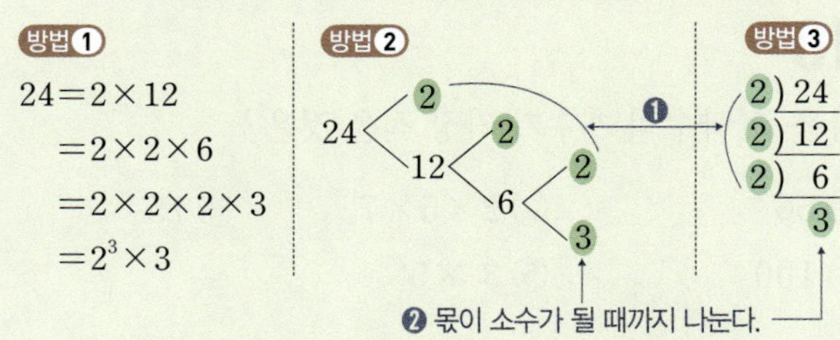

➡ [결과] : $24=2\times2\times2\times3=2^3\times3$
└ ❸ 거듭제곱으로 나타낸다.

개념 4 소인수분해를 이용하여 제곱인 수 구하기 → 07, 08

(1) **제곱인 수의 성질**

① 어떤 자연수의 제곱인 수를 소인수분해 하면 소인수의 지수가 모두 짝수이다.

　예 $4=2^2$, $36=6^2=2^2\times3^2$, $400=20^2=2^4\times5^2$

② 약수의 개수는 홀수이다.

(2) **제곱인 수 만드는 방법**

❶ 주어진 수를 소인수분해 한다.

❷ 모든 소인수의 지수가 짝수가 되도록 적당한 수를 곱하거나 적당한 수로 나눈다.

> 참고 어떤 자연수의 세제곱인 수 만드는 방법
> ❶ 주어진 수를 소인수분해 한다.
> ❷ 소인수의 지수가 모두 3의 배수가 되도록 적당한 수를 곱하거나 적당한 수로 나눈다.

05

84를 소인수분해 하면 $2^a\times3\times b$, 108을 소인수분해 하면 $2^c\times3^d$이다. 네 자연수 a, b, c, d에 대하여 $a+b+c+d$의 값을 구하시오.

06

다음 중 소인수의 개수가 나머지 넷과 다른 하나는?

① 105　　　　② 120　　　　③ 126

④ 210　　　　⑤ 264

07

63에 자연수 x를 곱하여 어떤 자연수의 제곱이 되도록 할 때, 다음 중 x의 값이 될 수 <u>없는</u> 것은?

① 7　　　　② 28　　　　③ 49

④ 63　　　　⑤ 112

08

936을 자연수로 나누어 어떤 자연수의 제곱이 되도록 할 때, 나눌 수 있는 가장 작은 자연수를 구하시오.

개념 5 소인수분해를 이용하여 약수 구하기 → **09, 10**

자연수 N이 $N=a^m \times b^n$ (a, b는 서로 다른 소수, m, n은 자연수)으로 소인수분해 될 때

(1) N의 약수 → (a^m의 약수) × (b^n의 약수)

(2) N의 약수의 개수 → $(m+1) \times (n+1)$

참고 자연수 A가

$A=a^l \times b^m \times c^n$ (a, b, c는 서로 다른 소수, l, m, n은 자연수)

으로 소인수분해 될 때, A의 약수의 개수는

$(l+1) \times (m+1) \times (n+1)$이다.

(3) N의 약수의 총합

→ (a^m의 약수의 총합) × (b^n의 약수의 총합)

$$=(1+a+a^2+\cdots+a^m)\times(1+b+b^2+\cdots+b^n)$$

예 $45=3^2 \times 5$이므로 오른쪽 표에서

45의 약수 : 1, 3, 5, 9, 15, 45

45의 약수의 개수 : $(2+1) \times (1+1)=6$

45의 약수의 총합 : $(1+3+3^2) \times (1+5)$

$$=78$$

×	1	3	3^2
1	1	3	9
5	5	15	45

개념 6 약수의 개수를 이용하여 수 구하기 **심화** → **11, 12**

(1) $a^m \times b^n$ (a, b는 서로 다른 소수, m, n은 자연수)의 약수의 개수가 k일 때

$$(m+1) \times (n+1)=k$$

(2) $a^m \times \square$ (a는 소수, m은 자연수)의 약수의 개수가 주어지면

(i) $\square$가 a의 거듭제곱의 꼴인 경우

(ii) $\square$가 a의 거듭제곱의 꼴이 아닌 경우

로 나누어 생각한다.

예 $2^2 \times \square$의 약수의 개수가 6일 때

(i) $2^2 \times \square = 2^5$에서 $\square = 2^3$

(ii) $2^2 \times \square = 2^2 \times$ (2를 제외한 소수)에서

$\square = 3, 5, 7, \cdots$

로 나누어 구한다.

참고 약수의 개수에 따른 자연수의 분류

① 약수의 개수가 1인 수 → 1

② 약수의 개수가 2인 수 → 소수

③ 약수의 개수가 3인 수 → (소수)²의 꼴인 수

④ 약수의 개수가 4인 수

→ (소수)³의 꼴 또는 $a \times b$ (a, b는 서로 다른 소수)의 꼴인 수

⑤ 약수의 개수가 홀수인 수 → (자연수)²의 꼴인 수

09

다음 중 240의 약수가 <u>아닌</u> 것은?

① $2^2 \times 3$
② 3×5
③ 2^4
④ $2^3 \times 3 \times 5$
⑤ $2^2 \times 3^2 \times 5$

10

다음 중 약수의 개수가 가장 적은 것은?

① 56
② $2 \times 5 \times 7$
③ 75
④ 100
⑤ $3^3 \times 5^2$

11

$2^n \times 3^2 \times 11$의 약수의 개수가 24일 때, 자연수 n의 값은?

① 1
② 2
③ 3
④ 4
⑤ 5

12

180 이하의 자연수 중에서 약수의 개수가 3인 자연수의 개수를 구하시오.

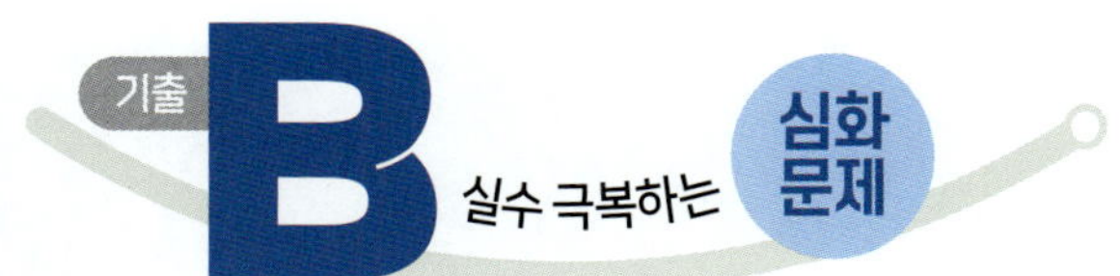

기출 B 실수 극복하는 심화문제

유형 1 소수와 합성수

01

20보다 작은 합성수의 개수를 a, 20 이상 30 이하인 소수의 개수를 b라 할 때, $a+b$의 값은?

① 10 ② 11 ③ 12
④ 13 ⑤ 14

02

다음 조건을 모두 만족시키는 모든 자연수의 합을 구하시오.

> (개) 30 이상 40 이하이다.
> (내) 약수의 개수가 2이다.

03

다음 중 옳지 <u>않은</u> 것을 모두 고르면? (정답 2개)

① 1은 소수도 아니고 합성수도 아니다.
② 3의 배수 중 소수는 1개뿐이다.
③ 두 소수의 곱은 항상 홀수이다.
④ 40에 가장 가까운 소수는 41이다.
⑤ 50 이하의 자연수 중에서 일의 자리의 숫자가 7인 자연수는 모두 소수이다.

04

🙋 우수학군 출제

80을 서로 다른 두 소수의 합으로 나타내는 방법은 몇 가지인지 구하시오. (단, 더하는 순서는 생각하지 않는다.)

05

다음 조건을 모두 만족시키는 두 자연수의 차를 구하시오.

> (개) 두 자연수를 곱한 수의 약수는 2개뿐이다.
> (내) 두 자연수의 합은 24이다.

06

두 자연수 a, b는 모두 소수이고 $a=b+8$이다. a는 10보다 크고 40보다 작을 때, b의 값이 될 수 있는 모든 수의 합은?

① 63 ② 66 ③ 69
④ 71 ⑤ 102

07

자연수 n은 서로 다른 두 소수의 곱으로 나타낼 수 있다. 자연수 n의 모든 약수의 합이 $n+15$일 때, 자연수 n의 값을 구하시오.

유형 2 **거듭제곱한 수의 일의 자리의 숫자**

08

7^{35}의 일의 자리의 숫자를 구하시오.

09

$3^{49}+5^{51}$의 일의 자리의 숫자는?

① 5 ② 6 ③ 7
④ 8 ⑤ 9

유형 3 **소인수분해**

10

$2\times4\times6\times8\times10\times12\times14\times16$을 소인수분해 하면 $2^a\times3^b\times5^c\times7^d$이다. 이때 자연수 a, b, c, d에 대하여 $a+b+c+d$의 값은?

① 18 ② 19 ③ 20
④ 21 ⑤ 22

11 앳! 실수 주의

$1\times2\times3\times4\times\cdots\times50$을 소인수분해 하였을 때, 소인수 7의 지수는?

① 5 ② 6 ③ 7
④ 8 ⑤ 9

오답코칭 7이 두 번 곱해진 경우에 주의한다.

12

다음 조건을 모두 만족시키는 모든 n의 값의 합을 구하시오.

> (가) n은 50 이상 70 이하의 자연수이다.
> (나) n의 소인수 중에서 가장 큰 수는 5이다.

13

50 이하의 모든 짝수의 곱 $2 \times 4 \times 6 \times \cdots \times 50$을 계산하였을 때, 일의 자리에서부터 연속하여 나타나는 0은 몇 개인지 구하시오.

14

오른쪽은 어떤 자연수 A를 소인수 분해 하는 과정이다. B, D, E는 15보다 작은 소수이고, $B+D=E$를 만족시키는 모든 자연수 A의 값의 합을 구하시오.

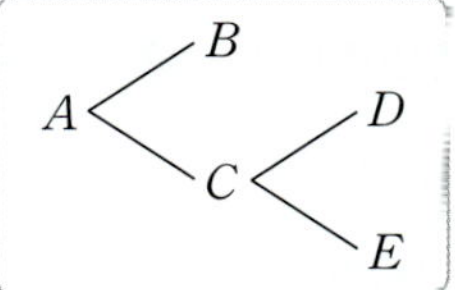

15

우수 학군 출제

자연수 n에 대하여 $\langle n \rangle$은 n을 소인수분해 하였을 때, 모든 소인수의 합이라 하자. 예를 들어 $\langle 6 \rangle = 2+3 = 5$이고, $\langle 60 \rangle = 2+3+5 = 10$이다. 두 자리의 자연수 a에 대하여 $\langle a \rangle = 12$를 만족시키는 모든 a의 값의 합을 구하시오.

16 실력 UP ↑

두 자연수 a, b가 다음 조건을 모두 만족시킬 때, 기약분수 $\dfrac{a}{b}$의 개수는?

> (가) $a \times b$는 1부터 10까지 모든 자연수의 곱이다.
> (나) $\dfrac{a}{b}$의 값은 1보다 작다.

① 5 　　　② 6 　　　③ 7
④ 8 　　　⑤ 9

유형 **4** 제곱인 수 만들기 　틀리기 쉬운!

17

135에 가장 작은 자연수 a를 곱하여 어떤 자연수 b의 제곱이 되게 하려고 한다. 이때 $a+b$의 값은?

① 45 　　　② 60 　　　③ 90
④ 120 　　　⑤ 180

18 서술형 ▶

$72 \times a = 150 \times b = c^2$을 만족시키는 가장 작은 자연수 a, b, c에 대하여 $a+b+c$의 값을 구하시오.

19

504를 자연수 a로 나누어 어떤 자연수의 제곱이 되도록 할 때, a의 값이 될 수 있는 자연수의 개수를 구하시오.

20

200을 어떤 자연수 x로 나누어 자연수 y의 제곱이 되게 하려고 할 때, 다음 중 $x+y$의 값이 될 수 <u>없는</u> 것은?

① 12 ② 13 ③ 52
④ 83 ⑤ 201

21 앗! 실수 주의

800의 약수 중에서 어떤 자연수의 제곱이 되는 수는 모두 몇 개인가?

① 3개 ② 4개 ③ 5개
④ 6개 ⑤ 7개

오답 코칭 1을 빠뜨리지 않도록 주의한다.

22

360의 약수의 개수와 $7^a \times 8$의 약수의 개수가 같을 때, 자연수 a의 값을 구하시오.

23

720의 약수 중 짝수의 개수는?

① 22 ② 24 ③ 26
④ 28 ⑤ 30

24 우수 학군 출제

가로의 길이와 세로의 길이가 모두 자연수이고 넓이가 150인 직사각형을 만들려고 한다. 서로 포개어지는 직사각형은 같은 것으로 생각할 때, 이를 만족시키는 직사각형은 모두 몇 개 만들 수 있는가?

① 2개 ② 4개 ③ 6개
④ 8개 ⑤ 10개

25

245의 약수의 총합을 a라 할 때, a의 약수의 개수를 구하시오.

26 서술형

자연수 p에 대하여 《p》는 p의 약수의 총합을 나타내고 $\{p\}$는 p의 약수의 개수를 나타낸다. 《40》$=x$, $\{x\}=y$일 때, $x+y$의 값을 구하시오.

발전 유형 **6** **약수의 개수가 주어질 때 가능한 수 구하기**

27

$600 \times a$의 약수의 개수가 홀수일 때, 가장 작은 자연수 a의 값을 구하시오.

28

30보다 크고 300보다 작은 자연수 중에서 약수의 개수가 3인 자연수의 개수는?

① 2 　　　② 3 　　　③ 4
④ 5 　　　⑤ 6

29

$2^3 \times \square$의 약수의 개수가 12일 때, $\square$ 안에 알맞은 자연수 중 50 이하의 자연수의 개수는?

① 6 　　　② 7 　　　③ 8
④ 9 　　　⑤ 10

30

40 이하의 자연수 중 약수의 개수가 6인 모든 자연수의 합을 구하시오.

01

자연수 a를 소인수분해 하였을 때, 소인수를 그 개수만큼 모두 더한 값을 $S(a)$라 하자. 예를 들어 $60=2^2 \times 3 \times 5$이므로 $S(60)=2+2+3+5=12$이다. 이때 $S(x)=11$을 만족시키는 모든 자연수 x의 값의 합을 구하시오.

(단, x는 합성수)

02

서로 다른 두 개의 주사위를 던져서 나온 눈의 수를 각각 a, b라 하자. $96 \times a \times b$가 어떤 자연수의 제곱이 되게 하는 a, b의 쌍 (a, b)의 개수를 구하시오.

03 서술형▶

자연수 n의 약수의 개수를 $P(n)$이라 할 때, $P(135) \times P(n)=32$를 만족시키는 50 이하의 자연수 n의 개수를 구하시오.

단계 **1** $P(n)$의 값 구하기

단계 **2** n의 값 구하기

단계 **3** n의 개수 구하기

04

우수 학군 출제

다음 조건을 모두 만족시키는 세 자리의 자연수 중에서 가장 큰 값을 구하시오.

㉮ 소인수분해 하였을 때, 서로 다른 소인수가 3개이고, 이 소인수들의 합은 14이다.
㉯ 약수가 18개이다.

05

1부터 30까지의 자연수가 각각 하나씩 적혀 있는 30개의 컵이 있다. 1번 학생부터 30번 학생까지 다음과 같은 규칙으로 컵에 구슬을 넣었을 때, 30이 적혀 있는 컵에 들어 있는 구슬의 개수를 구하시오.

규칙

1번 학생은 모든 컵에 구슬을 1개씩 넣는다.
2번 학생은 2의 배수가 적혀 있는 컵에 구슬을 2개씩 넣는다.
3번 학생은 3의 배수가 적혀 있는 컵에 구슬을 3개씩 넣는다.

$\vdots$

30번 학생은 30의 배수가 적혀 있는 컵에 구슬을 30개씩 넣는다.

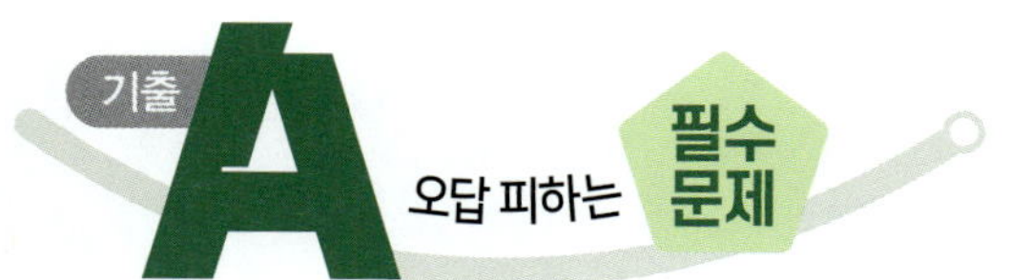

개념 1 **최대공약수** → 01, 02

(1) **공약수** : 두 개 이상의 자연수의 공통인 약수

(2) **최대공약수** : 공약수 중에서 가장 큰 수

> **참고** 공약수 중에서 가장 작은 수는 항상 1이므로 최소공약수는 생각하지 않는다.

(3) **최대공약수의 성질** : 두 개 이상의 자연수의 공약수는 그 수들의 최대공약수의 약수이다.

(4) **서로소** : 최대공약수가 1인 두 자연수

> **예** 2와 3, 5와 8, 6과 11, …
>
> **참고** 서로 다른 두 소수는 항상 서로소이다.

(5) **소인수분해를 이용하여 최대공약수 구하는 방법**

❶ 각각의 자연수를 소인수분해 한다.

❷ 공통인 소인수의 거듭제곱에서 지수가 같으면 그대로, 다르면 작은 것을 택하여 모두 곱한다.

> **예**
> $$24 = 2^3 \times 3$$
> $$84 = 2^2 \times 3 \times 7$$
> $$(\text{최대공약수}) = 2^2 \times 3 \quad = 12$$
>
> **참고** 공약수로 나누어 최대공약수를 구할 수도 있다.
> $(\text{최대공약수}) = 2 \times 2 \times 3 = 12$
>
> $$
> \begin{array}{r}
> 2 \,)\, \underline{24 \quad 84} \\
> 2 \,)\, \underline{12 \quad 42} \\
> 3 \,)\, \underline{6 \quad 21} \\
> 2 \quad 7
> \end{array}
> $$
> 서로소

개념 2 **최대공약수의 활용** → 03, 04

최대공약수를 활용하는 실생활 문제의 예는 다음과 같다.

① 두 개 이상의 자연수를 모두 나누어떨어지게 하는 가장 큰 자연수를 구하는 문제

② 두 종류 이상의 물건을 되도록 많은 사람들에게 똑같이 나누어 주는 문제

③ 직사각형을 가장 큰 정사각형으로 빈틈없이 채우는 문제

> **주의** 최대공약수의 활용 문제를 해결한 후 구한 답이 문제의 뜻에 맞는지 반드시 확인한다.

01

다음 중 세 수 $2^2 \times 3^3 \times 7$, $2^3 \times 3^2 \times 7^2$, $2^2 \times 3 \times 7^2$의 공약수가 <u>아닌</u> 것은?

① $2^2 \times 3$
② 3×7
③ $2 \times 3 \times 7$
④ $2^2 \times 3 \times 7$
⑤ $2 \times 3 \times 7^2$

02

243보다 작은 자연수 중에서 243과 서로소인 자연수의 개수를 구하시오.

03

두 수 175와 315를 어떤 자연수로 각각 나누면 모두 나누어떨어지고 그 몫이 서로소가 된다. 어떤 자연수를 구하시오.

04

가로의 길이가 240 cm, 세로의 길이가 168 cm인 직사각형 모양의 게시판에 크기가 같은 정사각형 모양의 학생 작품을 겹치지 않게 빈틈없이 붙여서 전시회를 준비하려고 한다. 한 학생이 하나의 작품을 준비하고, 작품의 크기를 되도록 크게 만든다고 할 때, 전시회에 참여할 수 있는 학생은 몇 명인지 구하시오.

개념 3 최소공배수 → 05, 06

(1) **공배수** : 두 개 이상의 자연수의 공통인 배수

(2) **최소공배수** : 공배수 중에서 가장 작은 수

> **참고** ① 공배수는 끝없이 계속 구할 수 있으므로 공배수 중에서 가장 큰 수는 알 수 없다. 따라서 최대공배수는 생각하지 않는다.
> ② 서로소인 두 자연수의 최소공배수는 두 수의 곱과 같다.

(3) **최소공배수의 성질** : 두 개 이상의 자연수의 공배수는 그 수들의 최소공배수의 배수이다.

(4) **소인수분해를 이용하여 최소공배수 구하는 방법**

❶ 각각의 자연수를 소인수분해 한다.

❷ 공통인 소인수의 거듭제곱에서 지수가 같으면 그대로, 다르면 큰 것을 택하고, 공통이 아닌 소인수의 거듭제곱도 모두 택하여 곱한다.

> **예**
> $$18 = 2 \times 3^2$$
> $$30 = 2 \times 3 \times 5$$
> $$(최소공배수) = 2 \times 3^2 \times 5 = 90$$

> **참고** 공약수로 나누어 최소공배수를 구할 수도 있다.
> $(최소공배수) = 2 \times 3 \times 3 \times 5 = 90$

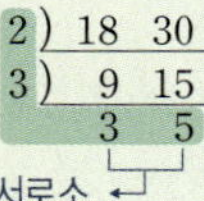

개념 4 최소공배수의 활용 → 07

최소공배수를 활용하는 실생활 문제의 예는 다음과 같다.

① 두 개 이상의 자연수로 나눌 때 어느 것으로 나누어도 나머지가 같은 가장 작은 자연수를 구하는 문제

② 속력이 다른 두 물체가 동시에 출발하여 처음으로 다시 만나는 시점을 구하는 문제

③ 일정한 크기의 직육면체를 쌓아서 가장 작은 정육면체를 만드는 문제

④ 톱니의 수가 다른 두 톱니바퀴가 처음으로 다시 같은 톱니에서 맞물릴 때까지의 회전 수를 구하는 문제

> **주의** 최소공배수의 활용 문제를 해결한 후 구한 답이 문제의 뜻에 맞는지 반드시 확인한다.

개념 5 최대공약수와 최소공배수의 관계 심화 → 08, 09

두 자연수 A, B의 최대공약수가 G이고, 최소공배수가 L일 때

① $A = a \times G$, $B = b \times G$ (단, a, b는 서로소)

② $L = a \times b \times G$

③ $A \times B = L \times G$

05

세 수 20, 56, 70의 공배수 중에서 1000에 가장 가까운 수를 구하시오.

06

두 자연수 A와 126의 최소공배수가 $2^2 \times 3^2 \times 5 \times 7$일 때, 다음 중 A의 값이 될 수 <u>없는</u> 것은?

① 20　　　　② 60　　　　③ 120

④ 140　　　　⑤ 180

07

서로 맞물려 도는 두 톱니바퀴 A, B가 있다. 톱니바퀴 A의 톱니의 수는 56, 톱니바퀴 B의 톱니의 수는 70일 때, 두 톱니바퀴가 회전하기 시작하여 처음으로 다시 같은 톱니에서 맞물리려면 두 톱니바퀴 A, B는 각각 몇 번 회전해야 하는지 구하시오.

08

두 자연수의 곱이 1176이고 최대공약수가 14일 때, 두 수의 최소공배수를 구하시오.

09

두 자연수 $2^2 \times 3 \times 5^2$, A의 최대공약수가 $2^2 \times 5$, 최소공배수가 $2^3 \times 3 \times 5^2 \times 7$일 때, A의 값을 구하시오.

유형 1 최대공약수

01

두 수 54, $a \times 3^2 \times 5$의 최대공약수가 18이다. a의 값이 될 수 있는 자연수를 작은 수부터 차례대로 나열했을 때, 세 번째 오는 수를 구하시오.

02

100 이하의 자연수 중에서 12와 서로소인 자연수의 개수는?

① 31 ② 32 ③ 33
④ 34 ⑤ 35

03

어떤 세 자리의 자연수와 84의 최대공약수가 14일 때, 이 세 자리의 자연수 중에서 가장 작은 수를 구하시오.

04

우수 학군 출제

648과 720의 공약수 중에서 어떤 자연수의 제곱이 되는 모든 수의 합을 구하시오.

05

세 자연수 A, 78, 130의 최대공약수가 13일 때, A의 값이 될 수 있는 두 자리의 자연수는 모두 몇 개인가?

① 1개 ② 2개 ③ 3개
④ 4개 ⑤ 5개

06

세 분수 $\dfrac{42}{n}$, $\dfrac{63}{n}$, $\dfrac{168}{n}$이 모두 자연수가 되도록 하는 자연수 n에 대하여 n의 값이 가장 클 때의 $\dfrac{168}{n} - \dfrac{63}{n} - \dfrac{42}{n}$의 값은?

① 3 ② 4 ③ 5
④ 6 ⑤ 7

유형 2 어떤 자연수로 나누기 · 틀리기 쉬운!

07 앗! 실수 주의

어떤 자연수로 48, 78, 93을 나누면 항상 3이 남는다. 이러한 자연수 중에서 가장 큰 수를 구하시오.

오답 코칭 어떤 자연수로 A를 나누면 3이 남는다.
➡ $A-3$은 어떤 수로 나누어떨어진다.

08

어떤 자연수로 115를 나누면 3이 남고, 145를 나누면 1이 남는다. 이러한 자연수는 모두 몇 개인가?

① 2개 　　　② 3개 　　　③ 4개
④ 5개 　　　⑤ 6개

유형 3 최대공약수의 실생활 문제

09

귤 48개, 딸기 72개, 방울토마토 84개를 남김없이 되도록 많은 바구니에 똑같이 나누어 담아 묶음 상품으로 판매하려고 한다. 묶음 상품을 개당 3000원에 모두 팔았을 때, 총 판매 금액을 구하시오.

(단, 빈 바구니의 가격은 생각하지 않는다.)

10

사탕 58개, 젤리 30개, 초콜릿 46개를 각각 똑같이 나누어 포장 봉투에 담아 포장하려고 했더니 사탕은 2개가 부족하였고, 젤리는 남거나 부족하지 않았고, 초콜릿은 1개가 남았다. 준비한 포장 봉투의 최대 개수를 구하시오.

11

공원 안에 가로와 세로의 길이가 각각 105 m, 90 m인 직사각형 모양의 꽃밭이 있다. 이 꽃밭의 가장자리에 일정한 간격으로 조명을 설치하려고 한다. 조명의 개수는 최소로 하고 네 모퉁이에는 반드시 조명을 설치한다고 할 때, 필요한 조명의 개수는?

① 24 　　　② 26 　　　③ 28
④ 30 　　　⑤ 32

12 서술형

오른쪽 그림과 같이 가로와 세로의 길이가 각각 252 cm, 108 cm인 직사각형 모양의 베란다 바닥의 한쪽 모퉁이에 한 변의 길이가 18 cm인 정사각형 모양의 배수구가 있다. 똑같은 크기의 정사각형 모양의 타일을 배수구를 제외한 베란다 바닥 전체에 겹치지 않게 빈틈없이 붙이려고 할 때, 다음 물음에 답하시오.

(1) 붙일 수 있는 타일의 크기는 모두 몇 종류인지 구하시오.
(단, 타일의 한 변의 길이는 자연수이고, 타일을 쪼개어 붙일 수는 없다.)

(2) 두 번째로 큰 타일을 붙이려고 할 때, 필요한 타일의 개수를 구하시오.

유형 4 최소공배수

13

세 자연수 a, b, c의 비가 $3:4:6$이고 이 세 자연수의 최소공배수가 84일 때, $a+b+c$의 값은?

① 70　　　　② 77　　　　③ 84
④ 91　　　　⑤ 98

14

세 자연수 A, 30, 72의 최소공배수가 1080일 때, A의 값이 될 수 있는 자연수는 모두 몇 개인가?

① 4개　　　　② 5개　　　　③ 6개
④ 7개　　　　⑤ 8개

15

자연수 A에 18을 곱하면 세 수 12, 21, 28의 공배수가 된다. 이러한 자연수 A의 값 중에서 가장 큰 두 자리의 자연수를 구하시오.

16

세 수 $2^a \times 3 \times 5$, $2^3 \times 5^b \times c$, $2^3 \times 3 \times d$의 최대공약수가 40, 최소공배수가 1680일 때, $a+b+c+d$의 값은?

（단, a, b, c, d는 자연수이고, c, d는 소수이다.）

① 16　　　　② 17　　　　③ 18
④ 19　　　　⑤ 20

17

세 자연수 30, 75, A의 최대공약수는 15이고 최소공배수는 450일 때, 가능한 모든 A의 값의 합을 구하시오.

18

우수 학군 출제

두 분수 $\dfrac{15}{16}$, $\dfrac{25}{12}$ 중 어느 것에 곱하여도 그 결과가 자연수가 되는 분수 중에서 가장 작은 분수와 두 번째로 작은 분수의 합을 구하시오.

유형 5 **어떤 자연수를 나누기**

19

세 자연수 18, 30, 45로 나누면 모두 13이 남는 어떤 자연수 중 가장 큰 세 자리의 자연수를 구하시오.

20

15로 나누면 13이 남고, 10으로 나누면 8이 남고, 18로 나누면 16이 남는 어떤 자연수 중 가장 큰 세 자리의 자연수를 구하시오.

유형 6 **최소공배수의 실생활 문제**

21

엄마와 딸이 걷기 운동을 하러 공원에 나왔다. 걸어서 공원을 한 바퀴 도는 데 엄마는 6분, 딸은 4분 40초가 걸린다. 이와 같은 속력으로 두 사람이 출발점에서 같은 방향으로 동시에 출발하여 공원을 계속 돌 때, 엄마와 딸은 몇 분 후에 처음으로 다시 출발점에서 만나는가?

① 40분   ② 41분   ③ 42분
④ 43분   ⑤ 44분

22

가로의 길이가 18 cm, 세로의 길이가 6 cm, 높이가 10 cm 인 직육면체 모양의 상자를 같은 방향으로 빈틈없이 쌓아서 정육면체 모양을 만들려고 한다. 상자를 되도록 적게 사용하려고 할 때, 필요한 직육면체 모양의 상자의 개수를 구하시오.

23

어느 기차역에서 A 열차는 28분마다, B 열차는 36분마다 출발한다고 한다. 이 역에서 A, B 두 열차가 오전 7시 정각에 동시에 출발한 후부터 같은 날 오후 11시까지 다시 동시에 출발하는 것은 몇 번인가?

① 2번   ② 3번   ③ 4번
④ 5번   ⑤ 6번

24 **앗! 실수주의**

어느 버스 터미널에서 A행 버스는 오전 6시 4분부터 18분 간격으로 출발하고, B행 버스는 오전 6시 10분부터 24분 간격으로 출발한다. 이 버스 터미널에서 오전 10시와 오전 11시 사이에 두 버스가 동시에 출발하는 시각을 구하시오.

오답코칭 두 버스가 처음으로 동시에 출발하는 시각을 구한다.

25 서술형

우리나라에서는 십간(十干)과 십이지(十二支)를 차례대로 짝 지어 해의 이름을 붙인다. 예를

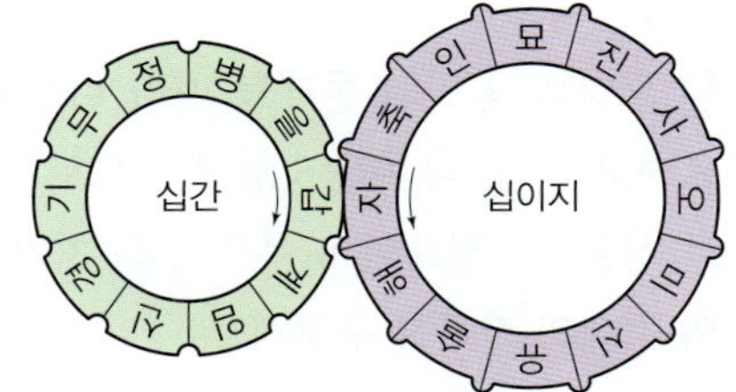

들어 2025년은 을사년이고, 다음 해인 2026년은 병오년이다. 다음 물음에 답하시오.

(1) 임진년인 2012년에 태어난 학생이 처음으로 다시 임진년에 생일을 맞이하게 되는 것은 몇 년도인지 구하시오.

(2) 명량 대첩은 1597년 이순신 장군이 명량에서 일본 수군을 대파한 해전이다. 1597년의 해의 이름은 무엇인지 구하시오.

26

오른쪽 그림과 같이 세 톱니바퀴 A, B, C가 서로 맞물려 돌고 있다. A가 12번 회전하는 동안 B는 5번 회전하고, B가 25번 회전하는 동안 C는 12번 회전한다.

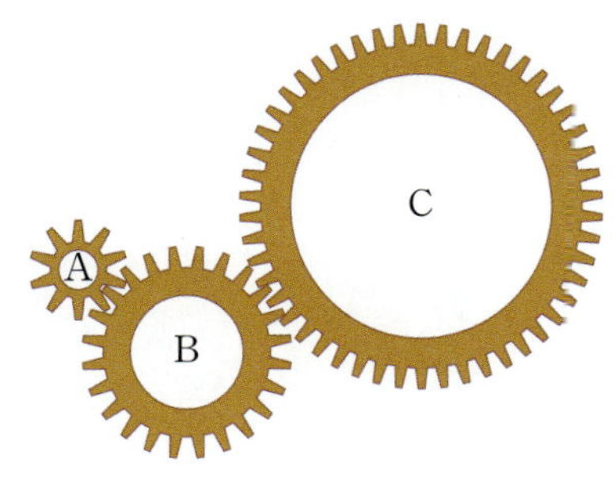

이때 C가 3번 회전하는 동안 A는 몇 번 회전하는지 구하시오.

27 실력UP↑

주원이와 태민이가 아르바이트를 하는데 주원이는 4일간 일하고 하루를 쉬고, 태민이는 5일간 일하고 이틀을 쉰다. 같은 날 일을 시작하여 350일 동안 일을 할 때, 두 사람이 같이 쉬는 날은 모두 며칠인지 구하시오.

28

두 자연수 A, B의 최대공약수는 12, 최소공배수는 240이다. 두 수의 합이 108일 때, $B-A$의 값은? (단, $A<B$)

① 4   ② 6   ③ 8
④ 10   ⑤ 12

29

오른쪽 그림에서 ◯는 아래 연결된 두 수의 최대공약수를, ☐는 위에 연결된 두 수의 최소공배수를 구한 것이다. 이때 자연수 A, B, C에 대하여 $A+B+C$의 값은?

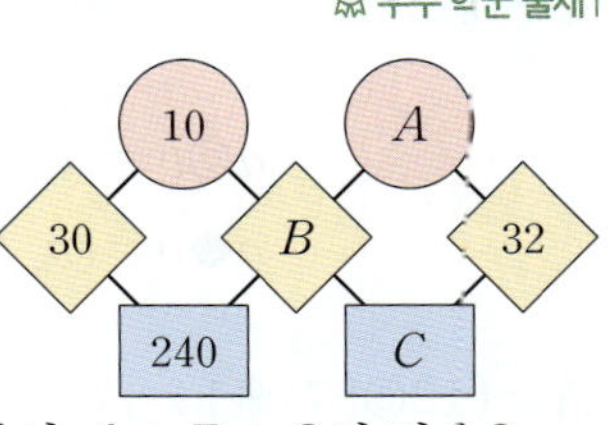

① 16   ② 80   ③ 160
④ 256   ⑤ 512

30

두 자연수 A, B의 합은 96이고, 곱은 2160이다. 두 수의 최소공배수가 180일 때, 두 수 A, B를 구하시오.

(단, $A<B$)

01

다음 조건을 모두 만족시키는 두 자리의 자연수 A, B에 대하여 $A+B$와 $A-B$의 최대공약수를 구하시오.

(단, $A>B$)

> ㈎ A와 B는 서로소이다.
> ㈏ A와 B의 최소공배수는 4200이다.

02

두 자연수 a, b에 대하여 ◎, ◆을 다음과 같이 약속하자.

> $a◎b=(a, b$의 최대공약수$)$,
> $a◆b=(a, b$의 최소공배수$)$

$A=(12◎27)◆14$, $B=30◎(15◆21)$일 때, $(A◎n)◆B=B$를 만족시키는 모든 한 자리의 자연수 n의 값의 합을 구하시오.

03

다음 조건을 모두 만족시키는 세 자리의 자연수 A는 모두 몇 개인지 구하시오.

> ㈎ A와 54의 최대공약수는 9이다.
> ㈏ A와 75의 최대공약수는 15이다.

04 서술형 ▶

원 모양의 공원의 둘레를 따라 나무를 동일한 간격으로 심으려고 한다. 나무를 8 m 간격으로 심을 때와 18 m 간격으로 심을 때, 필요한 나무의 수의 차가 30이라 한다. 이 공원의 둘레의 길이를 구하시오.

단계 ① 공원의 둘레의 길이가 어떤 수의 배수인지 구하기

단계 ② 공원의 둘레의 길이가 커질수록 나무의 수의 차가 어떻게 변하는지 규칙 찾기

단계 ③ 나무의 수의 차가 30이 되는 공원의 둘레의 길이 구하기

05

두 자연수 A, B의 최대공약수는 12이고, 최소공배수는 420이다. A, B가 모두 두 자리의 자연수일 때, $A-B$의 값을 구하시오. (단, $A>B$)

대단원 실전 TEST 1회

정답과 풀이 17쪽

01

다음 보기에서 소수와 합성수에 대한 설명으로 옳은 것의 개수는?

보기
ㄱ. 홀수는 모두 소수이다.
ㄴ. 합성수와 소수의 곱은 합성수이다.
ㄷ. a, b가 소수이면 $a+b$도 소수이다.
ㄹ. 모든 자연수는 약수가 2개 이상이다.
ㅁ. 서로소인 두 수는 적어도 하나가 소수이다.

① 1 ② 2 ③ 3
④ 4 ⑤ 5

02

자연수 m에 대하여 $\langle m \rangle$은 m을 소인수분해 하였을 때, 모든 소인수의 합이라 하자. 예를 들어 $\langle 6 \rangle=2+3=5$이고, $\langle 20 \rangle=2+5=7$이다. 다음 중 두 자리의 자연수 a에 대하여 $\langle a \rangle$의 값이 가장 큰 수는?

① 52 ② 63 ③ 72
④ 85 ⑤ 99

03

432의 약수 중에서 어떤 자연수의 제곱이 되는 수는 모두 몇 개인가?

① 2개 ② 3개 ③ 4개
④ 5개 ⑤ 6개

04

100 이하의 자연수 중에서 6과 서로소인 수의 개수는?

① 16 ② 17 ③ 18
④ 33 ⑤ 34

05

세 수 $\dfrac{24}{n}$, $\dfrac{56}{n}$, $\dfrac{104}{n}$가 모두 자연수가 되도록 하는 모든 자연수 n의 값의 합은?

① 2 ② 10 ③ 12
④ 15 ⑤ 18

06

다음 조건을 모두 만족시키는 두 자연수의 차는?

㈎ 두 자연수를 곱한 수의 약수는 2개뿐이다.
㈏ 두 자연수의 합은 30이다.

① 27 ② 28 ③ 29
④ 30 ⑤ 31

07

약수의 개수가 3인 100 이하의 자연수의 개수를 a, 약수의 개수가 5인 700 이하의 자연수의 개수를 b라 할 때, $a+b$의 값은?

① 5 ② 6 ③ 7
④ 8 ⑤ 9

08

360에 자연수 x를 곱하면 어떤 자연수의 제곱이 된다. x가 200 이하의 자연수일 때, 가능한 모든 x의 값의 합은?

① 140 ② 260 ③ 290
④ 300 ⑤ 360

09

8^{61}의 일의 자리의 숫자가 a일 때, 13^a의 일의 자리의 숫자는?

① 1 ② 2 ③ 3
④ 7 ⑤ 9

10

세 자연수 A, 147, 343의 최소공배수가 $2 \times 3^2 \times 7^3$일 때, A의 값이 될 수 있는 자연수의 개수는?

① 1 ② 2 ③ 3
④ 4 ⑤ 5

11

크리스마스 이벤트로 학교에서 학생들에게 지팡이 사탕 180개, 눈꽃 젤리 140개, 트리 쿠키 120개를 남김없이 똑같이 나누어 주려고 한다. 최대한 많은 학생에게 나누어 줄 때, 한 사람에게 나누어 줄 수 있는 지팡이 사탕, 눈꽃 젤리, 트리 쿠키의 수를 각각 a, b, c라 하자. $a-b+c$의 값은?

① 8 ② 9 ③ 10
④ 16 ⑤ 20

12

1부터 26까지의 자연수의 곱 $1 \times 2 \times 3 \times \cdots \times 26$을 계산하였을 때, 일의 자리에서부터 연속하여 나타나는 0의 개수는?

① 4 ② 5 ③ 6
④ 7 ⑤ 8

13

오른쪽 그림과 같은 원형 다트판에 다트를 던져 나오는 눈의 수를 a라 하자. $\dfrac{135 \times a}{b}$가 1이 아닌 어떤 자연수의 제곱이 될 때, 가장 작은 b의 값과 가장 큰 b의 값의 합은? (단, b는 자연수이고, 다트는 떨어지거나 경계에 맞지 않는다.)

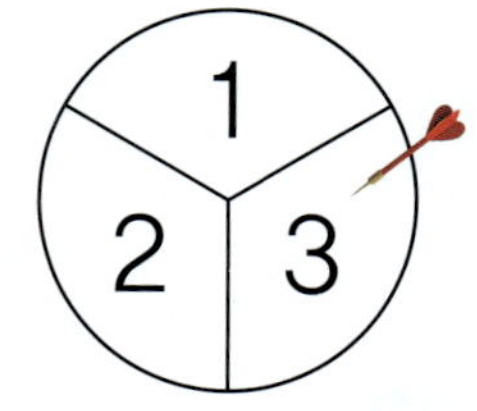

① 20 ② 35 ③ 50
④ 140 ⑤ 410

14

4로 나누면 3이 남고, 7로 나누면 6이 남고, 8로 나누면 7이 남는 어떤 자연수 중 가장 작은 세 자리의 자연수의 각 자리의 숫자의 합은?

① 2 ② 3 ③ 4
④ 6 ⑤ 7

15

원 모양의 트랙을 같은 방향으로 일정한 속도로 움직이는 세 로봇 A, B, C가 있다. 로봇 A는 1분에 20바퀴, 로봇 B는 1분에 12바퀴를 돌고, 로봇 C는 한 바퀴를 도는 데 6초가 걸린다고 한다. 로봇 A, B, C가 점 P를 동시에 통과한 후부터 30분 동안 동시에 점 P를 통과하는 횟수는?

① 15번　　　② 20번　　　③ 30번

④ 40번　　　⑤ 60번

16

다음 조건을 모두 만족시키는 자연수의 개수를 구하시오.

> ㉮ 25 이하의 자연수이다.
> ㉯ 7로 나누면 몫과 나머지가 모두 소수이다.

17

두 자연수 $2 \times 3^3 \times 5 \times 7^2$, $2 \times 3^2 \times 7 \times 11$의 공약수 중 네 번째로 큰 수를 구하시오.

18

두 자연수 A, B의 최대공약수는 6이고, 최소공배수는 462이다. A, B가 모두 두 자리의 자연수일 때, $A - B$의 값을 구하시오. (단, $A > B$)

19

세 자연수 7, 81, A의 최소공배수가 $2^3 \times 3^4 \times 7^2$일 때, A의 값이 될 수 있는 모든 자연수의 약수의 개수의 합을 구하시오.

20

한 개에 1000원인 사탕 62개와 한 개에 800원인 젤리 51개를 최대한 많은 상자에 똑같이 나누어 담아 묶음 상품으로 판매하려고 했더니 사탕은 2개가 남고, 젤리는 3개가 남았다. 묶음 상품 1개의 가격은 얼마인지 구하시오.

(단, 빈 상자 1개의 가격은 생각하지 않는다.)

01

자연수 a에 대하여 $\langle a \rangle$는 서로 다른 두 소수의 합으로 나타내는 방법의 수라 하자. 예를 들어 $\langle 5 \rangle = 1$이다. $\langle 40 \rangle$의 값은? (단, 더하는 순서는 생각하지 않는다.)

① 1 　　　　② 2 　　　　③ 3
④ 4 　　　　⑤ 5

02

$10 \times a = 225 \times b = c^2$을 만족시키는 가장 작은 자연수 a, b, c에 대하여 $a+b+c$의 값은?

① 34 　　　　② 94 　　　　③ 124
④ 164 　　　　⑤ 174

03

1620의 약수 중에서 홀수의 개수는?

① 10 　　　　② 12 　　　　③ 15
④ 18 　　　　⑤ 24

04

서로 다른 세 자연수의 최소공배수가 120이고 최대공약수가 20일 때, 세 자연수의 공약수의 개수를 a, 세 자연수의 공배수 중 1000보다 작은 자연수의 개수를 b라 하자. $a+b$의 값은?

① 12 　　　　② 13 　　　　③ 14
④ 15 　　　　⑤ 16

05

세 분수 $\dfrac{12}{5}$, $\dfrac{16}{3}$, $\dfrac{12}{7}$ 중 어느 것에 곱해도 그 결과가 자연수가 되게 하는 기약분수 중 가장 작은 수를 $\dfrac{q}{p}$라 할 때, $p+q$의 값은?

① 101 　　　　② 103 　　　　③ 105
④ 107 　　　　⑤ 109

06

다음 조건을 모두 만족시키는 자연수의 각 자리의 숫자의 합은?

㈎ 80보다 크고 100보다 작다.
㈏ 소인수는 2개이고, 두 소인수의 합은 13이다.

① 13 　　　　② 14 　　　　③ 15
④ 16 　　　　⑤ 17

07

자연수 n의 약수의 개수를 $S(n)$이라 할 때, $S(108) \times S(n) = 36$을 만족시키는 100 이상 200 미만의 자연수 n의 개수는?

① 1 　　　　② 2 　　　　③ 3
④ 4 　　　　⑤ 5

08

$\dfrac{88}{3}$에 자연수를 곱하여 어떤 자연수의 제곱이 되게 하려고 한다. 곱해야 할 자연수 중 두 번째로 작은 자연수는?

① 42 ② 84 ③ 126
④ 168 ⑤ 264

09

다음 조건을 모두 만족시키는 두 자리의 자연수의 합은?

> ㈎ 소인수의 개수가 2이다.
> ㈏ 9와 서로소이다.
> ㈐ 16과의 최대공약수가 8이다.

① 96 ② 184 ③ 204
④ 256 ⑤ 320

10

서로 다른 두 자연수 a, b가 서로소일 때, 다음 보기에서 옳은 것을 모두 고른 것은?

> 보기
> ㄱ. $a+b$는 합성수이다.
> ㄴ. 두 수의 최소공배수는 $a \times b$이다.
> ㄷ. 두 수의 최소공배수의 약수의 개수는 4이다.

① ㄱ ② ㄴ ③ ㄷ
④ ㄱ, ㄴ ⑤ ㄴ, ㄷ

11

세 자연수의 비가 3 : 9 : 11이고 최소공배수가 1188일 때, 세 자연수 중 두 번째로 큰 수는?

① 104 ② 108 ③ 112
④ 116 ⑤ 120

12

자연수 n을 소인수분해 하였을 때 1을 제외한 곱해진 모든 수들의 합을 $D(n)$이라 하자. 예를 들어 $18 = 2 \times 3^2$이므로 $D(18) = 2 + 3 + 3 = 8$이다. 어떤 자연수 m을 소인수분해 하면 세 종류의 소인수로 나타낼 수 있고 $D(m) = 15$일 때, m의 개수는?

① 2 ② 3 ③ 4
④ 5 ⑤ 6

13

50 이하의 자연수 중 약수의 개수가 6인 모든 자연수의 곱을 p라 할 때, p의 소인수의 합은?

① 10 ② 15 ③ 18
④ 23 ⑤ 28

14

볼펜 124개, 수정테이프 73개, 공책 46권을 최대한 많은 학생들에게 똑같이 나누어 주려고 했더니 볼펜은 4개가 남고, 수정테이프는 1개가 남고, 공책은 2권이 부족하였다. 학생 수를 a, 한 학생이 받는 수정테이프의 개수를 b라 할 때, $a+b$의 값은?

① 27 ② 28 ③ 29
④ 30 ⑤ 31

15

여은, 혜선, 가윤이는 같은 스터디 카페를 다닌다. 여은이는 2일마다, 혜선이는 5일마다, 가윤이는 8일마다 스터디 카페에 간다고 한다. 세 사람이 4월 1일 일요일에 같이 스터디 카페에 갔을 때, 처음으로 다시 세 사람이 같이 스터디 카페에 가는 날짜와 요일을 바르게 구한 것은?

(단, 4월의 마지막 날은 30일이다.)

① 5월 10일 목요일　　　② 5월 11일 목요일
③ 5월 11일 금요일　　　④ 5월 12일 목요일
⑤ 5월 12일 금요일

16

3을 소인수로 갖는 자연수 n을 소인수분해 하였을 때, 3의 지수를 $\langle n \rangle$이라 하자. 예를 들어 $108=2^2\times3^3$이므로 $\langle 108 \rangle=3$이다. 다음 조건을 모두 만족시키는 자연수 m의 개수를 구하시오.

> ㈎ m은 100 이하의 자연수이다.
> ㈏ m의 약수의 개수는 6보다 크다.
> ㈐ $<m>=2$

17

세 변의 길이가 126 m, 180 m, 216 m인 삼각형 모양의 공원의 가장자리에 꽃을 한 송이씩 일정한 간격으로 심으려고 한다. 꽃은 가능한 한 적게 심고 삼각형의 세 꼭짓점에는 반드시 꽃을 한 송이씩 심을 때, 꽃은 몇 송이 필요한지 구하시오.

18

가로, 세로의 길이가 각각 14, 8인 직사각형 모양의 타일을 다음 그림과 같이 타일 사이의 간격이 1이 되도록 붙여 정사각형 모양으로 배열하려고 한다. 타일의 개수를 가능한 한 적게 하려고 할 때, 정사각형의 한 변의 길이를 구하시오.

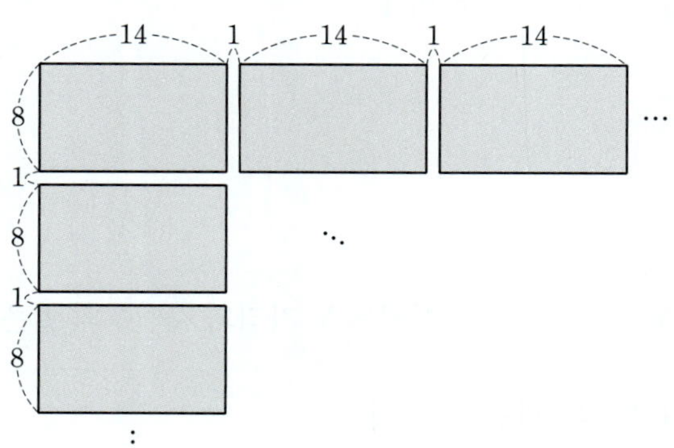

19

최대공약수가 28, 최소공배수가 168인 두 자연수가 있다. 두 자연수 모두 두 자리의 자연수일 때, 두 수 중 작은 수의 약수의 개수를 구하시오.

20

어느 버스 정류장에서 A 버스는 1시간에 6대, B 버스는 1시간에 2대가 일정한 간격으로, C 버스는 25분 간격으로 출발한다. 오전 9시에 세 버스가 버스 정류장에서 동시에 출발하였을 때, 같은 날 오전 9시와 오후 5시 사이에 세 버스가 동시에 버스 정류장에서 출발한 횟수를 구하시오.

개념 1 정수와 유리수 → 01, 02, 03

(1) **정수** : 양의 정수, 0, 음의 정수를 통틀어 정수라 한다.
  ① 양의 정수(자연수) : 자연수에 양의 부호 +를 붙인 수
  ② 음의 정수 : 자연수에 음의 부호 −를 붙인 수

(2) **유리수** : 양의 유리수, 0, 음의 유리수를 통틀어 유리수라 한다.
  ① 양의 유리수 : 분모, 분자가 모두 자연수인 분수에 양의 부호 +를 붙인 수
   예 $+\dfrac{1}{2}$, $+\dfrac{4}{3}$, $+\dfrac{2}{5}$, …
  ② 음의 유리수 : 분모, 분자가 모두 자연수인 분수에 음의 부호 −를 붙인 수
   예 $-\dfrac{1}{7}$, $-\dfrac{2}{3}$, $-\dfrac{8}{5}$, …

  참고 $+0.1=+\dfrac{1}{10}$, $-2.25=-\dfrac{9}{4}$이므로 $+0.1$, -2.25도 유리수이다.

(3) **유리수의 분류**

$$\text{유리수}\begin{cases}\text{정수}\begin{cases}\text{양의 정수(자연수)} : +1, +2, +3, \dots \\ 0 \\ \text{음의 정수} : -1, -2, -3, \dots\end{cases} \\ \text{정수가 아닌 유리수} : +0.25, -\dfrac{1}{5}, +1.2, \dots\end{cases}$$

  참고 ① $+2=+\dfrac{4}{2}$, $-3=-\dfrac{3}{1}$, $0=\dfrac{0}{5}$과 같이 나타낼 수 있으므로 정수는 모두 유리수이다.
  ② 양의 부호 +는 생략하기도 한다.

개념 2 수직선 → 04

(1) **수직선** : 기준이 되는 점을 잡아 수 0을 나타내고, 그 점의 오른쪽에 양수, 왼쪽에 음수를 나타낸 직선

(2) 수직선에서 기준점 0을 원점이라 한다.

(3) 모든 유리수는 수직선 위의 점으로 나타낼 수 있다.

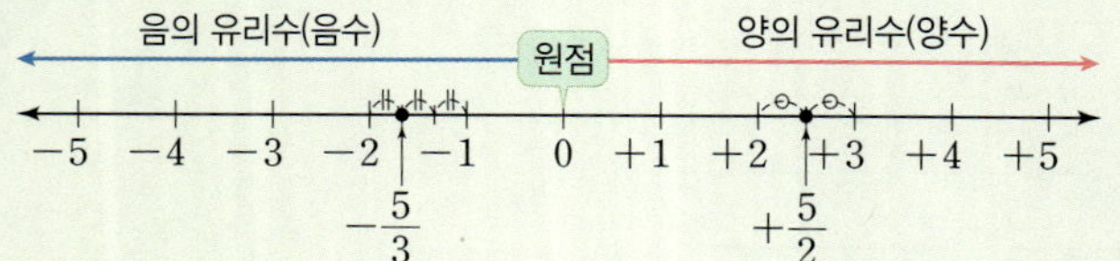

01

다음 수에 대한 설명으로 옳은 것은?

$$3, \quad -2.5, \quad 0, \quad -\dfrac{4}{2}, \quad +0.55, \quad \dfrac{1}{3}$$

① 정수는 2개이다.　　　② 양수는 1개이다.
③ 자연수는 1개이다.　　④ 음의 유리수는 1개이다.
⑤ 정수가 아닌 유리수는 4개이다.

02

다음 유리수에 대한 설명 중 옳은 것은?

① 0은 유리수가 아니다.
② 0과 1 사이에는 유리수가 없다.
③ $-\dfrac{12}{3}$는 정수가 아닌 유리수이다.
④ 양의 정수가 아닌 정수는 음의 정수이다.
⑤ 양의 유리수는 분모, 분자가 모두 자연수인 분수에 양의 부호 +를 붙인 수이다.

03

다음은 유리수를 분류하여 나타낸 것이다. (가), (나), (다)에 해당하는 수가 바르게 짝 지어진 것을 모두 고르시오.

$$\text{유리수}\begin{cases}\text{(가)}\begin{cases}\text{자연수} \\ 0 \\ \text{(다)}\end{cases} \\ \text{(나)}\end{cases}$$

ㄱ. (가) $-\dfrac{7}{4}$　　　ㄴ. (나) -2
ㄷ. (다) $\dfrac{10}{2}$　　　ㄹ. (가) $\dfrac{3}{5}$
ㅁ. (나) 1.23　　　ㅂ. (다) $-\dfrac{9}{3}$

04

다음 수직선 위의 5개의 점 A, B, C, D, E가 나타내는 수로 옳지 <u>않은</u> 것은?

① A : -3.5　　② B : -2　　③ C : $-\dfrac{1}{3}$
④ D : $+\dfrac{7}{4}$　　⑤ E : $+\dfrac{8}{3}$

개념 3 절댓값 → 05, 06, 07

(1) 절댓값

① 절댓값 : 수직선 위에서 어떤 수를 나타내는 점과 원점 사이의 거리

② a의 절댓값을 기호로 $|a|$와 같이 나타낸다.

예 $+3$의 절댓값 ➡ $|+3|=3$

-3의 절댓값 ➡ $|-3|=3$

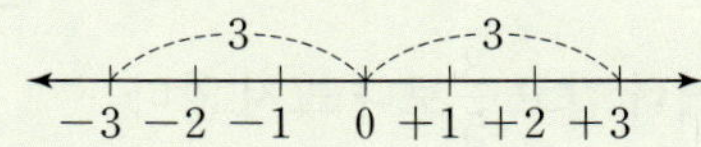

(2) 절댓값의 성질

① 양수와 음수의 절댓값은 그 수의 부호 $+$, $-$를 떼어 낸 수이다.

② 0의 절댓값은 0이다. 즉, $|0|=0$

③ 절댓값이 $a\,(a>0)$인 수는 $+a$, $-a$의 2개가 있다.

④ 원점에서 멀수록 절댓값이 크다.

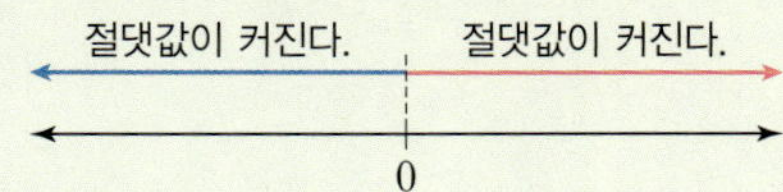

개념 4 수의 대소 관계 → 08

수직선에서 오른쪽에 있는 수가 왼쪽에 있는 수보다 더 크다.

(1) 양수는 0보다 크고, 음수는 0보다 작다.

예 $0<5$, $-1<0$

(2) 양수는 음수보다 크다.

예 $-2<1$

(3) 양수끼리는 절댓값이 큰 수가 더 크다.

예 $3<7$

(4) 음수끼리는 절댓값이 큰 수가 더 작다.

예 $-6<-4$

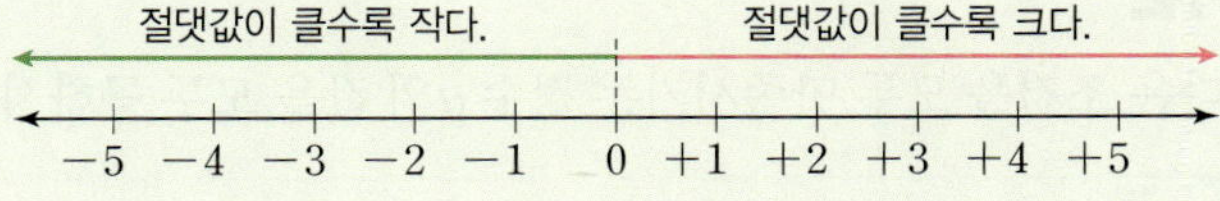

05

다음 중 옳지 <u>않은</u> 것은?

① $\dfrac{5}{2}$와 -2.5의 절댓값은 같다.

② 양수의 절댓값은 자기 자신과 같다.

③ 절댓값이 가장 작은 수는 0이다.

④ 절댓값이 같은 수는 항상 2개이다.

⑤ 음수의 절댓값은 양수이다.

06

다음 수를 수직선 위에 점으로 나타낼 때, 0을 나타내는 점으로부터 가장 가까이 있는 점이 나타내는 수는?

① -3　　　② $\dfrac{10}{3}$　　　③ $-\dfrac{7}{4}$

④ -2　　　⑤ $-\dfrac{14}{5}$

07

두 수 x, y의 절댓값은 같고, x가 y보다 6만큼 크다. 이때 x, y의 값을 각각 구하시오.

08

다음 보기에서 두 수의 대소 관계가 옳은 것을 모두 고르시오.

보기

ㄱ. $\dfrac{5}{3}<\dfrac{13}{8}$　　　　　ㄴ. $0<|-7|$

ㄷ. $-2.6<-\dfrac{11}{5}$　　　　ㄹ. $|-1.4|<\left|\dfrac{7}{6}\right|$

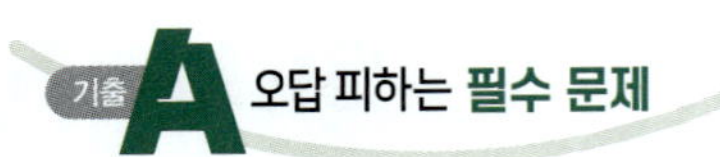

개념 5 부등호의 사용 → **09, 10**

(1) $x>a$ ➡ x는 a보다 크다.

x는 a 초과이다.

(2) $x<a$ ➡ x는 a보다 작다.

x는 a 미만이다.

(3) $x≥a$ ➡ x는 a보다 크거나 같다.

x는 a보다 작지 않다.

x는 a 이상이다.

(4) $x≤a$ ➡ x는 a보다 작거나 같다.

x는 a보다 크지 않다.

x는 a 이하이다.

(예) a는 -1보다 크거나 같다. ➡ $a≥-1$

a는 4보다 작거나 같다. ➡ $a≤4$

a는 3보다 작지 않다. ➡ $a≥3$

a는 -5보다 크지 않다. ➡ $a≤-5$

(참고) 세 수의 대소 관계도 부등호를 사용하여 나타낼 수 있다.

(예) a는 -3보다 크고 4보다 작거나 같다. ➡ $-3<a≤4$

기호 '$≥$'는 '$>$ 또는 $=$'를, 기호 '$≤$'는 '$<$ 또는 $=$'를 의미한다.

개념 6 절댓값의 범위 심화 → **11, 12**

(1) $|x|<a\,(a>0)$ ➡ $-a<x<a$

(예) $|x|<2$ ➡ $-2<x<2$

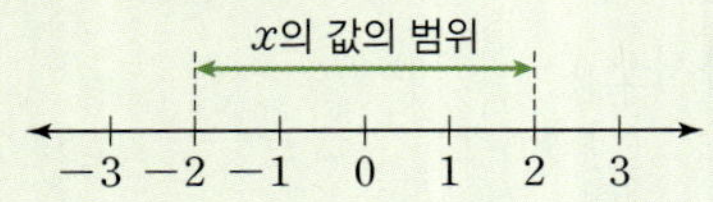

(2) $|x|>a\,(a>0)$ ➡ $x>a$ 또는 $x<-a$

(예) $|x|>2$ ➡ $x>2$ 또는 $x<-2$

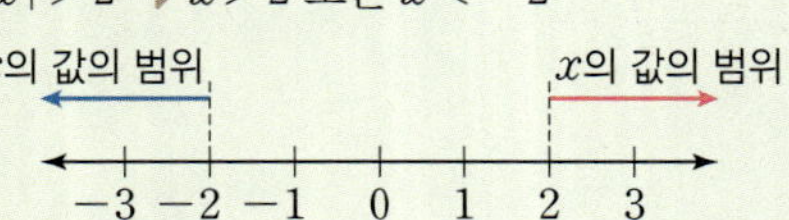

(3) $|a|=|b|$ ➡ $a=b$ 또는 $a=-b$

(활용 tip) 절댓값의 범위가 나오는 문제는 절댓값이 없는 문자의 범위로 풀어서 해결한다.

09

다음 중 부등호를 사용하여 바르게 나타낸 것은?

① a는 3 미만이다. ➡ $a≤3$

② a는 -1보다 작지 않다. ➡ $a>-1$

③ a는 $-\dfrac{2}{7}$ 이상 $\dfrac{5}{4}$ 미만이다. ➡ $-\dfrac{2}{7}<a≤\dfrac{5}{4}$

④ a는 1보다 크고 $\dfrac{7}{2}$보다 작거나 같다. ➡ $1≤a<\dfrac{7}{2}$

⑤ a는 -8보다 크거나 같고 $\dfrac{3}{5}$보다 크지 않다.

➡ $-8≤a≤\dfrac{3}{5}$

10

$-\dfrac{13}{3}$보다 크거나 같고 3보다 크지 않은 정수 a의 개수를 구하시오.

11

절댓값이 $\dfrac{31}{8}$보다 작은 정수의 개수를 구하시오.

12

다음 조건을 모두 만족시키는 정수 a의 값을 모두 구하시오.

(개) $|a|<3$

(내) a는 $-\dfrac{16}{3}$ 이상이고 2 미만이다.

유형 1 정수와 유리수

01

다음 수 중 양의 유리수의 개수를 a, 음의 정수의 개수를 b, 정수가 아닌 유리수의 개수를 c라 할 때, $a+b-c$의 값은?

$$3.14, \quad -1, \quad +8, \quad -\frac{4}{3}, \quad 0, \quad 2, \quad -2.9, \quad -\frac{28}{7}$$

① 1 　　② 2 　　③ 3
④ 4 　　⑤ 5

02

다음 보기에서 옳은 것을 모두 고른 것은?

> 보기
> ㄱ. 정수 중에는 유리수가 아닌 수도 있다.
> ㄴ. 0과 1 사이에는 정수가 없다.
> ㄷ. 유리수는 양수와 음수로 이루어져 있다.
> ㄹ. 모든 유리수는 수직선 위의 점으로 나타낼 수 있다.

① ㄱ, ㄴ 　　② ㄱ, ㄷ 　　③ ㄴ, ㄷ
④ ㄴ, ㄹ 　　⑤ ㄷ, ㄹ

03

유리수 x에 대하여 $\langle x \rangle = \begin{cases} 0 \ (x\text{는 정수}) \\ 1 \ (x\text{는 정수가 아닌 유리수}) \end{cases}$ 라 할 때, 다음을 만족시키는 a의 값이 될 수 <u>없는</u> 것은?

$$\langle a \rangle + \langle 0 \rangle + \left\langle \frac{3}{4} \right\rangle + \left\langle -\frac{6}{3} \right\rangle = 2$$

① -3.1 　　② $-\dfrac{6}{5}$ 　　③ $\dfrac{3}{4}$
④ $\dfrac{4}{2}$ 　　⑤ 2.7

유형 2 수직선 　틀리기 쉬운!

04

수직선에서 $\dfrac{5}{3}$에 가장 가까운 정수를 a, $-\dfrac{15}{4}$에 가장 가까운 정수를 b라 할 때, 수직선에서 a, b를 나타내는 두 점 사이의 거리를 구하시오.

05

수직선에서 두 수 a, b를 나타내는 두 점 사이의 거리가 12이고, 두 점으로부터 같은 거리에 있는 점이 나타내는 수가 3일 때, a, b의 값을 각각 구하시오. (단, $a<b$)

06 　앗! 실수 주의

수직선에서 5를 나타내는 점으로부터 3만큼 떨어진 두 점 중 한 점이 나타내는 수를 a, 10을 나타내는 점으로부터 7만큼 떨어진 두 점 중 한 점이 나타내는 수를 b라 하자. $a+b$의 값 중 가장 큰 수를 M, 가장 작은 수를 N이라 할 때, $M-N$의 값은?

① 16 　　② 17 　　③ 18
④ 19 　　⑤ 20

오답 코칭 가능한 a, b의 값을 모두 구한 후, $a+b$의 값을 생각한다.

07

수직선 위에 있는 5개의 점 A, B, C, D, E가 다음 조건을
모두 만족시킨다. 점 A가 나타내는 수가 0일 때, 두 점 B, C
가 나타내는 수를 각각 구하시오.

> (개) 점 A는 점 C보다 3만큼 왼쪽에 있다.
>
> (내) 점 D는 점 A보다 1만큼 왼쪽에 있고, 점 E보다 4만
> 큼 오른쪽에 있다.
>
> (대) 점 B는 점 E보다 1만큼 오른쪽에 있다.

08 서술형 ▶

다음 수직선에서 두 점 B, E가 나타내는 수가 각각 -3, 3
이고, 5개의 점 A, B, C, D, E 사이의 간격이 모두 같을 때,
세 점 A, C, D가 나타내는 수를 각각 구하시오.

$$\text{A} \quad \text{B} \quad \text{C} \quad \text{D} \quad \text{E}$$
$$\qquad\ -3 \qquad\qquad\quad 3$$

09

수직선에서 서로 다른 두 수 a, b를 나타내는 점으로부터 같
은 거리에 있는 점이 나타내는 수가 2이고, -2를 나타내는
점과 a를 나타내는 점 사이의 거리가 4이다. 이때 b의 값은?

① 6   ② 8   ③ 10

④ 12   ⑤ 14

10

절댓값이 같고 부호가 반대인 두 수 a, b에 대하여 a는 b보
다 9만큼 크다고 할 때, a와 b 사이에 있는 정수의 개수는?

① 6   ② 7   ③ 8

④ 9   ⑤ 10

11

다음 보기에서 옳은 것을 모두 고르시오.

> 보기
>
> ㄱ. $a > 0$이면 $|-a| = a$이다.
>
> ㄴ. $a < 0$이면 $|a| = a$이다.
>
> ㄷ. 절댓값이 가장 작은 정수는 -1과 1이다.
>
> ㄹ. $a = -b$이면 $|a| = |b|$이다.

12

$|a| + |b| = 3$을 만족시키는 두 정수 a, b를 (a, b)로 나타
낼 때, (a, b)의 개수는?

① 12   ② 13   ③ 14

④ 15   ⑤ 16

13

다음 조건을 모두 만족시키는 두 수 a, b의 값을 각각 구하시오.

> (가) $|a| = 3 \times |b|$
> (나) $b < 0 < a$
> (다) a, b를 나타내는 두 점 사이의 거리는 12이다.

14

우수 학군 출제

수직선에서 서로 다른 두 수 x, y를 나타내는 점으로부터 같은 거리에 있는 점이 나타내는 수가 8이다. x의 절댓값이 5일 때, y의 값이 될 수 있는 수 중 소수는?

① 7   ② 11   ③ 13
④ 17   ⑤ 19

15

실수 주의

두 수 x, y에 대하여 $|x-5|=4$, $|y-2|=1$일 때, $x+y$의 값 중 가장 작은 수를 구하시오.

오답 코칭 / $|x-5|=4$, $|y-2|=1$임을 이용하여 가능한 x, y의 값을 모두 구해 본다.

16

두 수 x, y에 대하여 $|x| = \left| -\dfrac{5}{2} \right|$, $|y| = \left| \dfrac{10}{3} \right|$이고, x보다 큰 수 중 가장 작은 정수를 X, y보다 작은 수 중 가장 큰 정수를 Y라 할 때, $|X| + |Y|$의 값 중 가장 큰 수는?

① 5   ② 6   ③ 7
④ 8   ⑤ 9

17

실력 UP ↑

두 수 a, b에 대하여

$$a \triangle b = (a, b \text{ 중에서 절댓값이 큰 수}),$$
$$a \triangledown b = (a, b \text{ 중에서 절댓값이 작은 수})$$

라 할 때, $\left\{ 3 \triangle \left(-\dfrac{7}{2} \right) \right\} \triangledown \left\{ \left(-\dfrac{16}{3} \right) \triangle (-6) \right\}$의 값을 구하시오.

유형 **4** 수의 대소 관계

18

$-\dfrac{7}{5}$과 $\dfrac{25}{6}$ 사이에 있는 수 중 가장 큰 정수의 절댓값과 가장 작은 정수의 절댓값의 합은?

① 4   ② 5   ③ 6
④ 7   ⑤ 8

19

다음 수에 대한 설명으로 옳은 것은?

$$\frac{23}{11}, \quad 0, \quad -\frac{4}{9}, \quad 0.55, \quad -1, \quad \frac{7}{2}, \quad -3.6, \quad -\frac{28}{7}$$

① 가장 큰 수는 $\frac{23}{11}$이다.

② 가장 작은 수는 0이다.

③ 절댓값이 가장 큰 수는 -3.6이다.

④ 절댓값이 가장 작은 수는 $-\frac{4}{9}$이다.

⑤ 원점으로부터 두 번째로 멀리 떨어져 있는 수는 -3.6이다.

20 서술형▶

$-\frac{11}{4}$에 가장 가까운 정수를 x, $\frac{26}{9}$에 가장 가까운 정수를 y라 할 때, x와 y 사이에 있는 모든 정수의 절댓값의 합을 구하시오.

21 앗! 실수 주의

두 유리수 $-\frac{2}{5}$와 $\frac{1}{3}$ 사이에 있는 정수가 아닌 유리수를 기약분수로 나타낼 때, 분모가 15인 수의 개수를 구하시오.

오답 코칭╱기약분수이므로 분자는 3의 배수나 5의 배수가 될 수 없음에 주의한다.

22

우수 학군 출제

준서와 예은이는 다음과 같은 게임 규칙을 만들었다.

❶ 준서가 기약분수를 말할 때마다 예은이는 그것보다 작은 정수 중 가장 큰 수를 말한다.

❷ ❶에서 준서가 기약분수를 말할 때, 분모는 모두 달라야 한다.

두 사람이 위의 규칙에 따라 아래 표와 같이 5회에 걸쳐 게임을 하였을 때, 물음에 답하시오.

	1회	2회	3회	4회	5회
준서	$-\frac{3}{2}$	$\frac{9}{5}$	$-\frac{10}{3}$	㉮	$\frac{13}{4}$
예은	a	b	c	2	d

(1) 네 정수 a, b, c, d의 값을 각각 구하시오.

(2) 다음 중 ㉮에 들어갈 수로 알맞은 것은?

① $\frac{11}{6}$ ② $\frac{13}{6}$ ③ $\frac{9}{4}$

④ $\frac{22}{7}$ ⑤ $\frac{19}{6}$

23

다음 중 절댓값이 $\frac{1}{2}$ 이상 $\frac{3}{2}$ 미만인 수가 <u>아닌</u> 것은?

① -1.3 ② -0.7 ③ -0.4

④ 0.9 ⑤ 1.4

24

다음 조건을 모두 만족시키는 정수 x의 개수를 구하시오.

(가) x는 -4보다 작지 않고 $\frac{15}{2}$ 미만이다.

(나) x의 절댓값은 5보다 크지 않다.

25 앗! 실수 주의

절댓값이 n 이하인 정수가 37개일 때, 자연수 n의 값은?

① 16　　　　② 17　　　　③ 18

④ 19　　　　⑤ 20

오답 코칭 / 절댓값이 0인 수는 1개, 절댓값이 양의 정수인 수는 2개이다.

발전 유형 6 조건이 주어진 수의 대소 관계

26

다음 조건을 모두 만족시키는 서로 다른 세 수 x, y, z를 작은 수부터 차례대로 쓰시오.

> ㈎ x, y는 모두 -2보다 크다.
> ㈏ z는 y보다 0에 더 가깝다.
> ㈐ x의 절댓값은 2보다 크다.
> ㈑ y는 음수이다.

27

두 수 a, b에 대하여 $a<0$, $b>0$, $|a|>|b|$일 때, a, b, $-a$, $-b$를 큰 수부터 차례대로 쓰시오.

28

다음 보기에서 $|x|<|y|$인 두 수 x, y에 대한 설명으로 옳은 것을 모두 고르시오.

> **보기**
> ㄱ. x는 y보다 작다.
> ㄴ. y가 음수이면 x도 음수이다.
> ㄷ. $x=0$이면 y는 양수이다.
> ㄹ. $-|y|<x<|y|$
> ㅁ. 수직선에서 x를 나타내는 점이 y를 나타내는 점보다 원점에 더 가깝다.
> ㅂ. x, y가 모두 음수이면 수직선에서 x를 나타내는 점은 y를 나타내는 점보다 왼쪽에 있다.

29 우수 학군 출제

다음 조건을 만족시키는 5개의 수 a, b, c, d, e를 작은 수부터 차례대로 쓴 것은?

> ㈎ a는 $\dfrac{11}{6}$에 가장 가까운 정수이다.
> ㈏ b는 3 초과이다.
> ㈐ c는 음수이고, $|c|>4$이다.
> ㈑ d는 -2보다 크고 -0.5보다 크지 않은 정수이다.
> ㈒ e는 $-\dfrac{22}{7}<e<\dfrac{13}{3}$을 만족시키는 음의 정수 중 절댓값이 두 번째로 큰 수이다.

① b, d, a, c, e　　　　② b, d, c, e, a
③ c, e, a, d, b　　　　④ c, e, d, a, b
⑤ d, a, c, e, b

01

6개의 수 $a_1, a_2, a_3, a_4, a_5, a_6$에 대하여 $|a_1-2|=1$, $|a_2-4|=3$, $|a_3-6|=5$, $|a_4-8|=7$, $|a_5-10|=9$, $|a_6-12|=11$일 때, $a_1+a_2+a_3+a_4+a_5+a_6$의 값 중 두 번째로 큰 수를 구하시오.

02 서술형 ▶

$x<y$이고 $|x|+|y|<5$를 만족시키는 두 정수 x, y를 (x, y)로 나타낼 때, (x, y)의 개수를 구하시오.

단계 ❶ 가능한 $|x|$의 값 모두 구하기

단계 ❷ 가능한 (x, y) 모두 구하기

단계 ❸ (x, y)의 개수 구하기

03

0이 아닌 두 정수 x, y에 대하여 $|x|<6$이고, $\dfrac{y}{x}$는 정수가 아닌 유리수일 때, $\dfrac{y}{x}$보다 큰 정수 중 가장 작은 수가 2인 경우는 몇 가지인지 구하시오.

04

수직선 위의 서로 다른 네 점 A, B, C, D가 나타내는 수를 각각 a, b, c, d라 할 때, 다음 조건을 모두 만족시키는 a, b, c, d를 작은 수부터 차례로 쓰시오.

> (개) 점 B는 점 A보다 원점으로부터 2배만큼 더 멀리 떨어져 있다.
> (내) 점 C는 점 A와 점 B로부터 같은 거리만큼 떨어져 있다.
> (대) 점 A와 점 C는 원점을 기준으로 서로 반대 방향에 있다.
> (래) 점 D는 원점으로부터 가장 멀리 떨어져 있다.
> (매) 네 점 중 한 점만 원점의 왼쪽에 있다.

05

다음 조건을 모두 만족시키는 서로 다른 세 수 x, y, z에 대하여 옳은 것을 모두 고르면? (정답 2개)

> (개) $|x|>|-5|$
> (내) x와 y는 5보다 작다.
> (대) y와 z의 절댓값이 같다.
> (래) 수직선에서 z를 나타내는 점이 x를 나타내는 점보다 원점으로부터 더 멀리 떨어져 있다.

① $x>0$ ② $y<-5$ ③ $z<5$
④ $x>y$ ⑤ $x>z$

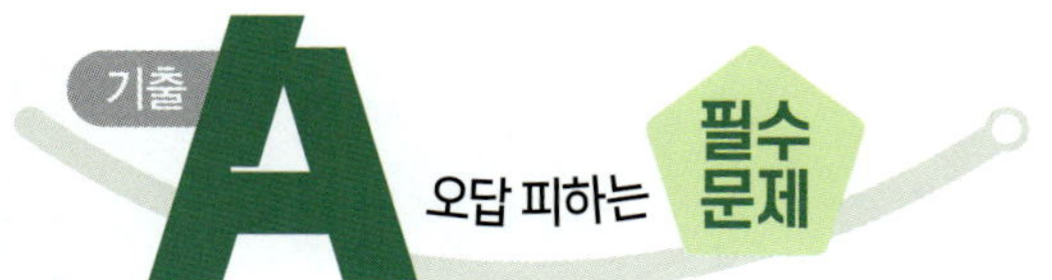

개념 1 유리수의 덧셈과 뺄셈 ➜ 01, 02, 03, 04

(1) 유리수의 덧셈

① 부호가 같은 두 수의 덧셈 : 두 수의 절댓값의 합에 공통인 부호를 붙인다.

예 $(+1)+(+2)=+(1+2)=+3$

$\quad\ (-1)+(-2)=-(1+2)=-3$

② 부호가 다른 두 수의 덧셈 : 두 수의 절댓값의 차에 절댓값이 큰 수의 부호를 붙인다.

예 $(+3)+(-4)=-(4-3)=-1$

$\quad\ (-3)+(+4)=+(4-3)=+1$

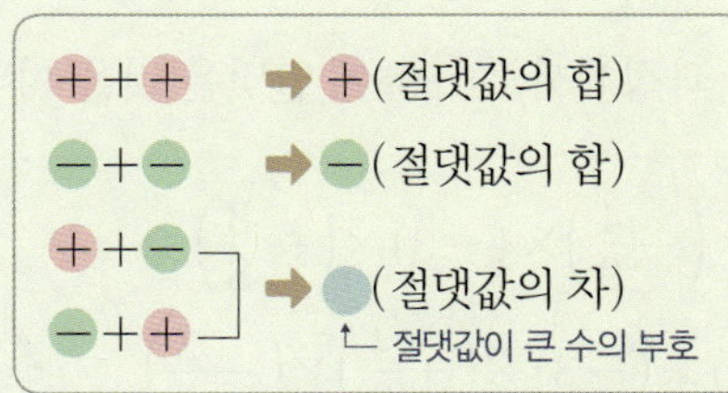

참고 ① 절댓값이 같고 부호가 다른 두 수의 합은 0이다.

② 어떤 수와 0의 합은 그 수 자신이다.

(2) 덧셈의 계산 법칙

세 수 a, b, c에 대하여

① 덧셈의 교환법칙 : $a+b=b+a$

② 덧셈의 결합법칙 : $(a+b)+c=a+(b+c)$

참고 세 수의 덧셈에서는 $(a+b)+c=a+(b+c)$이므로 괄호를 사용하지 않고 $a+b+c$와 같이 나타낼 수 있다.

(3) 유리수의 뺄셈

빼는 수의 부호를 바꾸어 더한다.

예 $(+2)-(+4)=(+2)+(-4)=-2$

$\quad\ (+2)-(-4)=(+2)+(+4)=+6$

참고 덧셈과 뺄셈 사이의 관계

▲＋●＝■ ➡ ▲＝■－●, ●＝■－▲

▲－●＝■ ➡ ▲＝■＋●, ●＝▲－■

(4) 덧셈과 뺄셈의 혼합 계산

뺄셈을 덧셈으로 바꾼 후 덧셈의 계산 법칙을 이용하여 계산한다.

예 $(+3)-(+4)+(-1)=(+3)+(-4)+(-1)$

$\qquad\qquad\qquad\quad =(+3)+\{(-4)+(-1)\}$

$\qquad\qquad\qquad\quad =(+3)+(-5)=-2$

참고 부호가 생략된 수의 덧셈과 뺄셈

➜ 생략된 양의 부호 ＋를 넣고, 뺄셈을 덧셈으로 바꾼 후 계산한다.

01

다음 중 계산 결과가 가장 작은 것은?

① $(+9)+(-13)$ ② $(-1)+(-4)$

③ $\left(-\dfrac{7}{4}\right)+\left(-\dfrac{9}{5}\right)$ ④ $\left(+\dfrac{1}{6}\right)+\left(-\dfrac{17}{4}\right)$

⑤ $(+3.5)+\left(-\dfrac{23}{5}\right)$

02

다음 계산 과정에서 ㉠~㉣에 알맞은 것을 써넣으시오.

$$1+2+3+4+\cdots+10$$
$$=1+10+2+9+3+8+4+7+5+6 \quad \text{덧셈의 ㉠ 법칙}$$
$$=(1+10)+(2+9)+(3+8)+(4+7) \quad \text{덧셈의 ㉡ 법칙}$$
$$\quad +(5+6)$$
$$=11+11+\boxed{㉢}+11+11$$
$$=\boxed{㉣}$$

03

다음 중 계산 결과가 음수인 것을 모두 고르면? (정답 2개)

① $(-7)-(+7)$ ② $(-1.5)-(+1.8)$

③ $(-7.5)-(-9.5)$ ④ $\left(-\dfrac{7}{4}\right)-(-2)$

⑤ $\left(+\dfrac{7}{6}\right)-\left(+\dfrac{2}{3}\right)$

04

어떤 유리수에 $-\dfrac{5}{2}$를 더해야 할 것을 잘못하여 빼었더니 $\dfrac{4}{5}$가 되었다. 바르게 계산한 값을 구하시오.

개념 2 유리수의 곱셈 → 05, 06, 07, 08, 09

(1) 유리수의 곱셈

① 부호가 같은 두 수의 곱셈 : 두 수의 절댓값의 곱에 양의 부호 $+$ 를 붙인다.

　예 $(+2)\times(+3)=+6$, $(-2)\times(-3)=+6$

② 부호가 다른 두 수의 곱셈 : 두 수의 절댓값의 곱에 음의 부호 $-$ 를 붙인다.

　예 $(+2)\times(-3)=-6$, $(-2)\times(+3)=-6$

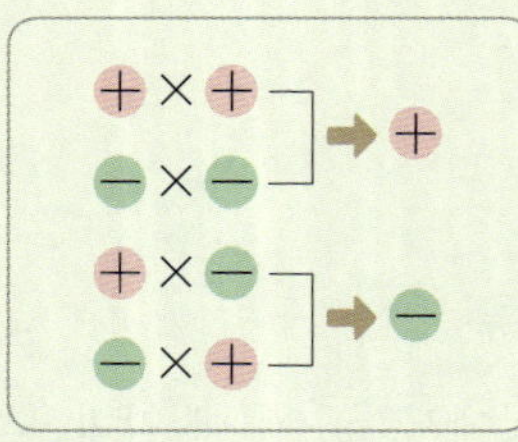

참고 어떤 수와 0의 곱은 항상 0이다.

(2) 곱셈의 계산 법칙

세 수 a, b, c에 대하여

① 곱셈의 교환법칙 : $a\times b=b\times a$

② 곱셈의 결합법칙 : $(a\times b)\times c=a\times(b\times c)$

　참고 세 수의 곱셈에서는 $(a\times b)\times c=a\times(b\times c)$ 이므로 괄호를 사용하지 않고 $a\times b\times c$와 같이 나타낼 수 있다.

(3) 세 개 이상의 수의 곱셈

① 곱해진 음수의 개수에 따라 부호를 정한다.

곱해진 음수가 $\begin{cases} \text{짝수 개} \rightarrow + \\ \text{홀수 개} \rightarrow - \end{cases}$

② 음수의 거듭제곱의 부호

지수가 $\begin{cases} \text{짝수} \rightarrow + \\ \text{홀수} \rightarrow - \end{cases}$

　예 $(-1)^4=+1$, $(-1)^3=-1$

(4) 덧셈에 대한 곱셈의 분배법칙

세 수 a, b, c에 대하여

① $a\times(b+c)=a\times b+a\times c$

② $(a+b)\times c=a\times c+b\times c$

05

다음 중 계산 결과가 0에 가장 가까운 것은?

① $(-3)\times(+2)$
② $\left(+\dfrac{2}{3}\right)\times\left(+\dfrac{7}{2}\right)$
③ $\left(-\dfrac{4}{5}\right)\times\left(-\dfrac{5}{8}\right)$
④ $(-0.6)\times(+5)$
⑤ $\left(-\dfrac{1}{5}\right)\times(+0.5)$

06

다음 계산 과정에서 (개)~(래)에 알맞은 것을 써넣으시오.

$$(-4)\times\left(+\dfrac{4}{9}\right)\times(-3)\times\left(-\dfrac{3}{8}\right)$$
$$=(-4)\times(-3)\times\left(+\dfrac{4}{9}\right)\times\left(-\dfrac{3}{8}\right) \quad \boxed{\text{(가)}}$$
$$=\{(-4)\times(-3)\}\times\left\{\left(+\dfrac{4}{9}\right)\times\left(-\dfrac{3}{8}\right)\right\} \quad \boxed{\text{(나)}}$$
$$=(+12)\times\left(\boxed{\text{(다)}}\right)=\boxed{\text{(라)}}$$

07

다음을 계산하시오.

$$\left(\dfrac{1}{2}-1\right)\times\left(\dfrac{1}{3}-1\right)\times\left(\dfrac{1}{4}-1\right)\times\cdots\times\left(\dfrac{1}{20}-1\right)$$

08

$(-1)+(-1)^3+(-1)^5+\cdots+(-1)^{99}$을 계산하시오.

09

세 수 a, b, c에 대하여 $a\times b=10$, $a\times c=-5$일 때, $a\times(b+c)$의 값을 구하시오.

개념 **3** 유리수의 나눗셈 ➡ 10, 11

(1) 유리수의 나눗셈

① 부호가 같은 두 수의 나눗셈 : 두 수의 절댓값의 나눗셈의 몫에 양의 부호 ➕를 붙인다.

예 $(+4) \div (+2) = +2$, $(-4) \div (-2) = +2$

② 부호가 다른 두 수의 나눗셈 : 두 수의 절댓값의 나눗셈의 몫에 음의 부호 ➖를 붙인다.

예 $(+4) \div (-2) = -2$, $(-4) \div (+2) = -2$

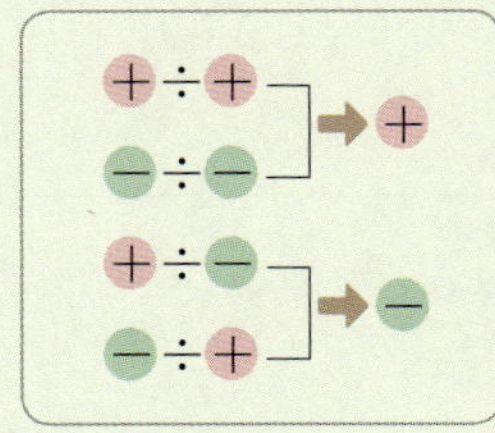

(2) 역수를 이용한 유리수의 나눗셈

① 역수 : 두 수의 곱이 1이 될 때, 한 수를 다른 수의 역수라 한다.

예 -5의 역수는 $-\dfrac{1}{5}$이고, $-\dfrac{1}{5}$의 역수는 -5이다.

참고 0에 어떤 수를 곱하여도 1이 될 수 없으므로 0의 역수는 생각하지 않는다.

② 역수를 이용한 나눗셈 : 나누는 수의 역수를 곱하여 계산한다.

예 $(+3) \div \left(-\dfrac{3}{4}\right) = (+3) \times \left(-\dfrac{4}{3}\right) = -4$

참고 곱셈과 나눗셈 사이의 관계

$\blacktriangle \times \bullet = \blacksquare \Rightarrow \blacktriangle = \blacksquare \div \bullet$, $\bullet = \blacksquare \div \blacktriangle$

실화tip 분모 또는 분자가 분수인 수의 계산

① $\dfrac{\frac{A}{B}}{\frac{C}{D}} = \dfrac{A}{B} \div \dfrac{C}{D} = \dfrac{A}{B} \times \dfrac{D}{C} = \dfrac{A \times D}{B \times C}$

② $\dfrac{1}{\frac{A}{B}} = 1 \div \dfrac{A}{B} = 1 \times \dfrac{B}{A} = \dfrac{B}{A}$

개념 **4** 유리수의 혼합 계산 ➡ 12, 13

❶ 거듭제곱이 있으면 거듭제곱을 먼저 계산한다.

❷ 괄호가 있으면 괄호 안을 먼저 계산한다.

이때 괄호는 소괄호 ( ) ➡ 중괄호 { }

➡ 대괄호 [ ]의 순서로 계산한다.

❸ 곱셈과 나눗셈을 계산한다.

❹ 덧셈과 뺄셈을 계산한다.

10

다음 중 계산 결과가 옳은 것은?

① $(-42) \div (-7) = -6$

② $\left(-\dfrac{5}{2}\right) \div \left(+\dfrac{15}{8}\right) = -\dfrac{4}{3}$

③ $\left(+\dfrac{1}{4}\right) \div \left(-\dfrac{5}{12}\right) = \dfrac{3}{5}$

④ $\left(-\dfrac{3}{5}\right) \div \left(-\dfrac{3}{20}\right) = \dfrac{1}{4}$

⑤ $\left(+\dfrac{3}{4}\right) \div (-1.5) = -2$

11

$\left(-\dfrac{2}{3}\right)^2$의 역수를 -2.5의 역수로 나눈 값을 구하시오.

12

다음 식에 대하여 물음에 답하시오.

$$7 \div \left[5 - \left\{3 + \left(-\dfrac{5}{2}\right)^2 \times \dfrac{3}{5}\right\}\right]$$
$$\quad \uparrow \quad\quad \uparrow \quad\quad \uparrow \quad\quad \uparrow \quad\quad \uparrow$$
$$\quad ㉠ \quad\quad ㉡ \quad\quad ㉢ \quad\quad ㉣ \quad\quad ㉤$$

(1) 위의 식의 계산 순서를 차례대로 나열하시오.

(2) 위의 식을 계산하시오.

13

수직선에서 두 수 $-\dfrac{12}{5}$와 $\dfrac{4}{3}$를 나타내는 점으로부터 같은 거리에 있는 점이 나타내는 수는?

① $-\dfrac{13}{15}$ ② $-\dfrac{8}{15}$ ③ 0

④ $\dfrac{8}{15}$ ⑤ $\dfrac{13}{15}$

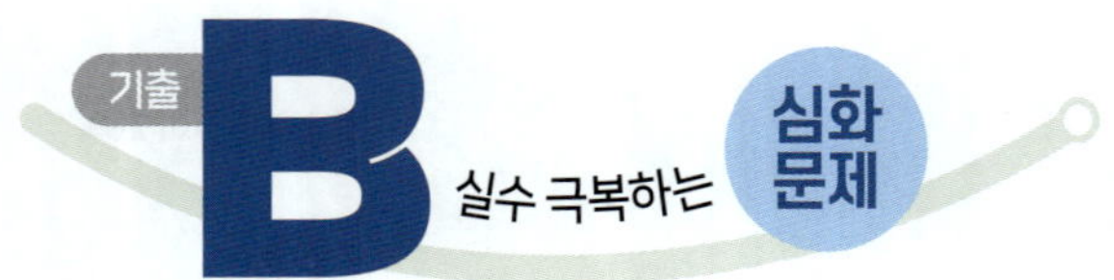

유형 1 유리수의 덧셈과 뺄셈

01

다음 계산 결과를 수직선 위에 점으로 나타내었을 때, 왼쪽에서 두 번째에 위치하는 것은?

① $(+2)+(-5)$

② $\left(-\dfrac{5}{6}\right)+\left(+\dfrac{2}{3}\right)$

③ $\left(-\dfrac{2}{5}\right)-(+1)$

④ $(-4)+(-3)-(-7)$

⑤ $(-4.2)-(+2.8)-(-5.9)$

02

두 수 a, b에 대하여 $|a|=2$, $|b|=7$이다. $b-a$의 값 중 가장 큰 수를 M, 가장 작은 수를 N이라 할 때, $M-N$의 값은?

① -18　　　② -9　　　③ 0

④ 9　　　⑤ 18

03 서술형 ▶

3보다 $-\dfrac{5}{2}$만큼 큰 수를 a, -5보다 $-\dfrac{4}{3}$만큼 작은 수를 b라 할 때, a와 b 사이에 있는 정수의 개수를 구하시오.

04

다음 조건을 모두 만족시키는 네 수 a, b, c, d의 값을 각각 구하시오.

> (개) a는 -2보다 $\dfrac{7}{3}$만큼 큰 수이다.
>
> (내) b는 1보다 $-\dfrac{4}{3}$만큼 작은 수이다.
>
> (대) c는 $-\dfrac{3}{2}$보다 d만큼 큰 수이다.
>
> (래) $a-b=-c$

05

1부터 100까지의 자연수 중에서 모든 홀수의 합을 A, 모든 짝수의 합을 B라 할 때, $A-B$의 값을 구하시오.

06

자연수 n에 대하여 $\dfrac{1}{n\times(n+1)}=\dfrac{1}{n}-\dfrac{1}{n+1}$이 성립함을 이용하여 $\dfrac{1}{6}+\dfrac{1}{12}+\dfrac{1}{20}+\dfrac{1}{30}+\dfrac{1}{42}+\dfrac{1}{56}$의 값을 구하시오.

07

두 유리수 a, b에 대하여 $a*b=(a$와 b의 차)라 하자. 예를 들어 $2*5=3$이고 $(-1)*3=4$이다. 이때 $3*[\{4*(-2)\}*x]=1$을 만족시키는 모든 유리수 x의 값의 합은?

① 4   ② 8   ③ 12

④ 16   ⑤ 24

08

두 유리수 a, b에 대하여
$$a \circ b=(a+1)-(b+2), \quad a \star b=(a-2)-(1-b)$$
라 할 때, $\left(-\dfrac{7}{4}\right) \star \left\{\dfrac{1}{6} \circ \left(-\dfrac{7}{12}\right)\right\}$의 값을 구하시오.

09 앗! 실수 주의

두 유리수 x, y에 대하여 $x>0$, $y<0$일 때, 다음 수를 작은 것부터 차례대로 나열하시오.

$$x, \quad y, \quad x-y, \quad y-x, \quad x+y$$

오답 코칭 어떤 수에 양수를 더하면 값이 커지고, 음수를 더하면 값이 작아진다.

유형 2 유리수의 덧셈과 뺄셈의 활용

10

다음 수직선에서 점 A가 나타내는 수를 구하시오.

11

다음 수직선에서 네 점 A, B, C, D가 나타내는 수에 대한 설명 중 옳지 <u>않은</u> 것은?

① 점 A와 점 B 사이의 거리는 $\dfrac{5}{4}$이다.

② 점 B와 점 C 사이의 거리는 $\dfrac{21}{10}$이다.

③ 점 B와 점 D가 나타내는 수의 차는 $\dfrac{17}{6}$이다.

④ 세 점 A, B, D가 나타내는 수의 합은 $-\dfrac{1}{12}$이다.

⑤ 네 점 A, B, C, D가 나타내는 수 중에서 절댓값이 가장 큰 수와 가장 작은 수의 합은 $\dfrac{11}{6}$이다.

12

다음 ☐ 안에 $+$ 또는 $-$를 넣어 계산한 결과 중에서 가장 큰 값을 A, 가장 작은 값을 B라 할 때, $A-B$의 값은?

$$(-18)\ \square\ (+3)\ \square\ (-7)$$

① 12   ② 14   ③ 16

④ 18   ⑤ 20

13

다음 그림에서 연속으로 이웃하는 네 수의 합이 항상 1이 되도록 하는 a, b, c, d의 값을 각각 구하시오.

a	$-\dfrac{5}{3}$	b	$\dfrac{2}{3}$	$\dfrac{1}{2}$	c	d

14 서술형 ▶

다음 그림의 가로, 세로, 대각선에 놓인 수들의 합이 모두 같을 때, a, b의 값을 각각 구하시오.

a	1	$-\dfrac{4}{3}$
	$-\dfrac{1}{3}$	
$\dfrac{2}{3}$		b

15

오른쪽 그림은 가로로 이웃하는 두 수의 합을 바로 윗칸에 써넣은 것이다. $A+E$의 값을 구하시오.

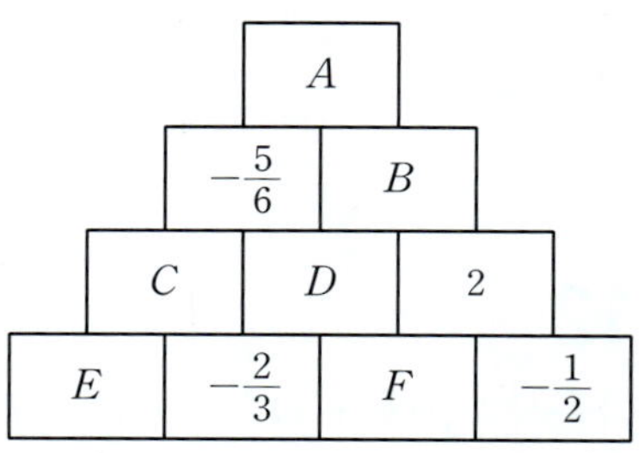

16

다음은 4개의 건물 A, B, C, D의 높이에 대한 설명이다. 가장 낮은 건물과 두 번째로 높은 건물의 높이의 차를 구하시오.

> (개) 건물 B는 건물 A보다 높이가 $\dfrac{5}{2}$ m 더 높다.
>
> (내) 건물 C는 건물 B보다 높이가 $\dfrac{5}{6}$ m 더 높다.
>
> (대) 건물 D는 건물 C보다 높이가 4 m 더 낮다.

17

세 유리수 x, y, z에 대하여 $x \times z = \dfrac{5}{3}$, $(x+y) \times z = 2$일 때, $y \times z$의 값을 구하시오.

18

분배법칙을 이용하여 다음을 계산하시오.

$$\frac{426 \times 2569 + 426 \times (-2239)}{33}$$

19 앗! 실수 주의

$3^7 \times 2 + \{(-3)^7 \times 18 + (-3)^7 \times (-8)\} \times \dfrac{1}{5} + 2$의 값을 구하시오.

오답 코칭 3^7, $(-3)^7$의 거듭제곱을 계산하지 않고 분배법칙을 이용한다.

20

네 유리수 $\dfrac{8}{3}$, $-\dfrac{10}{7}$, 3.5, -6 중에서 서로 다른 세 수를 택하여 곱한 값 중 가장 큰 수를 a, 가장 작은 수를 b라 할 때, $a+b$의 값은?

① -26 ② -13 ③ -1
④ 13 ⑤ 26

21

$x=-1$일 때, 다음 중 $-x^2$과 그 값이 같은 것을 모두 고르면? (정답 2개)

① x^5 ② $(-x)^8$ ③ $-x^{99}$
④ $-(-x)^5$ ⑤ $-(-x^8)$

22 앗! 실수 주의

$n\geq2$인 자연수 n에 대하여 다음을 계산하시오.

$$\frac{(-1)^{2n}-1^{2n+1}+(-1)^{2n+2}-1^{2n+3}+\cdots-1^{4n-1}+(-1)^{4n}}{(-1)+1^2+(-1)^3+1^4+\cdots+1^{2n-2}+(-1)^{2n-1}}$$

오답 코칭 $(-1)^n$에서 n이 짝수이면 1, n이 홀수이면 -1이다.

23 우수 학군 출제

두 정수 x, y에 대하여 다음 조건을 모두 만족시키는 x와 y를 찾아 (x, y)의 꼴로 나타내시오.

(가) $x>y$ (나) $x\times(y-5)=-24$ (다) $|x|<|y|$

24 실력UP↑

서로 다른 세 음의 정수의 곱은 -18이고 합은 -10일 때, 세 정수를 각각 구하시오.

유형 4 **유리수의 나눗셈**

25

두 수 a, b가 다음과 같을 때, $a\div b$의 값은?

$$a=\frac{4}{3}\div\left(-\frac{2}{5}\right)\times\frac{9}{10}, \quad b=-0.4\div(-2)^3\times\frac{4}{3}$$

① -45 ② -15 ③ -5
④ 15 ⑤ 45

26

$(-1.5)\times a=1$을 만족시키는 유리수 a에 대하여 $a\times\left(-\frac{21}{10}\right)\div\frac{14}{15}$의 값을 구하시오.

27

다음 네 개의 유리수 중에서 서로 다른 두 수를 택하여 나눈 값 중 가장 큰 수와 가장 작은 수를 각각 구하시오.

$$-\frac{7}{9}, \quad -\frac{7}{2}, \quad 3.5, \quad 2$$

28

오른쪽 그림에서 삼각형의 각 변에 놓인 세 수를 곱한 결과가 모두 같을 때, x, y의 값을 각각 구하시오.

(단, $x \times y \neq 0$)

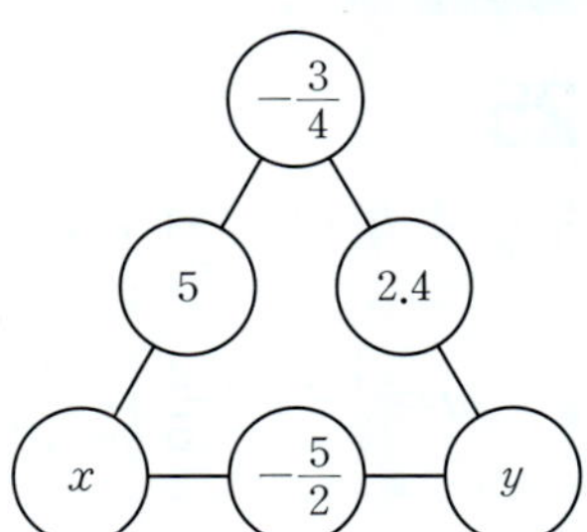

29 ↯앗! 실수 주의

오른쪽 그림과 같은 전개도를 접어서 정육면체를 만들 때, 서로 마주 보는 면에 적힌 두 수의 곱이 1이 된다고 한다. $a+b+c$의 값을 구하시오.

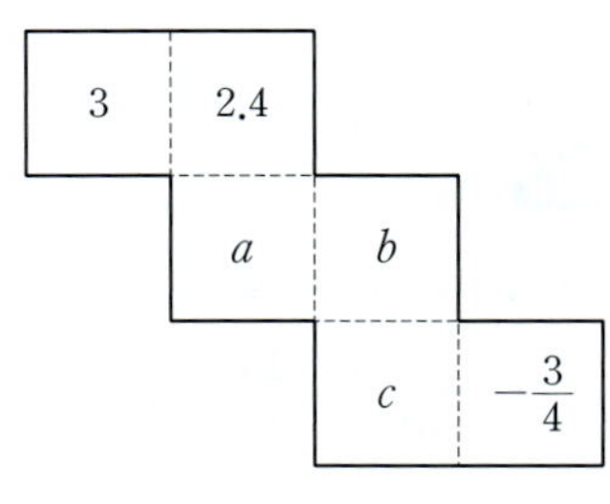

오답코칭 서로 마주 보는 면에 적힌 두 수는 서로 역수 관계이다.

30 실력UP↑

어떤 유리수 x가 -1보다 크고 0보다 작을 때, 다음 중 가장 큰 수와 가장 작은 수를 각각 구하시오.

$$-x, \quad x^2, \quad -x^3, \quad \frac{1}{x}, \quad -\frac{1}{x^2}$$

유형 **5** 유리수의 혼합 계산 틀리기 쉬운!

31

다음 중 계산 결과가 세 번째로 큰 것은?

① $-4+2-3$

② $\dfrac{7}{2} \div \left(-\dfrac{7}{6}\right) - \dfrac{6}{5}$

③ $(-2)^4 \div 4 \times (-3) + 10$

④ $24 \times \left(-\dfrac{1}{4}\right)^2 - 124 \times \left(-\dfrac{1}{4}\right)^2$

⑤ $\left(-\dfrac{2}{3}\right)^3 \times (-9) + \left(-\dfrac{1}{5}\right) \div 0.2$

32

다음과 같이 화살표의 방향으로 차례대로 뺄셈, 나눗셈, 덧셈, 곱셈을 하는 계산이 있다. 물음에 답하시오.

$$(-3)^2 \xrightarrow{\text{—}} \frac{7}{2} \xrightarrow{\div} \frac{11}{5} \xrightarrow{+} \left(-\frac{1}{2}\right) \xrightarrow{\times} (-4)$$

(1) 위의 계산을 순서에 맞게 식으로 나타내시오.

(2) (1)의 식을 계산하시오.

33

다음 식의 ▢ 안에 알맞은 수를 구하시오.

$$\left\{1 - 4 \times \left(-\frac{5}{2}\right)^2\right\} \div \{(▢ + 1.5) \times 2\} = \frac{8}{5}$$

34 서술형

우수 학군 출제

두 유리수 a, b에 대하여 $a \triangledown b$를 수직선에서 두 수 a, b를 나타내는 두 점으로부터 같은 거리에 있는 점이 나타내는 수라 할 때, $(-1.5) \triangledown \left\{ \left(-\dfrac{1}{3} \right) \triangledown \dfrac{5}{2} \right\}$의 값을 구하시오.

35

두 유리수 x, y에 대하여 $x > y$, $x \times y < 0$일 때, 다음 중 항상 양수인 것을 모두 고르면? (정답 2개)

① $-x+y$ ② $-x^2 \div y$ ③ $x-y^2$

④ $x+y$ ⑤ $\dfrac{x}{2}-y$

발전 유형 **6** 유리수의 혼합 계산의 활용

36

예은이와 서준이는 주사위 놀이를 하여 짝수의 눈이 나오면 그 눈의 수의 3배만큼 점수를 얻고, 홀수의 눈이 나오면 그 눈의 수만큼 점수를 잃는다고 한다. 다음 표는 두 사람이 주사위를 각각 4번씩 던져서 나온 눈의 수를 나타낸 것이다. 두 사람의 점수를 각각 구하시오.

(단, 두 사람의 처음 점수는 모두 0점이다.)

	1회	2회	3회	4회
예은	5	3	2	4
서준	6	1	5	2

37

우수 학군 출제

다음 표는 1일의 최고 기온이 $13\,^\circ\text{C}$인 어떤 도시의 2일부터 6일까지의 최고 기온을 나타낸 것이다. 또한, 바로 전날의 최고 기온과 비교하여 기온이 증가하면 양의 부호 $+$를, 감소하면 음의 부호 $-$를 사용하여 기온의 증감을 나타낸 것이다.

측정일	2일	3일	4일	5일	6일
최고 기온	$17\,^\circ\text{C}$	$14\,^\circ\text{C}$	$a\,^\circ\text{C}$	$b\,^\circ\text{C}$	$c\,^\circ\text{C}$
기온의 증감	$+4\,^\circ\text{C}$	$-3\,^\circ\text{C}$	$+15\,^\circ\text{C}$	$x\,^\circ\text{C}$	$y\,^\circ\text{C}$

x, y가 다음 조건을 모두 만족시킬 때, c의 값을 구하시오.

(가) $|x| = |y|$ (나) $x \times y < 0$

38

다음과 같은 계산 규칙이 적힌 두 개의 상자 (가), (나)가 있다. (가)에 9를 넣어 계산되어 나온 값을 다시 (나)에 넣었을 때, B의 값을 구하시오.

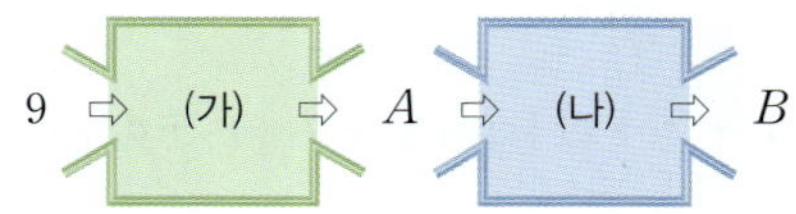

(가) 들어온 수에 $-\dfrac{8}{3}$을 곱한 다음 3을 뺀다.

(나) 들어온 수를 $\dfrac{9}{11}$로 나눈 다음 -5를 더한다.

39

건우와 윤서가 계단에서 가위바위보를 하는데 같은 위치에서 시작하여 가위로 이기면 1칸, 바위로 이기면 2칸, 보로 이기면 3칸을 올라가고, 지면 2칸을 내려가기로 하였다. 다음 표는 가위바위보를 10회 하였을 때, 두 사람이 가위, 바위, 보로 이긴 횟수를 각각 나타낸 것이다. 가위바위보를 10회 한 후의 건우와 윤서의 위치는 몇 칸 차이 나는지 구하시오.

(단, 비기는 경우는 없다.)

	가위	바위	보
건우	1회	2회	1회
윤서	2회	1회	3회

01 서술형 ▶

수직선에서 12개의 수 $-\dfrac{2}{9}$, x_1, x_2, x_3, x_4, x_5, $\dfrac{11}{18}$, y_1, y_2, y_3, y_4, y_5를 나타내는 12개의 점 사이의 간격이 일정하다. 이때 $x_1+x_2+x_3+x_4+x_5+y_1+y_2+y_3+y_4+y_5$의 값을 구하시오. $\left(\text{단, } -\dfrac{2}{9}<x_1<x_2<x_3<x_4<x_5<\dfrac{11}{18}<y_1<y_2<y_3<y_4<y_5\right)$

단계 **1** 이웃한 두 점 사이의 간격 구하기

단계 **2** $x_1+x_2+x_3+x_4+x_5$의 값 구하기

단계 **3** $y_1+y_2+y_3+y_4+y_5$의 값 구하기

단계 **4** $x_1+x_2+x_3+x_4+x_5+y_1+y_2+y_3+y_4+y_5$의 값 구하기

02

네 유리수 -2.5, -4, $\dfrac{1}{2}$, -0.6 중 서로 다른 세 수를 택하여 다음 빈칸에 하나씩 넣어 계산하려고 한다. 이때 계산 결과 중 가장 큰 수와 가장 작은 수를 각각 구하시오.

$$\boxed{}-\boxed{}\times\boxed{}$$

03

주머니 속에 -1, 2, -3, 4, -5가 하나씩 적힌 5개의 공이 들어 있다. 주머니에서 동시에 2개의 공을 꺼내어 공에 적힌 두 수 사이에 $+$, $-$, $\times$, $\div$ 중 하나를 넣어 계산할 때, 계산 결과 중 양의 정수인 것은 모두 몇 개인지 구하시오.

(단, 계산 결과가 같은 것은 한 가지로 본다.)

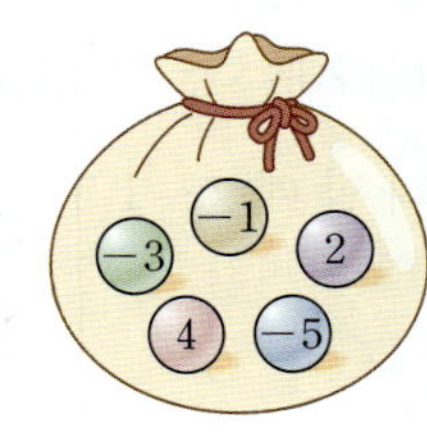

04

0이 아닌 세 유리수 x, y, z에 대하여 $x+y>0$, $y+z\leq0$, $z-y>0$, $x\times y\times z<0$일 때, 다음 수를 큰 것부터 차례대로 나열하시오.

$$\dfrac{1}{x}, \qquad \dfrac{1}{x+y}, \qquad -\dfrac{1}{z}, \qquad -\dfrac{1}{x+z}, \qquad 0$$

05

0이 아닌 세 정수 x, y, z에 대하여 다음 조건을 모두 만족시키는 x, y, z를 찾아 (x, y, z)의 꼴로 나타내시오.

(가) $x\times y\times z=-12$ (나) $x<|y|<|z|$

(다) $x+y+z=2$ (라) $\dfrac{x}{y}<0$

01

다음 중 옳은 것은?

① 정수는 모두 유리수이다.
② 0과 1 사이에는 정수가 있다.
③ 절댓값이 같은 수는 항상 2개이다.
④ 유리수는 양수와 음수로 이루어져 있다.
⑤ 절댓값이 가장 작은 정수는 -1과 1이다.

02

다음 수직선에서 두 점 A, F가 나타내는 수가 각각 -6, 9이고, 각 점 사이의 간격이 모두 같을 때, 점 C가 나타내는 수는?

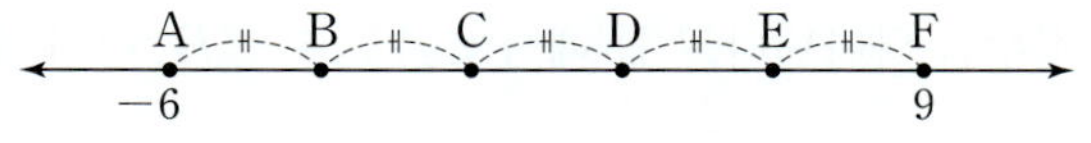

① -1 ② 0   ③ 1
④ 2   ⑤ 3

03

4보다 $-\dfrac{3}{2}$만큼 큰 수를 a, 7보다 $-\dfrac{2}{3}$만큼 작은 수를 b라 할 때, a와 b 사이에 있는 정수 중에서 가장 큰 것은?

① 4   ② 5   ③ 6
④ 7   ⑤ 8

04

세 정수 a, b, c에 대하여 $a \times b = 6$, $a \times (b-c) = -24$일 때, $a \times c$의 값은?

① -30 ② -18 ③ 18
④ 30   ⑤ 36

05

다음 조건을 모두 만족시키는 두 수 a, b에 대하여 $a \times b$의 값은?

> (가) $|a| - |b| = 0$ (나) $a - b = \dfrac{3}{4}$

① $-\dfrac{9}{64}$ ② $-\dfrac{9}{16}$ ③ -1
④ $\dfrac{9}{16}$ ⑤ $\dfrac{9}{64}$

06

두 유리수 $-\dfrac{2}{7}$와 $\dfrac{9}{14}$ 사이에 있는 정수가 아닌 유리수를 기약분수로 나타낼 때, 분모가 14인 수의 개수는?

① 2   ② 3   ③ 4
④ 5   ⑤ 6

07

오른쪽 그림의 가로, 세로, 대각선에 놓인 수들의 합이 모두 같을 때, A, B, C에 들어갈 세 수의 곱은?

-5	5	C
A	1	
	B	7

① -90 ② -81
③ -72 ④ -63
⑤ -54

08

합이 13인 두 자연수의 역수의 합 중에서 가장 작은 값을 기약분수로 나타내면 $\dfrac{a}{b}$라 할 때, $a+b$의 값은? (단, $b\neq0$)

① 45　　　　② 55　　　　③ 65
④ 75　　　　⑤ 85

09

수직선에서 서로 다른 두 수 x, y를 나타내는 점으로부터 같은 거리에 있는 점이 나타내는 수가 10이다. x의 절댓값이 4일 때, y의 값이 될 수 있는 모든 수의 합은?

① 16　　　　② 24　　　　③ 32
④ 40　　　　⑤ 48

10

두 유리수 a, b에 대하여
$$a\blacklozenge b=(a-1)-(b-2),\ a\diamondsuit b=(a+1)-(b+2)$$
라 할 때, $\dfrac{2}{3}\blacklozenge\left\{\left(-\dfrac{2}{5}\right)\diamondsuit 3\right\}$의 값은?

① $\dfrac{11}{15}$　　　　② $\dfrac{31}{15}$　　　　③ $\dfrac{17}{5}$
④ $\dfrac{71}{15}$　　　　⑤ $\dfrac{91}{15}$

11

1부터 300까지의 자연수 중에서 모든 홀수의 합을 A, 모든 짝수의 합을 B라 할 때, $A-B$의 값은?

① -160　　　　② -155　　　　③ -150
④ -145　　　　⑤ -140

12

다음 조건을 모두 만족시키는 두 수 a, b에 대하여 $a+b$의 값은?

> (가) $|a|=4\times|b|$
> (나) $a<0<b$
> (다) a, b를 나타내는 두 점 사이의 거리는 10이다.

① -6　　　　② -4　　　　③ -2
④ 4　　　　⑤ 6

13

$[x]$는 x보다 크지 않은 최대의 정수, $<\!x\!>$는 x보다 큰 최소의 정수를 나타낸다고 할 때, $[<\!A\!>+<\!B\!>]$의 값은?

$$A=\left\{\left(-\dfrac{1}{4}\right)+(2.5)^2\div\dfrac{5}{3}\right\}\times\dfrac{1}{5}-3$$
$$B=\left(\dfrac{2}{3}\times6+\dfrac{4}{7}\right)\div\dfrac{3}{7}-(-2)^2$$

① 2　　　　② 3　　　　③ 4
④ 5　　　　⑤ 6

14

다음과 같은 계산 규칙이 있다. 8을 규칙 (가)를 사용하여 계산하여 나온 값을 다시 규칙 (나)를 사용하여 계산할 때, 나오는 값은?

> (가) 들어온 수에서 3을 빼고 $\dfrac{1}{2}$을 곱한다.
> (나) 들어온 수를 $\dfrac{3}{4}$으로 나눈 다음 5를 더한다.

① $\dfrac{5}{3}$　　　　② $\dfrac{10}{3}$　　　　③ 5
④ $\dfrac{20}{3}$　　　　⑤ $\dfrac{25}{3}$

15

n이 1보다 큰 자연수일 때, 다음 식의 계산 결과가 될 수 있는 모든 수의 합은?

$$(-1)^n+(-1)^{n+1}+(-1)^{n-1}\times(-1)^{2n}$$

① -2 ② -1 ③ 0
④ 1 ⑤ 2

단답형

16

두 수 a, b에 대하여

$$a\bigstar b=(a, b \text{ 중 절댓값이 작은 수}),$$
$$a\bigstar b=(a, b \text{ 중 절댓값이 큰 수})$$

라 할 때, $\left\{(-3)\bigstar\left(-\dfrac{11}{4}\right)\right\}\bigstar\left\{5\bigstar\left(-\dfrac{7}{3}\right)\right\}$의 값을 구하시오.

17

서로 다른 세 음의 정수의 곱은 -42이고 합은 -12일 때, 세 정수를 각각 구하시오.

18

두 유리수 a, b에 대하여 $a<b$, $a+b>0$, $a\div b<0$일 때, $|a|$와 $|b|$의 크기를 비교하시오.

19

세 정수 a, b, c가 다음 조건을 모두 만족시킬 때, $a+b+c$의 값을 구하시오.

㈎ a의 절댓값은 3이다.	㈏ $a<0<b<c$
㈐ $|a|+|b|=10$	㈑ $-a+b+c=21$

20

세 정수 a, b, c에 대하여 $a<b<0<c$이고 $a\times b\times c=40$이다. b의 절댓값이 5일 때, $a^2+b^2+c^2$의 값을 구하시오.

01

유리수 x에 대하여
$$\ll x \gg = \begin{cases} -1 \ (x\text{는 정수}) \\ 1 \ (x\text{는 정수가 아닌 유리수}) \end{cases}$$
이라 할 때, 다음을 만족시키는 a의 값이 될 수 <u>없는</u> 것은?

$$\ll -1 \gg + \ll a \gg = \ll -7 \gg + \left\langle\!\!\left\langle \frac{1}{4} \right\rangle\!\!\right\rangle$$

① -2.4 ② $-\dfrac{7}{3}$ ③ 0.7

④ $\dfrac{9}{5}$ ⑤ $\dfrac{12}{4}$

02

절댓값이 a 이하인 정수가 57개일 때, 자연수 a의 값은?

① 24 ② 25 ③ 26

④ 27 ⑤ 28

03

두 정수 a, b에 대하여 $a \diamond b = a - b$라 하자. 예를 들어 $3 \diamond 4 = -1$이고 $(-3) \diamond 4 = -7$이다. 이때 $4 \diamond \{6 \diamond (5 \diamond 3)\} = |x-2|$를 만족시키는 정수 x의 값은?

① 1 ② 2 ③ 3

④ 4 ⑤ 5

04

$-\dfrac{7}{3}$에 가장 가까운 정수를 a, $\dfrac{47}{6}$에 가장 가까운 정수를 b라 할 때, $a \times b$의 값은?

① -24 ② -21 ③ -18

④ -16 ⑤ -14

05

$a \times (-3) = \dfrac{1}{4}$, $b \div 3 = \dfrac{7}{3}$을 만족시키는 유리수 a, b에 대하여 $(a\text{의 역수}) \times (b\text{의 역수})$의 값은?

① $-\dfrac{7}{4}$ ② $-\dfrac{12}{7}$ ③ $-\dfrac{7}{12}$

④ $-\dfrac{4}{7}$ ⑤ $-\dfrac{3}{7}$

06

수직선 위에서 4를 나타내는 점으로부터 2만큼 떨어진 두 점 중에서 한 점이 나타내는 수를 a, 12를 나타내는 점으로부터 8만큼 떨어진 두 점 중에서 한 점이 나타내는 수를 b라 하자. $a-b$의 값 중 가장 큰 값은?

① -18 ② -14 ③ -2

④ 2 ⑤ 4

07

수직선 위의 두 점이 나타내는 수를 각각 a, b라 할 때, 다음 조건을 모두 만족시키는 a의 값은?

(개) $|a| = a$
(내) a와 b의 절댓값은 같다.
(대) 수직선 위에서 두 수 a, b가 나타내는 두 점 사이의 거리는 $\dfrac{18}{5}$이다.

① $-\dfrac{9}{5}$ ② $-\dfrac{3}{5}$ ③ $\dfrac{1}{5}$

④ $\dfrac{3}{5}$ ⑤ $\dfrac{9}{5}$

08

다음 조건을 모두 만족시키는 세 수 a, b, c에 대하여 $a+b+c$의 값은?

> (가) a는 -3보다 $\dfrac{3}{5}$만큼 작은 수이다.
>
> (나) b는 2보다 $-\dfrac{7}{3}$만큼 큰 수이다.
>
> (다) $a-b=c$

① $-\dfrac{36}{5}$ ② $-\dfrac{33}{5}$ ③ -6

④ $-\dfrac{27}{5}$ ⑤ $-\dfrac{24}{5}$

09

두 수 x, y에 대하여 $|x-3|=2$, $|x-y|=5$일 때, y의 값 중에서 가장 큰 값은?

① -4 ② 0 ③ 4

④ 6 ⑤ 10

10

다음을 모두 만족시키는 서로 다른 세 수 a, b, c의 대소 관계로 옳은 것은?

> (가) a와 c의 절댓값은 같다.
>
> (나) a는 b보다 크다.
>
> (다) $|b|=b=-b$

① $a<b<c$ ② $a<c<b$ ③ $b<a<c$

④ $c<a<b$ ⑤ $c<b<a$

11

네 유리수 $\dfrac{7}{2}$, $-\dfrac{8}{3}$, 4, -3 중에서 서로 다른 세 수를 택하여 곱한 값 중 가장 큰 수를 a, 가장 작은 수를 b라 할 때, $a-b$의 값은?

① 64 ② 74 ③ 84

④ 94 ⑤ 104

12

자연수 n에 대하여 $\dfrac{1}{n\times(n+1)}=\dfrac{1}{n}-\dfrac{1}{n+1}$이 성립한다.

$A=\dfrac{1}{2}+\dfrac{1}{6}+\dfrac{1}{12}+\dfrac{1}{20}+\dfrac{1}{30}$이라 할 때, $30A$의 값은?

① 15 ② 20 ③ 25

④ 30 ⑤ 35

13

정수 a에서 $-\dfrac{7}{5}$을 빼면 음수가 되고, 정수 a에 $\dfrac{7}{2}$을 더하면 양수가 될 때, a가 될 수 있는 정수의 개수는?

① 1 ② 2 ③ 3

④ 4 ⑤ 5

14

어떤 유리수에 $\dfrac{3}{2}$을 곱한 후 $\dfrac{2}{3}$를 빼야 할 것을 잘못하여 $\dfrac{3}{2}$으로 나눈 후 $\dfrac{2}{3}$를 더했더니 그 결과가 6이었다. 바르게 계산한 답은?

① $\dfrac{26}{3}$ ② $\dfrac{28}{3}$ ③ 10

④ $\dfrac{32}{3}$ ⑤ $\dfrac{34}{3}$

15

두 유리수 a, b에 대하여 $a<0$, $b>0$일 때, 다음 중 항상 양수인 것의 개수는?

$$a-b, \quad a\times b, \quad a^2+b^2, \quad b-a, \quad \frac{a^2+b^2}{a}$$

① 1 ② 2 ③ 3
④ 4 ⑤ 5

단답형

16

두 수 a, b에 대하여 $a>0$, $b<0$, $|b|<|a|$일 때, a, b, $-a$, $-b$를 큰 수부터 차례대로 쓰시오.

17

두 정수 x, y에 대하여 다음 조건을 모두 만족시키는 x와 y를 찾아 (x, y)의 꼴로 나타내시오.

(가) $x>y$
(나) $x(y-2)=-36$
(다) $|x|<|y|$

18

어떤 유리수 x가 0보다 크고 1보다 작을 때, 다음 중 가장 큰 수와 가장 작은 수를 각각 구하시오.

$$x, \quad -x^2, \quad -\frac{1}{x^2}, \quad x^3, \quad \frac{1}{x}$$

서술형

19

두 수 a, b에 대하여 $|a|-|b|=3$, $|a|=5$일 때, $|a-b|$의 값 중 가장 큰 값을 구하시오.

20

다음 그림에서 이웃하는 세 수의 합이 $\frac{1}{3}$일 때, $a-b-c$의 값을 구하시오.

$\frac{1}{2}$	a	b	$\frac{1}{2}$	c	-1	$\frac{1}{2}$

개념 1 곱셈 기호와 나눗셈 기호의 생략 → 01, 02

(1) 곱셈 기호의 생략

① (수)×(문자) ➡ 수를 문자 앞에 쓴다.

   예 $5 \times x = 5x$, $x \times (-4) = -4x$

② (문자)×(문자) ➡ 보통 알파벳 순서로 쓴다.

   예 $a \times b = ab$, $x \times b \times y = bxy$

③ 같은 문자의 곱 ➡ 거듭제곱으로 나타낸다.

   예 $x \times x \times x \times x = x^3$, $4 \times x \times x \times y \times y \times y = 4x^2 y^3$

④ $1 \times$ (문자), $(-1) \times$ (문자) ➡ 1을 생략한다.

   예 $1 \times x = x$, $(-1) \times a = -a$

   주의 $0.1 \times a$는 $0.a$로 쓰지 않고 $0.1a$로 쓴다.

⑤ 괄호가 있는 식과 수의 곱 ➡ 수를 괄호 앞에 쓴다.

   예 $(a+2) \times 4 = 4(a+2)$

(2) 나눗셈 기호의 생략 : 나눗셈 기호 ÷를 생략하여 분수의 꼴로 나타내거나 나눗셈을 역수의 곱셈으로 바꾸어 곱셈 기호를 생략한다.

   예 $x \div y = \dfrac{x}{y}$ (단, $y \neq 0$), $x \div \dfrac{2}{3} = x \times \dfrac{3}{2} = \dfrac{3}{2}x$

   참고 $a \div 1 = \dfrac{a}{1} = a$, $a \div (-1) = \dfrac{a}{-1} = -a$

개념 2 문자를 사용한 식 → 03, 04

(1) 문자를 사용한 식 : 수량 사이의 관계를 문자를 사용하여 간단하게 나타낸 식

(2) 자주 쓰이는 수량 사이의 관계

① a의 b % ➡ $a \times \dfrac{b}{100} = \dfrac{ab}{100}$

② (거리)=(속력)×(시간),

   (속력)=$\dfrac{(거리)}{(시간)}$, (시간)=$\dfrac{(거리)}{(속력)}$

③ 백의 자리의 숫자가 x, 십의 자리의 숫자가 y, 일의 자리의 숫자가 z인 세 자리의 자연수 ➡ $100x + 10y + z$

④ 정가가 x원인 물건을 a % 할인한 판매 가격

   ➡ $x - x \times \dfrac{a}{100} = x\left(1 - \dfrac{a}{100}\right)$ (원)

⑤ (소금물의 농도)=$\dfrac{(소금의 양)}{(소금물의 양)} \times 100$ (%)

   참고 (소금의 양)=$\dfrac{(소금물의 농도)}{100} \times (소금물의 양)$

   심화 tip 식을 세울 때는 단위를 하나로 통일한다.

   ① 1 m=100 cm=1000 mm, 1 km=1000 m

   ② 1 kg=1000 g

   ③ 1시간=60분, 1분=60초

01

다음 중 옳지 <u>않은</u> 것은?

① $a \times 0.1 \times b = 0.1ab$

② $3a \div \dfrac{7}{2} b = \dfrac{6a}{7b}$

③ $(a+2b) \div 3 \times c = \dfrac{a+2b}{3c}$

④ $(-a)^2 \times b \times b \times c = a^2 b^2 c$

⑤ $5 \times a \div (-2) \times b \div c = -\dfrac{5ab}{2c}$

02

다음 중 $x \div (y \times z)$와 계산 결과가 같은 것은?

① $x \div y \times z$ ② $x \times y \div z$ ③ $x \div (y \div z)$

④ $x \times \dfrac{1}{y} \div z$ ⑤ $x \div \dfrac{1}{y} \div z$

03

다음 중 옳은 것은?

① 둘레의 길이가 a cm인 정사각형의 한 변의 길이는 $4a$ cm이다.

② 시속 x km의 일정한 속력으로 10 km의 거리를 이동할 때 걸리는 시간은 $10x$시간이다.

③ 백의 자리의 숫자가 1, 십의 자리의 숫자가 2, 일의 자리의 숫자가 x인 세 자리의 자연수는 $120 + x$이다.

④ 정가가 x원인 옷을 25 % 할인한 가격은 $\dfrac{1}{4}x$원이다.

⑤ 한 개에 a원인 음료수를 10개를 사고 10000원을 냈을 때, 거스름돈은 $(10a - 10000)$원이다.

04

오른쪽 그림과 같이 가로의 길이가 a cm, 세로의 길이가 b cm, 높이가 c cm인 직육면체의 겉넓이를 a, b, c를 사용한 식으로 나타내시오.

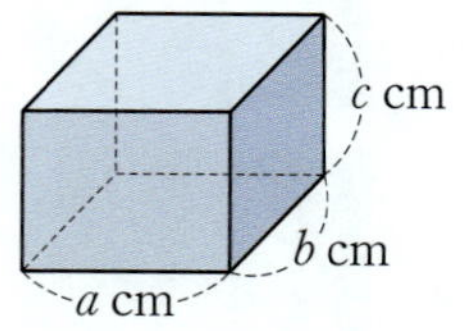

개념 3 식의 값 → 05, 06

(1) **대입** : 문자를 사용한 식에서 문자를 수로 바꾸어 넣는 것

(2) **식의 값** : 문자를 사용한 식에서 문자에 수를 대입하여 계산한 결과

(3) **식의 값을 구하는 방법**

① 수를 대입할 때는 생략된 곱셈 기호 $\times$를 다시 쓴다.

예 $a=3$일 때, $4a-1$의 값은

$$4a-1=4\times a-1=4\times 3-1=12-1=11$$

② 음수를 대입할 때는 괄호를 사용한다.

예 $a=-3$일 때, $2a-4$의 값은

$$2a-4=2\times(-3)-4=-6-4=-10$$

③ 분모에 분수를 대입할 때는 나눗셈 기호 $\div$를 다시 쓴다.

예 $a=\dfrac{1}{2}$일 때, $\dfrac{3}{a}$의 값은

$$\dfrac{3}{a}=3\div a=3\div\dfrac{1}{2}=3\times 2=6$$

개념 4 다항식과 일차식 → 07, 08

(1) **다항식**

① 항 : 수 또는 문자의 곱으로 이루어진 식

② 상수항 : 수로만 이루어진 항

③ 계수 : 수와 문자의 곱으로 이루어진 항에서 문자에 곱해진 수

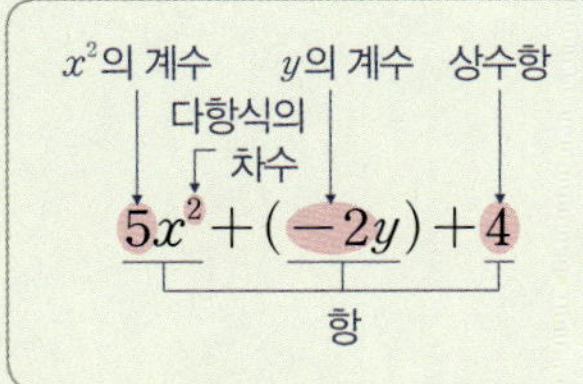

④ 다항식 : 한 개 이상의 항의 합으로 이루어진 식

⑤ 단항식 : 다항식 중에서 한 개의 항으로만 이루어진 식

⑥ 차수 : 항에서 문자가 곱해진 개수

⑦ 다항식의 차수 : 다항식에서 차수가 가장 큰 항의 차수

예 다항식 $3x-5y+10$에서

항 ➡ $3x,\ -5y,\ 10$

상수항 ➡ 10

계수 ➡ x의 계수는 3, y의 계수는 -5

(2) **일차식** : 차수가 1인 다항식

➡ $ax+b$ ($a,\ b$는 상수, $a\neq 0$)의 꼴로 정리되는 식

주의 ① 항을 구할 때는 반드시 상수항도 포함시켜야 한다.

② 항을 구할 때는 반드시 부호까지 포함시켜야 한다.

③ 상수항의 차수는 0이다.

④ $\dfrac{1}{x}$과 같이 분모에 문자가 있는 식은 일차식도 아니고 다항식도 아니다.

05

$a=\dfrac{1}{3},\ b=-\dfrac{1}{5},\ c=\dfrac{1}{7}$일 때, $\dfrac{2}{a}-\left(\dfrac{4}{b}+\dfrac{2}{c}\right)$의 값은?

① -12 ② -6 ③ 0

④ 6 ⑤ 12

06

$a=-1$일 때, 다음 중 식의 값이 나머지 넷과 다른 하나는?

① $(-a)^2$ ② $-a^3$ ③ $\dfrac{1}{a}$

④ $\left(-\dfrac{1}{a}\right)^3$ ⑤ $-a^2-2a$

07

다음 중 다항식 $\dfrac{1}{2}x^2+3x-5$에 대한 설명으로 옳지 <u>않은</u> 것은?

① 다항식의 차수는 2이다.

② 항은 모두 3개이다.

③ 차수가 가장 큰 항의 계수는 $\dfrac{1}{2}$이다.

④ x의 계수는 3이다.

⑤ 상수항은 5이다.

08

다음 중 일차식인 것은 모두 몇 개인가?

$3a-5$,	$\dfrac{8}{7}$,	$\dfrac{4}{a}$,	$9a^2-5a$,	$\dfrac{a}{5}+4$

① 1개 ② 2개 ③ 3개

④ 4개 ⑤ 5개

정답과 풀이 **42**쪽

개념 5 일차식과 수의 곱셈, 나눗셈 → 09, 10

(1) **(단항식)×(수)** : 수끼리의 곱을 문자 앞에 쓴다.

　(예) $3x \times 4 = 3 \times 4 \times x = 12x$

(2) **(단항식)÷(수)** : 나눗셈을 역수의 곱셈으로 바꾸어 계산한다.

　(예) $4x \div 2 = 4x \times \dfrac{1}{2} = 2x$

(3) **(일차식)×(수)** : 분배법칙을 이용하여 일차식의 각 항에 수를 곱하여 계산한다.

　(예) $(2x+4) \times 3 = 2x \times 3 + 4 \times 3 = 6x + 12$

(4) **(일차식)÷(수)** : 나눗셈을 역수의 곱셈으로 바꾸어 계산한다.

　(예) $(3x+6) \div 3 = (3x+6) \times \dfrac{1}{3}$

　　　$= 3x \times \dfrac{1}{3} + 6 \times \dfrac{1}{3} = x + 2$

개념 6 일차식의 덧셈과 뺄셈 → 11, 12

(1) **동류항** : 문자와 차수가 각각 같은 항

　(예) $x + 6 + 3x - 5$에서 x와 $3x$, 6과 -5

　(참고) 상수항은 모두 동류항이다.

　(주의) 동류항이 아닌 경우

　　• 곱해진 문자가 같아도 차수가 다르면 동류항이 아니다.

　　　(예) $4x$와 $3x^3$은 동류항이 아니다.

　　• 차수가 같아도 문자가 다르면 동류항이 아니다.

　　　(예) a^2과 b^2은 동류항이 아니다.

(2) **동류항의 덧셈과 뺄셈** : 동류항끼리 모으고 분배법칙을 이용하여 간단히 한다.

　(예) $4x + x = (4+1)x = 5x$,

　　　$2x - 5x = (2-5)x = -3x$

(3) **일차식의 덧셈과 뺄셈** : 괄호가 있으면 분배법칙을 이용하여 괄호를 풀고, 동류항끼리 모아서 계산한다.

　(예) $(2x+3) + (x-5) = 2x + 3 + x - 5$

　　　　　　　　　$= (2+1)x + (3-5)$

　　　　　　　　　$= 3x - 2$

　　　$(2x+3) - (x-5) = 2x + 3 + (-x+5)$

　　　　　　　　　$= 2x + 3 - x + 5$

　　　　　　　　　$= (2-1)x + (3+5)$

　　　　　　　　　$= x + 8$

　(참고) 괄호 앞에 $+$ ➡ 괄호 안의 부호를 그대로

　　　　괄호 앞에 $-$ ➡ 괄호 안의 부호를 반대로

09

$\left(2x + \dfrac{1}{3}\right) \div \dfrac{1}{6}$ 을 계산한 식에서 x의 계수와 상수항의 합을 구하시오.

10

다음 중 옳지 <u>않은</u> 것은?

① $-3(-3x+5) = 9x - 15$

② $(8a-10) \div 2 = 4a - 5$

③ $(6-15b) \times \dfrac{2}{3} = 4 - 10b$

④ $(-6x+2) \div \left(-\dfrac{2}{5}\right) = 15x - 5$

⑤ $\dfrac{1}{5}\left(-10y + \dfrac{20}{3}\right) = -2y - \dfrac{4}{3}$

11

다음 중 동류항끼리 짝 지어진 것은?

① $-x, \ \dfrac{3}{x}$　　② $x^2, \ -\dfrac{1}{2}x$　　③ $4x, \ -5y$

④ $x^3 y, \ -2x^3 y$　　⑤ $\dfrac{xy}{2}, \ x^2 y$

12

$4\left(\dfrac{3}{2}x + 1\right) - \left(6x - \dfrac{9}{8}\right) \div (-3)$ 을 계산하면 $ax + b$일 때, 상수 a, b에 대하여 ab의 값을 구하시오.

유형 1 곱셈 기호와 나눗셈 기호의 생략

01

다음 중 곱셈 기호와 나눗셈 기호를 생략하여 나타낸 것으로 옳은 것은?

① $x \times x \times (-3) = x^2 - 3$

② $x \div y \times 2 = \dfrac{x}{2y}$

③ $(x+y) \div \dfrac{1}{2} = \dfrac{x+y}{2}$

④ $0.1 \times x \times (x-2y) = 0.x(x-2y)$

⑤ $x \times y \div 3 \times y = \dfrac{xy^2}{3}$

02

$\dfrac{5a^2 + 2b}{3(a-b)}$ 를 곱셈 기호와 나눗셈 기호를 사용하여 나타낸 것은?

① $5 \times a \times a + 2 \times b \div 3 \times (a-b)$

② $5 \times a \times a + 2 \times b \div 3 \div (a-b)$

③ $(5 \times a \times a + 2 \times b) \div 3 \times (a-b)$

④ $(5 \times a \times a + 2 \times b) \div 3 \div (a-b)$

⑤ $(5 \times a \times a + 2 \times b) \div 3 \times a - 3 \times b$

유형 2 문자를 사용한 식

03

어느 중학교 전교생 a명의 b %가 남학생일 때, 여학생 수를 문자를 사용한 식으로 나타낸 것은?

① $a - \dfrac{b}{100}$ ② $a - \dfrac{ab}{100}$ ③ $a + \dfrac{ab}{100}$

④ $b - \dfrac{a}{100}$ ⑤ $b + \dfrac{ab}{100}$

04

원액의 농도가 a %인 과즙 음료 200 g과 원액의 농도가 25 %인 과즙 음료 b g을 섞어 새로운 과즙 음료를 만들었을 때, 새로 만든 과즙 음료에 들어 있는 원액의 양을 a, b를 사용한 식으로 나타낸 것은?

$$\left(\text{단, (원액의 농도)} = \dfrac{(\text{원액의 양})}{(\text{과즙 음료의 양})} \times 100\,(\%) \right)$$

① $\left(a + \dfrac{b}{4}\right) \text{g}$ ② $\left(a + \dfrac{b}{2}\right) \text{g}$ ③ $\left(2a + \dfrac{b}{4}\right) \text{g}$

④ $\left(2a + \dfrac{b}{2}\right) \text{g}$ ⑤ $(2a+b)\,\text{g}$

05

우수 학군 출제

어느 반 학생 25명이 수학 시험을 치른 결과 a명의 학생이 10문제를 맞혔고, 나머지 학생은 모두 7문제를 맞혔다고 한다. 이 반 전체 학생의 맞힌 문제 수의 평균을 a를 사용한 식으로 나타내시오.

06 앗! 실수 주의

P 지점을 출발하여 250 km 떨어진 Q 지점까지 가는데 시속 75 km로 x시간 동안 이동한 후, 휴게소에 들러 30분 동안 쉬고, 다시 시속 100 km로 y시간 동안 이동하였더니 Q 지점까지 약간의 거리가 남았다. 이때 Q 지점까지 남은 거리를 x, y를 사용한 식으로 나타내시오.

오답 코칭 쉬는 시간에는 이동하지 않으므로 남은 거리에 영향을 주지 않는다.

유형 **3** 식의 값과 그 활용

07

온도를 나타낼 때, 우리나라는 섭씨온도($℃$)를 사용하고 어떤 나라는 화씨온도($℉$)를 사용한다. 화씨온도 $x\,℉$는 섭씨온도로 $\dfrac{5}{9}(x-32)\,℃$일 때, 화씨온도 $95\,℉$는 섭씨온도로 몇 $℃$인지 구하시오.

08

공기 중에서 소리의 속력은 기온이 $x\,℃$일 때, 초속 $(331+0.6x)\,\text{m}$라 한다. 기온이 $25\,℃$인 어떤 날에 번개가 치고 4초 후에 천둥소리를 들었다. 이때 번개가 친 곳에서 천둥소리를 들은 곳까지의 거리는?

① 1372 m   ② 1376 m   ③ 1380 m
④ 1384 m   ⑤ 1388 m

09

$a=-\dfrac{1}{2}$, $b=\dfrac{1}{2}$일 때, 다음 중 식의 값이 가장 작은 것은?

① ab ② $-a^2+\dfrac{1}{b}$ ③ $\dfrac{b}{a^2}$

④ $\dfrac{1}{a}+b$ ⑤ $\dfrac{1}{a}+\dfrac{1}{b}$

10

$x+y-z=0$일 때, 다음 식의 값은?

$$(단,\ x-z\neq0,\ x+y\neq0,\ y-z\neq0)$$

$$\dfrac{3yz}{(x-z)(x+y)}+\dfrac{4xz}{(x+y)(z-y)}+\dfrac{5xy}{(z-x)(y-z)}$$

① -4 ② -2 ③ 0
④ 2 ⑤ 4

유형 **4** 다항식과 일차식

11

다항식 $\dfrac{7}{3}x^2-4x+\dfrac{1}{3}$에서 항의 개수를 a, 다항식의 차수를 b, x의 계수를 d, 상수항을 d라 할 때, $3a-2b-c-\left(\dfrac{1}{d}\right)^2$의 값은?

① 0 ② 1 ③ 2
④ 3 ⑤ 4

12 서술형

다항식 $(3-a)x^2+(a+4)x+\dfrac{b}{a}$는 상수항이 4인 x에 대한 일차식이다. x의 계수를 c라 할 때, $a+b+c$의 값을 구하시오. (단, a, b는 상수)

13 앗! 실수 주의

어떤 일차식을 $-\dfrac{1}{3}$로 나누어야 할 것을 잘못하여 곱하였더니 $-5a+2$가 되었다. 이때 바르게 계산한 식을 구하시오.

오답코칭 잘못 계산한 식을 이용하여 어떤 일차식부터 구한다.

14

$(2x+6)\div\left(-\dfrac{2}{3}\right)=px+q$, $15\left(\dfrac{7}{3}x-\dfrac{9}{5}\right)=rx+s$일 때, 상수 p, q, r, s에 대하여 $\dfrac{q}{p}$를 x의 계수로 하고, $r+s$를 상수항으로 하는 x에 대한 일차식은? (단, $p\neq0$)

① $-3x-16$ ② $-3x+8$ ③ $3x-8$

④ $3x+8$ ⑤ $3x+16$

15

다음 조건을 만족시키는 세 다항식 A, B, C가 있다. $C=3x+2$일 때, 상수 a, b의 값을 각각 구하시오.

> (가) $(ax+2b)\div\left(-\dfrac{2}{3}\right)=A$
>
> (나) $A\div\dfrac{1}{3}=B$
>
> (다) $-2B=C$

16

다음 보기를 문자를 사용한 식으로 나타낼 때, 동류항끼리 짝 지은 것은?

> 보기
>
> ㄱ. 밑면이 한 변의 길이가 a인 정사각형이고 높이가 b인 직육면체의 부피
>
> ㄴ. 높이가 a이고, 밑변의 길이가 b인 삼각형의 넓이
>
> ㄷ. 십의 자리의 숫자가 a, 일의 자리의 숫자가 b인 두 자리의 자연수
>
> ㄹ. a시간 동안 시속 b km의 속력으로 이동한 거리

① ㄱ, ㄴ ② ㄱ, ㄹ ③ ㄴ, ㄷ

④ ㄴ, ㄹ ⑤ ㄷ, ㄹ

17 서술형 ▶

A, B 편의점에서는 1개의 가격이 a원인 같은 아이스크림을 팔고 있다. A 편의점은 아이스크림 5개를 한 묶음으로 사면 1개를 더 주고, B 편의점은 아이스크림 5개를 한 묶음으로 사면 20 %를 할인해 준다. 아이스크림 한 묶음을 구입할 때, A, B 두 편의점 중 어느 편의점에서 사는 것이 아이스크림 1개당 가격이 얼마만큼 더 저렴한지 a를 사용한 식으로 나타내시오.

18

$3x-[2y-\{2x+5y-3(x+2y)\}]$를 계산하면 $ax+by$일 때, ab의 값을 구하시오. (단, a, b는 상수)

19

$A=2x+1$, $B=3x-2$일 때, $-2A+B+4(A-B)+3$을 간단히 하면?

① $-5x-11$ ② $-5x+11$ ③ $5x+11$

④ $11x-5$ ⑤ $11x+5$

20

🗨 우수 학군 출제

다음 그림에서 삼각형의 한 변의 가운데에 놓인 식은 양 끝의 꼭짓점에 놓인 두 식의 합과 같다. A, B, C에 알맞은 식을 구하여 $2A-\{2C-(3B-A-C)\}$를 간단히 하시오.

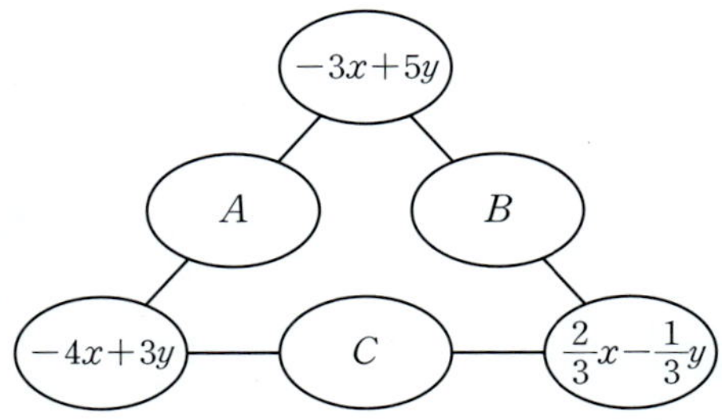

21

서술형 ▶

다음 직사각형에서 색칠한 부분의 넓이를 x를 사용한 식으로 나타내시오.

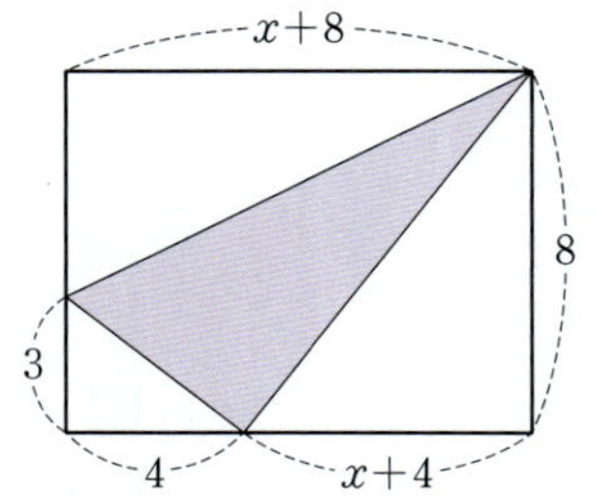

22

앗! 실수 주의

오른쪽 그림과 같은 도형의 둘레의 길이를 a를 사용한 식으로 나타낸 것은?

① $24a-2$ ② $24a+4$

③ $26a$ ④ $26a-4$

⑤ $26a+2$

오답코칭 길이가 주어지지 않은 변의 길이를 일일이 구하지 않아도 풀 수 있다.

23

상수항이 -4인 x에 대한 일차식이 다음 조건을 모두 만족시킬 때, $5A-2B$의 값은?

> (가) $x=2$일 때, 식의 값은 A이다.
> (나) $x=5$일 때, 식의 값은 B이다.

① -14 ② -12 ③ -10

④ -8 ⑤ -6

24

실력 UP ↑

한 변의 길이가 $(x+10)$ cm인 정사각형이 있다. 이 정사각형에서 가로의 길이를 20 % 늘이고, 세로의 길이를 30 % 줄여서 만든 직사각형의 둘레의 길이를 x를 사용한 식으로 나타내시오.

25

두 수 x, y에 대하여 $x \odot y = 3\left(x + \dfrac{1}{3}\right) + 4\left(y + \dfrac{1}{2}\right)$이라 할 때, $\left(a \odot \dfrac{1}{2}\right) \odot \dfrac{1}{4}$을 간단히 한 것은?

① $3a + 5$ ② $5a + 11$ ③ $7a + 15$
④ $9a + 19$ ⑤ $11a + 21$

 규칙을 찾아 식으로 나타내기 틀리기 쉬운!

26

우수 학군 출제

다음 그림과 같은 규칙으로 돌을 배열하여 모양을 만들어 나갈 때, n단계의 모양을 만드는 데 필요한 돌의 개수를 n을 사용한 식으로 나타내시오.

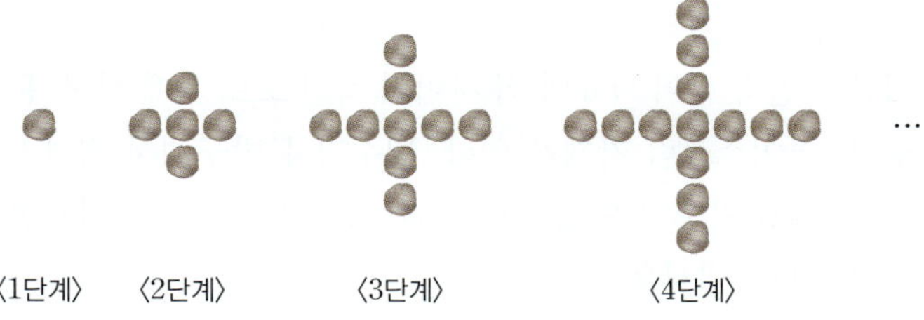

〈1단계〉 〈2단계〉 〈3단계〉 〈4단계〉 …

27

다음 그림과 같이 끈을 두 번 접어 세 겹으로 만든 후 끈이 놓여 있는 방향과 수직으로 끈을 1번, 2번, 3번, … 잘랐다. 이때 일곱 번 자른 후의 끈의 개수는?

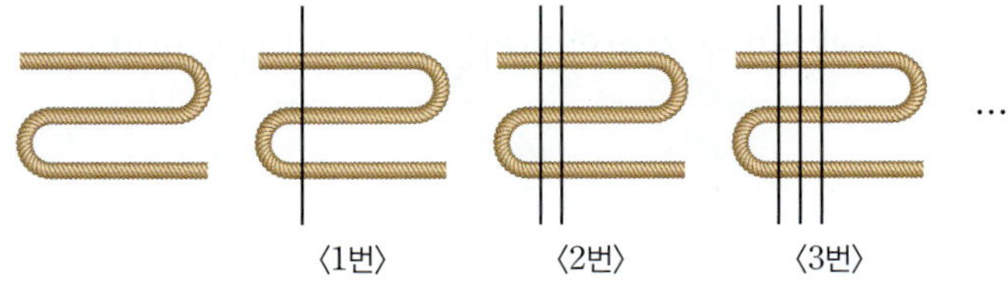

〈1번〉 〈2번〉 〈3번〉 …

① 19 ② 22 ③ 25
④ 28 ⑤ 31

발전 유형 **8** **거듭제곱이 있는 식의 계산**

28

$a = -1$일 때, $a + 2a^2 + 3a^3 + 4a^4 + \cdots + 2029a^{2029}$의 값을 구하시오.

29

k가 홀수일 때,
$$(-1)^{k+3}(a - 4b) + (-1)^{k+4}(-3a + 7b)$$
$$- (-1)^{k+k}(7a - 5b)$$
를 간단히 하시오.

30

m이 홀수, n이 짝수일 때,
$$\frac{(-1)^{2n}(x+y) + (-1)^{m+n}(3x - 5y)}{2 \times (-1)^{mn}}$$
를 간단히 하면?

① $-x + 3y$ ② $-x + 5y$ ③ $x - 3y$
④ $x + 3y$ ⑤ $x + 5y$

01

한 변의 길이가 10 cm인 정사각형 모양의 색종이 20장을 다음 그림과 같이 이어 붙여서 직사각형 모양의 띠를 만들었다. 두 색종이는 a cm의 일정한 폭으로 겹치게 붙였다고 할 때, 완성된 띠의 둘레의 길이를 a를 사용한 식으로 나타내시오. (단, $0<a<5$)

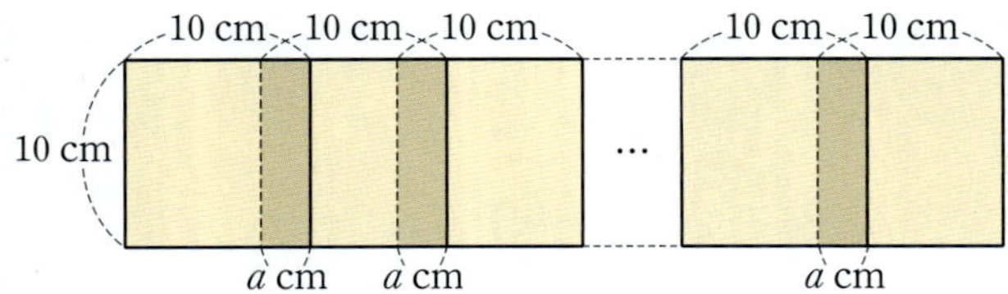

03

오른쪽 그림은 정사각형 ABCD를 4종류의 크기가 다른 정사각형과 2종류의 크기가 다른 직사각형으로 나눈 것이다. 가장 작은 정사각형의 한 변의 길이를 x라 할 때, 색칠한 부분의 둘레의 길이를 x를 사용한 식으로 나타내시오.

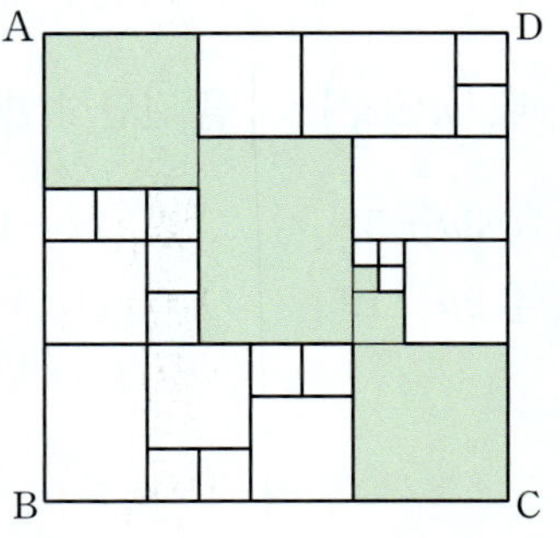

02 서술형 ▶

햇님 마트에서는 지난달에 사탕 한 봉지를 x원에 판매하였고, 초콜릿 한 개는 사탕 한 봉지보다 700원 적은 가격으로 판매하였는데, 이번 달에는 사탕 한 봉지의 가격을 10 % 인하하고, 초콜릿 한 개의 가격을 20 % 인상하여 판매한다고 한다. 이번 달에 햇님 마트에서 사탕 10봉지와 초콜릿 30개를 산다고 할 때, 지불해야 하는 금액을 x를 사용한 식으로 나타내시오.

단계 **1** 이번 달의 사탕 한 봉지의 가격 구하기

단계 **2** 지난달과 이번 달의 초콜릿 한 개의 가격 구하기

단계 **3** 이번 달에 사탕 10봉지와 초콜릿 30개를 산다고 할 때, 지불해야 하는 금액을 x를 사용한 식으로 나타내기

04

다음 조건과 같이 학교와 집 사이의 직선 도로 위에 서점, 문방구, 아이스크림 가게가 있다. 병주가 문방구에서 집까지 시속 3 km의 속력으로 걸어갈 때 걸린 시간을 a를 사용한 식으로 나타내시오.

(가) 아이스크림 가게는 학교와 집의 한가운데 지점에 위치해 있다.

(나) 서점은 학교와 아이스크림 가게 사이의 거리를 3등분하는 지점 중 학교에 가까운 지점에 위치해 있다.

(다) 학교와 아이스크림 가게 사이의 거리는 $(15a+9)$ km이다.

(라) 서점과 문방구 사이의 거리는 $(22a+14)$ km이다.

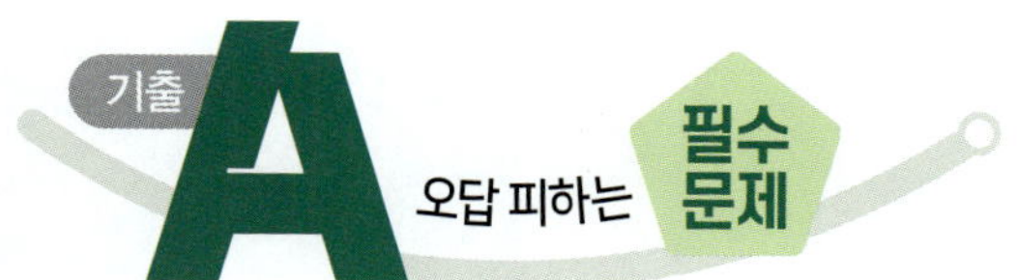

개념 1 방정식과 항등식 → 01, 02

(1) **등식** : 등호($=$)를 사용하여 두 수 또는 두 식이 서로 같음을 나타낸 식

$$\underbrace{5x+1}_{\text{좌변}}=\underbrace{3x-2}_{\text{우변}}$$
$$\underbrace{\qquad\qquad}_{\text{양변}}$$

(2) **방정식** : 미지수의 값에 따라 참이 되기도 하고, 거짓이 되기도 하는 등식

① **미지수** : 방정식에 있는 문자

② **방정식의 해(근)** : 방정식을 참이 되게 하는 미지수의 값

③ **방정식을 푼다** : 방정식의 해를 구하는 것

(3) **항등식** : 미지수에 어떤 값을 대입하여도 항상 참이 되는 등식

예 등식 $2x+5x=7x$는 x에 어떤 값을 대입하여도 항상 참이므로 x에 대한 항등식이다.

참고 ① 등식의 좌변과 우변을 간단히 정리하였을 때, 양변의 식이 같으면 항등식이다.

② 'x에 대한 항등식'과 같은 표현
  · 모든 x에 대하여
  · x의 값에 관계없이 성립할 때
  · x의 값에 어떤 수를 대입하여도 성립할 때

(4) **방정식 또는 항등식이 되는 조건**

등식 $ax+b=cx+d$에서

① $a\neq c$ ➡ 방정식

② $a=c,\ b=d$ ➡ 항등식

③ $a=c,\ b\neq d$ ➡ 항상 거짓인 등식

개념 2 등식의 성질 → 03

(1) 등식의 양변에 같은 수를 더하여도 등식은 성립한다.
➡ $a=b$이면 $a+c=b+c$

(2) 등식의 양변에서 같은 수를 빼어도 등식은 성립한다.
➡ $a=b$이면 $a-c=b-c$

(3) 등식의 양변에 같은 수를 곱하여도 등식은 성립한다.
➡ $a=b$이면 $ac=bc$

주의 $a=b$이면 $ac=bc$이지만 $ac=bc$라 해서 항상 $a=b$인 것은 아니다.

(4) 등식의 양변을 0이 아닌 같은 수로 나누어도 등식은 성립한다. ➡ $a=b$이면 $\dfrac{a}{c}=\dfrac{b}{c}$ (단, $c\neq0$)

주의 0으로 나누는 것은 생각하지 않는다.

01

다음 중 [ ] 안의 수가 주어진 방정식의 해인 것은?

① $3x+1=-1$ [1]

② $5x+2=x-2$ [-2]

③ $\dfrac{x-1}{2}=2+x$ [-5]

④ $2(x-2)=3x+4$ [-7]

⑤ $\dfrac{1}{3}(6x-1)-\dfrac{5}{3}=x-1$ [-1]

02

다음 보기에서 x의 값에 관계없이 항상 참인 등식을 모두 고른 것은?

> **보기**
> ㄱ. $3x+5x=7x$
> ㄴ. $x+5=3x+5-2x$
> ㄷ. $-x+4=5-(x+2)$
> ㄹ. $4(-2x+4)=-2(4x-8)$

① ㄱ, ㄴ   ② ㄱ, ㄷ   ③ ㄴ, ㄷ
④ ㄴ, ㄹ   ⑤ ㄷ, ㄹ

03

다음 중 옳지 <u>않은</u> 것은?

① $a+5=b+5$이면 $a=b$이다.

② $a=b$이면 $3-a=b-3$이다.

③ $a=b$이면 $\dfrac{a}{3}-2=\dfrac{b}{3}-2$이다.

④ $\dfrac{a}{2}=\dfrac{b}{2}$이면 $3a+1=3b+1$이다.

⑤ $-4a+12=-8b+12$이면 $a=2b$이다.

개념 ③ 일차방정식의 풀이 ➔ **04, 05, 06, 07**

(1) 등식의 성질을 이용한 방정식의 풀이

등식의 성질을 이용하여 주어진 방정식을 $x=(수)$의 꼴로 고치면 방정식의 해를 구할 수 있다.

(2) 이항

등식의 성질을 이용하여 등식의 어느 한 변에 있는 항을 부호를 바꾸어 다른 변으로 옮기는 것

$$3x \underline{-4} = 5 \ \blacktriangleright \ 3x = 5 \underline{+4}$$
이항

참고 이항할 때, 항의 부호의 변화
$+\square$를 이항 ➔ $-\square$
$-\square$를 이항 ➔ $+\square$

(3) 일차방정식

방정식의 우변에 있는 모든 항을 좌변으로 이항하여 정리하였을 때,

$$(x에 대한 일차식)=0$$

의 꼴이 되는 방정식을 x에 대한 일차방정식이라 한다.

예 $2x-1=3$, $\dfrac{1}{3}x-\dfrac{2}{5}=0$

참고 ① x에 대한 방정식 $Ax+B=0$이 일차방정식이 되는 조건
➔ $A \neq 0$
② x에 대한 방정식 $Ax^2+Bx+C=0$이 일차방정식이 되는 조건
➔ $A=0$, $B \neq 0$

(4) 일차방정식의 풀이

❶ 괄호가 있으면 괄호를 푼다.

❷ 미지수 x를 포함한 항은 좌변으로, 상수항은 우변으로 이항한다.

❸ 양변을 정리하여 $ax=b \ (a \neq 0)$의 꼴로 나타낸다.

❹ 양변을 x의 계수 a로 나누어 해를 구한다.

예 일차방정식 $2x-3=-3x+7$에서

$$2x-3=-3x+7$$
$$2x+3x=7+3 \qquad \begin{matrix} -3x는 \ 좌변으로, \ -3은 \ 우변으로 \ 이항한다. \\ 양변을 \ 정리한다. \end{matrix}$$
$$5x=10$$
$$\therefore x=2 \qquad 양변을 \ x의 \ 계수 \ 5로 \ 나눈다.$$

04

다음은 등식의 성질을 이용하여 방정식을 푸는 과정이다. ㈎~㈃에 알맞은 수를 각각 구하시오.

$$2x+30=10-5x$$
$$2x+30+\boxed{㈎}\,x=10-5x+\boxed{㈎}\,x$$
$$7x+30-\boxed{㈏}=10-\boxed{㈏}$$
$$\frac{7x}{\boxed{㈐}}=\frac{-20}{\boxed{㈐}}$$
$$\therefore x=\boxed{㈑}$$

05

다음 중 밑줄 친 항을 바르게 이항한 것은?

① $x \underline{-5}=1 \ \blacktriangleright \ x=1-5$

② $4x=\underline{x}-2 \ \blacktriangleright \ 4x+x=-2$

③ $-2x+3=\underline{2x}-9 \ \blacktriangleright \ -2x-2x=-9+3$

④ $\underline{7}+3x=\underline{6x}+10 \ \blacktriangleright \ 3x-6x=10-7$

⑤ $-x\underline{-11}=3\underline{-8x} \ \blacktriangleright \ -x+8x=3-11$

06

다음 중 일차방정식인 것을 모두 고르면? (정답 2개)

① $\dfrac{4}{x}+5=x-3$ 　　② $7x-6=1+4x$

③ $x^2+3=2x^2+3$ 　　④ $\dfrac{1}{4}(8x+4)=\dfrac{1}{3}(6x-7)$

⑤ $-\dfrac{1}{2}(4x^2+2x)=-2x^2+5+x$

07

다음 중 일차방정식의 해가 나머지 넷과 다른 하나는?

① $2x-1=5$ 　　　② $-x+4=7-2x$

③ $3(x+1)=5x+7$ 　　④ $1-(-3x+4)=6$

⑤ $2(x-4)=3(x-1)-8$

개념 4 여러 가지 일차방정식의 풀이 → 08, 09

(1) **여러 가지 괄호가 있는 경우** : (소괄호) ➡ {중괄호} ➡ [대괄호]의 순서로 괄호를 푼다.

(2) **계수가 분수인 경우** : 양변에 분모의 최소공배수를 곱하여 계수를 정수로 바꾼다.

> ᅠ예 일차방정식 $\frac{1}{2}x+3=\frac{1}{5}x$에서
>
> $$\frac{1}{2}x+3=\frac{1}{5}x$$
> $$5x+30=2x$$ ← 양변에 분모의 최소공배수 10을 곱한다.
> $$5x-2x=-30$$
> $$3x=-30$$
> $$\therefore x=-10$$

(3) **계수가 소수인 경우** : 양변에 10, 100, 1000, …과 같은 10의 거듭제곱을 곱하여 계수를 정수로 바꾼다.

> ᅠ예 일차방정식 $0.2x=0.4x+2$에서
>
> $$0.2x=0.4x+2$$ ← 양변에 10을 곱한다.
> $$2x=4x+20$$
> $$2x-4x=20$$
> $$-2x=20$$
> $$\therefore x=-10$$

> **주의** 양변에 적당한 수를 곱할 때, 계수가 정수인 항에도 반드시 곱해야 한다.

(4) **비례식으로 주어진 경우** : 비례식의 성질을 이용한다.

➡ $a:b=c:d$이면 $ad=bc$

> ᅠ예 비례식 $(x-1):2=(x+2):3$에서
>
> $$(x-1):2=(x+2):3$$ ← 비례식에서 외항의 곱과 내항의 곱은 같다.
> $$3(x-1)=2(x+2)$$
> $$3x-3=2x+4$$
> $$3x-2x=4+3$$
> $$\therefore x=7$$

개념 5 특수한 해를 가지는 방정식 심화 → 10, 11

(1) x에 대한 방정식 $ax=b$에서

① 해가 무수히 많다. ➡ $a=0$, $b=0$

② 해가 없다. ➡ $a=0$, $b\neq0$

③ 해가 한 개이다. ➡ $a\neq0$

(2) x에 대한 방정식 $ax+b=cx+d$에서

① 해가 무수히 많다. ➡ $a=c$, $b=d$

② 해가 없다. ➡ $a=c$, $b\neq d$

③ 해가 한 개이다. ➡ $a\neq c$

> **참고** 주어진 방정식이 해가 무수히 많거나 해가 없을 조건이 주어지면 방정식을 $ax=b$의 꼴로 나타내고, a, b의 값을 생각한다.

08

일차방정식 $\dfrac{2x+1}{5}+4=\dfrac{3x-7}{2}$의 해를 구하시오.

09

일차방정식 $0.8x=0.6(x+3)-1.7$을 풀면?

① $x=\dfrac{1}{2}$ ② $x=1$ ③ $x=\dfrac{3}{2}$

④ $x=2$ ⑤ $x=\dfrac{5}{2}$

10

x에 대한 방정식 $7(x-a)=bx+14$의 해가 무수히 많을 때, 상수 a, b에 대하여 $a+b$의 값은?

① 1 ② 2 ③ 3
④ 4 ⑤ 5

11

x에 대한 방정식 $2+4kx=3(3k-5)x$의 해가 없을 때, 상수 k의 값은?

① 1 ② 2 ③ 3
④ 4 ⑤ 5

01

다음 문장을 등식으로 나타낸 것 중 항등식인 것은?

① 어떤 수 x의 2배에 5를 더한 값은 x에서 7을 뺀 값과 같다.

② 세 과목의 시험 점수가 각각 $2x$점, $(x+2)$점, 85점이면 평균은 $(x+29)$점이다.

③ 32명의 학생이 6개의 긴 의자에 x명씩 앉으면 2명이 남는다.

④ 밑변의 길이가 x cm, 높이가 4 cm인 삼각형의 넓이는 20 cm^{2}이다.

⑤ 한 권에 1000원인 노트 x권과 한 개에 300원인 지우개 2개의 가격은 5600원이다.

02

등식 $3x+5=\dfrac{1}{2}(ax-4)+b$가 모든 x에 대하여 항상 참일 때, 상수 a, b에 대하여 $a-b$의 값을 구하시오.

03

등식 $3x-6=a(x-2)$에 대하여 보기에서 옳은 것을 모두 고르시오. (단, a는 상수)

보기

ㄱ. 해가 $x=2$인 방정식이다.

ㄴ. $a=0$일 때, 해는 $x=-2$이다.

ㄷ. $a=3$일 때, x에 대한 항등식이다.

ㄹ. $a\neq3$일 때, x에 대한 일차방정식이다.

ㅁ. x에 어떤 값을 대입하여도 항상 참이다.

04

다음 등식이 x의 값에 관계없이 항상 참일 때, x에 대한 일차식 A를 구하시오.

$$\dfrac{1}{2}(x-3)-\dfrac{1}{2}A-\dfrac{6x-9}{3}=x+1$$

05 서술형▶

등식 $\dfrac{x-2}{5}-1=ax+b$가 x에 대한 항등식일 때, y에 대한 방정식 $2ay-2b=cy+1$의 해는 $y=2a+b$이다. 상수 a, b, c에 대하여 $a-b+c$의 값을 구하시오.

06 앗! 실수 주의

x에 대한 방정식 $2m-3kx=nk+4x+2$가 k의 값에 관계없이 항상 $x=2$를 해로 가질 때, $2m+n$의 값은?

(단, k, m, n은 상수)

① -7 ② -4 ③ 1

④ 4 ⑤ 7

오답코칭 'k의 값에 관계없이'는 'k에 대한 항등식'과 같은 표현이다.

유형 2 등식의 성질과 방정식의 풀이

07

$3a+6=3(b-2)$이면 $a-2=b-\boxed{}$가 성립할 때, $\boxed{}$ 안에 알맞은 수를 구하시오.

08

$3a=4b$일 때, 보기에서 옳은 것을 모두 고른 것은?

(단, $a\neq0$, $b\neq0$)

보기
ㄱ. $6a=4b+3a$ ㄴ. $\dfrac{a}{4}-4=\dfrac{b}{3}-3$
ㄷ. $a+7=\dfrac{4}{3}b+7$ ㄹ. $\dfrac{4a+1}{2}=\dfrac{3b+1}{2}$
ㅁ. $\dfrac{3a-4b}{5}=0$

① ㄱ, ㄴ ② ㄴ, ㄹ ③ ㄷ, ㅁ
④ ㄱ, ㄷ, ㄹ ⑤ ㄱ, ㄷ, ㅁ

09

다음은 등식의 성질을 이용하여 방정식 $-x+3=-\dfrac{x}{6}+\dfrac{1}{2}$ 을 푸는 과정이다. 상수 a, b, c, d에 대하여 $2a+b-c+d$ 의 값을 구하시오.

$$-x+3=-\frac{x}{6}+\frac{1}{2}$$ 양변에 a를 곱한다.
$$-6x+18=-x+3$$ 양변에 bx를 더한다.
$$-5x+18=3$$ 양변에서 c를 뺀다.
$$-5x=-15$$ 양변을 d로 나눈다.
$$\therefore x=3$$

10

방정식 $2x+4=5$의 해를 구하기 위하여 아래 등식의 성질 ㈎, ㈏를 순서대로 이용하여 $x=k$의 꼴로 만들었다. 양수 k, m, n에 대하여 $m+n+2k$의 값을 구하시오.

㈎ $a=b$이면 $a-m=b-m$
㈏ $a=b$이면 $\dfrac{a}{n}=\dfrac{b}{n}$

11 앗! 실수 주의

다음 그림과 같이 모양이 같으면 무게도 같은 ◯, ☆, ♡를 접시저울의 양쪽 접시 위에 올려놓았더니 모두 평형을 이루었다. 이때 $\boxed{?}$에 올려놓은 것을 구하시오.

(단, 저울의 양쪽에 같은 모양의 물건을 올려놓을 수 없다.)

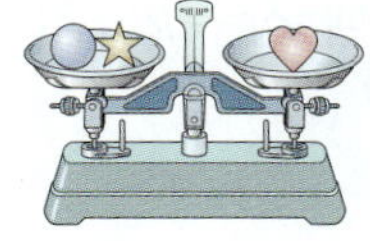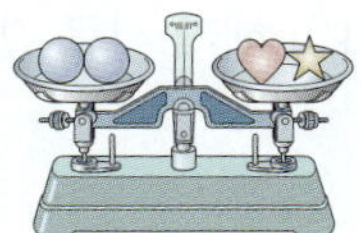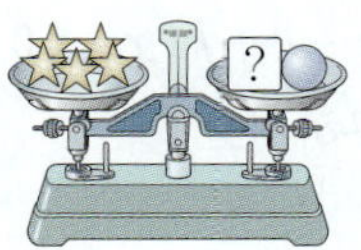

오답 코칭 저울의 양쪽에 같은 모양의 물건을 올려놓을 수 없으므로 $\boxed{?}$에 ☆☆☆, ◯☆은 올려놓을 수 없음에 주의한다.

유형 3 일차방정식의 풀이

12

등식 $6x+5=2(ax+5)-\dfrac{1}{3}$이 x에 대한 일차방정식일 때, 다음 중 상수 a의 값이 될 수 <u>없는</u> 것은?

① -6 ② -3 ③ 0
④ 3 ⑤ 6

13 서술형

다음 그림에서 아래 칸의 식은 선으로 연결된 위의 두 칸의 식을 더한 것과 같다. $A=-5$일 때, x의 값을 구하시오.

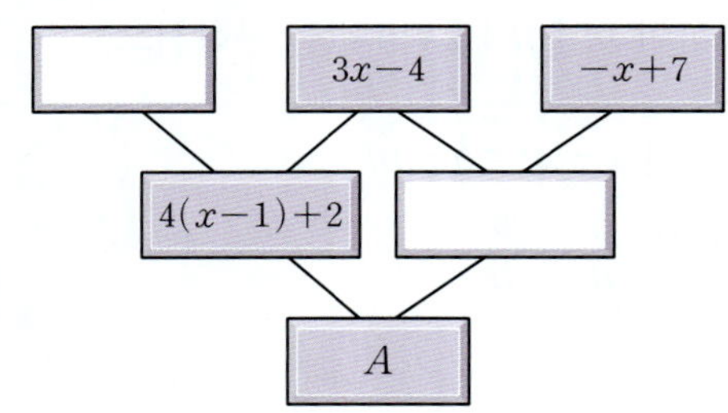

14

x에 대한 두 일차방정식 $3x-8=2(x+5)$, $x-k+k(x-10)=4$의 해가 서로 같을 때, 상수 k의 값을 구하시오.

15

x에 대한 두 일차방정식 $4(x-1)-5=9+2x$, $4x+1=3x-5a$의 해가 같지 않을 때, 다음 중 상수 a의 값이 될 수 <u>없는</u> 것은?

① -2 ② -1 ③ 0
④ 1 ⑤ 2

16

x에 대한 일차방정식 $5x-2b=a-3x$의 해가 $x=a$일 때, 상수 a, b에 대하여 $\dfrac{5a-6b}{a+2b}$의 값을 구하시오.

(단, $ab\neq0$)

17 우수 학군 출제

x에 대한 일차방정식 $(4a-3)x^2+(5b-2)x+3=0$의 해가 $x=-1$이다. 이때 y의 계수가 a이고, 상수항이 b인 y에 대한 일차방정식을 풀면? (단, a, b는 상수)

① $y=-1$ ② $y=-\dfrac{4}{3}$ ③ $y=-\dfrac{5}{3}$

④ $y=-2$ ⑤ $y=-\dfrac{7}{3}$

유형 **4** **여러 가지 일차방정식의 풀이** 틀리기 쉬운!

18 앗! 실수 주의

다음 중 일차방정식 $\dfrac{1}{2}x-0.25x=\dfrac{3x-7}{5}$과 그 해가 같은 것은?

① $x-4=8$ ② $3x=-12$

③ $\dfrac{x}{3}+1=\dfrac{8}{3}$ ④ $x+\dfrac{5}{3}=\dfrac{17}{3}$

⑤ $2(x-1)=x+4$

오답코칭 양변에 수를 곱할 때는 모든 항에 똑같이 곱한다.

19

일차방정식 $\frac{1}{2}\{4-(6x-2)+8x\}=3x-9$의 해가 $x=k$

일 때, $\dfrac{k^2+6}{k^2-6}$의 값을 구하시오.

20

비례식 $\frac{1}{3}(ax-1):5=(2x-a):6$을 만족시키는 x의 값

이 9일 때, 상수 a의 값은?

① 1   ② 2   ③ 3

④ 4   ⑤ 5

21 서술형 ▶

x에 대한 일차방정식 $\dfrac{x}{3}+\dfrac{a}{6}=\dfrac{a-x}{2}-\dfrac{5}{6}$의 해가 $x=-2$

일 때, x에 대한 일차방정식 $2\left(ax+\dfrac{1}{2}\right)=3(x-2)+2a$의

해를 구하시오. (단, a는 상수)

22

비례식 $2(x+1):(4-x)=3:1$을 만족시키는 x의 값은

x에 대한 일차방정식 $\dfrac{5x-4}{3}-\dfrac{2x+a}{5}=1$의 해이다. 이

때 상수 a의 값을 구하시오.

23 실력 UP↑

두 수 a, b에 대하여 $a◎b=a+b-ab$라 할 때,

$(x◎3)-\{2◎(x-1)\}=-2$를 만족시키는 x의 값은?

① -2 ② -1 ③ 0

④ 1   ⑤ 2

24 앗! 실수 주의

현서는 x에 대한 일차방정식 $\dfrac{1}{5}x-0.3(2a-x)=\dfrac{3}{2}+\dfrac{7}{5}x$

를 푸는데 우변의 $\dfrac{3}{2}$을 잘못 보고 풀어서 해가 $x=2$가 되었

다. 바르게 푼 해가 $x=-1$일 때, 현서는 $\dfrac{3}{2}$을 무엇으로 잘

못 보고 풀었는지 구하시오. (단, a는 상수)

오답코칭 $\dfrac{3}{2}$을 b로 잘못 보고 풀었다고 하고, 잘못 보고 푼 해를 이용하여 b의 값을 구

한다.

유형 **5** 해에 조건이 있는 일차방정식

25 앗! 실수 주의

x에 대한 일차방정식 $0.3x+a=0.8x+5$의 해가 자연수가 되도록 하는 가장 작은 자연수 a의 값을 구하시오.

오답 코칭 0은 자연수가 아님에 주의한다.

26

x에 대한 일차방정식 $2x-\dfrac{1}{4}(5x+3a)=-6$의 해가 음의 정수일 때, 가장 큰 정수 a의 값은?

① 1 ② 3 ③ 5
④ 7 ⑤ 9

27

x에 대한 일차방정식 $\dfrac{x-9k}{3}=kx+4$의 해가 x에 대한 일차방정식 $\dfrac{1}{5}x+3=0.4(3-x)$의 해의 2배일 때, 상수 k의 값은?

① 1 ② 2 ③ 3
④ 4 ⑤ 5

28 우수 학군 출제

x에 대한 두 일차방정식 $\dfrac{2x-5}{3}=1$, $5k+x=3k+2$의 해는 절댓값이 같고 부호는 서로 반대이다. 이때 상수 k의 값을 구하시오.

발전 유형 **6** 특수한 해를 가지는 방정식

29

x에 대한 방정식 $kx-\dfrac{x-3k}{3}=\dfrac{k}{2}x+4$가 한 개의 해를 갖기 위한 상수 k의 조건을 구하시오.

30 우수 학군 출제

x에 대한 방정식 $(2a+5)x+2b-7=ax+3b$의 해는 두 개 이상이고, x에 대한 방정식 $2(x+a)=c(2x+b)$의 해는 존재하지 않는다. 이때 상수 a, b, c에 대하여 $a-b+c$의 값은?

① 1 ② 2 ③ 3
④ 4 ⑤ 5

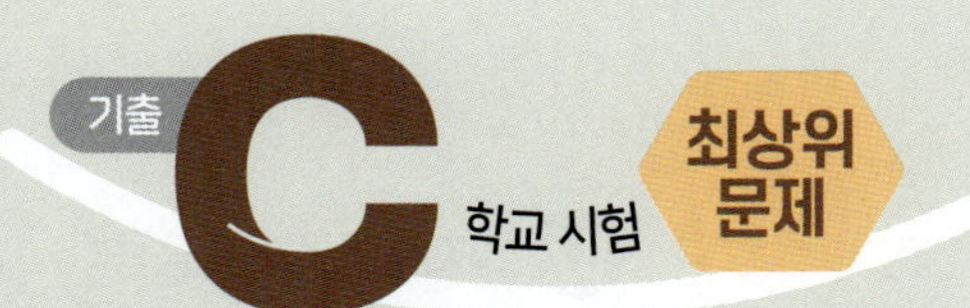

정답과 풀이 **54**쪽

01

두 수 a, b에 대하여 $a \circ b = 2ax - 4b$, $a \triangle b = 6bx + a$라 할 때, 등식 $m \circ (2n) = (3 \circ 2) \triangle n$이 x에 대한 항등식이 되도록 하는 상수 m, n에 대하여 $m + n$의 값을 구하시오.

02

약분하면 $\dfrac{3}{2}$이 되는 어떤 분수의 분모에 4를 더한 후, 분자에 분모를 더하고 8을 뺐다. 이 분수를 기약분수로 나타내었더니 다시 $\dfrac{3}{2}$이 되었다. 처음의 분수를 $\dfrac{a}{b}$라 할 때, $a + b$의 값을 구하시오. (단, $a > 0$, $b > 0$)

03

지호와 예원이가 다음과 같은 x에 대한 일차방정식을 풀고 있다.

$$\frac{2a(x-4)}{3} - \frac{3-bx}{5} = \frac{1}{15}$$

지호가 a를 $-\dfrac{1}{2}$로 잘못 보고 구한 해가 $x = \dfrac{5}{2}$이고, 예원이가 b를 $\dfrac{2}{3}$로 잘못 보고 구한 해가 $x = \dfrac{30}{7}$일 때, 처음 방정식을 바르게 풀었을 때의 해를 구하시오. (단, a, b는 상수)

04 서술형 ▶

다음과 같이 수직선 위의 두 점 P, Q에 대응하는 수는 각각 x, $3x + 4$이고, 두 점 A, B에 대응하는 수는 각각 4, k이다. 선분 PA의 길이와 선분 AQ의 길이의 비가 1 : 3, 선분 PB의 길이와 선분 BQ의 길이의 비가 4 : 1일 때, 선분 AB의 길이를 구하시오.

$$\overset{\longleftarrow\quad\bullet\qquad\bullet\qquad\qquad\bullet\ \ \bullet\quad\longrightarrow}{\text{P}(x)\quad\text{A}(4)\qquad\qquad\text{B}(k)\ \text{Q}(3x+4)}$$

단계 **1** 선분 PA의 길이와 선분 AQ의 길이를 구하여 비례식 세우기

단계 **2** x의 값 구하기

단계 **3** 선분 PB의 길이와 선분 BQ의 길이를 구하여 비례식 세우기

단계 **4** k의 값을 구하여 선분 AB의 길이 구하기

05

상수 a, b, c에 대하여 $3a + 2b + c = 10$일 때,
$$\frac{x}{3a} + \frac{x}{2b} + \frac{x}{c} - 3 = \frac{2b+c}{3a} + \frac{3a+c}{2b} + \frac{3a+2b}{c}$$
의 해를 구하시오. $\left(\text{단, } \dfrac{1}{3a} + \dfrac{1}{2b} + \dfrac{1}{c} \neq 0,\ abc \neq 0\right)$

개념 1 일차방정식의 활용 문제 풀이 → 01

일차방정식의 활용 문제는 다음과 같은 순서로 해결한다.

❶ 문제의 뜻을 파악하고, 구하려고 하는 것을 미지수 x로 놓는다.

❷ 문제의 뜻에 맞게 x에 대한 일차방정식을 세운다.

❸ 일차방정식을 푼다.

❹ 구한 해가 문제의 뜻에 맞는지 확인한다.

개념 2 수에 대한 문제 → 02

(1) 연속하는 세 정수

➡ $x-1,\ x,\ x+1$ 또는 $x,\ x+1,\ x+2$

(2) 연속하는 세 홀수(짝수)

➡ $x-2,\ x,\ x+2$ 또는 $x,\ x+2,\ x+4$

(3) 백의 자리의 숫자가 a, 십의 자리의 숫자가 b, 일의 자리의 숫자가 c인 세 자리 자연수 ➡ $100a+10b+c$

주의 세 자리 자연수를 abc, 즉 $a \times b \times c$로 나타내지 않도록 주의한다.

개념 3 도형에 대한 문제 → 03

(1) (삼각형의 넓이) $= \dfrac{1}{2} \times$ (밑변의 길이) $\times$ (높이)

(2) (직사각형의 둘레의 길이)
$= 2 \times \{$(가로의 길이)$+$(세로의 길이)$\}$

(3) (직사각형의 넓이) $=$ (가로의 길이) $\times$ (세로의 길이)

(4) (사다리꼴의 넓이)
$= \dfrac{1}{2} \times \{$(윗변의 길이)$+$(아랫변의 길이)$\} \times$ (높이)

개념 4 거리, 속력, 시간에 대한 문제 → 04

(1) (거리) $=$ (속력) $\times$ (시간)

(2) (속력) $= \dfrac{(거리)}{(시간)}$

(3) (시간) $= \dfrac{(거리)}{(속력)}$

주의 주어진 조건의 단위가 다른 경우에는 단위를 통일한다.

① $1\,\text{km}=1000\,\text{m},\ 1\,\text{m}=100\,\text{cm}$

② 1시간$=60$분, 1분$= \dfrac{1}{60}$시간

01

올해 건우 어머니의 나이는 건우의 나이의 3배이다. 14년 후에는 어머니의 나이가 건우의 나이의 2배가 된다고 할 때, 올해 건우의 나이를 구하시오.

02

연속하는 세 홀수의 합이 99일 때, 이 세 홀수 중 가장 작은 수를 구하시오.

03

가로의 길이가 세로의 길이의 2배보다 3 cm 더 긴 직사각형에서 가로의 길이를 5 cm 줄이고, 세로의 길이를 6 cm 늘였더니 정사각형이 되었다. 처음 직사각형의 둘레의 길이는?

① 48 cm   ② 54 cm   ③ 58 cm

④ 64 cm   ⑤ 70 cm

04

아현이는 집과 도서관을 걸어서 왕복하는데 갈 때는 시속 3 km로 걸었고, 올 때는 시속 2 km로 걸었더니 갈 때보다 20분이 더 걸렸다. 집과 도서관 사이의 거리는?

① 1 km   ② $\dfrac{3}{2}$ km   ③ $\dfrac{5}{3}$ km

④ 2 km   ⑤ $\dfrac{5}{2}$ km

개념 5 비율, 정가에 대한 문제 심화 → 05, 06

(1) **비율에 대한 문제** : 전체의 양을 x로 놓고 부분의 합은 전체와 같음을 이용하여 x에 대한 식을 나타낸다.

➡ 전체의 $\dfrac{n}{m}=x\times\dfrac{n}{m}$

참고 A와 B의 비가 $m:n$

➡ A는 전체의 $\dfrac{m}{m+n}$, B는 전체의 $\dfrac{n}{m+n}$

(2) **원가, 정가에 대한 문제**

① 원가가 x원인 물건에 $a\,\%$의 이익을 붙인 정가

➡ (정가) = (원가) + (이익)

$$=x+\dfrac{a}{100}x=\left(1+\dfrac{a}{100}\right)x(원)$$

② 정가가 x원인 물건을 $a\,\%$ 할인한 판매 가격

➡ (판매 가격) = (정가) − (할인 금액)

$$=x-\dfrac{a}{100}x=\left(1-\dfrac{a}{100}\right)x(원)$$

③ (이익) = (판매 가격) − (원가)

개념 6 일에 대한 문제 → 07

어떤 일을 완성하는 데 걸리는 시간은 다음과 같은 순서로 해결한다.

❶ 전체 일의 양을 1로 놓는다.

❷ 한 사람이 단위 시간(1일, 1시간, 1분 등)에 할 수 있는 일의 양을 구한다.

❸ (각각의 사람이 한 일의 양의 합) = 1임을 이용하여 방정식을 세운다.

참고 어떤 일을 혼자서 완성하는 데 x일이 걸린다.

➡ 전체 일의 양을 1이라 하면 하루에 하는 일의 양은 $\dfrac{1}{x}$이다.

개념 7 농도에 대한 문제 → 08

(1) (소금물의 농도) = $\dfrac{(소금의 양)}{(소금물의 양)}\times100\,(\%)$

(2) (소금의 양) = $\dfrac{(소금물의 농도)}{100}\times(소금물의 양)$

참고 ① 물을 더 넣거나 증발시키는 경우 :

(처음 소금물의 소금의 양) = (나중 소금물의 소금의 양)

➡ 소금의 양은 변하지 않는다.

② 소금을 더 넣는 경우 :

(처음 소금물의 소금의 양) + (더 넣은 소금의 양)

= (나중 소금물의 소금의 양)

③ 농도가 다른 두 소금물을 섞는 경우 :

(섞기 전 두 소금물 각각의 소금의 양의 합)

= (섞은 후 소금물의 소금의 양)

05

정훈이는 어느 책 한 권을 모두 읽는 데 총 4일이 걸렸다. 첫째 날에는 전체의 $\dfrac{1}{3}$을 읽고, 둘째 날에는 전체의 $\dfrac{1}{6}$을, 셋째 날에는 전체의 $\dfrac{1}{4}$을, 마지막 날에는 51쪽을 읽었다고 할 때, 이 책은 전체 몇 쪽인지 구하시오.

06

원가에 $25\,\%$의 이익을 붙여 정가를 정한 상품이 팔리지 않아 정가에서 $10\,\%$를 할인하여 팔았더니 500원의 이익을 얻었다. 이 상품의 원가를 구하시오.

07

어떤 일을 완성하는 데 준형이가 혼자하면 16일, 효정이가 혼자하면 20일이 걸린다고 한다. 이 일을 준형이 혼자 7일 동안 한 후, 준형이와 효정이가 함께 일하여 완성하였다고 할 때, 두 사람이 함께 일한 날은?

① 3일   ② 4일   ③ 5일

④ 6일   ⑤ 7일

08

$2\,\%$의 소금물 $200\,\text{g}$과 $5\,\%$의 소금물 $x\,\text{g}$을 섞으면 $4\,\%$의 소금물이 된다고 할 때, x의 값을 구하시오.

01

십의 자리의 숫자가 일의 자리의 숫자보다 3만큼 작은 두 자리 자연수가 있다. 이 자연수는 각 자리의 숫자의 합의 5배보다 10만큼 작을 때, 이 자연수를 구하시오.

02

유안이와 승현이는 계단의 중간 지점에서 가위바위보를 하여 이기면 3칸 올라가고 지면 1칸 내려가기로 했다. 총 10번의 가위바위보를 하였을 때, 승현이가 유안이보다 8계단 아래에 있었다. 이때 유안이가 몇 번 이겼는지 구하시오.

(단, 비기는 경우는 없다.)

03 서술형

현재 진하의 예금액은 8000원이고 민우의 예금액은 5000원이다. 진하는 매달 $2k$원씩, 민우는 매달 $(3k-600)$원씩 예금할 때, 진하와 민우의 예금액이 같아지는 것은 4개월 후이다. 진하와 민우의 매달 예금액을 각각 구하시오.

(단, 이자는 생각하지 않는다.)

04

오른쪽 그림과 같이 가로의 길이가 x cm, 세로의 길이가 20 cm인 직사각형 모양의 종이의 네 모퉁이에서 한 변의 길이가 2 cm인 정사각형 모양을 각각 잘라낸 후 접어서 뚜껑이 없는 직육면체 모양의 상자를 만들었다. 이 상자의 부피가 480 cm³일 때, x의 값을 구하시오.

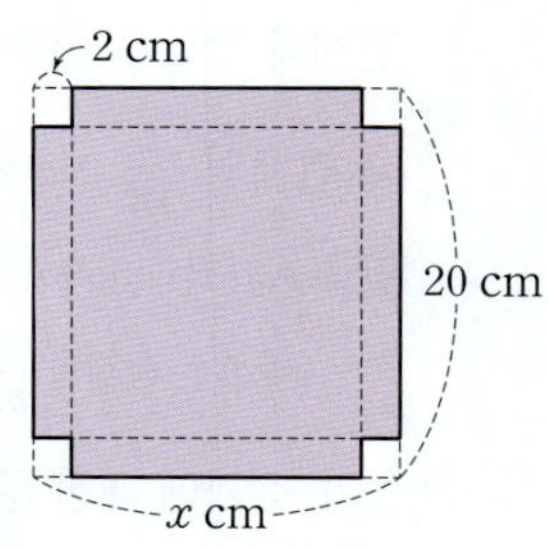

05

오른쪽 그림과 같이 한 변의 길이가 8 cm인 정사각형 ABCD에서 선분 AD의 길이를 x cm 늘이고, 선분 AB와 선분 DC의 길이를 2 cm씩 줄여서 새로운 사각형을 만들었더니 그 넓이가 57 cm²가 되었다. 이때 x의 값을 구하시오.

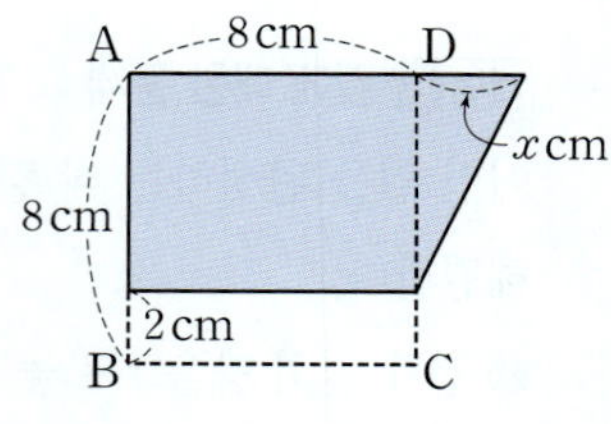

06 실수 주의

다음 그림과 같이 길이가 같은 성냥개비를 사용하여 정삼각형을 일정한 방향으로 만들어 나가려고 한다. 성냥개비를 51개 사용하였을 때 만들 수 있는 정삼각형의 개수는?

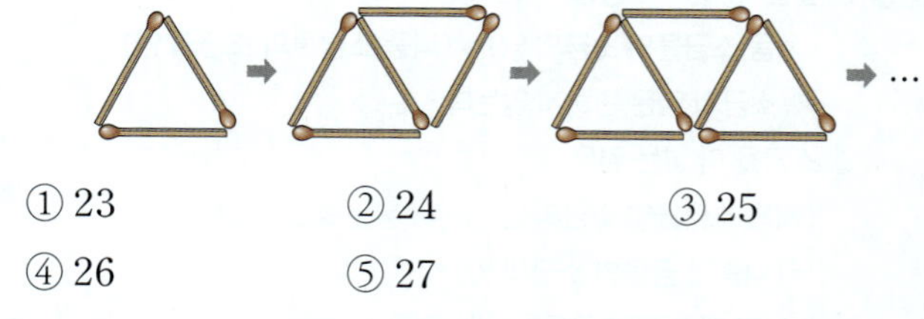

① 23   ② 24   ③ 25
④ 26   ⑤ 27

오답코칭 두 번째 정삼각형부터는 성냥개비가 2개씩 더 필요하다.

07

오른쪽 그림과 같이 어느 달의 달력에서 ⌐ 모양으로 4개의 날짜를 선택하였더니 선택한 날짜의 합이 92가 되었다. 선택한 4개의 날짜 중 첫 번째 날의 날짜를 구하시오.

일	월	화	수	목	금	토
				1	2	3	4
5	6	7	8	9	10	11
12	13	14	15	16	17	18
19	20	21	22	23	24	25
26	27	28	29	30		

08 실력UP↗

4시와 5시 사이에 시계의 시침과 분침이 일치하는 시각은 4시 $\dfrac{q}{p}$분이다. 이때 $p+q$의 값을 구하시오.

(단, p, q는 서로소)

유형 **2** 거리, 속력, 시간에 대한 문제

09

수영장에서 배영으로 분속 30 m의 속력으로 수영을 하여 반환점까지 갔다가 같은 거리를 자유형으로 분속 40 m의 속력으로 수영을 하여 시작점으로 돌아왔더니 총 7분이 걸렸다. 이때 자유형으로 수영을 한 시간은?

(단, 반환점에서 도는 시간은 생각하지 않는다.)

① 1분 30초　　② 2분　　③ 2분 30초
④ 3분　　⑤ 3분 30초

10

집에서 약속 장소까지 가는데 시속 6 km로 뛰어가면 약속 시간보다 10분 늦게 도착하고, 시속 12 km로 자전거를 타고 가면 약속 시간보다 5분 빨리 도착한다. 집에서 약속 장소까지의 거리를 구하시오.

11 앗! 실수 주의

예빈이네 집과 지후네 집은 2.1 km 떨어져 있다. 예빈이와 지후가 각자의 집에서 동시에 출발하여 예빈이는 매분 250 m의 속력으로, 지후는 매분 300 m의 속력으로 서로의 집을 향하여 가고 있다. 예빈이는 쉬지 않고 가고, 지후는 중간에 20초를 쉬고 갔을 때, 두 사람은 출발한 지 몇 분 후에 만나는지 구하시오.

오답 코칭 거리와 시간의 단위를 통일한다.

유형 **3** 비율, 정가에 대한 문제

12

원가가 10000원인 상품의 원가에 20 %의 이익을 붙여 정가를 정했다가 다시 정가의 x %를 할인하여 팔았더니 원가의 14 %의 이익을 얻었다. 이때 x의 값은?

① 5　　② 6　　③ 7
④ 8　　⑤ 9

13

작년에 어느 동아리에 가입한 학생은 100명이었다. 올해에 가입한 학생 수는 작년에 비하여 여학생 수는 10 % 증가하고, 남학생 수는 4 % 감소하여 전체적으로 3명이 증가하였을 때, 올해에 가입한 여학생 수는?

① 40   ② 45   ③ 50
④ 55   ⑤ 60

14

노트를 정가대로 판매하면 한 권당 500원의 이익을 얻는다. 이 노트를 정가의 20 %를 할인하여 20권을 판매하였을 때의 이익금이 정가에서 300원을 할인하여 25권을 판매하였을 때의 이익금과 같을 때, 이 노트의 정가를 구하시오.

15

다음은 세종 대왕의 일대기를 읽고 세종 대왕의 삶을 정리한 것이다. 세종 대왕이 즉위한 나이를 구하시오.

> 세종 대왕은 일생의 $\dfrac{2}{9}$ 를 혼자 살다가 부인 심씨(소현 왕후)와 혼인하였다. 10년 후 왕세자에 책봉되고 같은 해에 즉위하여 일생의 $\dfrac{16}{27}$ 을 정치, 문화, 경제 등 여러 방면에서 조선의 기틀을 마련하는 데 힘썼다. 세종 대왕은 조선 역사에서 가장 존경받는 임금으로, 즉위 후 여러 가지 업적을 남기며 나라를 다스리다가 승하하였다.

16

⚲ 우수 학군 출제

어느 자격증 시험에서 응시생의 남녀 인원 수의 비는 4 : 3, 합격자의 남녀 인원 수의 비는 7 : 4, 불합격자의 남녀 인원 수의 비는 6 : 7이었다. 합격자가 220명일 때, 전체 응시생은 몇 명인지 구하시오.

17 실력 UP ↗

A 중학교의 작년의 학생 정원은 500명이었고, 올해와 내년의 학생 정원의 변화는 다음 표와 같다.

	올해의 학생 정원	내년의 학생 정원
남학생	작년보다 10 % 증가	올해보다 10 % 감소
여학생	작년보다 10 % 감소	올해와 같음

내년의 학생 정원이 작년에 비해 23명 감소한다고 할 때, 내년의 남학생 정원은?

① 295명   ② 296명   ③ 297명
④ 298명   ⑤ 299명

유형 **4** 일에 대한 문제

18

어떤 빈 물통에 물을 가득 채우려면 A 호스로는 3시간, B 호스로는 4시간이 걸리고, 가득 찬 물을 C 호스로 완전히 빼내는 데에는 6시간이 걸린다고 한다. 두 호스 A, B로 물을 넣는 동시에 C 호스로 물을 빼낸다면 물을 가득 채우는 데 몇 분이 걸리는지 구하시오.

19 서술형

하진이와 수민이는 종이학을 만들기로 하였다. 하진이는 8분에 종이학 5개를, 수민이는 12분에 종이학 7개를 만들 수 있다. 하진이는 종이학 8개를, 수민이는 종이학 10개를 미리 만들어 놓고 동시에 종이학을 만들기 시작하였다. 두 사람의 종이학의 개수가 같아지는 것은 종이학을 만들기 시작한 지 몇 분 후인지 구하시오.

20

어느 김밥 가게의 사장님은 수습생보다 10분 동안 12개의 김밥을 더 말 수 있다고 한다. 이 김밥 가게의 사장님은 16분 동안, 수습생은 20분 동안 김밥을 말았을 때, 수습생은 사장님이 말은 김밥의 개수의 $\dfrac{3}{4}$을 말았다. 이때 사장님과 수습생이 1시간 동안 말 수 있는 김밥의 개수의 합은?

① 280 ② 282 ③ 284
④ 286 ⑤ 288

21

설탕물 300 g에 물 100 g과 18 %의 설탕물을 넣어서 11 %의 설탕물 600 g을 만들었다. 처음 설탕물의 농도는?

① 10 % ② 11 % ③ 12 %
④ 13 % ⑤ 14 %

22

A 컵에는 7 %의 소금물 500 g, B 컵에는 19 %의 소금물 200 g이 들어 있다. A 컵에서 소금물 100 g을 덜어 내어 B 컵에 부은 다음, 두 컵 A, B의 소금물의 농도를 같게 만들기 위해 A 컵에 소금 x g을 더 넣었다. 이때 x의 값은?

① $\dfrac{637}{17}$ ② $\dfrac{640}{17}$ ③ 38
④ $\dfrac{649}{17}$ ⑤ $\dfrac{652}{17}$

23 서술형

A 컵에는 x %의 소금물 400 g, B 컵에는 6 %의 소금물 600 g이 들어 있다. 두 컵 A, B에서 각각 200 g의 소금물을 덜어 내어 서로 바꾸어 부었더니 A 컵의 소금물의 농도가 B 컵의 소금물의 농도보다 4 % 더 높았다고 할 때, x의 값을 구하시오.

24 앗! 실수 주의

긴 의자에 학생들이 앉는데 한 의자에 5명씩 앉으면 12명이 앉지 못하고, 한 의자에 8명씩 앉으면 마지막 의자에는 5명이 앉는다고 한다. 이때 긴 의자의 개수를 구하시오.

오답코칭 5명씩 앉는 경우와 8명씩 앉는 경우의 학생 수는 동일하다.

25

야영을 위해 설치한 텐트에 학생들을 배정하려고 한다. 한 텐트에 4명씩 배정하면 7명이 남고, 한 텐트에 6명씩 배정하면 빈 텐트가 2개 생기고 마지막 텐트는 3명이 사용한다고 한다. 이때 텐트의 개수와 학생 수를 각각 구하시오.

26

우수 학군 출제

어느 학교 강당에서 1학년 학생들이 특강을 들으려고 한다. 강당에는 5인용 긴 의자가 놓여 있는데 학생들이 한 의자에 5명씩 빈 자리 없이 앉으면 의자가 4개 남고, 몇 개의 의자에는 5명씩 앉고 몇 개의 의자에는 4명씩 앉으면 남는 의자 없이 모든 학생이 앉을 수 있다고 한다. 5명씩 앉는 의자의 개수와 4명씩 앉는 의자의 개수의 비가 3 : 4일 때, 1학년 학생 수는?

① 140　　　② 145　　　③ 150
④ 155　　　⑤ 160

발전 유형 7 **거리, 속력, 시간에 대한 활용 문제**

27

둘레의 길이가 510 m인 호수의 둘레를 따라 예지와 희준이가 각각 분속 70 m, 분속 55 m로 같은 지점에서 동시에 출발하여 서로 같은 방향으로 걸어갔다. 두 사람이 처음으로 다시 만나는 것은 출발한 지 몇 분 후인지 구하시오.

28

주원이와 태민이가 둘레의 길이가 3.2 km인 원 모양의 산책로를 걸으려고 한다. 주원이와 태민이의 걷는 속력의 비는 5 : 3이고, 이 산책로의 한 지점에서 동시에 반대 방향으로 걷기 시작하였더니 20분 후에 처음으로 다시 만났다. 주원이의 걷는 속력은?

① 분속 100 m　　　② 분속 105 m　　　③ 분속 110 m
④ 분속 115 m　　　⑤ 분속 120 m

29　서술형 ▶

수빈이는 보트를 타고 시속 15 km의 속력으로 흐르는 곧은 강에서, 민우는 자동차를 타고 강 옆의 곧은 도로에서 같은 출발점을 동시에 출발하여 같은 반환점을 돌아 다시 출발점으로 돌아왔다. 보트와 자동차의 속력은 시속 45 km로 같고, 민우가 수빈이보다 15분 먼저 도착하였을 때, 출발점에서 반환점까지의 거리를 구하시오. (단, 반환점에서 도는 시간과 강과 도로의 폭은 생각하지 않는다.)

30

일정한 속력으로 달리는 기차가 300 m 길이의 철교를 완전히 통과하는 데 5초가 걸리고, 660 m 길이의 터널을 통과할 때는 7초 동안 기차가 보이지 않았다. 이 기차의 길이는?

① 70 m　　　② 80 m　　　③ 90 m
④ 100 m　　　⑤ 110 m

01 서술형

50명의 학생이 어느 자격 시험을 보았는데 30명이 합격하였다. 최저 합격 점수는 50명의 전체 평균보다 3점이 낮았고, 합격자의 평균보다 11점이 낮았다. 또, 불합격자의 평균은 최저 합격 점수의 $\frac{3}{4}$배보다 2점이 높았다고 할 때, 최저 합격 점수를 구하시오.

단계 ① 최저 합격 점수를 x점으로 놓고, 전체 평균, 합격자의 평균 불합격자의 평균을 x에 대한 식으로 각각 나타내기

단계 ② 전체 평균을 이용하여 방정식 세우기

단계 ③ 방정식을 풀어 최저 합격 점수 구하기

02

민서와 시우가 운동장 트랙을 도는데 같은 지점에서 서로 반대 방향으로 동시에 출발하면 출발한 지 9분 만에 처음으로 다시 만났고, 서로 같은 방향으로 동시에 출발하면 출발한 지 29분 만에 처음으로 다시 만났다. 민서는 분속 60 m의 속력으로 걸었고, 시우는 민서보다 걷는 속력이 빠를 때, 시우의 걷는 속력을 구하시오.

03

수정이가 공부를 하려고 책상에 앉았더니 오후 1시와 2시 사이에 시계의 시침과 분침이 서로 반대 방향으로 일직선이었다. 공부를 끝내고 시계를 보니 오후 3시와 4시 사이에 시침과 분침이 겹쳐져 있었다. 수정이가 공부한 총시간을 구하시오.

04

어떤 빈 물통에 물을 가득 채우려면 A 호스로는 12시간, B 호스로는 4시간이 걸리고, 가득 찬 물을 C 호스로 완전히 빼내는 데에는 8시간이 걸린다고 한다. 다음의 방법으로 빈 물통에 물을 가득 채울 때, B 호스로 물을 채운 시간을 구하시오.

- A 호스는 처음부터 물통이 가득 찰 때까지 물을 채운다.
- B 호스는 일정 시간 물을 채운 후 잠근다.
- 물을 채우면서 동시에 B 호스로 물을 채운 시간보다 40분 더 길게 C 호스로 물을 뺀다.
- 처음 물을 채우기 시작한 지 6시간 후에 물통에 물이 가득 찬다.

05

사탕이 들어 있는 세 상자 A, B, C가 있다. A 상자에서 사탕의 $\frac{1}{4}$을 꺼내어 B 상자에 넣은 후, B 상자에서 사탕의 $\frac{2}{5}$를 꺼내어 C 상자에 넣었더니 모든 상자에 들어 있는 사탕의 개수가 60으로 같아졌다. 다음 보기에서 옳은 것을 모두 고르시오.

보기

ㄱ. 처음 A 상자에 들어 있던 사탕의 개수는 80이다.
ㄴ. 처음 B 상자에 들어 있던 사탕의 개수는 100이다.
ㄷ. 처음 C 상자에 들어 있던 사탕의 개수는 20이다.
ㄹ. A 상자에서 꺼내어 B 상자에 넣은 사탕의 개수는 15이다.
ㅁ. B 상자에서 꺼내어 C 상자에 넣은 사탕의 개수는 40이다.

01

다음 중 옳은 것은?

① $a \times a \times 0.1 \times b = a^2 b$

② $2 \div (x \times y) = \dfrac{2}{xy}$

③ $(6+a) \div 2 = 3+a$

④ $a \div 3 \div b = \dfrac{ab}{3}$

⑤ $a \times 4 \div b \times c = \dfrac{4a}{bc}$

02

다음 보기에서 일차식인 것과 그 일차식의 상수항이 바르게 짝 지어진 것은?

> **보기**
>
> ㄱ. $6-x$ ㄴ. $-3x^2+3x+4$
>
> ㄷ. $\dfrac{3+2x}{2}$ ㄹ. $\dfrac{3(x-1)-3x}{2}$
>
> ㅁ. $\dfrac{-5x+7+2(3x+1)}{2}$

① ㄱ, -6 ② ㄴ, 4 ③ ㄷ, 3

④ ㄹ, $-\dfrac{3}{2}$ ⑤ ㅁ, $\dfrac{9}{2}$

03

$a=-\dfrac{1}{3}$일 때, 다음 식의 값 중 가장 큰 값과 가장 작은 값 사이에 있는 정수의 개수는?

$$\dfrac{a}{3}, \quad -\dfrac{1}{a}, \quad -\dfrac{1}{a^2}, \quad (-a)^2$$

① 10   ② 11   ③ 12

④ 13   ⑤ 14

04

$\dfrac{3}{a}+\dfrac{3}{b}=4$일 때, $\dfrac{4(a+b)-6ab}{a+b}$의 값은?

① -4 ② $-\dfrac{1}{2}$ ③ $\dfrac{1}{2}$

④ 2 ⑤ 4

05

$5a=4b$일 때, 다음 중 옳은 것은?

① $\dfrac{5}{2}a+2b=0$ ② $6a=4b-a$

③ $\dfrac{10a-8b}{5}=0$ ④ $-\dfrac{a}{4}-3=\dfrac{b}{5}-3$

⑤ $5(a-1)=4b+5$

06

8 %의 소금물에 14 %의 소금물 200 g을 섞으면 12 %의 소금물이 된다고 할 때, 12 %의 소금물의 양은?

① 220 g   ② 240 g   ③ 260 g

④ 280 g   ⑤ 300 g

07

오른쪽 그림과 같은 직사각형에서 색칠한 부분의 넓이를 x를 사용한 식으로 나타낸 것은?

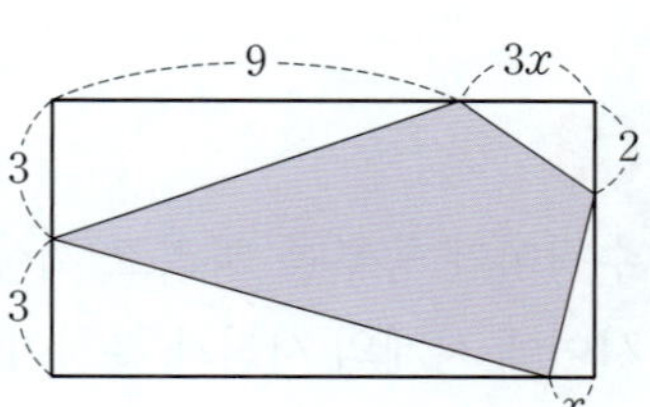

① $5x-27$

② $5x+27$

③ $10x-17$

④ $10x+17$

⑤ $10x+27$

08

혜민이네 반 학생 25명의 수학 시험 결과 x명의 학생이 60점, $2x$명의 학생이 20점, 나머지 학생은 10점을 맞았다고 한다. 이 반 전체 학생의 점수의 평균을 x를 사용한 식으로 나타낸 것은?

① $\left(\dfrac{7}{5}x+\dfrac{2}{5}\right)$점 ② $\left(\dfrac{14}{5}x+\dfrac{2}{5}\right)$점 ③ $\left(4x+\dfrac{2}{5}\right)$점

④ $\left(\dfrac{7}{5}x+10\right)$점 ⑤ $\left(\dfrac{14}{5}x+10\right)$점

09

x에 대한 일차방정식 $\dfrac{2x+a}{3}=5$의 해가 자연수가 되도록 하는 자연수 a의 개수는?

① 3 ② 4 ③ 5
④ 6 ⑤ 7

10

x에 대한 일차방정식 $\dfrac{a-3}{5}-\dfrac{2x-1}{3}=-2$의 해와

$1.5(x+0.2a)=\dfrac{x+3}{2}+3.3$의 해의 비가 $2:3$이다. 상수

a의 값을 기약분수로 나타내면 $\dfrac{q}{p}$일 때, $p+q$의 값은?

① 11 ② 15 ③ 24
④ 33 ⑤ 37

11

x에 대한 방정식 $-2x+18=-5(ax-5)-7$의 해는 무수히 많고, x에 대한 방정식 $4bx+5=(3a+2)x-a$의 해는 없다. 이때 상수 a, b에 대하여 $a+b$의 값은?

① $\dfrac{6}{5}$ ② $\dfrac{9}{5}$ ③ $\dfrac{12}{5}$
④ $\dfrac{16}{5}$ ⑤ $\dfrac{18}{5}$

12

어느 가게에서는 상품 A의 가격을 정할 때 원가에 60 %의 이익을 붙여서 정가를 정한다. 그런데 처음의 정가로 20개를 판매한 후, 더 이상 팔리지 않아 정가에서 30 %를 할인하여 팔았더니 80개가 팔렸다. 총 100개를 판매한 결과 한 개당 648원의 이익이 남았다면, 상품 A의 원가는?

① 2000원 ② 2500원 ③ 3000원
④ 3500원 ⑤ 4000원

13

어떤 빈 물탱크에 물을 가득 채우는 데 A 호스로는 3시간이 걸리고, 가득 찬 물을 완전히 빼내는 데 B 호스로는 12시간, C 호스로는 36시간이 걸린다고 한다. A 호스로 물을 넣는 동시에 두 호스 B, C로 물을 빼낸다면 물을 가득 채우는 데 걸리는 시간은?

① 4시간 ② $\dfrac{17}{4}$시간 ③ $\dfrac{9}{2}$시간
④ 5시간 ⑤ 6시간

정답과 풀이 **65**쪽

14

둘레의 길이가 $1\,\mathrm{km}$인 원 모양의 산책로를 따라 소라와 연준이가 각각 분속 $80\,\mathrm{m}$, 분속 $60\,\mathrm{m}$로 같은 지점에서 동시에 출발하여 서로 같은 방향으로 걸어갔다. 두 사람이 처음으로 다시 만났을 때, 연준이는 산책로를 몇 바퀴 돌았는가?

① 2바퀴 ② 3바퀴 ③ 4바퀴
④ 5바퀴 ⑤ 6바퀴

15

어떤 일을 완성하는 데 두 로봇 A, B를 동시에 작동시키면 15일, 두 로봇 B, C를 동시에 작동시키면 10일, 두 로봇 A, C를 동시에 작동시키면 12일이 걸린다. 세 로봇 A, B, C를 모두 동시에 작동시키면 이 일을 완성하는 데 며칠이 걸리는가?

① 8일 ② 9일 ③ 10일
④ 12일 ⑤ 15일

16

x에 대한 방정식 $4mn-3kx=6mk+2mnx+3$이 k의 값에 관계없이 항상 $x=3$을 해로 가질 때, $m+n$의 값을 구하시오. (단, k, m, n은 상수)

17

두 수 a, b에 대하여 $a\textcircled{\bullet}b=3a+b$, $a\blacklozenge b=2a+3b-1$이라 할 때, $\{(x+2)\textcircled{\bullet}(2x-1)\}\blacklozenge(4-2x)=-3$을 만족시키는 x의 값을 구하시오.

18

다음 그림과 같이 일정한 규칙으로 한 변의 길이가 $2\,\mathrm{cm}$인 정사각형 모양의 스티커를 이어 붙여 나갈 때, 50단계에 필요한 스티커의 넓이를 구하시오.

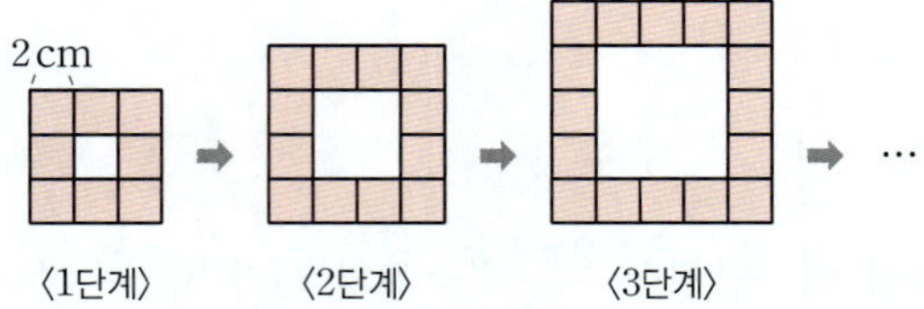

19

십의 자리의 숫자와 일의 자리의 숫자의 합이 11인 두 자리 자연수가 있다. 십의 자리의 숫자와 일의 자리의 숫자를 바꾼 수는 처음 수보다 27만큼 작을 때, 처음 수를 구하시오.

20

A 중학교의 작년 전체 학생은 280명이었다. 올해 남학생 수는 작년에 비하여 $10\,\%$ 감소하고, 여학생은 54명 증가하여 전체 학생 수는 $15\,\%$ 증가하였다. 올해 남학생은 몇 명인지 구하시오.

01

$\dfrac{-a^2+0.1b}{3(c-d)}$ 를 곱셈 기호와 나눗셈 기호를 사용하여 나타낸 것은?

① $(-1)\times a\times a+0.1\times b\div 3\times c-d$
② $\{(-1)\times a\times a\}+0.1\times b\div 3\times c-d$
③ $(-1)\times a\times a+(0.1\times b)\div 3\times(c-d)$
④ $\{(-1)\times a\times a+0.1\times b\}\div 3\times(c-d)$
⑤ $\{(-1)\times a\times a+0.1\times b\}\div\{3\times(c-d)\}$

02

다항식 $(2a+4)x^2+(a^2-8)x+3a+1$이 x에 대한 일차식일 때, x의 계수에서 상수항을 뺀 값은? (단, a는 상수)

① -1　　② 0　　③ 1
④ 2　　⑤ 3

03

다음 보기에서 항등식인 것의 개수를 a, 방정식인 것의 개수를 b라 할 때, $2a-b$의 값은?

> **보기**
> ㄱ. $8-x=x-8$　　ㄴ. $x+2x=4x$
> ㄷ. $\dfrac{6}{x}-3$　　ㄹ. $\dfrac{x}{2}-4=\dfrac{x}{3}$
> ㅁ. $4(-x-2)=-4(x+1)-4$
> ㅂ. $2x^2+3(x+1)-1=2x^2+3x+2$

① 0　　② 1　　③ 2
④ 3　　⑤ 4

04

$x=-1$이고 n이 짝수일 때,
$3x^n+5x^{n+1}+7x^{n+2}+9x^{n+3}+\cdots+27x^{n+12}$의 값은?

① 10　　② 11　　③ 13
④ 14　　⑤ 15

05

다음 조건을 모두 만족시키는 세 다항식 A, B, C에 대하여 $A+B+C$를 간단히 한 것은?

> ㈎ A는 x의 계수가 3이고, 상수항이 -2인 x에 대한 일차식이다.
> ㈏ A에서 C를 뺐더니 $2x+2$가 되었다.
> ㈐ $2C$에서 B를 뺐더니 $-3x+5$가 되었다.

① $x-10$　　② $7x-17$　　③ $9x-19$
④ $10x-17$　　⑤ $12x-19$

06

오른쪽 그림과 같이 직사각형 모양의 밭의 내부에 각 변에 수직인 길을 만들었다. 남겨진 밭의 넓이를 x를 사용한 식으로 나타낸 것은?

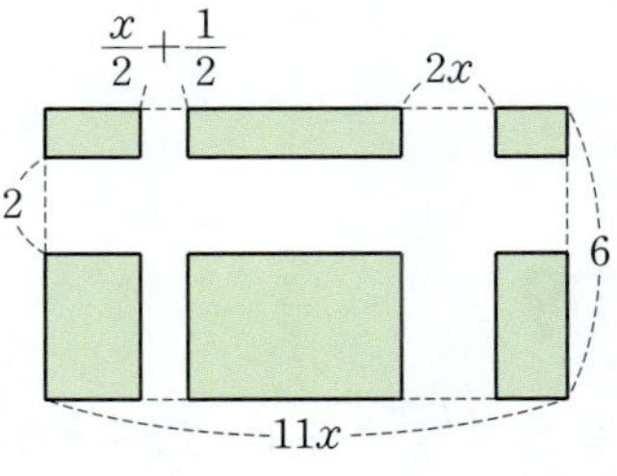

① $34x-2$　　② $34x-4$　　③ $36x-2$
④ $36x-4$　　⑤ $38x-2$

07

다음 그림과 같이 모양이 같으면 무게도 같은 ◯, △, ☆를 접시저울의 양쪽 접시 위에 올려놓았더니 모두 평형을 이루었다. 다음 중 저울에 대한 설명으로 옳지 <u>않은</u> 것은?

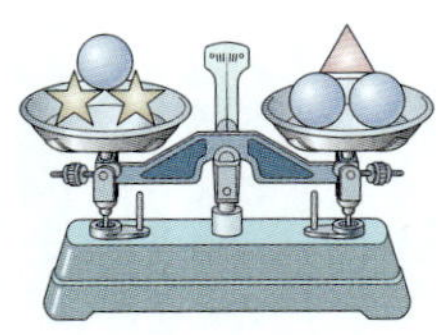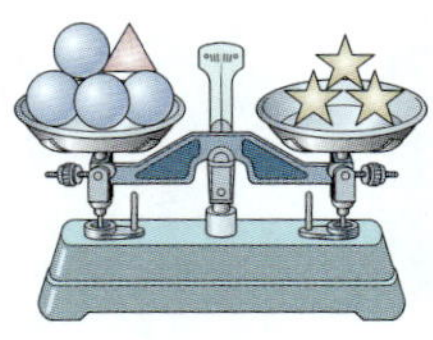

A   B

① △ 1개는 ◯ 5개의 무게와 같다.
② ☆ 5개는 △ 3개의 무게와 같다.
③ △ 1개는 ☆ 1개와 ◯ 2개를 합한 무게와 같다.
④ A의 양쪽 접시에서 ◯를 1개씩 빼도 저울은 평형을 이룬다.
⑤ B의 왼쪽 접시에서 ◯ 4개, 오른쪽 접시에서 ☆ 1개를 빼도 저울은 평형을 이룬다.

08

x에 대한 일차방정식 $\dfrac{3}{2}(x+2)-0.5(3a+x)=0.2x+\dfrac{4}{5}$ 를 푸는데 서영이는 우변의 0.2를 잘못 보고 풀어서 해가 $x=2$가 되었다. 바르게 푼 해가 $x=1$일 때, 서영이는 0.2를 무엇으로 잘못 보고 풀었는가? (단, a는 상수)

① 0.1   ② 0.3   ③ 0.4
④ 0.5   ⑤ 0.6

09

등식 $\dfrac{ax+3}{2}+1=2x+b$가 x에 대한 항등식이고 x에 대한 방정식 $cx+3+b=d$의 해가 무수히 많을 때, $a+b+c+d$의 값은? (단, a, b, c, d는 상수)

① 8   ② 9   ③ 10
④ 11   ⑤ 12

10

비례식 $(21-3x):2k=1:3$을 만족시키는 x의 값이 자연수일 때, 모든 자연수 k의 값의 합은?

① 9   ② 18   ③ 27
④ 45   ⑤ 54

11

어떤 일을 완성하는 데 A가 혼자 하면 10일, B가 혼자 하면 20일이 걸린다고 한다. 이 일을 B가 혼자 4일 동안 한 후, A가 그 뒤를 이어 혼자 2일 동안 한 다음, 두 사람이 함께 남은 일을 모두 끝냈다. 이때 A는 며칠 일했는가?

① 4일   ② 5일   ③ 6일
④ 7일   ⑤ 8일

12

올해 누나의 나이는 22세이고, 네 자녀를 둔 삼촌의 현재 나이는 네 자녀의 나이의 합과 같다. 누나와 삼촌의 나이의 합이 삼촌의 네 자녀의 나이의 합과 같아질 때, 누나의 나이는?

① 30세   ② 33세   ③ 36세
④ 40세   ⑤ 44세

13

6시 30분과 7시 사이에 시계의 시침과 분침이 직각이 되는 시각은?

① 6시 $\dfrac{480}{11}$분   ② 6시 $\dfrac{500}{11}$분   ③ 6시 $\dfrac{540}{11}$분
④ 6시 $\dfrac{560}{11}$분   ⑤ 6시 $\dfrac{580}{11}$분

14

6 %의 소금물 400 g에서 일부를 덜어 내고 같은 양의 물을 부은 다음, 5 %의 소금물을 넣었더니 4 %의 소금물 500 g이 되었다. 이때 덜어 낸 소금물의 양은?

① 50 g ② 100 g ③ 150 g
④ 200 g ⑤ 250 g

15

일정한 속력으로 달리는 기차가 150 m 길이인 터널을 완전히 통과하는 데 6초가 걸리고, 490 m 길이인 터널을 통과할 때는 10초 동안 기차가 보이지 않았다. 이 기차의 길이는?

① 50 m ② 60 m ③ 70 m
④ 80 m ⑤ 90 m

단답형

16

한 변의 길이가 a인 정삼각형 모양의 종이 10장을 다음 그림과 같이 일정하게 겹쳐 도형을 만들었다. 겹쳐진 정삼각형 부분의 한 변의 길이가 $\dfrac{a}{2}$일 때, 완성된 도형의 둘레의 길이를 a를 사용한 식으로 나타내시오.

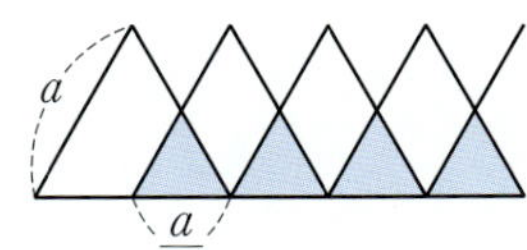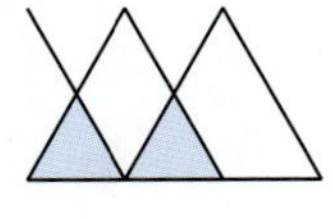

17

$x=2$, $y=-2$일 때, $|-8x-2y|+2(x^2-2y^2)=m$에 대하여 $(-1)^m(a+2b)+(-1)^{m+1}(a-b)$를 간단히 하시오. (단, m은 상수)

18

다음 규칙에 따라 승희가 친구들에게 젤리를 모두 나누어 주었더니 모두 같은 개수의 젤리를 받았다. 나누어 준 젤리의 총 개수를 a, 젤리를 받은 친구의 수를 b라 할 때, $a+b$의 값을 구하시오.

> 첫 번째 친구에게는 가지고 있는 전체 젤리의 $\dfrac{1}{10}$과 5개를 더 준다.
> 두 번째 친구에게는 남은 젤리의 $\dfrac{1}{10}$과 6개를 더 준다.
> 세 번째 친구에게는 남은 젤리의 $\dfrac{1}{10}$과 7개를 더 준다.
> ⋮

서술형

19

x에 대한 두 일차방정식 $\dfrac{3a-4x}{5}=\dfrac{a+4}{3}-x$,

$0.5(3x+2a-3)-\dfrac{x+2}{2}=2$의 해를 각각 $x=m$, $x=n$이라 할 때, $m-n=1$을 만족시키는 상수 a의 값을 구하시오.

20

긴 의자에 학생들이 앉는데 한 의자에 5명씩 앉으면 6명이 앉지 못하고, 한 의자에 7명씩 앉으면 마지막 의자에는 2명이 앉고 아무도 앉지 않은 빈 의자가 1개 생긴다고 한다. 이때 긴 의자의 개수를 a, 학생 수를 b라 할 때, $a+b$의 값을 구하시오.

쉼
널 보면 기분이 참 좋아

IV

좌표평면과 그래프

개념 1 수직선 위의 점의 좌표 → 01

(1) **좌표** : 수직선 위의 한 점에 대응하는 수

(2) 수직선 위의 점 P의 좌표가 a일 때, 이것을 기호로 P(a)와 같이 나타낸다.

(3) **원점** : 좌표가 0인 점

참고 수직선 위의 두 점 A(a), B(b) 사이의 거리 → $|a-b|$

개념 2 좌표평면 위의 점의 좌표 → 02, 03, 04, 05

(1) **순서쌍** : 두 수의 순서를 정하여 짝 지어 나타낸 것

참고 $a \neq b$일 때, 순서쌍 (a, b)와 (b, a)는 서로 다르다.

(2) **좌표평면**

두 수직선이 점 O에서 서로 수직으로 만날 때

① x**축** : 가로의 수직선

② y**축** : 세로의 수직선

③ **좌표축** : x축과 y축을 통틀어 좌표축이라 한다.

④ **원점** : 두 좌표축이 만나는 점 O

⑤ **좌표평면** : 좌표축이 정해져 있는 평면

(3) **좌표평면 위의 점의 좌표**

좌표평면 위의 한 점 P에서 x축, y축에 각각 수선을 그어 이 수선과 x축이 만나는 점을 a, 수선과 y축이 만나는 점을 b라 할 때, 순서쌍 (a, b)를 점 P의 좌표라 하고, 기호로 P(a, b)와 같이 나타낸다. 이때 a를 점 P의 x좌표, b를 점 P의 y좌표라 한다.

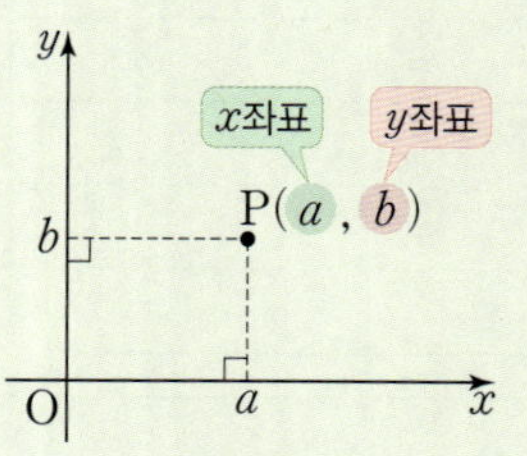

참고 원점의 좌표 → $(0, 0)$
x축 위의 점의 좌표 → $(x$좌표$, 0)$ ← y좌표가 0이다.
y축 위의 점의 좌표 → $(0, y$좌표$)$
← x좌표가 0이다.

01

수직선 위에 거리가 3인 두 점 P(a)와 Q(b)가 있다. 두 점의 한가운데에 있는 점 R의 좌표가 R(1)일 때, b의 값을 구하시오. (단, $a < b$)

02

두 순서쌍 $(2a-1, -b+3)$과 $(a+1, b-1)$이 서로 같을 때, $a-b$의 값은?

① 0   ② 1   ③ 2

④ 3   ⑤ 4

03

점 $(2a+1, 3-b)$는 x축 위의 점이고, 점 $(-2+a, -4b)$는 y축 위의 점일 때, $a+b$의 값을 구하시오.

04

다음 중 오른쪽 좌표평면 위의 점의 좌표를 바르게 나타낸 것은?

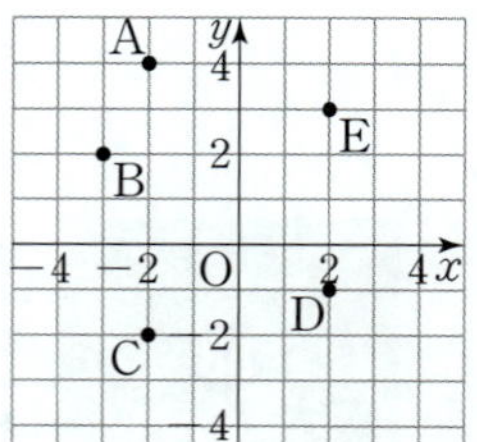

① A$(2, -4)$

② B$(-3, 2)$

③ C$(2, 2)$

④ D$(-2, 1)$

⑤ E$(3, -2)$

05

세 점 A$(0, 4)$, B$(-3, -2)$, C$(2, -2)$를 꼭짓점으로 하는 삼각형 ABC의 넓이는?

① 11   ② 13   ③ 15

④ 17   ⑤ 19

개념 **3** 대칭인 점의 좌표 실화 ➔ 06

점 $P(a, b)$와 대칭인 점은 다음과 같다.

① x축에 대하여 대칭인 점 ➔ $Q(a, -b)$

② y축에 대하여 대칭인 점 ➔ $R(-a, b)$

③ 원점에 대하여 대칭인 점 ➔ $S(-a, -b)$

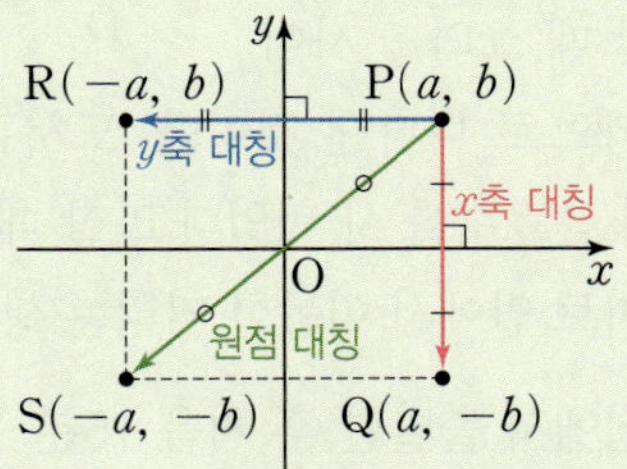

예 점 $(1, 2)$와 x축에 대하여 대칭인 점의 좌표 ➔ $(1, -2)$

점 $(1, 2)$와 y축에 대하여 대칭인 점의 좌표 ➔ $(-1, 2)$

점 $(1, 2)$와 원점에 대하여 대칭인 점의 좌표 ➔ $(-1, -2)$

참고 대칭인 점의 좌표를 찾는 방법을 알고 있으면, 점의 좌표가 문자로 주어져도 대칭인 점의 좌표를 쉽게 찾을 수 있다.

개념 **4** 사분면 ➔ 07, 08, 09

(1) 사분면

좌표평면은 좌표축에 의하여 네 부분으로 나누어진다. 이때 각 부분을 제1사분면, 제2사분면, 제3사분면, 제4사분면이라 한다.

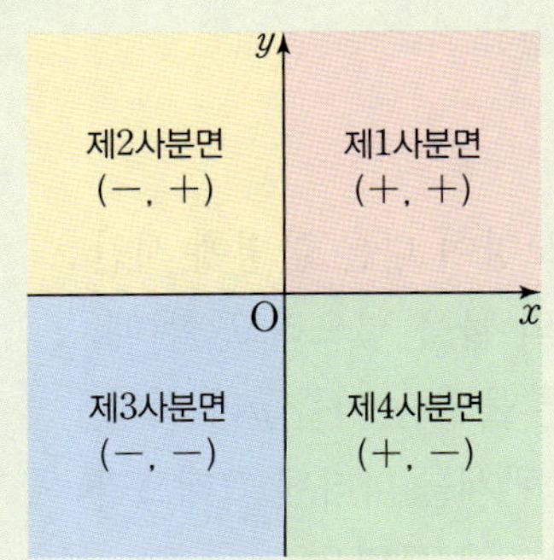

(2) 사분면 위의 점의 x좌표, y좌표의 부호

	제1사분면	제2사분면	제3사분면	제4사분면
x좌표의 부호	+	−	−	+
y좌표의 부호	+	+	−	−

참고 원점과 좌표축 위의 점은 어느 사분면에도 속하지 않는다.

06

두 점 $A(b, -a+b)$, $B(-2b-3, 2a+1)$이 원점에 대하여 대칭일 때, ab의 값을 구하시오.

07

다음 보기에서 좌표평면에 대한 설명으로 옳은 것을 모두 고른 것은?

보기

ㄱ. y축 위의 점은 y좌표가 0이다.

ㄴ. 제2사분면에 속하는 점의 x좌표는 음수이다.

ㄷ. 제4사분면에 속하는 점의 x좌표와 y좌표는 모두 음수이다.

ㄹ. 점 $(0, 7)$은 어느 사분면에도 속하지 않는다.

① ㄱ, ㄴ   ② ㄴ, ㄷ   ③ ㄴ, ㄹ

④ ㄱ, ㄴ, ㄷ   ⑤ ㄱ, ㄴ, ㄹ

08

$ab < 0$, $a-b > 0$일 때, 점 (a, b)는 제몇 사분면 위의 점인가?

① 제1사분면   ② 제2사분면

③ 제3사분면   ④ 제4사분면

⑤ 어느 사분면에도 속하지 않는다.

09

점 $(a, -b)$가 제1사분면 위에 있을 때, 다음 중 점의 좌표와 그 점이 속하는 사분면이 바르게 짝 지어진 것은?

① $A(a, b)$ ➔ 제2사분면

② $B(-a, -b)$ ➔ 제4사분면

③ $C(b, -a)$ ➔ 제3사분면

④ $D(-b, a)$ ➔ 제4사분면

⑤ $E(-b, -a)$ ➔ 제2사분면

정답과 풀이 **69**쪽

개념 5 그래프의 뜻과 해석 → 10, 11

(1) **변수** : x, y와 같이 변하는 값을 나타내는 문자

참고 변수와 달리 일정한 값을 갖는 수나 문자를 상수라 한다.

(2) **그래프** : 두 변수 x와 y 사이의 관계를 만족시키는 순서쌍 (x, y)를 좌표평면 위에 모두 나타낸 것

참고 그래프는 여러 가지 상황이나 자료를 분석하여 그 변화나 상태를 한눈에 알아볼 수 있도록 좌표평면 위에 점, 직선, 곡선 등으로 나타낸 그림이다.

(3) **그래프의 해석** : 두 변수 사이의 관계를 좌표평면 위에 그래프로 나타내면 다음과 같이 두 변수의 변화 관계(증가, 감소, 주기적 변화, 변화의 빠르기 등)를 알아보기 쉽다.

① **증가와 감소** : 경과 시간 x에 따른 무게를 y라 할 때

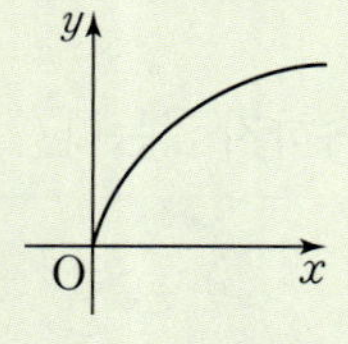 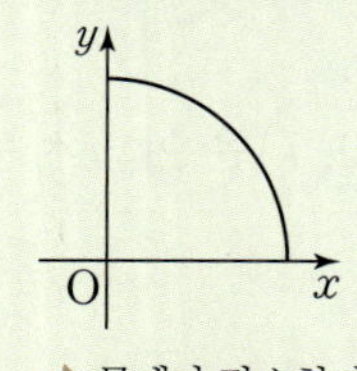

→ 무게가 증가한다.　　→ 무게가 감소한다.

② **변화의 빠르기** : 경과 시간 x에 따른 이동 거리를 y라 할 때

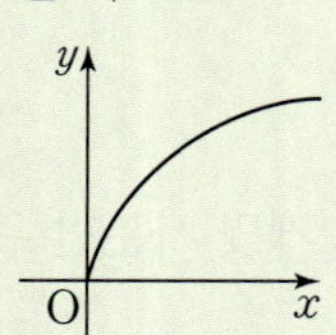 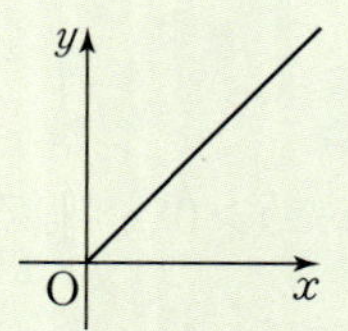

→ 이동 거리가 빠르게 증가하　→ 이동 거리가 일정하게 증가
　다가 점점 느리게 증가한다.　　한다.

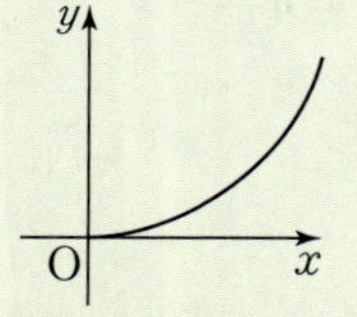

→ 이동 거리가 느리게 증가하다가 점점 빠르게 증가한다.

참고 같은 형태의 그래프라도 x축, y축이 무엇을 나타내는지에 따라 다르게 해석될 수 있다.

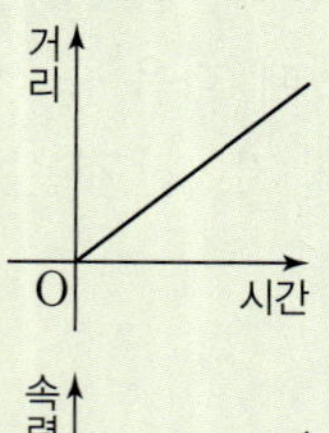

→ 시간에 따라 거리가 일정하게 증가한다. 즉, 일정한 속력으로 이동하고 있다.

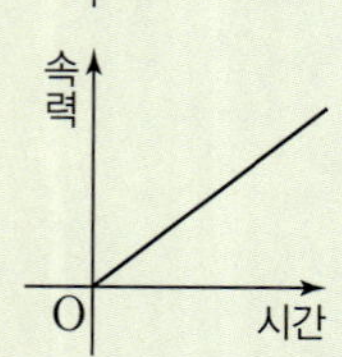

→ 시간에 따라 속력이 일정하게 증가한다. 즉, 점점 빠른 속력으로 이동하고 있다.

심화 tip 같은 모양이 반복되는 그래프는 주기적으로 변화하는 두 변수의 관계를 나타낸다.

10

예은이는 집에서 2.5 km 떨어진 도서관까지 직선 도로로 걸어갔다. 오른쪽 그림은 집을 출발하여 x분 동안 이동한 거리를 y km라 할 때, x와 y 사이

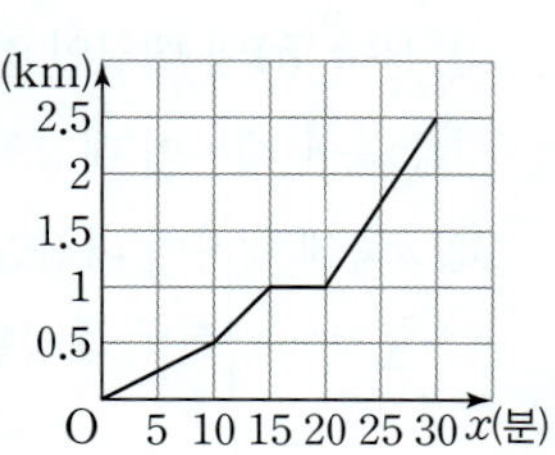

의 관계를 그래프로 나타낸 것이다. 도서관에 가는 중간에 마트에 들러서 음료수를 사 먹었다고 할 때, 다음 물음에 답하시오. (단, 마트 안에서 이동한 거리는 생각하지 않는다.)

(1) 예은이가 집에서 출발한 후 처음 15분 동안 이동한 거리를 구하시오.

(2) 예은이는 집에서 출발한 지 몇 분 후에 마트에 도착했는지 구하시오.

(3) 예은이가 마트에서 보낸 시간을 제외하고 도서관까지 가는 데 몇 분 동안 걸었는지 구하시오.

11

부피가 같고 모양이 다른 물병에 시간당 일정한 양의 물을 넣으려고 할 때, 시간 x에 따른 물의 높이를 y라 하자. x와 y 사이의 관계를 나타낸 그래프가 오른쪽 그림과 같은 물병은?

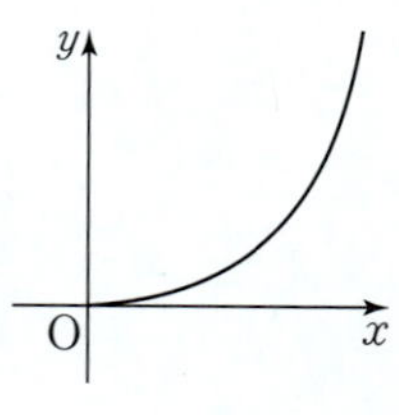

① 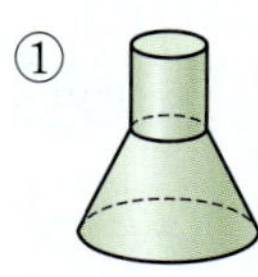 　② 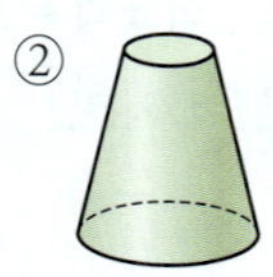 　③ 

④ 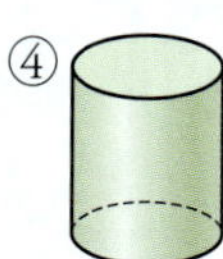 　⑤ 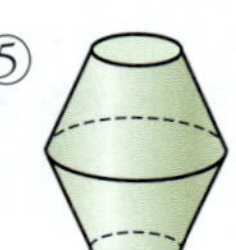

B 실수 극복하는 심화 문제

유형 **1**　좌표평면 위의 점의 좌표

01

오른쪽 그림과 같이 좌표평면 위에 사각형 ABCD가 있다. 점 $P(a, b)$가 사각형 ABCD의 변 위를 움직일 때, $b-a$의 값 중에서 가장 큰 값을 구하시오. (단, 사각형 ABCD의 네 변은 좌표축에 평행하다.)

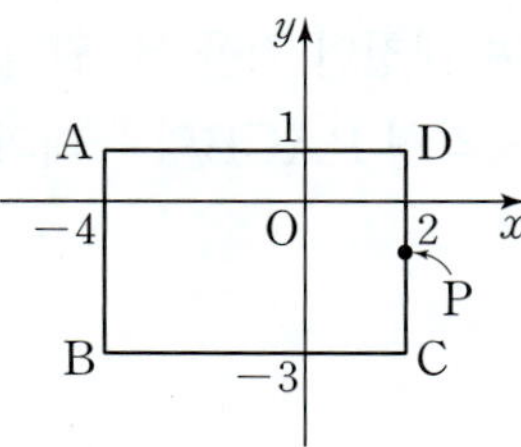

02

좌표평면 위의 다음 네 점 A, B, C, D를 꼭짓점으로 하는 사각형의 넓이는?

$$A(-2, 4), B(-4, -3), C(3, -3), D(5, 4)$$

① 28　　　　② 35　　　　③ 40
④ 42　　　　⑤ 49

03 　앗! 실수 주의

좌표평면 위의 세 점 $A(2, -4)$, $B(3, 3)$, $C(-2, 1)$을 꼭짓점으로 하는 삼각형 ABC의 넓이를 구하시오.

오답 코칭／좌표축과 평행한 변이 있는지 확인한다.

04 　서술형

점 $(2a-1, 6b+7)$은 y축 위에 있고 점 $(4a+3, 3b+2)$는 x축 위에 있다고 할 때, 세 점 $A(a, b)$, $B(-a, b)$, $C(-a, -b)$를 꼭짓점으로 하는 삼각형 ABC의 넓이를 구하시오.

05

좌표평면 위의 세 점 $A(2, 3)$, $B(2, -1)$, $C(a, -3)$을 꼭짓점으로 하는 삼각형 ABC의 넓이가 8이 되게 하는 모든 a의 값의 합은?

① -2　　　　② 0　　　　③ 2
④ 4　　　　⑤ 6

06

두 점 $A\left(\dfrac{1}{2}a-6, b+2\right)$, $B\left(\dfrac{1}{3}b+2, -a+2\right)$가 x축 위에 있고 두 점 C, D의 좌표가 $C(-a+2b, 3a-b)$, $D(a+b, ab)$일 때, 네 점 A, B, C, D를 꼭짓점으로 하는 사각형의 넓이를 구하시오.

07

두 점 A$(-2, 2)$, B$(-2, -4)$를 꼭짓점으로 하는 정사각형 ABCD의 나머지 두 꼭짓점 C, D의 좌표를 모두 구하시오. (단, $\overline{AB}$, $\overline{AD}$는 이웃한 변이다.)

08 앗! 실수 주의

좌표평면 위의 네 점 A$(-3, 3)$, B$(-2, -1)$, C$(3, -1)$, D$(2, 2)$를 꼭짓점으로 하는 사각형 ABCD의 변 위를 움직이는 점 P(a, b)가 있다. $b-a$의 값이 가장 작을 때, $2a+3b$의 값은?

① -3　　　② -1　　　③ 0
④ 1　　　⑤ 3

오답코칭 b의 값이 작을수록, a의 값이 클수록 $b-a$의 값이 작아진다.

09

오른쪽 그림과 같은 정사각형 ABCD에서 점 D의 좌표는 $(-4, 8)$이고, 두 점 B, C는 x축 위의 점이다. 선분 AB 위의 점 E에 대하여 선분 OE가 사다리꼴 ABOD의 넓이를 이등분한다고 할 때, 점 E의 좌표를 구하시오.

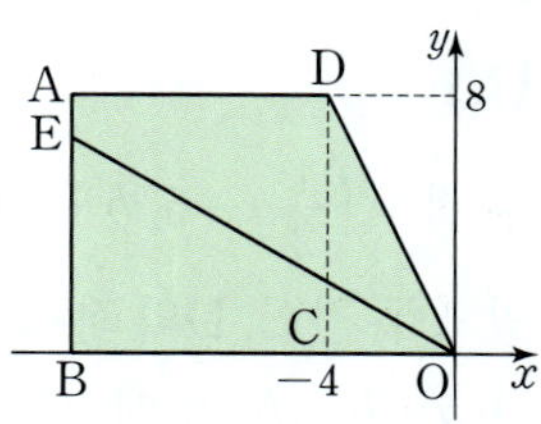

10

점 P$(-3, 5)$와 x축에 대하여 대칭인 점을 A, y축에 대하여 대칭인 점을 B, 원점에 대하여 대칭인 점을 C라 할 때, 사각형 PACB의 둘레의 길이를 구하시오.

11

좌표평면 위의 두 점 A$(5+b, 2a+b)$, B$(b+1, -5a-3b)$가 원점에 대하여 대칭이고 점 C(a, b)일 때, 세 점 A, B, C를 꼭짓점으로 하는 삼각형 ABC의 넓이를 구하시오.

12

점 P$_1(-7, -4)$에 대하여 다음과 같은 과정을 계속하여 점 P$_n$을 정할 때, 점 P$_{2025}$의 좌표를 구하시오.

> 점 P$_2$는 점 P$_1$과 x축에 대하여 대칭인 점이다.
> 점 P$_3$은 점 P$_2$와 y축에 대하여 대칭인 점이다.
> 점 P$_4$는 점 P$_3$과 원점에 대하여 대칭인 점이다.
> 점 P$_5$는 점 P$_4$와 x축에 대하여 대칭인 점이다.
> 점 P$_6$은 점 P$_5$와 y축에 대하여 대칭인 점이다.
> ⋮

13 실력UP↑

★(P)는 점 P와 x축에 대하여 대칭인 점이고, ♥(P)는 점 P와 y축에 대하여 대칭인 점이며, ●(P)는 점 P와 원점에 대하여 대칭인 점이다. 예를 들어 점 A$(1, 1)$에 대하여 ♥●(A)=♥$((-1, -1))$=$(1, -1)$이다. 점 Q$(-1, 2)$에 대하여 ★●♥(Q)가 나타내는 점의 좌표를 구하시오.

14

점 $P(a, b)$가 제4사분면 위에 있을 때, 점 $Q(-b, a)$와 x축에 대하여 대칭인 점은 제몇 사분면 위의 점인지 구하시오.

15

점 (a, b)가 제2사분면 위의 점일 때, 점 $(-a+b, ab)$는 제몇 사분면 위의 점인지 구하시오.

16 서술형

$\dfrac{b}{a}>0$이고 $b-a<0$, $|a|<|b|$일 때, 점 $\left(ab-a, \dfrac{b}{a}-1\right)$은 제몇 사분면 위의 점인지 구하시오.

17

점 $A(ad, c)$가 제4사분면 위에 있고, 점 $B(ac, b+d)$는 x축 위에 있으며, 점 $C(2c-d, a-b)$는 y축 위에 있을 때, 다음 중 제3사분면 위에 있지 <u>않은</u> 점은?

① (ab, c)
② $(bc-ad, -b)$
③ $\left(\dfrac{a}{b}, \dfrac{b}{d}\right)$
④ $(2c^2+bd, a)$
⑤ $(bc+cd, ab)$

18

민지와 혜정이는 학교에서 2 km 떨어진 학원까지 같은 경로로 이동하려고 한다. 오른쪽 그림은 두 학생이 출발한 지 x분 후의 이동한 거리를 y km라 할 때, x와 y 사이의 관계를 그래프로 나타낸 것이

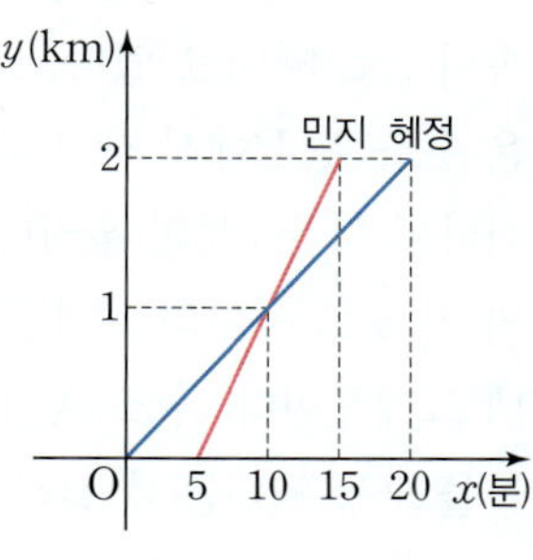

다. 다음 중 이 그래프에 대한 설명으로 옳은 것은?

① 혜정이가 민지보다 빨리 걸었다.
② 민지는 혜정이가 출발한 지 5분 후에 출발하였다.
③ 민지는 출발한 지 15분 만에 학원에 도착하였다.
④ 혜정이는 항상 민지보다 앞에 있었을 것이다.
⑤ 혜정이가 민지보다 5분 먼저 도착하였다.

19

오른쪽 그림은 어떤 물체가 움직일 때, 시간 x 초와 속력 y m/s 사이의 관계를 나타낸 그래프이다. 다음 중 이 그래프에 대한 설명으로 옳지 <u>않은</u> 것은?

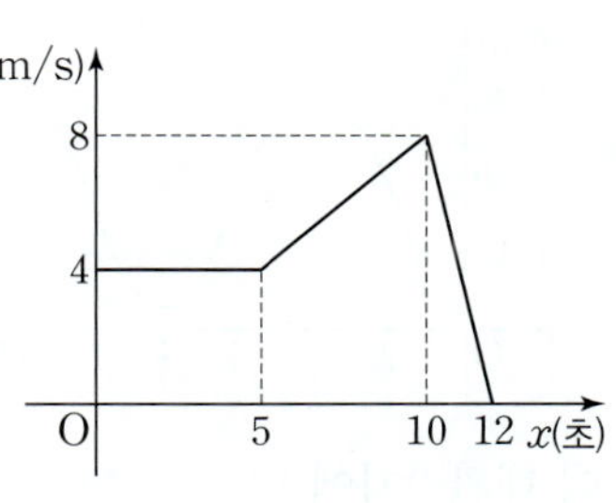

① 최고 속력은 8 m/s이다.
② 5초부터 10초 사이에서 물체의 속력이 점점 증가하였다.
③ 처음 5초간은 일정한 속력으로 이동하였다.
④ 10초부터 12초 사이에 물체는 움직이지 않는다.
⑤ 이 물체는 총 12초 동안 움직였다.

20

물이 120 L씩 들어 있는 수조 A, B에서 동시에 물을 일정한 속력으로 빼내고 있다. 오른쪽은 수조 A, B에서 각각 물이 흘러나온 시간 x분과 흘러나온 물의 양 y L 사이의 관계를 나타낸 그래프이다. 수조 A, B에서 물을 모두 빼내는 데 걸리는 시간이 각각 a분, b분일 때, $\dfrac{a}{3}-\dfrac{b}{5}$의 값을 구하시오.

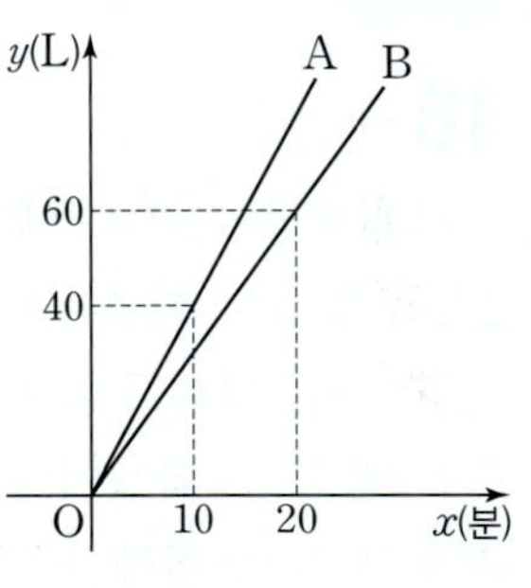

21 실력UP ↗

지원이가 놀이동산에서 일정한 속력으로 원 운동하는 대관람차에 탑승하였다. 다음은 대관람차에 탑승한 지 x분 후 지면으로부터의 높이를 y m라 할 때, x와 y 사이의 관계를 그래프로 나타낸 것이다.

(단, 탑승한 대관람차는 3바퀴를 돌고 멈춘다.)

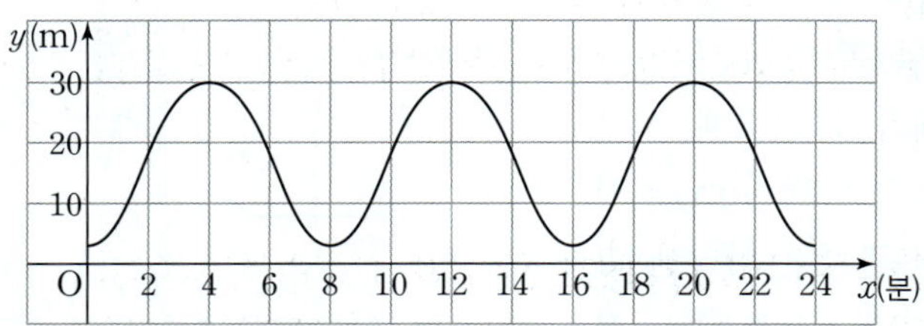

이 대관람차에 대한 설명이 다음과 같을 때, 상수 a, b, c에 대하여 $a+b+c$의 값을 구하시오.

(개) 대관람차가 한 바퀴 도는 데 걸리는 시간은 a분이다.
(내) 가장 높이 올라갔을 때의 지면으로부터의 높이는 b m이다.
(대) 지원이가 대관람차에 탑승한 시간은 총 c분이다.

22

오른쪽 그림과 같은 그릇에 시간당 일정한 양의 물을 채우려고 한다. 경과 시간 x에 따른 물의 높이를 y라 할 때, x와 y 사이의 관계를 나타낸 그래프로 알맞은 것은?

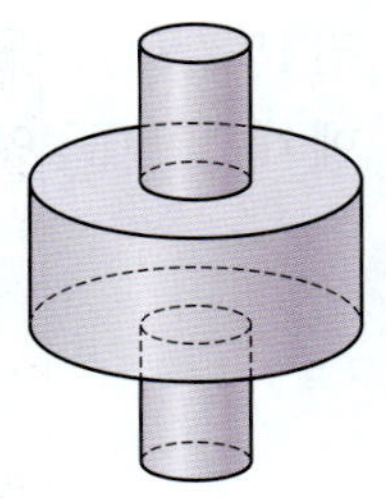

① 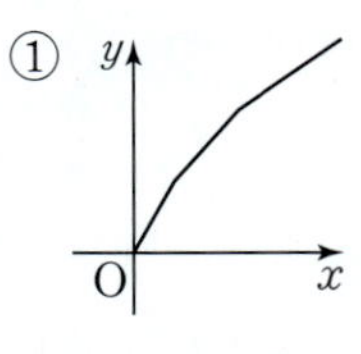　② 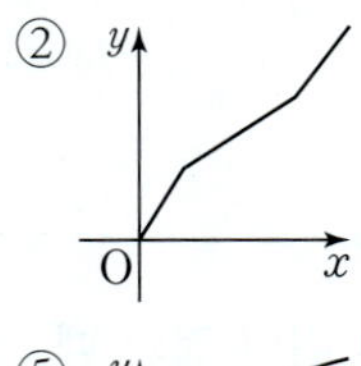　③ 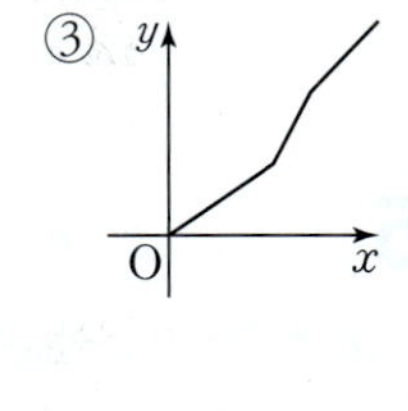

④ 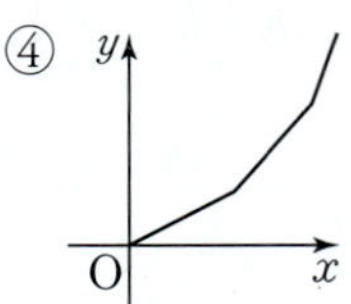　⑤ 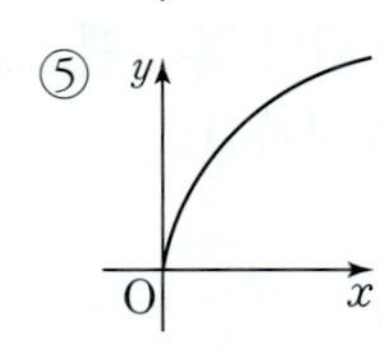

23

다음 글에서 토끼가 달린 시간 x와 출발점으로부터 토끼까지의 거리 y 사이의 관계를 나타낸 그래프로 가장 적당한 것을 보기에서 고르시오.

토끼와 거북이가 직선 도로 위에서 경주를 하였다. 출발점에서 달리기 시작한 토끼는 30분 뒤 거북이가 한참 뒤처진 것을 보고 20분 동안 낮잠을 잤다. 잠에서 문득 깬 토끼는 거북이 어느새 결승점을 통과하려는 것을 보고 빠르게 달려 10분 만에 결승점을 통과하였다.

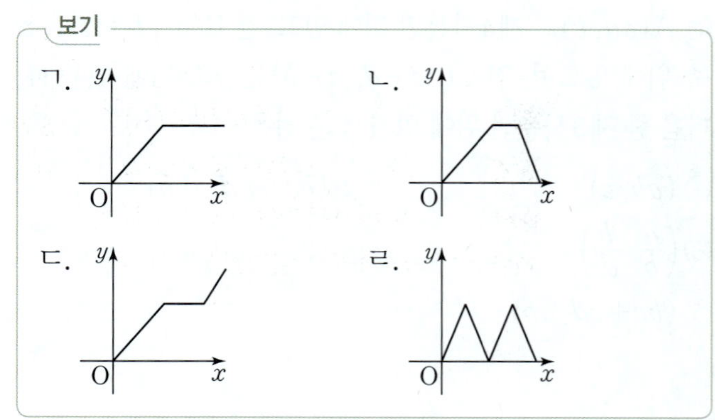

01

좌표평면 위의 점 $P(a, b)$에 대하여 점 A는 점 P와 원점에 대하여 대칭이고, 점 B는 점 P와 x축에 대하여 대칭이며, 점 C는 점 P와 y축에 대하여 대칭이다. 네 점 P, A, B, C를 꼭짓점으로 하는 사각형의 둘레의 길이가 16이 되도록 하는 두 정수 a, b의 순서쌍 (a, b)의 개수를 구하시오.

02 서술형

좌표평면 위의 세 점 $A(2a+2b, b+3)$, $B(3a+2b, -2b)$, $C(a+b, 5a+2b)$에 대하여 점 A는 x축 위에 있고, 점 B는 y축 위에 있다. 세 점 A, B, C와 각각 원점에 대하여 대칭인 점을 A′, B′, C′이라 할 때, 삼각형 A′B′C′의 넓이를 구하시오.

단계 ① a, b의 값 각각 구하기

단계 ② 세 점 A′, B′, C′의 좌표 각각 구하기

단계 ③ 삼각형 A′B′C′의 넓이 구하기

03

오른쪽 그림과 같은 정사각형 ABCD에서 점 P는 꼭짓점 A에서 출발하여 두 꼭짓점 B, C를 거쳐 꼭짓점 D까지 일정한 속력으로 움직인다. 점 P가 출발한 지 x초 후의 삼각형 APD의 넓이를 y라 할 때, 다음 중 x와 y 사이의 관계를 나타내는 그래프로 알맞은 것은?

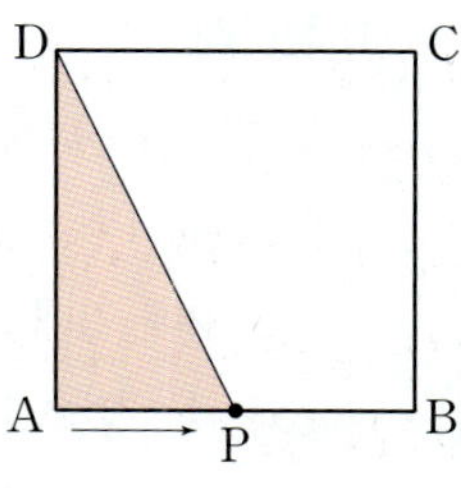

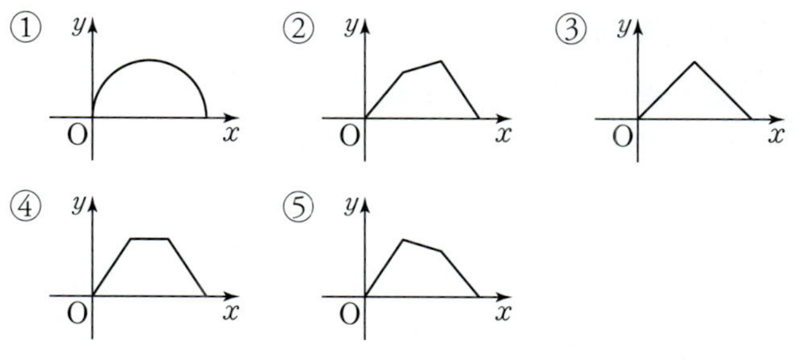

04

부피가 $300 \ \mathrm{m}^3$인 빈 수조에 물을 가득 채우려고 한다. 처음 4분 동안은 A 수도관만을 이용하고, 그 후에 5분 동안은 A 수도관과 B 수도관을 같이 이용하였다. 그리고 그 이후에는 B 수도관만을 이용하여 물을 가득 채우려고 한다. 물을 넣기 시작한 지 x분 후에 수조에 들어 있는 물의 양을 $y \ \mathrm{m}^3$라 할 때, x와 y 사이의 관계를 나타낸 그래프의 일부가 오른쪽 그림과 같다. 이와 같은 방법으로 수조에 물을 가득 채우는 데 걸리는 총시간은 몇 분인지 구하시오.

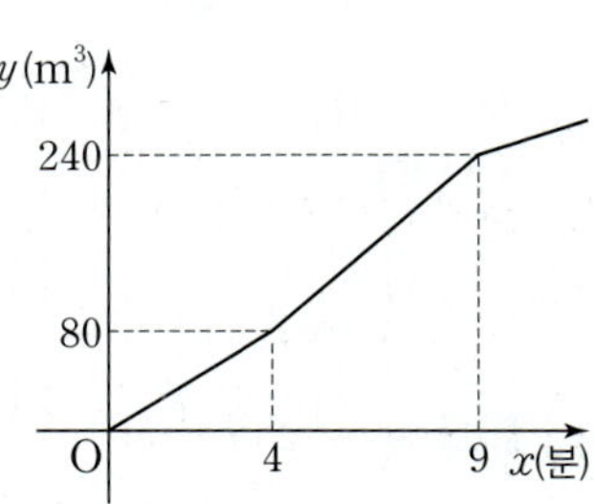

개념 1 정비례 ➔ 01, 02

(1) **정비례**

두 변수 x, y에 대하여 x의 값이 2배, 3배, 4배, …로 변함에 따라 y의 값도 2배, 3배, 4배, …로 변할 때, x와 y는 정비례한다고 한다.

$$y = ax \ (a \neq 0)$$
$$\frac{y}{x} = a \ (a \neq 0)$$

(2) x와 y가 정비례할 때 두 변수 x와 y 사이의 관계는 $y = ax \ (a \neq 0)$와 같은 식으로 나타낼 수 있다.

또, x와 y 사이에 $y = ax \ (a \neq 0)$의 관계가 있으면 x와 y는 정비례한다.

참고 x와 y가 정비례할 때, x에 대한 y의 비율 $\frac{y}{x}$는 일정하다.

주의 $y = ax + b \ (a \neq 0, b \neq 0)$는 정비례 관계가 아니다.

개념 2 정비례 관계의 그래프 ➔ 03, 04

x의 값이 수 전체일 때, 정비례 관계 $y = ax \ (a \neq 0)$의 그래프는 원점을 지나는 직선이다.

$a > 0$일 때	$a < 0$일 때
① 원점을 지나고 오른쪽 위로 향하는 직선이다.	① 원점을 지나고 오른쪽 아래로 향하는 직선이다.
② 제1사분면, 제3사분면을 지난다.	② 제2사분면, 제4사분면을 지난다.
③ x의 값이 증가하면 y의 값도 증가한다.	③ x의 값이 증가하면 y의 값은 감소한다.

참고 정비례 관계 $y = ax \ (a \neq 0)$의 그래프는
① a의 절댓값이 클수록 y축에 가깝고, a의 절댓값이 작을수록 x축에 가깝다.
② 원점과 이 그래프가 지나는 다른 한 점을 찾아 직선으로 이으면 그래프를 그릴 수 있다.

01

다음 중 x와 y가 정비례하는 것을 모두 고르면? (정답 2개)

① 가로의 길이가 3 cm, 세로의 길이가 x cm인 직사각형의 넓이 y cm²

② 시속 x km로 60 km를 달릴 때 걸리는 시간 y시간

③ 한 개에 500원 하는 사탕 x개와 한 장에 500원 하는 포장지 1장을 살 때, 지불하는 금액 y원

④ x %의 소금물 200 g에 들어 있는 소금의 양 y g

⑤ 둘레의 길이가 x cm인 정사각형의 넓이 y cm²

02

150장에 600 g인 종이를 1000장씩 묶었다. 이 종이 x묶음의 무게를 y kg이라 할 때, x와 y 사이의 관계를 식으로 나타내시오. (단, 묶는 끈의 무게는 생각하지 않는다.)

03

다음 보기에서 정비례 관계 $y = -\dfrac{2}{3}x$의 그래프에 대한 설명으로 옳은 것을 모두 고르시오.

보기
ㄱ. 제2사분면과 제4사분면을 지난다.
ㄴ. 점 $(-3, 2)$를 지난다.
ㄷ. x의 값이 증가하면 y의 값은 감소한다.
ㄹ. 정비례 관계 $y = -x$의 그래프보다 y축에 더 가깝다.

04

다음 중 오른쪽 그림과 같은 그래프 위의 점이 아닌 것은?

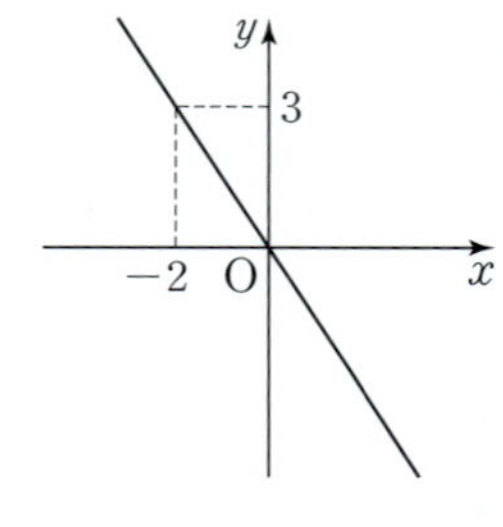

① $\left(-\dfrac{4}{3}, 2\right)$ ② $\left(-1, \dfrac{3}{2}\right)$

③ $\left(\dfrac{1}{2}, -\dfrac{3}{4}\right)$ ④ $\left(\dfrac{2}{3}, -1\right)$

⑤ $(4, -3)$

개념 3 반비례 → 05, 06

(1) 반비례

두 변수 x, y에 대하여 x의 값이 2배, 3배, 4배, ...로 변함에 따라 y의 값은 $\frac{1}{2}$배, $\frac{1}{3}$배, $\frac{1}{4}$배, ...로 변할 때, x와 y는 반비례한다고 한다.

$$y=\frac{a}{x}\,(a\neq0)$$
$$xy=a\,(a\neq0)$$

(2) x와 y가 반비례할 때 두 변수 x와 y 사이의 관계는 $y=\frac{a}{x}\,(a\neq0)$와 같은 식으로 나타낼 수 있다.

또, x와 y 사이에 $y=\frac{a}{x}\,(a\neq0)$의 관계가 있으면 x와 y는 반비례한다.

참고 x와 y가 반비례할 때, x와 y의 곱 xy는 일정하다.

개념 4 반비례 관계의 그래프 → 07, 08

x의 값이 0을 제외한 수 전체일 때, 반비례 관계 $y=\frac{a}{x}\,(a\neq0)$의 그래프는 원점에 대칭인 한 쌍의 매끄러운 곡선이다.

$a>0$일 때	$a<0$일 때
$y=\dfrac{a}{x}$,　점 $(1, a)$	$y=\dfrac{a}{x}$,　점 $(1, a)$
좌표축에 가까워지면서 한없이 뻗어 나가는 한 쌍의 매끄러운 곡선이다.	
① 제1사분면, 제3사분면을 지난다.	① 제2사분면, 제4사분면을 지난다.
② 각 사분면에서 x의 값이 증가하면 y의 값은 감소한다.	② 각 사분면에서 x의 값이 증가하면 y의 값도 증가한다.

참고 반비례 관계 $y=\frac{a}{x}\,(a\neq0)$의 그래프는

① x의 값이 특별히 주어지지 않는 경우에는 x의 값의 범위를 0을 제외한 수 전체로 생각한다.

② a의 절댓값이 클수록 원점에서 멀어지고, a의 절댓값이 작을수록 원점에 가까워진다.

심화 tip 정비례 관계의 그래프와 반비례 관계의 그래프가 만나는 점

$y=ax\,(a\neq0)$의 그래프와 $y=\frac{b}{x}\,(b\neq0)$의 그래프가 점 (m, n)에서 만난다.

➡ $y=ax$, $y=\frac{b}{x}$에 $x=m$, $y=n$을 대입하면 등식이 성립한다.

05

x의 값이 2배, 3배, 4배, ...가 될 때, y의 값은 $\frac{1}{2}$배, $\frac{1}{3}$배, $\frac{1}{4}$배, ...가 되고 $x=3$일 때 $y=6$이다. $x=-2$일 때 y의 값은?

① -18　　② -9　　③ 0
④ 9　　⑤ 18

06

서로 맞물려 도는 두 톱니바퀴 A, B가 있다. 톱니가 24개인 톱니바퀴 A가 1분 동안 20번 회전할 때, 이와 맞물려 돌고 있는 톱니가 x개인 톱니바퀴 B는 1분 동안 y번 회전한다고 한다. x와 y 사이의 관계를 식으로 나타내시오.

07

다음 중 반비례 관계 $y=-\dfrac{14}{x}$의 그래프에 대한 설명으로 옳은 것은?

① 점 $(2, 7)$을 지난다.
② 원점을 지나는 직선이다.
③ 오른쪽 위로 향하는 직선이다.
④ x의 값이 한없이 커지면 x축과 만난다.
⑤ $x>0$일 때, x의 값이 증가하면 y의 값도 증가한다.

08

반비례 관계 $y=\dfrac{a}{x}$의 그래프가 오른쪽 그림과 같을 때, k의 값을 구하시오. (단, a는 상수)

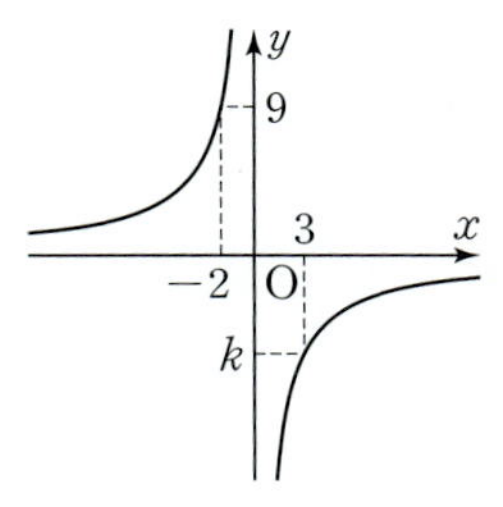

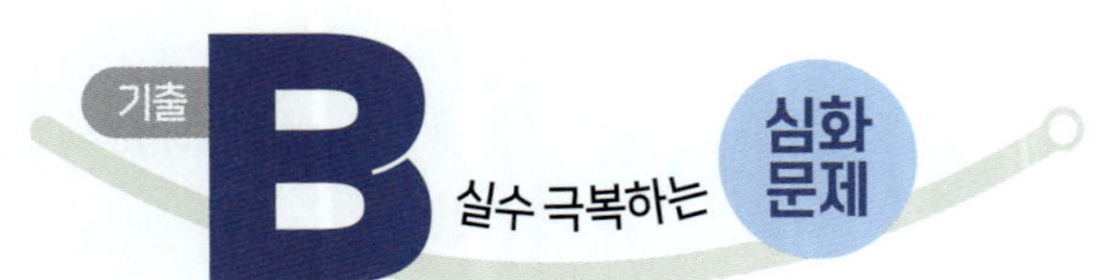

유형 1 정비례 관계

01

x와 y가 정비례하고, x와 y 사이의 관계가 다음 표와 같을 때, $A+B+C$의 값을 구하시오.

x	A	1	2	4
y	-1	B	C	2

02 서술형

휘발유 1 L로 12 km를 달리는 자동차가 일정한 속력으로 30분 동안 달린 거리가 40 km이다. 이 자동차가 x분 동안 달린 거리를 y km라 할 때, x와 y 사이의 관계를 식으로 나타내고, 휘발유 6 L로 자동차가 달릴 수 있는 시간을 구하시오.

03

x와 y가 정비례하고 $x=-\dfrac{1}{10}$일 때 $y=4$이다. 다음 보기에서 옳은 것을 모두 고른 것은?

보기
ㄱ. x의 값이 2배가 되면 y의 값도 2배가 된다.
ㄴ. x와 y 사이의 관계를 나타내는 식은 $y=-40x$이다.
ㄷ. $x=3$일 때 $y=-150$이다.

① ㄱ ② ㄴ ③ ㄷ
④ ㄱ, ㄴ ⑤ ㄱ, ㄴ, ㄷ

유형 2 정비례 관계 $y=ax\,(a\neq0)$의 그래프

04

정비례 관계 $y=ax$의 그래프가 두 점 $(-3,\,p)$, $(2,\,-8)$을 지날 때, $a+p$의 값을 구하시오. (단, a는 상수)

05 앗! 실수 주의

정비례 관계 $y=ax$, $y=bx$, $y=cx$, $y=dx$의 그래프가 오른쪽 그림과 같을 때, 네 상수 a, b, c, d의 대소 관계를 바르게 나타낸 것은?

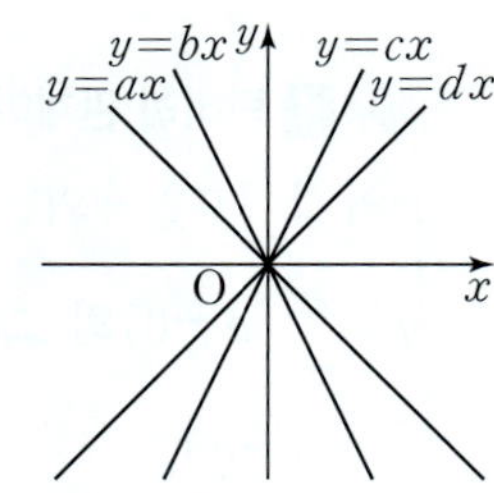

① $a<b<c<d$
② $b<a<d<c$
③ $b<c<a<d$
④ $d<b<a<c$
⑤ $d<c<b<a$

오답 코칭 / 정비례 관계 $y=ax\,(a\neq0)$의 그래프는 a의 절댓값이 클수록 y축에 가깝다.

06

좌표평면에서 세 점 $O(0,\,0)$, $A(-2,\,6)$, $B(3,\,k)$가 한 직선 위에 있을 때, k의 값은?

① -15 ② -9 ③ -6
④ 3 ⑤ 15

07

오른쪽 그림과 같이 정비례 관계 $y=ax$의 그래프가 선분 AB와 만나기 위한 상수 a의 값의 범위를 구하시오.

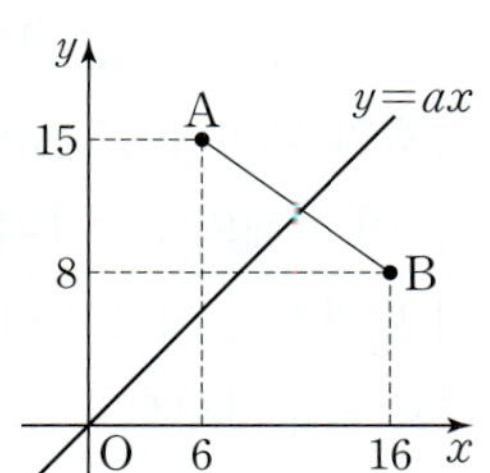

08

오른쪽 그림과 같이 두 점 A, C는 각각 정비례 관계 $y=4x$, $y=\frac{1}{4}x$의 그래프 위의 점이고, 점 A의 좌표는 (4, 16)이다. 정사각형 ABCD의 한 변의 길이를 구하시오. (단, 정사각형 ABCD의 네 변은 x축 또는 y축에 평행하고, 점 C는 제1사분면 위의 점이다.)

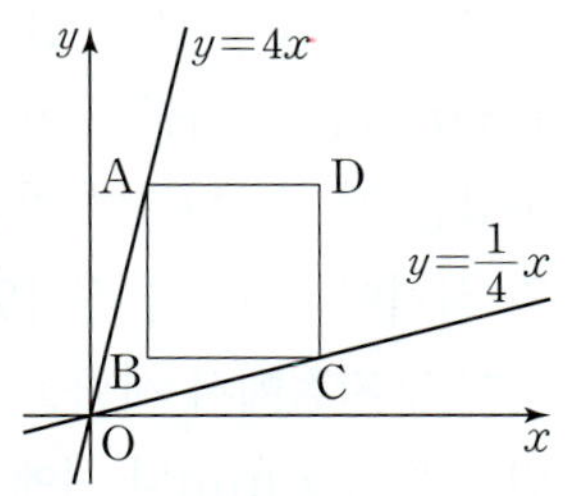

09

오른쪽 그림과 같이 점 $C_n(n, 0)$을 지나면서 y축과 평행한 직선이 정비례 관계 $y=3x$, $y=\frac{1}{2}x$의 그래프와 만나는 점을 각각 A_n, B_n이라 하자. 선분 A_nB_n의 길이를 l_n이라 할 때, $l_1+l_2+l_3$의 값은? (단, n은 자연수)

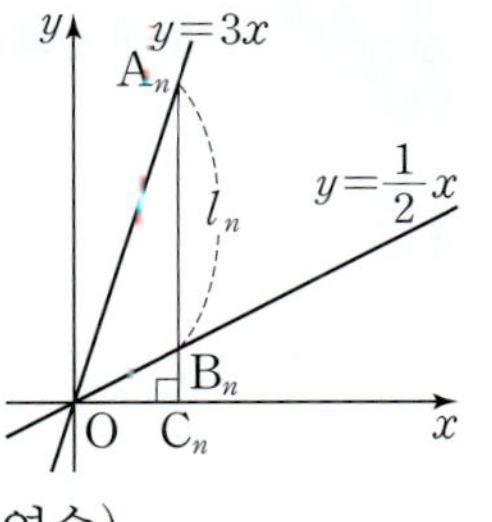

① 5   ② 10   ③ 15
④ 20   ⑤ 25

10 실력UP↑

오른쪽 그림과 같이 점 A는 정비례 관계 $y=x$의 그래프 위의 점이고, 두 점 B, D는 정비례 관계 $y=\frac{1}{2}x$의 그래프 위의 점이다. 직사각형 ABCD의 둘레의 길이가 12일 때, 점 C의 좌표를 구하시오. (단, 직사각형 ABCD의 네 변은 x축 또는 y축에 평행하고, 네 점 A, B, C, D는 제1사분면 위의 점이다.)

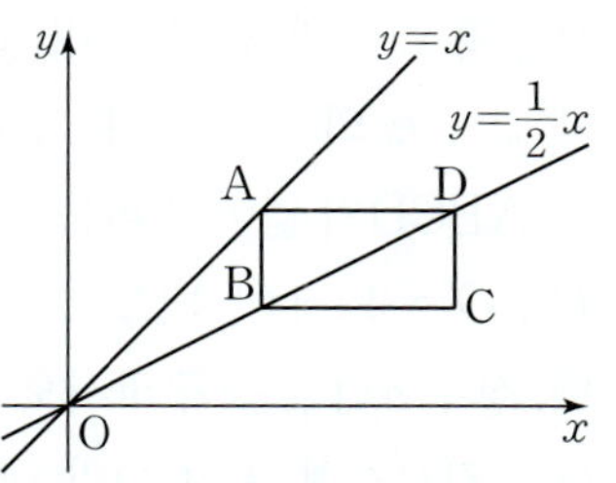

11

오른쪽 그림과 같이 두 점 A, B는 각각 정비례 관계 $y=ax$, $y=\frac{1}{2}x$의 그래프 위의 점이다. 두 점 A, B의 x좌표가 4이고 삼각형 AOB의 넓이가 28일 때, 상수 a의 값을 구하시오. (단, O는 원점)

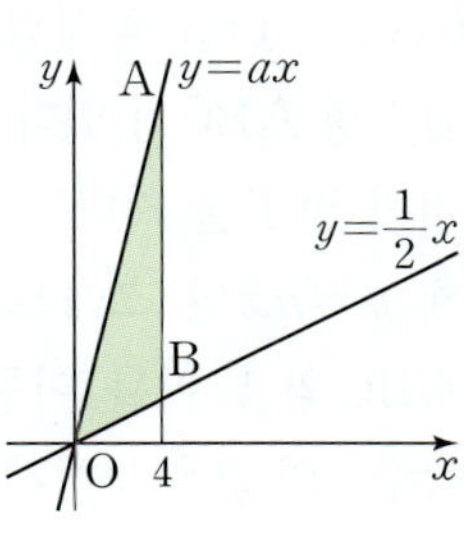

12 서술형

오른쪽 그림과 같이 정비례 관계 $y=-2x$의 그래프의 제4사분면 위의 한 점 P에서 x축, y축에 수직인 직선을 그어 정비례 관계 $y=\frac{2}{3}x$의 그래프와 만나는 점을 각각 Q, R이라 하자. 선분 PQ의 길이가 8일 때, 삼각형 PQR의 넓이를 구하시오.

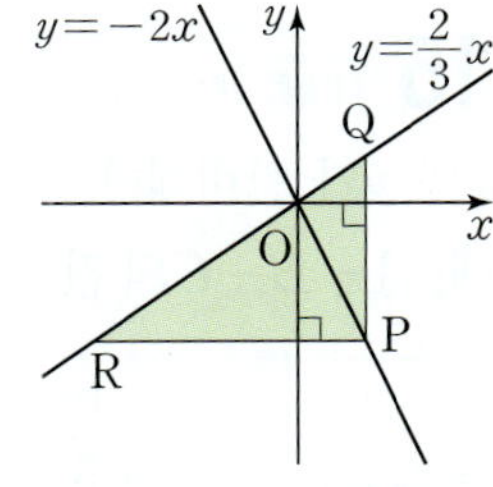

13

오른쪽 그림과 같이 정비례 관계 $y=ax$의 그래프가 직사각형 ABCD의 넓이의 비를 $P:Q=2:1$이 되도록 나눌 때, 상수 a의 값을 구하시오. (단, 직사각형 ABCD의 네 변은 x축 또는 y축에 평행하다.)

우수 학군 출제

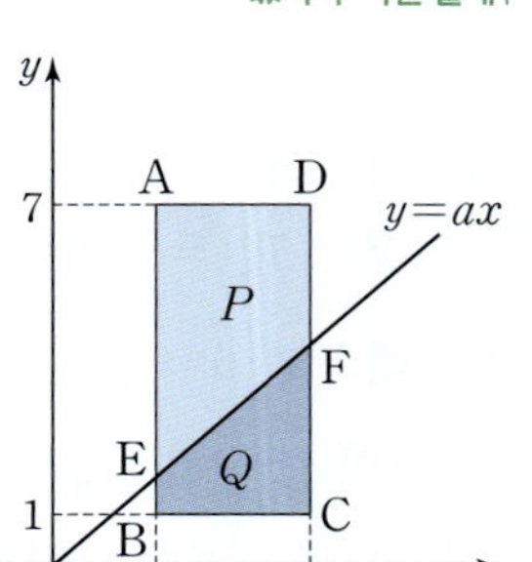

14

오른쪽 그림과 같이 세 점 $A(6, 9)$, $B(-2, -3)$, $C(6, -1)$을 꼭짓점으로 하는 삼각형 ABC가 있다. 선분 AC 위의 점 P를 지나는 정비례 관계 $y=ax$의 그래프가 삼각형 ABC의 넓이를 이등분할 때, 상수 a의 값을 구하시오.

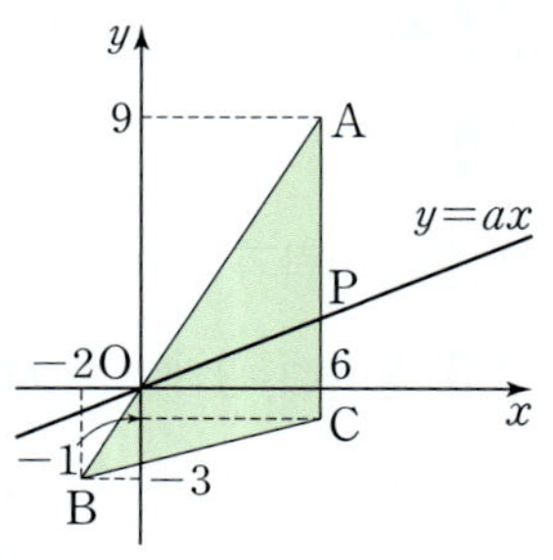

유형 **4** 반비례 관계

15 서술형

x와 y가 반비례하고 x와 y 사이의 관계가 다음 표와 같을 때, $A-B+C$의 값을 구하시오.

x	-10	-5	B	C
y	$-\dfrac{3}{2}$	A	-5	-15

16

온도가 일정할 때, 기체의 부피는 압력에 반비례한다. 어떤 기체의 부피가 $15\,\mathrm{cm}^3$일 때, 이 기체의 압력은 3기압이었다. 이 기체의 x기압에서의 부피를 $y\,\mathrm{cm}^3$라 할 때, x와 y 사이의 관계를 식으로 나타내고, 압력이 5기압일 때 이 기체의 부피를 구하시오.

17 실력UP↑

오른쪽 그림과 같이 빈틈의 폭이 $1.5\,\mathrm{mm}$인 고리를 $5\,\mathrm{m}$ 거리에서 보았을 때, 그 빈틈이 판별 가능하면 시력이 1.0이라 정하였다. $5\,\mathrm{m}$ 떨어진 지점에서 시력을 측정할 때, 판별이 가능한 고리의 빈틈의 폭 $x\,\mathrm{mm}$와 이에 대응하는 시력 y는 반비례한다. x와 y 사이의 관계를 식으로 나타내고, 빈틈의 폭이 $5\,\mathrm{mm}$인 고리까지 판별할 수 있는 사람의 시력을 구하시오.

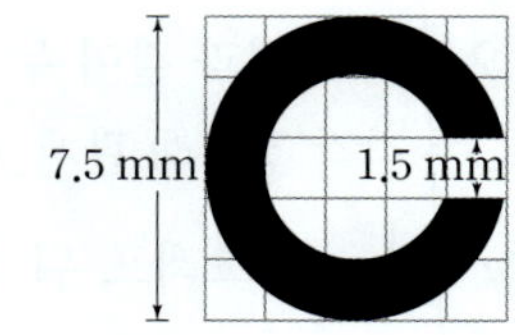

유형 **5** 반비례 관계 $y=\dfrac{a}{x}\,(a \neq 0)$의 그래프

18

반비례 관계 $y=-\dfrac{18}{x}$의 그래프가 두 점 $(-2, a)$, $(b, 6)$을 지날 때, ab의 값은?

① -54 ② -27 ③ -3
④ 3 ⑤ 9

19

오른쪽 (1)~(4)의 그래프에 알맞은 x와 y 사이의 관계를 나타내는 식을 보기에서 각각 찾아 짝 지으시오.

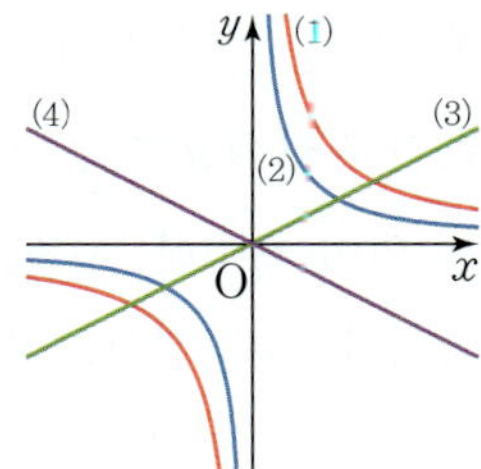

보기

ㄱ. $y = \dfrac{1}{2}x$　　ㄴ. $y = -\dfrac{1}{2}x$　　ㄷ. $y = \dfrac{8}{x}$

ㄹ. $y = -\dfrac{8}{x}$　　ㅁ. $y = \dfrac{4}{x}$　　ㅂ. $y = -\dfrac{4}{x}$

20 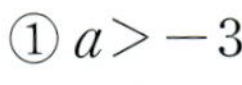 실수 주의

반비례 관계 $y = \dfrac{a}{x}$의 그래프가 점 $\left(2, \dfrac{5}{2}\right)$를 지날 때, 이 그래프 위의 점 (m, n) 중에서 m, n이 모두 정수인 점의 개수를 구하시오. (단, a는 상수)

오답 코칭 m이 음수인 경우도 빠뜨리지 않게 주의한다.

21

반비례 관계 $y = \dfrac{a}{x}$, $y = -\dfrac{3}{x}$의 그래프가 오른쪽 그림과 같을 때, 상수 a의 값의 범위는?

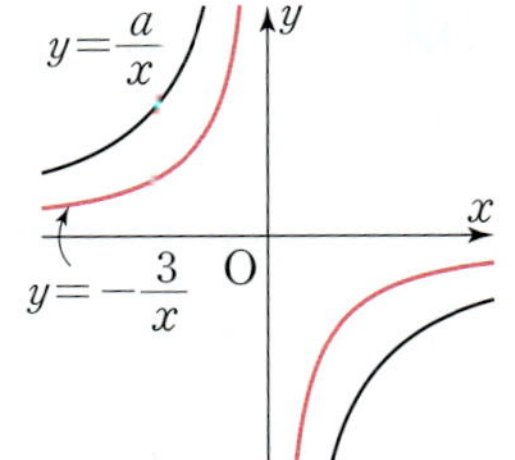

① $a > -3$　　② $a < -3$

③ $-3 < a < 0$　　④ $0 < a < 3$

⑤ $a < 3$

22

다음 조건을 모두 만족시키는 그래프가 나타내는 식을 구하시오.

㈎ x좌표와 y좌표의 곱이 일정한 점들을 지나는 한 쌍의 매끄러운 곡선이다.

㈏ 점 $(15, 9)$를 지난다.

23

오른쪽 그림과 같은 그래프가 점 $\left(2, 2 - \dfrac{1}{3}k\right)$를 지날 때, 반비례 관계 $y = \dfrac{k}{x}$의 그래프 위의 점인 것은?

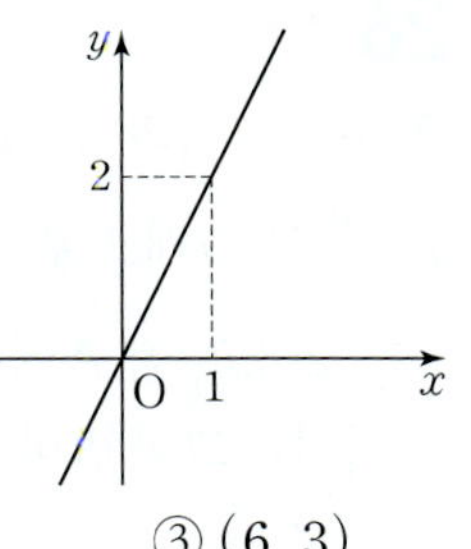

① $(2, 3)$　　② $(-1, 2)$　　③ $(6, 3)$

④ $(-6, 2)$　　⑤ $(-3, 2)$

24

다음 보기에서 정비례 관계 $y = ax$의 그래프와 반비례 관계 $y = \dfrac{b}{x}$의 그래프에 대한 설명으로 옳은 것을 모두 고르시오.

(단, $a \neq 0$, $b \neq 0$)

보기

ㄱ. $y = ax$의 그래프는 원점을 지나는 직선이다.

ㄴ. $a < 0$이면 $y = ax$의 그래프는 제1사분면과 제3사분면을 지난다.

ㄷ. $b > 0$이면 $y = \dfrac{b}{x}$의 그래프는 각 사분면에서 x의 값이 증가하면 y의 값도 증가한다.

ㄹ. $a > 0$, $b < 0$이면 두 그래프는 만나지 않는다.

25

오른쪽 그림은 반비례 관계 $y=\dfrac{a}{x}$ 의 그래프의 일부이다. 이 그래프 위의 두 점 $A(2, b)$, $B(4, c)$ 에 대하여 $b-c=3$ 일 때, $a+b+c$ 의 값은? (단, a 는 상수)

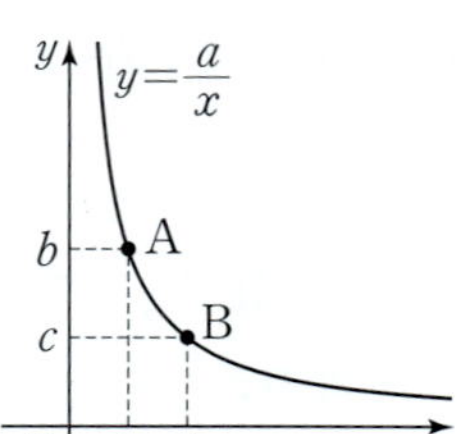

① 3   ② 6   ③ 12
④ 18   ⑤ 21

26 실력UP↑

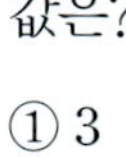

오른쪽 그림과 같이 반비례 관계 $y=\dfrac{4}{x}$ 의 그래프 위의 점 A의 x 좌표가 2이고, 점 A에서 x 축에 평행한 직선을 그어 반비례 관계 $y=\dfrac{12}{x}$ 의 그래프와 만나는 점을 B, 점 B에서 y 축에 평행한 직선을 그어 반비례 관계 $y=\dfrac{4}{x}$ 의 그래프와 만나는 점을 C라 할 때, 선분 BC의 길이를 구하시오. (단, $x>0$)

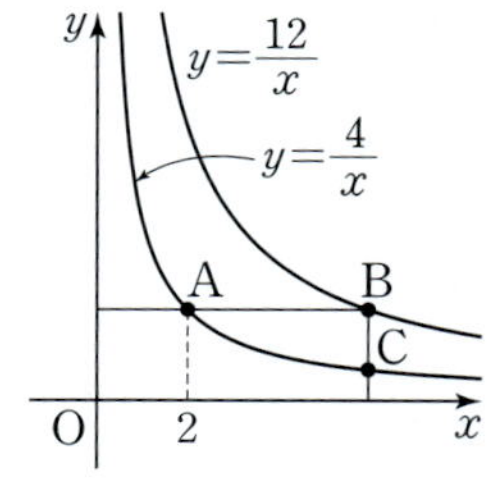

유형 **6** 반비례 관계의 그래프와 도형의 넓이   틀리기 쉬운!

27

오른쪽 그림은 반비례 관계 $y=\dfrac{a}{x}$ 의 그래프의 일부를 나타낸 것이다. 이 그래프 위의 한 점 A에서 x 축, y 축에 내린 수선이 x 축, y 축과 만나는 점을 각각 B, C라 하자. 직사각형 ACOB의 넓이가 15일 때, 상수 a 의 값을 구하시오. (단, O는 원점)

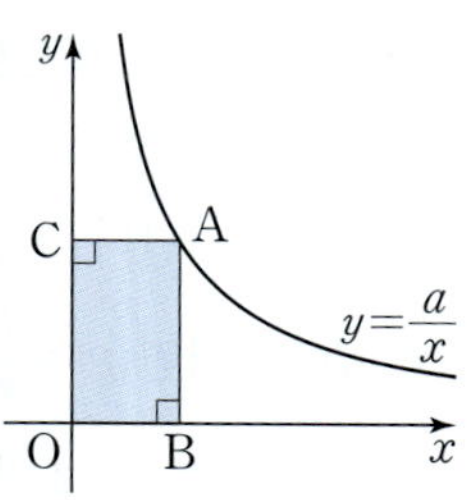

28

오른쪽 그림과 같이 두 점 A, C는 반비례 관계 $y=\dfrac{a}{x}\,(x>0)$ 의 그래프 위의 점이다. 사각형 ABCD는 넓이가 16인 정사각형이고 점 A의 x 좌표가 3일 때, 상수 a 의 값은? (단, 정사각형 ABCD의 네 변은 x 축 또는 y 축에 평행하다.)

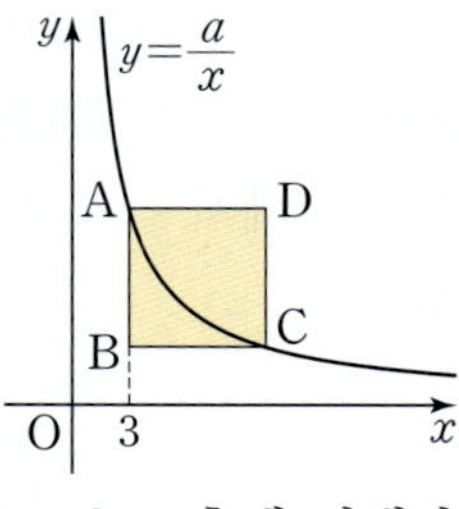

① 7   ② 14   ③ 21
④ 28   ⑤ 35

29

오른쪽 그림과 같이 반비례 관계 $y=\dfrac{5}{x}\,(x>0)$ 의 그래프 위의 한 점 A에서 x 축에 평행한 직선을 그어 반비례 관계 $y=\dfrac{15}{x}\,(x>0)$ 의 그래프와 만나는 점을 D라 하자. 두 점 A, D에서 y 축에 평행한 직선을 그어 x 축과 만나는 점을 각각 B, C라 할 때, 사각형 ABCD의 넓이를 구하시오.

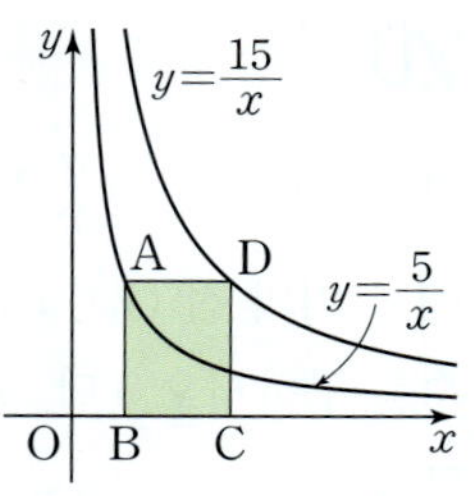

30 앳! 실수 주의

오른쪽 그림과 같이 반비례 관계 $y=-\dfrac{12}{x}$ 의 그래프 위의 두 점 A, C에서 x 축에 수직인 직선을 그어 x 축과 만나는 점을 각각 B, D라 하자. $B(-2a, 0)$, $D(2a, 0)$ 일 때, 사각형 ABCD의 넓이를 구하시오. (단, $a>0$)

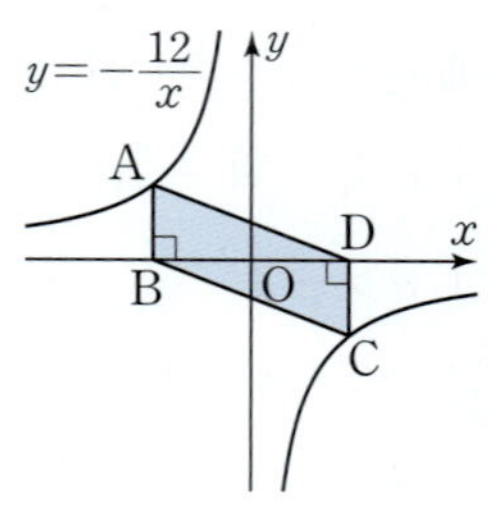

오답코칭 사각형 ABCD의 넓이는 두 삼각형 ABD, BCD의 넓이의 합과 같다.

발전 유형 7 정비례 관계의 그래프와 반비례 관계의 그래프가 만나는 점

31

오른쪽 그림과 같이 정비례 관계 $y=2x$의 그래프와 반비례 관계 $y=\dfrac{a}{x}$의 그래프가 점 $P(3,\ b)$에서 만날 때, $a-b$의 값을 구하시오.

(단, a는 상수)

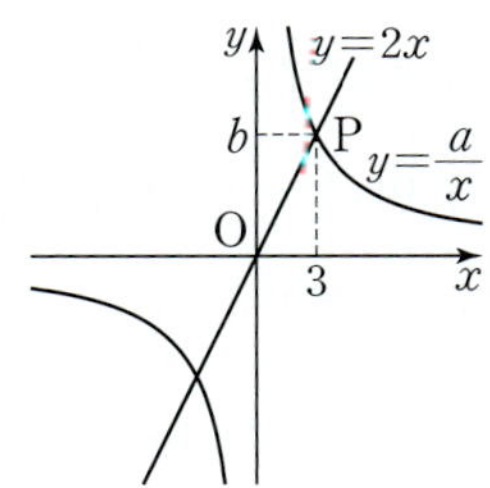

32

정비례 관계 $y=ax$의 그래프와 반비례 관계 $y=\dfrac{b}{x}$의 그래프가 두 점 $(-3,\ 6),\ (3,\ c)$에서 만날 때, $a+b+c$의 값은?

(단, $a,\ b$는 상수)

① -26 ② -13 ③ 0
④ 13 ⑤ 26

33 서술형▶

오른쪽 그림과 같이 정사각형 ABCD의 꼭짓점 A는 정비례 관계 $y=3x$의 그래프 위에 있고, 꼭짓점 D는 반비례 관계 $y=\dfrac{a}{x}\ (x>0)$의 그래프 위에 있다. 점 B의 x좌표가 1일 때, 상수 a의 값을 구하시오.

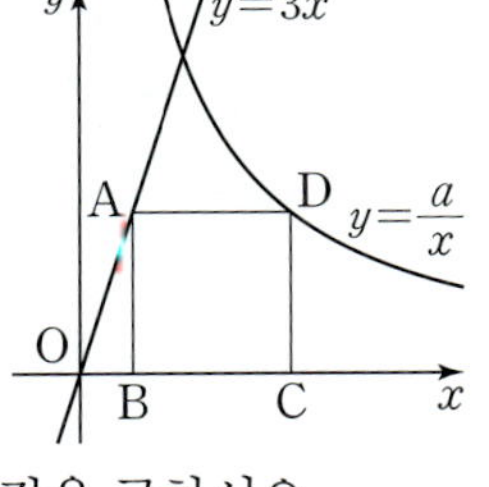

34

오른쪽 그림과 같이 반비례 관계 $y=\dfrac{18}{x}$의 그래프 위의 점 A에서 x축, y축에 평행한 직선을 그어 정비례 관계 $y=-2x$의 그래프와 만나는 점을 각각 B, C라 하자. 점 A의 x좌표가 3일 때, 직각삼각형 ABC의 넓이를 구하시오.

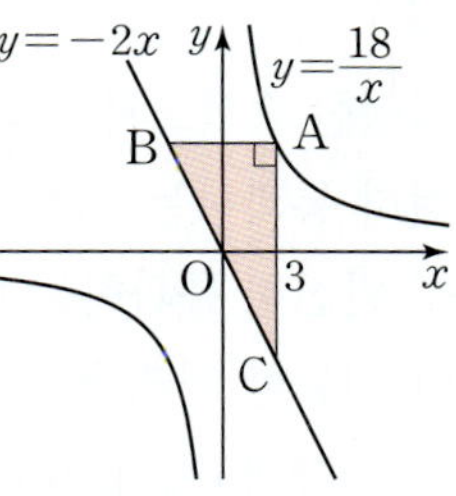

35

오른쪽 그림과 같이 정비례 관계 $y=3x$의 그래프 위의 점 A에서 x축, y축에 평행한 직선을 그어 정비례 관계 $y=-x$의 그래프, 반비례 관계 $y=\dfrac{b}{x}\ (x>0)$의 그래프와 만나는 점을 각각 B, D라 하자. 점 A의 x좌표가 a이고, 정사각형 ABCD의 한 변의 길이가 8일 때, $a+b$의 값을 구하시오. (단, b는 상수)

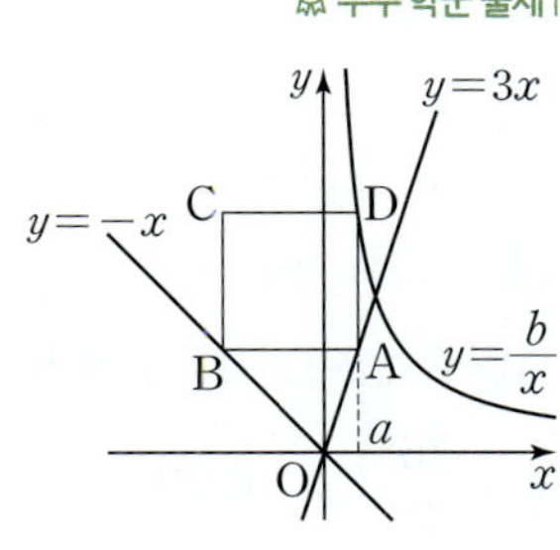

36

오른쪽 그림과 같이 정비례 관계 $y=2x$의 그래프와 반비례 관계 $y=\dfrac{a}{x}\ (x>0)$의 그래프는 y좌표가 4인 점 P에서 만난다. 점 P에서 x축에 수직인 직선을 그어 x축과 만나는 점을 A라 할 때, 점 B는 점 A를 출발하여 x축의 양의 방향으로 1초에 1만큼씩 움직인다. $y=\dfrac{a}{x}$의 그래프 위의 점 Q와 점 B의 x좌표가 같을 때, 점 B가 점 A를 출발한 지 6초 후의 사각형 PABQ의 넓이를 구하시오.

(단, a는 상수)

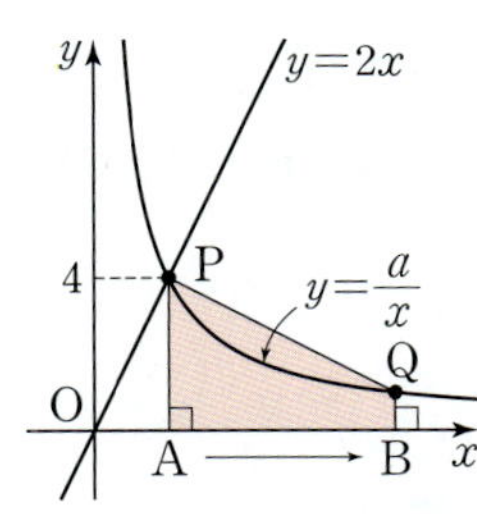

01

일정한 속력으로 달리는 기차가 길이가 480 m인 터널을 완전히 통과하는 데는 36초가 걸리고, 길이가 120 m인 터널을 완전히 통과하는 데는 12초가 걸린다. 이 기차가 x초 동안 이동한 거리를 y m라 할 때, x와 y 사이의 관계를 식으로 나타내고, 이 기차가 1분 동안 이동한 거리는 몇 m인지 구하시오.

02 서술형 ▶

오른쪽 그림과 같이 반비례 관계 $y=\dfrac{36}{x}\ (x>0)$의 그래프 위의 점 $Q(a,\ b)$에서 x축, y축에 수직인 직선을 그어 x축, y축과 만나는 점을 각각 P, R이라 하자. 직사각형 OPQR의 둘레의 길이가 될 수 있는 값 중 가장 큰 값을 m, 가장 작은 값을 n이라 할 때, $m+n$의 값을 구하시오.
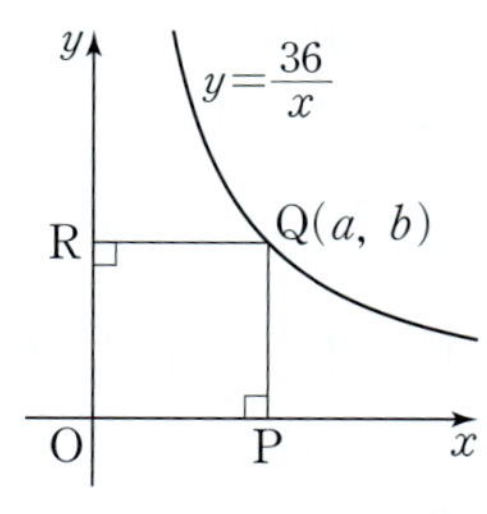
(단, O는 원점이고, $a,\ b$는 자연수)

단계 **①** 가능한 점 Q의 좌표 $(a,\ b)$ 구하기

단계 **②** $m,\ n$의 값 각각 구하기

단계 **③** $m+n$의 값 구하기

03

우수 학군 출제

오른쪽 그림과 같이 정비례 관계 $y=3x$의 그래프와 반비례 관계 $y=\dfrac{12}{x}$의 그래프가 만나는 두 점을 A, D라 하고, 정비례 관계 $y=\dfrac{1}{3}x$의 그래프와 반비례 관계 $y=\dfrac{12}{x}$의 그래프가 만나는 두 점을 B, C라 하자. 색칠한 부분에 있는 점 중에서 x좌표와 y좌표가 모두 정수인 점의 개수를 구하시오.
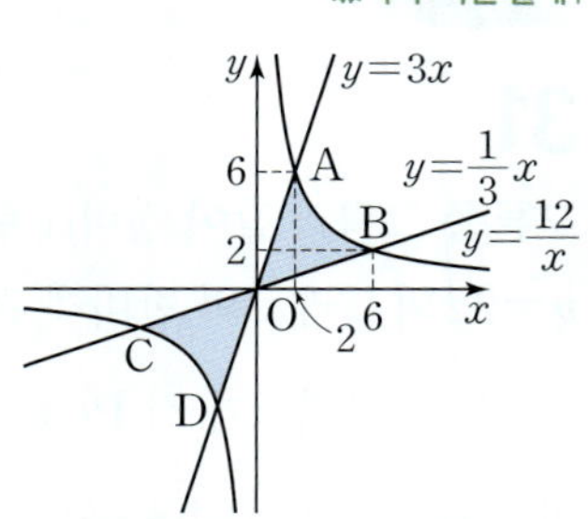
(단, 직선 및 곡선 위의 점들도 포함한다.)

04

오른쪽 그림과 같이 반비례 관계 $y=\dfrac{a}{x}$의 그래프 위의 두 점 A, C에서 y축에 평행한 직선을 그어 정비례 관계 $y=-ax$의 그래프와 만나는 점을 각각 B, D라 하자. 두 점 A, C의 x좌표가 각각 2, $k\ (k>2)$이고 삼각형 COD의 넓이가 삼각형 AOB의 넓이의 10배가 될 때, k의 값을 구하시오. (단, O는 원점이고, $a>0$인 상수)
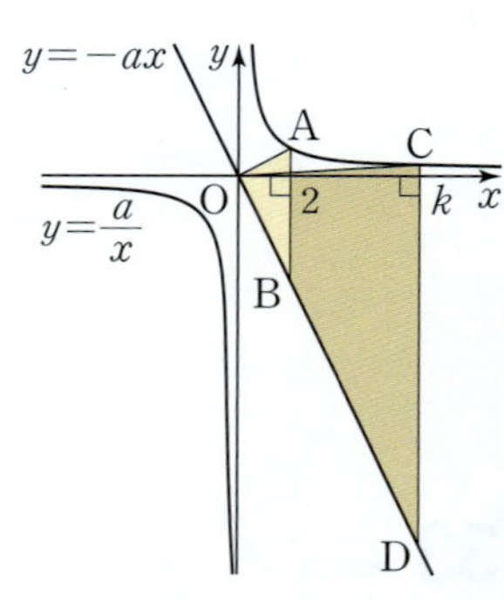

01

점 $P(3, 6)$과 x축에 대하여 대칭인 점이 정비례 관계 $y=ax$의 그래프 위의 점일 때, 상수 a의 값은?

① -3 ② -2 ③ 2
④ 3 ⑤ 4

02

$a-b<0$, $ab<0$일 때, 다음 중 옳은 것은?

① 점 (a, b)는 제1사분면 위의 점이다.
② 점 $(b, -a)$는 제3사분면 위의 점이다.
③ 점 $(-a, b)$는 제2사분면 위의 점이다.
④ 점 $(-b, a-b)$는 제3사분면 위의 점이다.
⑤ 점 $\left(-a+b, \dfrac{b}{a}\right)$는 제2사분면 위의 점이다.

03

점 $(3a-1, 4a+3)$은 y축 위에 있고 점 $(3a-4, 5b+3)$은 x축 위에 있다고 할 때, 세 점 $A(a, b)$, $B(a, -b)$, $C(-a, -b)$를 꼭짓점으로 하는 삼각형 ABC의 넓이는?

① $\dfrac{1}{5}$ ② $\dfrac{2}{5}$ ③ $\dfrac{3}{5}$
④ $\dfrac{4}{5}$ ⑤ 1

04

좌표평면 위의 세 점 $A(4, -4)$, $B(-2, 4)$, $C(4, a)$를 꼭짓점으로 하는 삼각형 ABC의 넓이가 18이 되게 하는 모든 a의 값의 합은?

① -2 ② -4 ③ -6
④ -8 ⑤ -10

05

좌표평면 위의 점 $P(-3, -2)$와 x축, y축, 원점에 대하여 대칭인 점을 각각 Q, R, S라 할 때, 사각형 PQSR의 넓이는?

① 16 ② 18 ③ 20
④ 22 ⑤ 24

06

오른쪽 그림과 같이 두 점 A, B는 각각 정비례 관계 $y=4x$, $y=ax$의 그래프 위의 점이다. 두 점 A, B의 x좌표가 3이고 삼각형 AOB의 넓이가 12일 때, 상수 a의 값은?

(단, O는 원점)

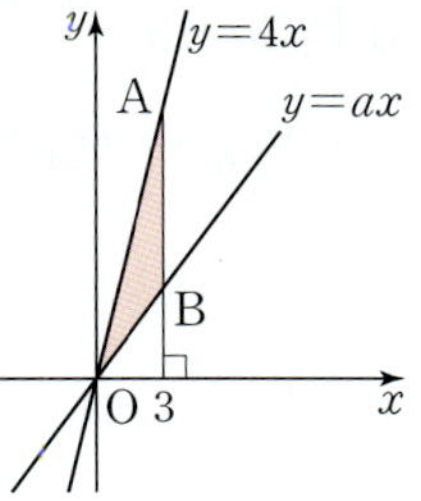

① $-\dfrac{4}{3}$ ② $-\dfrac{2}{3}$ ③ $\dfrac{2}{3}$
④ $\dfrac{4}{3}$ ⑤ 2

07

오른쪽 그림과 같은 그래프가 점 $(-1, 5-4k)$를 지날 때, 다음 중 반비례 관계 $y=\dfrac{k}{x}$의 그래프 위의 점인 것은?

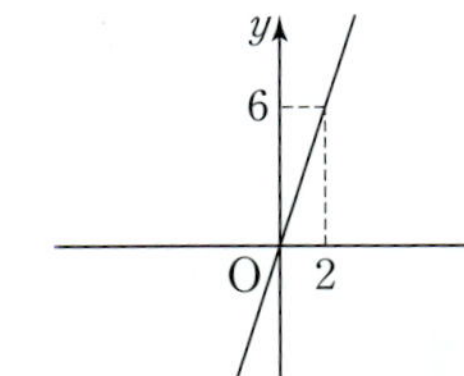

① $(1, 1)$ ② $(-1, -2)$
③ $(3, 2)$ ④ $(-4, 4)$
⑤ $(4, 2)$

08

좌표평면 위의 네 점 $A(-4, 4)$, $B(-2, -3)$, $C(5, -1)$, $D(3, 3)$을 꼭짓점으로 하는 사각형 ABCD의 변 위를 움직이는 점 $P(a, b)$가 있다. $a-b$의 값이 가장 클 때, $a+3b$의 값은?

① 0   ② 2   ③ 4
④ 6   ⑤ 8

09

점 $P\left(3a-9, \dfrac{4a+3}{7}\right)$이 어느 사분면에도 속하지 않도록 하는 모든 a의 값의 합은?

① $\dfrac{1}{4}$ ② $\dfrac{5}{4}$ ③ $\dfrac{9}{4}$
④ $\dfrac{13}{4}$ ⑤ $\dfrac{17}{4}$

10

반비례 관계 $y = \dfrac{16}{x}$의 그래프 위의 점 (m, n) 중에서 m, n이 모두 자연수인 점의 개수는?

① 4   ② 5   ③ 6
④ 7   ⑤ 8

11

점 $(3a-8, a-5)$가 제4사분면 위에 있도록 하는 자연수 a의 개수는?

① 2   ② 3   ③ 4
④ 5   ⑤ 6

12

다음 조건을 모두 만족시키는 x, y에 대하여 $x=4$일 때, y의 값은?

(가) $\dfrac{1}{2}y$가 x에 반비례한다.
(나) $x=-3$일 때, $y=8$이다.

① -6 ② -4 ③ -2
④ 2   ⑤ 4

13

오른쪽 그림과 같이 정비례 관계 $y=ax$의 그래프가 삼각형 AOB의 넓이를 이등분할 때, 상수 a의 값은? (단, O는 원점)

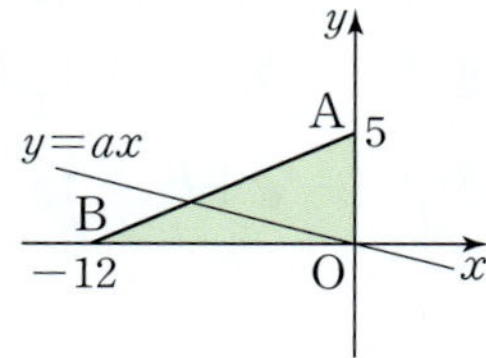

① $-\dfrac{5}{12}$ ② $-\dfrac{5}{6}$ ③ $-\dfrac{5}{3}$
④ $-\dfrac{6}{5}$ ⑤ $-\dfrac{12}{5}$

14

정지 상태에서 출발한 기차가 처음에는 서서히 빠르게 가다가 최고 속력에 이른 후에 천천히 속력을 줄여서 움직인 후에 정지하였다. 경과 시간 x에 따른 기차의 속력을 y라 하자. 다음 중 x와 y 사이의 관계를 나타낸 그래프로 알맞은 것은?

① 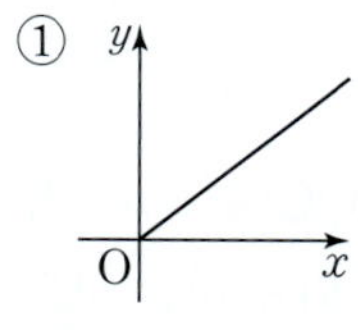   ② 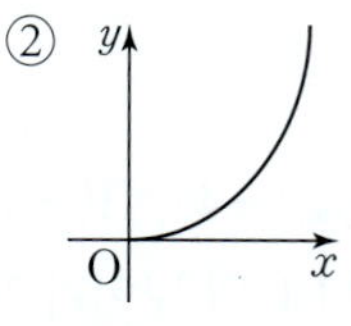   ③ 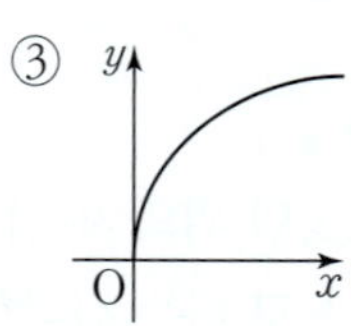

④ 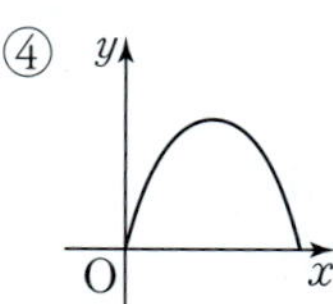   ⑤ 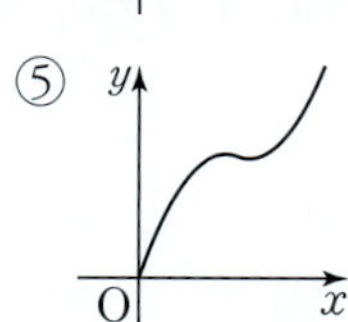

15

오른쪽 그림과 같은 직각삼각형 ABC에서 점 P는 꼭짓점 B에서 출발하여 꼭짓점 C까지 초속 2 cm로 변 BC 위를 움직인다. 점 P가 출발한 지 x초 후의 삼각형 ABP의 넓이를 y cm^{2}라 할 때, 삼각형 ABP의 넓이가 288 cm^{2}가 되는 것은 몇 초 후인가?

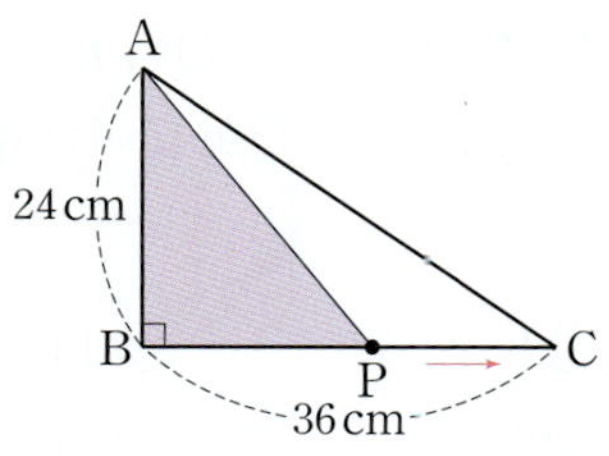

(단, $0 < x \leq 18$)

① 12초　　　② 13초　　　③ 14초
④ 15초　　　⑤ 16초

16

두 점 A$(3a-1, a+2b)$, B$(a+2, b-2)$가 x축에 대하여 대칭일 때, $a+b$의 값을 구하시오.

17

오른쪽 그림과 같이 두 점 A, C는 반비례 관계 $y = \dfrac{a}{x}$ $(x>0)$의 그래프 위의 점이다. 사각형 ABCD는 넓이가 25인 정사각형이고 점 A의 x좌표가 2일 때, 상수 a의 값을 구하시오. (단, 정사각형 ABCD의 네 변은 x축 또는 y축에 평행하다.)

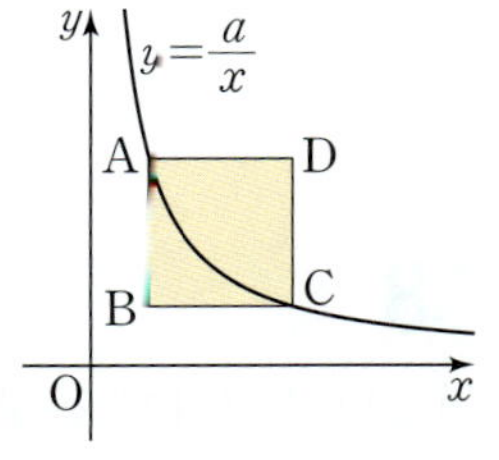

18

오른쪽 그림은 반비례 관계 $y = \dfrac{a}{x}$의 그래프의 일부를 나타낸 것이다. 이 그래프 위의 한 점 B에서 x축, y축에 내린 수선이 x축, y축과 만나는 점을 각각 A, C라 하자. 직사각형 OABC의 넓이가 20일 때, 상수 a의 값을 구하시오. (단, O는 원점)

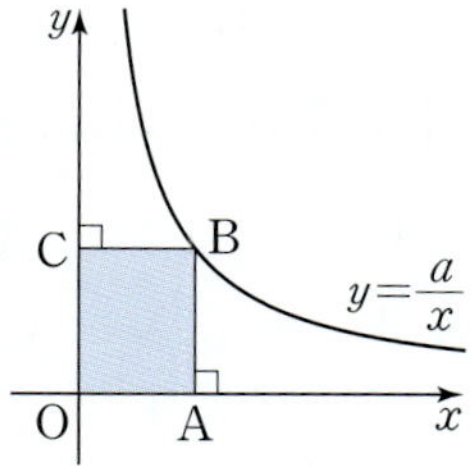

19

◇(P)는 점 P와 원점에 대하여 대칭인 점이고, △(P)는 점 P와 x축에 대하여 대칭인 점이며, ▽(P)는 점 P와 y축에 대하여 대칭인 점이다. 예를 들어 점 A$(3, 3)$에 대하여 ◇△(A) = ◇$((3, -3))$ = $(-3, 3)$이다. 점 Q$(4, -3)$에 대하여 ◇△▽(Q) = (a, b)일 때, $a+b$의 값을 구하시오.

20

오른쪽 그림과 같이 정비례 관계 $y = ax$의 그래프와 반비례 관계 $y = \dfrac{b}{x}$ $(x>0)$의 그래프가 점 A에서 만난다. 점 B의 x좌표가 2이고 직각삼각형 AOB의 넓이는 16일 때, $a+b$의 값을 구하시오.

(단, a, b는 상수이고, O는 원점이다.)

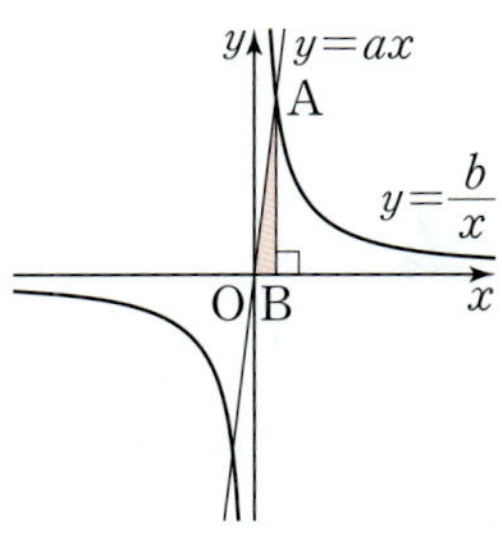

대단원 실전 TEST 2회

01

두 점 $A(2a, 2-b)$, $B(2b-1, ab+4)$가 모두 x축 위의 점일 때, $a+b$의 값은?

① 0　　　　② 1　　　　③ 2
④ 3　　　　⑤ 4

02

톱니가 각각 21개, 14개인 두 톱니바퀴 A, B가 서로 맞물려 회전하고 있다. A가 x번 회전할 때, B는 y번 회전한다고 한다. A가 20번 회전할 때, B는 몇 번 회전하는가?

① 26번　　　② 27번　　　③ 28번
④ 30번　　　⑤ 32번

03

오른쪽 그림은 A와 B가 x분 동안 달린 거리를 y m라 할 때, x와 y 사이의 관계를 각각 그래프로 나타낸 것이다. 15분 후 A와 B는 몇 m 떨어져 있는가?

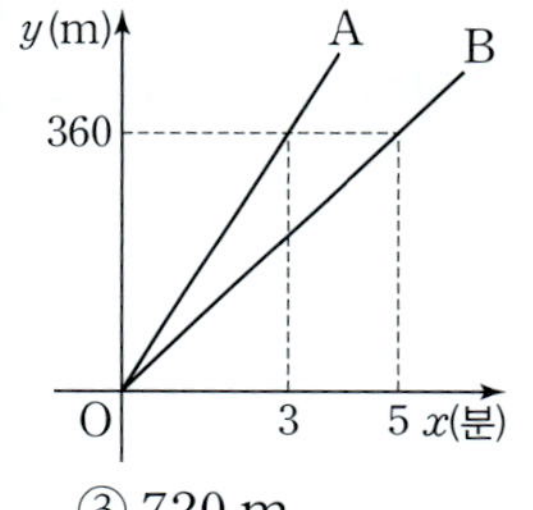

① 640 m　　　② 680 m　　　③ 720 m
④ 780 m　　　⑤ 840 m

04

두 점 $A(b+3, -4a+2)$, $B(2a+4, 3b-1)$이 y축 위에 있고, 두 점 C, D의 좌표가 $C(a+b, ab)$, $D(-3a+b, 2b+3)$일 때, 네 점 A, B, C, D를 꼭짓점으로 하는 사각형의 넓이는?

① 70　　　　② 80　　　　③ 90
④ 100　　　⑤ 110

05

두 점 $P(2a, b)$, $Q(4a, -3b)$와 원점 O를 꼭짓점으로 하는 삼각형 OPQ의 넓이가 65일 때, ab의 값은?

（단, $a>0$, $b>0$）

① 9　　　　② 11　　　　③ 13
④ 15　　　　⑤ 17

06

반비례 관계 $y=\dfrac{a}{x}$에 대하여 $x=1$, $x=3$, $x=4$, $x=6$일 때의 각각의 y의 값이 모두 자연수가 되도록 하는 가장 작은 상수 a의 값은?

① 8　　　　② 12　　　　③ 16
④ 20　　　　⑤ 24

07

세 점 $A(3, 2)$, $B(a, 2)$, $C(3, b)$가 다음 조건을 만족시킬 때, $a-b$의 값은?

> ㈎ 점 B는 제2사분면, 점 C는 제4사분면 위의 점이다.
> ㈏ 선분 AB의 길이는 11이다.
> ㈐ 선분 AC의 길이는 8이다.

① -2　　　② -1　　　③ 0
④ 1　　　　⑤ 2

08

좌표평면 위의 네 점 A, B, C, D에 대하여 A와 C는 원점에 대하여 대칭이고, B와 C는 x축에 대하여 대칭이며 C와 D는 y축에 대하여 대칭이다. 사각형 ABCD의 둘레의 길이가 48일 때, 다음 중 점 A의 좌표가 될 수 있는 것은?

① $(-2, 9)$　　　② $(3, 10)$　　　③ $(11, -4)$
④ $(5, 6)$　　　⑤ $(7, 5)$

09

$\dfrac{a}{b}>0$이고 $b-a>0$, $|a|>|b|$일 때,

점 $(ab-b,\ -a-b+1)$은 제몇 사분면 위의 점인가?

① 제1사분면   ② 제2사분면

③ 제3사분면   ④ 제4사분면

⑤ 어느 사분면에도 속하지 않는다.

10

오른쪽 그림은 반비례 관계 $y=\dfrac{a}{x}$의 그래프의 일부이다. 이 그래프 위의 두 점 $\mathrm{A}(4,\ b)$, $\mathrm{B}(6,\ c)$에 대하여 $b-c=2$일 때, $a+b+c$의 값은? (단, a는 상수)

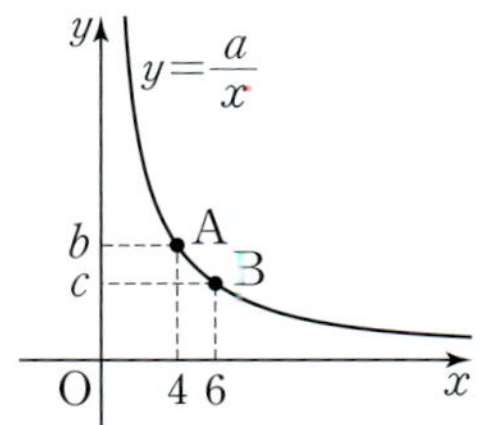

① 32   ② 34   ③ 36

④ 38   ⑤ 40

11

오른쪽 그림과 같이 반비례 관계 $y=\dfrac{16}{x}$의 그래프 위의 두 점 B, D에서 x축에 수직인 직선을 그어 x축과 만나는 점을 각각 A, C라 하자. $\mathrm{A}(k,\ 0)$, $\mathrm{C}(-k,\ 0)$일 때, 사각형 ABCD의 넓이는? (단, $k>0$)

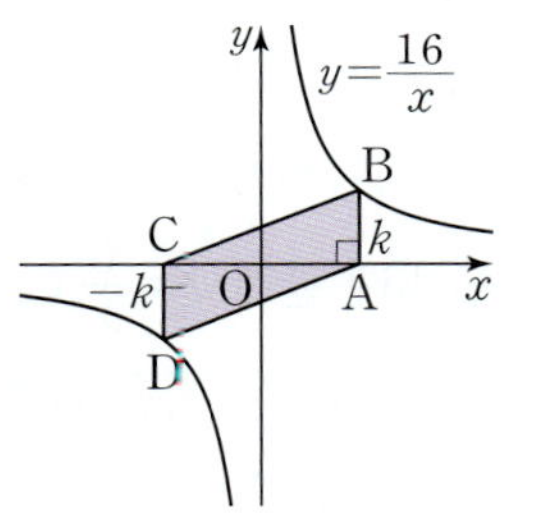

① 16   ② 32   ③ 48

④ 64   ⑤ 80

12

오른쪽 그림과 같이 정비례 관계 $y=ax$의 그래프가 두 정비례 관계 $y=3x$, $y=-\dfrac{1}{5}x$의 그래프 사이의 색칠한 부분에 있을 때, 다음 중 상수 a의 값이 될 수 <u>없는</u> 것은?

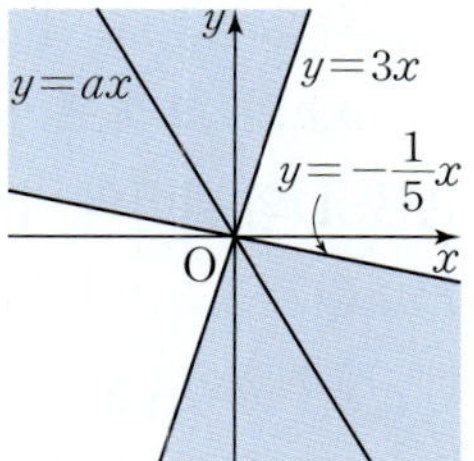

① -5 ② -3

③ -1 ④ 2

⑤ 5

13

오른쪽 그림과 같이 두 점 P, Q는 반비례 관계 $y=\dfrac{a}{x}$의 그래프 위의 점이고, 점 P는 제4사분면, 점 Q는 제2사분면 위에 있다. 직사각형 OAPB의 넓이는 10이고 정사각형 ODQC의 넓이를 S라 할 때, $a-S$의 값은? (단, a는 상수이고, O는 원점이다.)

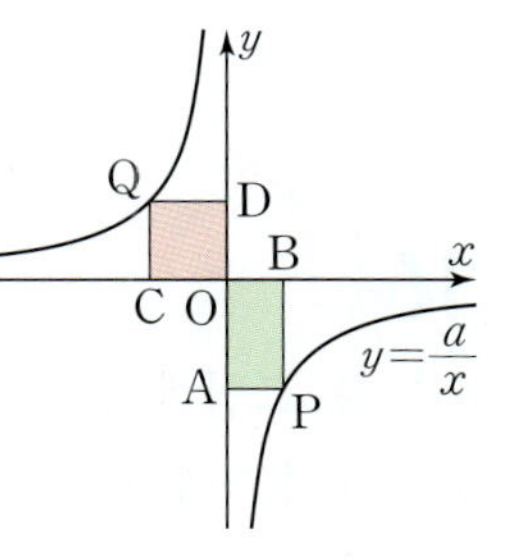

① -28 ② -24 ③ -20

④ -16 ⑤ -12

14

오른쪽 그림과 같이 반비례 관계 $y=\dfrac{12}{x}$의 그래프 위의 점 A에서 x축, y축에 평행한 직선을 그어 정비례 관계 $y=-3x$의 그래프와 만나는 점을 각각 B, C라 하자. 점 A의 x좌표가 4일 때, 직각삼각형 ABC의 넓이는?

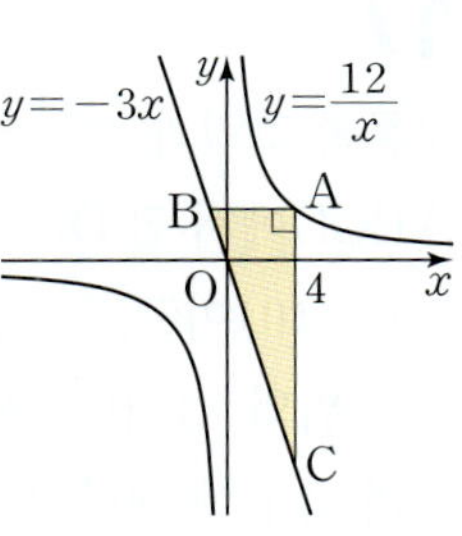

① $\dfrac{75}{2}$ ② 40 ③ $\dfrac{85}{2}$

④ 45 ⑤ $\dfrac{95}{2}$

15

오른쪽 그림과 같이 정비례 관계 $y=ax$의 그래프가 직사각형 ABCD의 넓이의 비가 $P:Q=5:3$이 되도록 나눌 때, 상수 a의 값은? (단, 직사각형 ABCD의 네 변은 x축 또는 y축에 평행하고, 점 E는 $\overline{AB}$ 위의 점이다.)

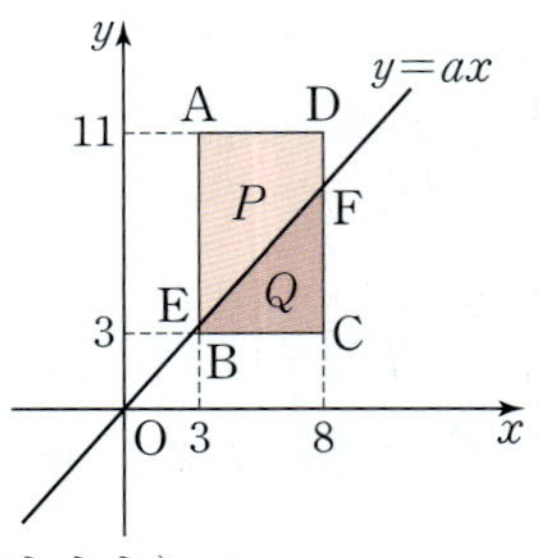

① $\dfrac{9}{8}$ ② $\dfrac{10}{9}$ ③ $\dfrac{11}{10}$

④ $\dfrac{12}{11}$ ⑤ $\dfrac{13}{12}$

단답형

16

오른쪽 그림과 같이 정비례 관계 $y=ax$의 그래프가 선분 AB와 만나기 위한 상수 a의 값의 범위를 구하시오.

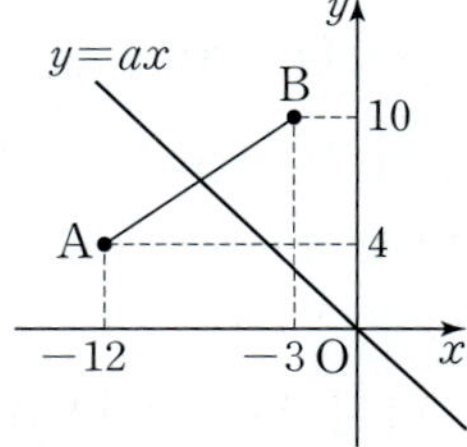

17

오른쪽 그림과 같은 정사각형 ABCD에서 점 D의 좌표는 $(-5, 10)$이고, 두 점 B, C는 x축 위의 점이다. 선분 AB 위의 점 E에 대하여 선분 OE가 사다리꼴 ABOD의 넓이를 이등분한다고 할 때, 점 E의 좌표를 구하시오.

(단, O는 원점)

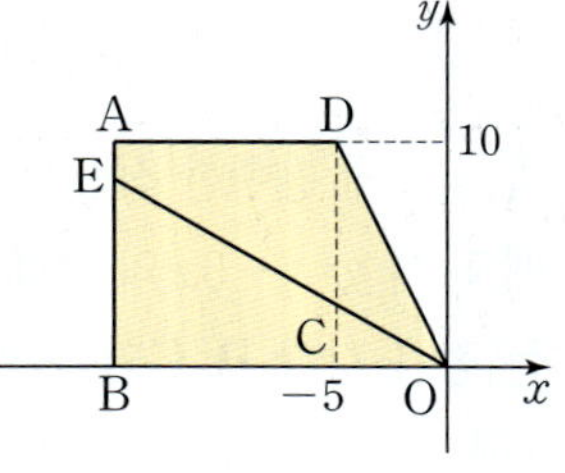

18

점 $P_1(3, 4)$에 대하여 다음과 같은 과정을 계속하여 점 P_n을 정할 때, 점 P_{2025}의 좌표를 구하시오.

점 P_2는 점 P_1과 y축에 대하여 대칭인 점이다.
점 P_3은 점 P_2와 원점에 대하여 대칭인 점이다.
점 P_4는 점 P_3과 x축에 대하여 대칭인 점이다.
점 P_5는 점 P_4와 y축에 대하여 대칭인 점이다.
점 P_6은 점 P_5와 원점에 대하여 대칭인 점이다.
⋮

서술형

19

점 $P(a, b)$와 원점에 대하여 대칭인 점이 제3사분면 위에 있을 때, 점 $Q\left(\dfrac{a}{b}, a+b\right)$는 제몇 사분면 위의 점인지 구하시오.

20

오른쪽 그림과 같이 점 $A_n(0, 2n)$을 지나면서 x축에 평행한 직선이 반비례 관계 $y=\dfrac{6}{x}$ $(x>0)$의 그래프와 만나는 점을 B_n이라 하고, 점 B_n을 지나면서 y축에 평행한 직선이 x축과 만나는 점을 C_n이라 하자. 직사각형 $OA_nB_nC_n$의 넓이를 S_n이라 할 때, $S_1+S_2+S_3+\cdots+S_{20}$의 값을 구하시오. (단, O는 원점)

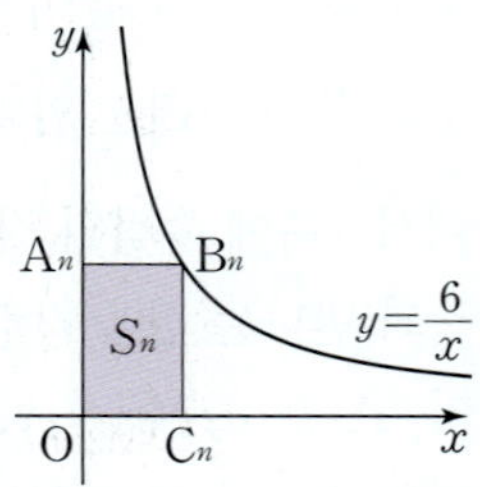

상위권 기출의 절대 기준

절대등급

상위권 기출의 절대 기준

절대등급

정답과 풀이

중학 수학 1-1

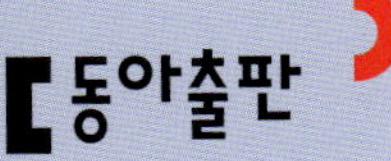
동아출판

절대등급

중학 수학 1-1 빠른 정답 안내

QR코드를 찍으면 **정답과 풀이**를 쉽고 빠르게 확인할 수 있습니다.

Ⅰ 자연수의 성질

01 소인수분해
본책 6쪽~14쪽

A 필수 01 2 02 ②, ⑤ 03 ⑤ 04 133 05 14 06 ④
07 ③ 08 26 09 ⑤ 10 ③ 11 ③ 12 6
B 심화 01 ③ 02 68 03 ③, ⑤ 04 4가지 05 22 06 ④
07 33 08 3 09 ④ 10 ② 11 ④ 12 110 13 6개
14 386 15 161 16 ④ 17 ② 18 134 19 4 20 ④
21 ④ 22 5 23 ② 24 ③ 25 12 26 102 27 6
28 ③ 29 ② 30 110
C 최상위 01 215 02 6 03 15 04 980 05 72

02 최대공약수와 최소공배수
본책 15쪽~22쪽

A 필수 01 ⑤ 02 162 03 35 04 70명 05 1120 06 ③
07 A : 5번, B : 4번 08 84 09 280
B 심화 01 8 02 ③ 03 154 04 50 05 ④ 06 ①
07 15 08 ② 09 36000원 10 15 11 ②
12 (1) 6종류 (2) 332 13 ④ 14 ⑤ 15 98 16 ② 17 810
18 $\dfrac{144}{5}$ 19 913 20 988 21 ③ 22 675 23 ②
24 오전 10시 34분 25 (1) 2072년 (2) 정유년 26 15번 27 20일
28 ⑤ 29 ④ 30 $A=36, B=60$
C 최상위 01 1 02 18 03 5개 04 432 m 05 24

대단원 실전 TEST
본책 23쪽~28쪽

1회 01 ① 02 ④ 03 ⑤ 04 ④ 05 ④ 06 ②
07 ③ 08 ④ 09 ① 10 ④ 11 ① 12 ③ 13 ③
14 ② 15 ⑤ 16 5 17 21 18 24 19 180
20 8200원
2회 01 ③ 02 ③ 03 ① 04 ③ 05 ⑤ 06 ④
07 ② 08 ⑤ 09 ② 10 ② 11 ② 12 ⑤ 13 ⑤
14 ① 15 ③ 16 3 17 29송이 18 44 19 8 20 3번

Ⅱ 정수와 유리수

03 정수와 유리수
본책 30쪽~38쪽

A 필수 01 ③ 02 ⑤ 03 ㅁ, ㅂ 04 ③ 05 ④ 06 ③
07 $x=3, y=-3$ 08 ㄴ, ㄷ 09 ⑤ 10 8 11 7
12 $-2, -1, 0, 1$
B 심화 01 ② 02 ④ 03 ④ 04 6 05 $a=-3, b=9$
06 ⑤ 07 B : -4, C : 3 08 A : -5, C : -1, D : 1 09 ③
10 ④ 11 ㄱ, ㄹ 12 ① 13 $a=9, b=-3$ 14 ② 15 2
16 ③ 17 $-\dfrac{7}{2}$ 18 ② 19 ⑤ 20 6 21 6
22 (1) $a=-2, b=1, c=-4, d=3$ (2) ② 23 ④ 24 10
25 ③ 26 y, z, x 27 $-a, b, -b, a$ 28 ㄹ, ㅁ 29 ④
C 최상위 01 76 02 18 03 20가지 04 a, c, b, d 05 ②, ④

04 정수와 유리수의 계산
본책 39쪽~48쪽

A 필수 01 ② 02 ㉠ : 교환, ㉡ : 결합, ㉢ : 11, ㉣ : 55
03 ①, ② 04 $-\dfrac{21}{5}$ 05 ⑤
06 (가) 곱셈의 교환법칙, (나) 곱셈의 결합법칙, (다) $-\dfrac{1}{6}$, (라) -2 07 $-\dfrac{1}{20}$
08 -50 09 5 10 ② 11 $-\dfrac{45}{8}$ 12 (1) ㉣, ㉢, ㉡, ㉠ (2) -4
13 ②
B 심화 01 ③ 02 ⑤ 03 4 04 $a=\dfrac{1}{3}, b=\dfrac{7}{3}, c=2, d=\dfrac{7}{2}$
05 -50 06 $\dfrac{3}{8}$ 07 ⑤ 08 -5 09 $y-x, y, x+y, x, x-y$
10 $\dfrac{1}{6}$ 11 ④ 12 ⑤ 13 $a=\dfrac{1}{2}, b=\dfrac{3}{2}, c=-\dfrac{5}{3}, d=\dfrac{3}{2}$
14 $a=-\dfrac{2}{3}, b=0$ 15 1 16 $\dfrac{19}{6}$ m 17 $\dfrac{1}{3}$ 18 4260 19 2
20 ① 21 ①, ④ 22 -1 23 $(1, -19), (2, -7)$
24 $-1, -3, -6$ 25 ① 26 $\dfrac{3}{2}$
27 가장 큰 수 : $\dfrac{9}{2}$, 가장 작은 수 : $-\dfrac{9}{2}$ 28 $x=\dfrac{18}{25}, y=\dfrac{3}{2}$ 29 $-\dfrac{7}{12}$
30 가장 큰 수 : $-x$, 가장 작은 수 : $-\dfrac{1}{x^2}$ 31 ②
32 (1) $\left[\left\{(-3)^2-\dfrac{7}{2}\right\}\div\dfrac{11}{5}+\left(-\dfrac{1}{2}\right)\right]\times(-4)$ (2) -8 33 -9
34 $-\dfrac{5}{24}$ 35 ②, ⑤ 36 예은 : 10점, 서준 : 18점 37 29 38 -38
39 9칸
C 최상위 01 $\dfrac{55}{9}$ 02 가장 큰 수 : 1.4, 가장 작은 수 : -10.6 03 10개
04 $\dfrac{1}{x+y}, \dfrac{1}{x}, 0, -\dfrac{1}{x+z}, -\dfrac{1}{z}$ 05 $(1, -3, 4), (-3, 1, 4)$

대단원 실전 TEST
본책 49쪽~54쪽

1회 01 ① 02 ② 03 ④ 04 ④ 05 ① 06 ④
07 ② 08 ② 09 ④ 10 ⑤ 11 ③ 12 ① 13 ③
14 ⑤ 15 ③ 16 -3 17 $-2, -3, -7$ 18 $|a|<|b|$
19 15 20 90
2회 01 ⑤ 02 ⑤ 03 ② 04 ④ 05 ② 06 ④
07 ⑤ 08 ① 09 ⑤ 10 ⑤ 11 ② 12 ③ 13 ②
14 ⑤ 15 ② 16 $a, -b, b, -a$
17 $(1, -34), (2, -16), (3, -10), (4, -7)$
18 가장 큰 수 : $\dfrac{1}{x}$, 가장 작은 수 : $-\dfrac{1}{x^2}$ 19 7 20 1

Ⅲ 일차방정식

05 문자의 사용과 식의 계산 ↻ 본책 56쪽~64쪽

A 필수 01 ③ 02 ④ 03 ③ 04 $(2ab+2ac+2bc)\,\text{cm}^2$
05 ⑤ 06 ③ 07 ⑤ 08 ② 09 14 10 ⑤ 11 ④
12 29

B 심화 01 ⑤ 02 ④ 03 ② 04 ③ 05 $\left(\dfrac{3}{25}a+7\right)$문제
06 $(250-75x-100y)\,\text{km}$ 07 35 ℃ 08 ④ 09 ④ 10 ①
11 ① 12 22 13 $-45a+18$ 14 ④ 15 $a=\dfrac{1}{3},\ b=\dfrac{1}{9}$
16 ④ 17 B 편의점, $\dfrac{a}{30}$ 원 18 -6 19 ② 20 $-4x+14y$
21 $\dfrac{3}{2}x+22$ 22 ④ 23 ② 24 $\left(\dfrac{19}{5}x+38\right)\text{cm}$ 25 ④
26 $4n-3$ 27 ② 28 -1015 29 $-3a-6b$ 30 ①

C 최상위 01 $(420-38a)\,\text{cm}$ 02 $(45x-25200)$원 03 $72x$
04 $\left(a+\dfrac{1}{3}\right)$시간

06 일차방정식 ↻ 본책 65쪽~73쪽

A 필수 01 ③ 02 ④ 03 ②
04 (가) 5 (나) 30 (다) 7 (라) $-\dfrac{20}{7}$ 05 ④ 06 ②, ⑤ 07 ③
08 $x=7$ 09 ① 10 ⑤ 11 ③

B 심화 01 ② 02 -1 03 ㄷ, ㄹ 04 $-5x+1$ 05 $\dfrac{1}{5}$
06 ④ 07 6 08 ⑤ 09 -10 10 7 11 ♥ 12 ④
13 -1 14 -2 15 ① 16 -2 17 ② 18 ④ 19 $\dfrac{7}{5}$
20 ④ 21 $x=\dfrac{3}{2}$ 22 1 23 ⑤ 24 $-\dfrac{6}{5}$ 25 6 26 ④
27 ② 28 3 29 $k\neq\dfrac{2}{3}$ 30 ③

C 최상위 01 7 02 25 03 $x=5$ 04 $\dfrac{22}{5}$ 05 $x=10$

07 일차방정식의 활용 ↻ 본책 74쪽~81쪽

A 필수 01 14세 02 31 03 ② 04 ④ 05 204쪽
06 4000원 07 ③ 08 400

B 심화 01 25 02 6번 03 진하 : 2700원, 민우 : 3450원
04 19 05 3 06 ④ 07 14일 08 251 09 ④ 10 3 km
11 4분 12 ① 13 ④ 14 1250원 15 22세 16 350명
17 ④ 18 144분 19 48분 20 ④ 21 ① 22 ② 23 30
24 5 25 텐트의 개수 : 11, 학생 수 : 51 26 ④ 27 34분
28 ① 29 45 km 30 ④

C 최상위 01 44점 02 분속 114 m
03 1시간 $\dfrac{420}{11}$ 분 $\left(\text{또는 1시간 }38\dfrac{2}{11}\text{ 분}\right)$ 04 4시간 40분
05 ㄱ, ㄷ, ㅁ

대단원 실전 TEST ↻ 본책 82쪽~87쪽

1회 01 ② 02 ⑤ 03 ② 04 ② 05 ③ 06 ⑤
07 ⑤ 08 ⑤ 09 ⑤ 10 ① 11 ① 12 ③ 13 ③
14 ② 15 ① 16 $-\dfrac{1}{2}$ 17 -6 18 816 cm² 19 74
20 108명
2회 01 ⑤ 02 ③ 03 ② 04 ⑤ 05 ③ 06 ①
07 ⑤ 08 ⑤ 09 ⑤ 10 ① 11 ③ 12 ② 13 ③
14 ③ 15 ⑤ 16 $\dfrac{33}{2}a$ 17 $3b$ 18 55 19 $\dfrac{7}{2}$ 20 60

Ⅳ 좌표평면과 그래프

08 좌표평면과 그래프 ↻ 본책 90쪽~97쪽

A 필수 01 $\dfrac{5}{2}$ 02 ① 03 5 04 ② 05 ③ 06 -6
07 ③ 08 ④ 09 ③ 10 (1) 1 km (2) 15분 (3) 25분
11 ②

B 심화 01 5 02 ⑤ 03 $\dfrac{33}{2}$ 04 $\dfrac{2}{3}$ 05 ④ 06 38
07 C$(4,-4)$, D$(4,2)$ 또는 C$(-8,-4)$, D$(-8,2)$ 08 ⑤
09 $\left(-12,\dfrac{20}{3}\right)$ 10 32 11 8 12 $(7,4)$ 13 $(-1,2)$
14 제4사분면 15 제4사분면 16 제1사분면 17 ⑤
18 ② 19 ④ 20 2 21 62 22 ② 23 ㄷ
C 최상위 01 12 02 1 03 ④ 04 14분

09 정비례와 반비례 ↻ 본책 98쪽~106쪽

A 필수 01 ①, ④ 02 $y=4x$ 03 ㄱ, ㄴ, ㄷ 04 ⑤ 05 ②
06 $y=\dfrac{480}{x}$ 07 ⑤ 08 -6

B 심화 01 $-\dfrac{1}{2}$ 02 $y=\dfrac{4}{3}x$, 54분 03 ④ 04 8 05 ②
06 ② 07 $\dfrac{1}{2}\leq a\leq\dfrac{5}{2}$ 08 12 09 ③ 10 $(8,2)$ 11 4
12 48 13 $\dfrac{6}{7}$ 14 $\dfrac{7}{18}$ 15 -1 16 $y=\dfrac{45}{x}$, 9 cm³
17 $y=\dfrac{1.5}{x}$, 0.3 18 ② 19 (1) ㄷ (2) ㅁ (3) ㄱ (4) ㄴ 20 4
21 ② 22 $y=\dfrac{135}{x}$ 23 ⑤ 24 ㄱ, ㄹ 25 ⑤ 26 $\dfrac{4}{3}$
27 15 28 ③ 29 10 30 24 31 12 32 ① 33 12
34 36 35 30 36 15

C 최상위 01 $y=15x$, 900 m 02 98 03 35 04 7

대단원 실전 TEST ↻ 본책 107쪽~112쪽

1회 01 ② 02 ④ 03 ② 04 ④ 05 ⑤ 06 ④
07 ② 08 ② 09 ③ 10 ② 11 ① 12 ① 13 ①
14 ④ 15 ① 16 $\dfrac{5}{3}$ 17 14 18 20 19 1 20 40
2회 01 ① 02 ④ 03 ③ 04 ② 05 ③ 06 ②
07 ① 08 ⑤ 09 ① 10 ② 11 ② 12 ④ 13 ③
14 ① 15 ④ 16 $-\dfrac{10}{3}\leq a\leq-\dfrac{1}{3}$ 17 $\left(-15,\dfrac{25}{3}\right)$
18 $(3,-4)$ 19 제1사분면 20 120

Ⅰ 자연수의 성질

01 소인수분해

기출 A 오답 피하는 **필수 문제** ↻ 6쪽~8쪽

01 2	02 ②, ⑤	03 ⑤	04 133	05 14	06 ④	07 ③
08 26	09 ⑤	10 ③	11 ③	12 6	

01

소수는 2, 7, 29, 31, 37의 5개이므로 $a=5$
합성수는 16, 27, 39의 3개이므로 $b=3$
$\therefore a-b=5-3=2$　　　　　답 2

02

① 2는 짝수이지만 소수이다.
② 10 이하의 소수는 2, 3, 5, 7의 4개이다.
③ 소수는 1보다 큰 자연수 중에서 1과 자기 자신만을 약수로 가지
　는 수이므로 약수가 2개이다.
④ 자연수는 1, 소수, 합성수로 이루어져 있다.
따라서 옳은 것은 ②, ⑤이다.　　　　　답 ②, ⑤

03

① $4+4+4=4\times3$
② $6\times6\times6=6^3$
③ $3\times3\times3\times3=3^4$
④ $2\times2\times2\times3\times3=2^3\times3^2$
따라서 옳은 것은 ⑤이다.　　　　　답 ⑤

04

$256=2\times2\times2\times2\times2\times2\times2\times2=2^8$이므로 $a=8$
$5^3=5\times5\times5=125$이므로 $b=125$
$\therefore a+b=8+125=133$　　　　　답 133

05

$84=2^2\times3\times7$이므로 $a=2$, $b=7$
$108=2^2\times3^3$이므로 $c=2$, $d=3$
$\therefore a+b+c+d=2+7+2+3=14$　　　　　답 14

06

① $105=3\times5\times7$이므로
　소인수는 3, 5, 7의 3개
② $120=2^3\times3\times5$이므로
　소인수는 2, 3, 5의 3개

③ $126=2\times3^2\times7$이므로
　소인수는 2, 3, 7의 3개
④ $210=2\times3\times5\times7$이므로
　소인수는 2, 3, 5, 7의 4개
⑤ $264=2^3\times3\times11$이므로
　소인수는 2, 3, 11의 3개
따라서 소인수의 개수가 나머지 넷과 다른 하나는 ④이다.　답 ④

07

63에 자연수 x를 곱하여 어떤 자연수의 제곱이 되도록 하려면
$63\times x$를 소인수분해 하였을 때, 소인수의 지수가 모두 짝수이어야
한다.
이때 $63=3^2\times7$이므로 $x=7\times(자연수)^2$의 꼴이어야 한다.
① $7=7\times1^2$
② $28=7\times2^2$
③ $49=7\times7$
④ $63=7\times3^2$
⑤ $112=7\times4^2$
따라서 x의 값이 될 수 없는 것은 ③이다.　　　　　답 ③

08

나누는 자연수를 a라 하자. 936을 자연수 a로 나누어 어떤 자연수
의 제곱이 되도록 하려면 $\dfrac{936}{a}$ 을 소인수분해 하였을 때, 소인수의
지수가 모두 짝수이어야 한다.
이때 $936=2^3\times3^2\times13$이므로 $\dfrac{936}{a}=\dfrac{2^3\times3^2\times13}{a}$ 이 어떤 자연수
의 제곱이 되게 하는 자연수 a는 936의 약수 중 $2\times13\times(자연수)^2$
의 꼴이어야 한다.
따라서 나눌 수 있는 가장 작은 자연수는 $2\times13=26$이다.　답 26

09

$240=2^4\times3\times5$이므로 240의 약수가 아닌 것은 ⑤이다.　답 ⑤

10

① $56=2^3\times7$의 약수의 개수는
　$(3+1)\times(1+1)=8$
② $2\times5\times7$의 약수의 개수는
　$(1+1)\times(1+1)\times(1+1)=8$
③ $75=3\times5^2$의 약수의 개수는
　$(1+1)\times(2+1)=6$
④ $100=2^2\times5^2$의 약수의 개수는
　$(2+1)\times(2+1)=9$
⑤ $3^3\times5^2$의 약수의 개수는
　$(3+1)\times(2+1)=12$
따라서 약수의 개수가 가장 적은 것은 ③이다.　　　　　답 ③

11

$(n+1)\times(2+1)\times(1+1)=(n+1)\times3\times2=24$
$24=4\times3\times2$이므로 $n+1=4$ $\therefore n=3$ **답** ③

12

약수의 개수가 3인 자연수는 (소수)^{2}의 꼴이므로
$2^2=4$, $3^2=9$, $5^2=25$, $7^2=49$, $11^2=121$, $13^2=169$, $17^2=289$,
$\cdots$
이 중 180 이하의 자연수의 개수는 6이다. **답** 6

기출 B 실수 극복하는 심화 문제 　9쪽~13쪽

01 ③	**02** 68	**03** ③, ⑤	**04** 4가지	**05** 22	**06** ④
07 33	**08** 3	**09** ④	**10** ②	**11** ④	**12** 110	**13** 6개	**14** 386
15 161	**16** ④	**17** ②	**18** 134	**19** 4	**20** ④	**21** ④	**22** 5
23 ②	**24** ③	**25** 12	**26** 102	**27** 6	**28** ③	**29** ②	**30** 110

01

전략 20보다 작은 합성수와 20 이상 30 이하인 소수를 모두 나열하여 a, b의 값을 구한다.
20보다 작은 합성수는 4, 6, 8, 9, 10, 12, 14, 15, 16, 18의 10개이므로 $a=10$
20 이상 30 이하인 소수는 23, 29의 2개이므로 $b=2$
$\therefore a+b=10+2=12$ **답** ③
참고 20보다 작은 소수는 2, 3, 5, 7, 11, 13, 17, 19의 8개이므로 20보다 작은 합성수의 개수는 $19-8-1=10$으로 구할 수도 있다.

02

전략 약수의 개수가 2인 자연수는 소수임을 이용한다.
조건 ㈏에서 약수의 개수가 2인 자연수는 소수이다.
이때 조건 ㈎에서 30 이상 40 이하인 자연수 중 소수는 31, 37이다.
따라서 구하는 합은
$31+37=68$ **답** 68

03

전략 두 소수의 곱이 짝수인 경우와 50 이하의 자연수 중에서 일의 자리의 숫자가 7이면서 소수가 아닌 경우를 찾는다.
② 3의 배수 중 소수는 3으로 1개뿐이다.
③ 두 소수 2와 3의 곱은 6으로 짝수이다.
⑤ 50 이하의 자연수 중에서 일의 자리의 숫자가 7인 27은 소수가
아니다.
따라서 옳지 않은 것은 ③, ⑤이다. **답** ③, ⑤

04

전략 80보다 작은 소수들을 모두 나열한 후, 가능한 방법을 구한다.
80보다 작은 소수는
2, 3, 5, 7, 11, 13, 17, 19, 23, 29, 31, 37, 41, 43, 47, 53, 59, 61, 67, 71, 73, 79
따라서 서로 다른 두 소수의 합이 80이 되는 경우는
$80=7+73=13+67=19+61=37+43$
이므로 80을 서로 다른 두 소수의 합으로 나타내는 방법은 $7+73$, $13+67$, $19+61$, $37+43$의 4가지이다. **답** 4가지

05

전략 약수가 2개뿐인 자연수는 소수임을 이용한다.
조건 ㈎에서 약수가 2개뿐인 자연수는 소수이므로 두 자연수의 곱은 소수이다. 즉, 곱한 수가 소수이기 위해서는 두 자연수 중 하나는 1이어야 한다.
조건 ㈏에서 두 자연수의 합이 24이므로 나머지 하나의 자연수는 23이다.
따라서 두 자연수의 차는
$23-1=22$ **답** 22

06

전략 10보다 크고 40보다 작은 소수들을 모두 나열하여 a의 값을 먼저 찾는다.
a는 10보다 크고 40보다 작은 소수이므로 a의 값은
11, 13, 17, 19, 23, 29, 31, 37
이때 $a=b+8$에서 $b=a-8$이므로 a의 각 값에 대하여 b의 값을 순서대로 나열하면 다음과 같다.
3, 5, 9, 11, 15, 21, 23, 29
이 중에서 조건을 만족시키는 b의 값이 될 수 있는 수는 소수이므로 3, 5, 11, 23, 29이다.
따라서 구하는 합은
$3+5+11+23+29=71$ **답** ④

07

전략 $n=a\times b$ (a, b는 서로 다른 소수)라 하고, n의 약수를 모두 구한다.
서로 다른 두 소수 a, b에 대하여 $n=a\times b$라 하면
n의 약수는 1, a, b, n이다.
이때 자연수 n의 모든 약수의 합이 $n+15$이므로
$1+a+b+n=n+15$에서 $a+b=14$
이때 합이 14인 서로 다른 소수는 3, 11이므로
$n=3\times11=33$ **답** 33

08

전략 $7, 7^2, 7^3, 7^4, \cdots$을 구하여 7의 거듭제곱의 일의 자리의 숫자의 규칙을 찾는다.
$7, 7^2=49, 7^3=343, 7^4=2401, 7^5=16807, \cdots$이므로 7의 거듭제

곱의 일의 자리의 숫자는 7, 9, 3, 1의 순서로 반복된다.
$35=4\times8+3$이므로 7^{35}의 일의 자리의 숫자는 7^3의 일의 자리의
숫자와 같은 3이다.　　　　　　　　　　　　　　　　　　　　**답** 3

09

전략 $3, 3^2, 3^3, 3^4, \ldots$을 구하여 3의 거듭제곱의 일의 자리의 숫자의 규칙을 찾는다.

$3, 3^2=9, 3^3=27, 3^4=81, 3^5=243, \ldots$이므로 3의 거듭제곱의 일의 자리의 숫자는 3, 9, 7, 1의 순서로 반복된다.
$49=4\times12+1$이므로 3^{49}의 일의 자리의 숫자는 3이다.
또 5의 거듭제곱의 일의 자리의 숫자는 모두 5이다.
따라서 $3^{49}+5^{51}$의 일의 자리의 숫자는 $3+5=8$이다.　　**답** ④

10

전략 $2, 4, 6, \ldots, 16$을 각각 소인수분해 한 후 곱한다.

$$
\begin{aligned}
2\times4\times6\times\cdots\times16 &= 2^8\times(1\times2\times3\times4\times5\times6\times7\times8)\\
&= 2^8\times(1\times2\times3\times2^2\times5\times2\times3\times7\times2^3)\\
&= 2^{15}\times3^2\times5\times7
\end{aligned}
$$

따라서 $a=15, b=2, c=1, d=1$이므로
$a+b+c+d=15+2+1+1=19$　　　　　　　　　　　　**답** ②

11

전략 1부터 50까지의 자연수 중에서 7을 소인수로 갖는 수를 먼저 찾는다.

1부터 50까지의 자연수 중에서 7을 소인수로 갖는 수는
$7, 7\times2=14, 7\times3=21, 7\times4=28, 7\times5=35, 7\times6=42,$
$7\times7=49$의 7개이다.
이때 49는 7이 두 번 곱해졌으므로 $1\times2\times3\times4\times\cdots\times50$을 소인수분해 하였을 때, 소인수 7의 지수는 8이다.　　　　　**답** ④

12

전략 5가 n의 소인수이면 n은 5의 배수임을 이용한다.

조건 (나)에서 n은 5의 배수이므로 조건 (가)에서 50 이상 70 이하의 자연수 중 5의 배수는 50, 55, 60, 65, 70이다.
이때 $50=2\times5^2, 55=5\times11, 60=2^2\times3\times5, 65=5\times13,$
$70=2\times5\times7$이므로 소인수 중 가장 큰 수가 5인 것은 50, 60이다.
따라서 조건을 모두 만족시키는 모든 n의 값의 합은
$50+60=110$　　　　　　　　　　　　　　　　　　　**답** 110

13

전략 $a\times10^n$의 꼴로 정리하였을 때 n의 값은 5의 지수와 같음을 이용한다.

일의 자리에서부터 연속하여 나타나는 0의 개수는 계산 결과를
$a\times10^n$ (a는 자연수)의 꼴로 정리하였을 때 10의 지수인 n의 값과 같다.
이때 $10=2\times5$이고

$2\times4\times6\times\cdots\times50=2^{25}\times(1\times2\times3\times\cdots\times25)$이므로
2의 배수는 5의 배수보다 충분히 많다. 즉, n의 값은 계산 결과를 소인수분해 하였을 때 소인수 5의 지수와 같다.
1부터 25까지의 자연수 중에서 5의 배수는 5개이고 $25(=5^2)$의 배수는 1개이므로 $1\times2\times3\times\cdots\times25$를 소인수분해 하였을 때, 소인수 5의 지수는 6이다.
따라서
$$
\begin{aligned}
2\times4\times6\times\cdots\times50 &= a\times2^6\times5^6\\
&= a\times10^6
\end{aligned}
$$
이므로 일의 자리에서부터 연속하여 나타나는 0은 6개이다.
　　　　　　　　　　　　　　　　　　　　　　　　　답 6개

절대등급 NOTE

> **배수의 개수로 소인수의 지수 구하기**
> $N=1\times2\times3\times4\times5\times6\times7\times8\times9\times10$에 대하여
> 3의 배수 : 3, 6, 9 ➡ 3개
> $\therefore\ 1\times2\times3\times4\times5\times6\times7\times8\times9\times10$
> 　　$=3^3\times(1\times2\times1\times4\times5\times2\times7\times8\times3\times10)$
> 9의 배수 : 9 ➡ 1개
> $\therefore\ 1\times2\times3\times4\times5\times6\times7\times8\times9\times10$
> 　　$=3^3\times3\times(1\times2\times1\times4\times5\times2\times7\times8\times1\times10)$
> 즉, $N=3^a\times\cdots$일 때, $a=3+1=4$

14

전략 15보다 작은 소수인 2, 3, 5, 7, 11, 13이 B, D, E의 값이 될 수 있고, 이 중에서 $B+D=E$를 만족시키는 소수를 먼저 찾는다.

15보다 작은 소수는 2, 3, 5, 7, 11, 13이고
$2+3=5, 2+5=7, 2+11=13$이므로
각 경우에 $A=B\times D\times E$의 값을 구하면 다음과 같다.
(i) $2+3=5$인 경우
　　$E=B+D=5$이므로 $A=2\times3\times5=30$
(ii) $2+5=7$인 경우
　　$E=B+D=7$이므로 $A=2\times5\times7=70$
(iii) $2+11=13$인 경우
　　$E=B+D=13$이므로 $A=2\times11\times13=286$
(i)~(iii)에서 모든 자연수 A의 값의 합은
$30+70+286=386$　　　　　　　　　　　　　　**답** 386

15

전략 소인수의 합이 12가 되는 경우를 찾는다.

소인수의 합이 12가 되는 경우는 $2+3+7=12$ 또는 $5+7=12$이므로 $\langle a\rangle=12$를 만족시키는 두 자리의 자연수 a의 값은 다음과 같다.
(i) a의 소인수가 2, 3, 7일 때,
　　$2\times3\times7=42, 2^2\times3\times7=84$
(ii) a의 소인수가 5, 7일 때,
　　$5\times7=35$

(i), (ii)에서 모든 a의 값의 합은

$42+84+35=161$

답 161

16

전략 $a \times b$를 소인수분해 한 후, 각 소인수의 거듭제곱들끼리 서로소임을 이용하여 조건을 만족시키는 기약분수를 만든다.

조건 ㈎에서

$$a \times b = 1 \times 2 \times 3 \times 4 \times 5 \times 6 \times 7 \times 8 \times 9 \times 10$$
$$= 2 \times 3 \times 2^2 \times 5 \times (2 \times 3) \times 7 \times 2^3 \times 3^2 \times (2 \times 5)$$
$$= 2^8 \times 3^4 \times 5^2 \times 7$$

조건 ㈏에서 $\dfrac{a}{b}$의 값이 1보다 작아야 하므로 $a < b$이고, $\dfrac{a}{b}$는 기약분수이므로 두 수 a, b에 공통인 인수가 존재하지 않아야 한다.

이때 a의 값에 따라 다음과 같이 경우를 나누어 $\dfrac{a}{b}$의 값을 구할 수 있다.

(i) $a=1$일 때,

$\dfrac{a}{b}$는 $\dfrac{1}{2^8 \times 3^4 \times 5^2 \times 7}$의 1개이다.

(ii) a의 소인수가 1개일 때,

가능한 a의 값은 2^8, 3^4, 5^2, 7이므로

$\dfrac{a}{b}$는 $\dfrac{2^8}{3^4 \times 5^2 \times 7}$, $\dfrac{3^4}{2^8 \times 5^2 \times 7}$, $\dfrac{5^2}{2^8 \times 3^4 \times 7}$, $\dfrac{7}{2^8 \times 3^4 \times 5^2}$의 4개이다.

(iii) a의 소인수가 2개일 때,

가능한 a의 값은 $2^8 \times 7$, $3^4 \times 7$, $5^2 \times 7$이므로

$\dfrac{a}{b}$는 $\dfrac{2^8 \times 7}{3^4 \times 5^2}$, $\dfrac{3^4 \times 7}{2^8 \times 5^2}$, $\dfrac{5^2 \times 7}{2^8 \times 3^4}$의 3개이다.

(iv) a의 소인수가 3개 이상이면 $a > b$이므로 조건을 만족시키지 않는다.

(i)~(iv)에서 기약분수 $\dfrac{a}{b}$의 개수는

$1+4+3=8$

답 ④

주의 a의 소인수가 2개일 때, a의 값이 $2^8 \times 3^4$, $2^8 \times 5^2$, $3^4 \times 5^2$인 경우에는 $a > b$이므로 조건을 만족시키지 않는다.

17

전략 $135 \times a$를 소인수분해 하였을 때 모든 소인수의 지수가 짝수이어야 한다.

$135 \times a$가 제곱인 수이므로 $135 \times a$를 소인수분해 하였을 때, 소인수의 지수는 모두 짝수이어야 한다.

이때 $135 = 3^3 \times 5$이므로 $a = 3 \times 5 \times (\text{자연수})^2$의 꼴이어야 한다.

따라서 가장 작은 자연수 a의 값은

$a = 3 \times 5 \times 1^2 = 15$

a의 값이 가장 작을 때 자연수 b의 값은

$$b^2 = 135 \times a = (3^3 \times 5) \times (3 \times 5)$$
$$= (3^2 \times 5) \times (3^2 \times 5)$$
$$= (3^2 \times 5)^2 = 45^2$$

에서 $b=45$

$\therefore a+b=15+45=60$

답 ②

18

전략 자연수의 제곱인 수는 소인수분해 하였을 때 모든 소인수의 지수가 짝수이어야 한다.

$72 \times a = 2^3 \times 3^2 \times a$가 제곱인 수가 되려면 소인수의 지수가 모두 짝수이어야 하므로 $a = 2 \times m^2$ (m은 자연수)의 꼴이어야 한다.

$$\therefore 72 \times a = 2^3 \times 3^2 \times a$$
$$= 2^4 \times 3^2 \times m^2$$

$150 \times b = 2 \times 3 \times 5^2 \times b$가 제곱인 수가 되려면 소인수의 지수가 모두 짝수이어야 하므로 $b = 2 \times 3 \times n^2$ (n은 자연수)의 꼴이어야 한다.

$$\therefore 150 \times b = 2 \times 3 \times 5^2 \times b$$
$$= 2^2 \times 3^2 \times 5^2 \times n^2$$

이때 $72 \times a = 150 \times b$이므로

$2^4 \times 3^2 \times m^2 = 2^2 \times 3^2 \times 5^2 \times n^2$

$\therefore 2^2 \times m^2 = 5^2 \times n^2$

이를 만족시키는 가장 작은 자연수 m, n의 값은 $m=5$, $n=2$

$\therefore a = 2 \times 5^2 = 50$, $b = 2 \times 3 \times 2^2 = 24$ ……❶

이때 $c^2 = 72 \times a = 2^4 \times 3^2 \times 5^2 = 60^2$이므로

$c=60$ ……❷

$\therefore a+b+c = 50+24+60 = 134$ ……❸

답 134

채점 기준	배점 비율
❶ a, b의 값 각각 구하기	50 %
❷ c의 값 구하기	30 %
❸ $a+b+c$의 값 구하기	20 %

19

전략 $\dfrac{504}{a}$를 소인수분해 하였을 때 모든 소인수의 지수가 짝수이어야 한다.

$504 = 2^3 \times 3^2 \times 7$이므로 $\dfrac{504}{a} = \dfrac{2^3 \times 3^2 \times 7}{a}$이 어떤 자연수의 제곱이 되려면 소인수의 지수가 모두 짝수가 되어야 한다.

즉, a는 504의 약수 중 $2 \times 7 \times (\text{자연수})^2$의 꼴이어야 한다.

따라서 a의 값이 될 수 있는 자연수의 개수는

2×7, $2^3 \times 7$, $2 \times 3^2 \times 7$, $2^3 \times 3^2 \times 7$

의 4이다.

답 4

20

전략 $\dfrac{200}{x}$을 소인수분해 하였을 때 모든 소인수의 지수가 짝수이어야 한다.

$200 = 2^3 \times 5^2$이므로 $\dfrac{200}{x} = \dfrac{2^3 \times 5^2}{x}$이 자연수 y의 제곱이 되려면 x의 값이 될 수 있는 수는 200의 약수이면서 $2 \times (\text{자연수})^2$의 꼴이어야 한다.

(ⅰ) $x=2$일 때, $\dfrac{200}{2}=100=10^2$이므로 $y=10$

$\therefore x+y=2+10=12$

(ⅱ) $x=2^3=8$일 때, $\dfrac{200}{8}=25=5^2$이므로 $y=5$

$\therefore x+y=8+5=13$

(ⅲ) $x=2\times5^2=50$일 때, $\dfrac{200}{50}=4=2^2$이므로 $y=2$

$\therefore x+y=50+2=52$

(ⅳ) $x=2^3\times5^2=200$일 때, $\dfrac{200}{200}=1=1^2$이므로 $y=1$

$\therefore x+y=200+1=201$

따라서 $x+y$의 값이 될 수 없는 것은 ④이다. 　답 ④

21

전략 어떤 자연수의 제곱이 되는 수는 소인수분해 하였을 때 소인수의 지수가 모두 짝수이어야 한다.

$800=2^5\times5^2$이므로 800의 약수 중에서 어떤 자연수의 제곱이 되는 수는 1, 2^2, 2^4, 5^2, $2^2\times5^2$, $2^4\times5^2$의 6개이다. 　답 ④

절대등급 NOTE

800의 약수 중에서 어떤 자연수의 제곱이 되는 수는 소인수의 지수가 모두 짝수인 수이다. 이때 1을 빠뜨리지 않도록 주의한다.

22

전략 360과 $7^a\times8$의 약수의 개수를 각각 구하여 비교한다.

$360=2^3\times3^2\times5$이므로 약수의 개수는

$(3+1)\times(2+1)\times(1+1)=24$

$7^a\times8=7^a\times2^3$이므로 약수의 개수는

$(a+1)\times(3+1)=4\times(a+1)$

즉, $4\times(a+1)=24=4\times6$에서

$a+1=6$ 　$\therefore a=5$ 　답 5

23

전략 720의 약수의 개수에서 홀수인 약수의 개수를 뺀다.

$720=2^4\times3^2\times5$이므로 720의 약수의 개수는

$(4+1)\times(2+1)\times(1+1)=30$

이 중 홀수인 약수는 홀수인 소인수들의 곱으로만 이루어져야 하므로 홀수인 약수의 개수는 $3^2\times5$의 약수의 개수인

$(2+1)\times(1+1)=6$

따라서 720의 약수 중 짝수의 개수는

$30-6=24$ 　답 ②

절대등급 NOTE

홀수와 짝수의 곱셈

① (홀수)$\times$(홀수)$=$(홀수)

② (홀수)$\times$(짝수)$=$(짝수), (짝수)$\times$(홀수)$=$(짝수)

③ (짝수)$\times$(짝수)$=$(짝수)

24

전략 150을 소인수분해 하여 150의 약수의 개수를 구한다.

직사각형의 넓이가 150이고

(직사각형의 넓이)$=$(가로의 길이)$\times$(세로의 길이)이므로

가로의 길이와 세로의 길이는 모두 150의 약수이고, 그 곱은 150이다.

$150=2\times3\times5^2$이므로 150의 약수의 개수는

$(1+1)\times(1+1)\times(2+1)=12$

따라서 서로 포개어지는 직사각형은 같은 것으로 생각할 때, 가로의 길이와 세로의 길이의 쌍은 $12\div2=6$(쌍)이므로 직사각형은 모두 6개 만들 수 있다. 　답 ③

다른 풀이

$150=2\times3\times5^2$이므로 150을 두 수의 곱으로 나타내면

$150=1\times150=2\times75=3\times50=5\times30=6\times25=10\times15$

따라서 직사각형은 모두 6개 만들 수 있다.

절대등급 NOTE

같은 크기의 정사각형 모양의 조각 n개를 모두 사용하여 직사각형 모양을 만들기 위해서는 자연수 n을 두 자연수의 곱으로 나타낼 수 있어야 한다.

그런데 만들어진 직사각형 모양은 가로, 세로를 구분하지 않으므로 $n=a\times b$ (a, b는 자연수)일 때, $a\times b$인 직사각형과 $b\times a$인 직사각형은 동일한 직사각형으로 생각한다.

따라서 만들 수 있는 직사각형 모양의 개수를 n의 약수의 개수로 착각하지 않도록 주의한다.

25

전략 $N=a^m\times b^n$ (a, b는 서로 다른 소수, m, n은 자연수)의 약수의 총합은 $(1+a+a^2+\cdots+a^m)\times(1+b+b^2+\cdots+b^n)$임을 이용한다.

$245=5\times7^2$이므로 약수의 총합은

$(1+5)\times(1+7+7^2)=6\times57=342$

$\therefore a=342$

$a=342=2\times3^2\times19$이므로 a의 약수의 개수는

$(1+1)\times(2+1)\times(1+1)=12$ 　답 12

26

전략 40의 약수의 총합을 구하여 x의 값을 먼저 구한다.

$40=2^3\times5$이므로

《40》$=(1+2+2^2+2^3)\times(1+5)=15\times6=90$

$\therefore x=90$ 　……❶

이때 $90=2\times3^2\times5$이므로

$\{90\}=(1+1)\times(2+1)\times(1+1)=12$

$\therefore y=12$ 　……❷

$\therefore x+y=90+12=102$ 　……❸

　답 102

채점 기준	배점 비율
❶ x의 값 구하기	40 %
❷ y의 값 구하기	40 %
❸ $x+y$의 값 구하기	20 %

27

전략 약수의 개수가 홀수이려면 소인수분해 하였을 때 모든 소인수의 지수가 짝수이어야 한다.

$600 \times a = 2^3 \times 3 \times 5^2 \times a$의 약수의 개수가 홀수이려면 소인수분해 하였을 때 모든 소인수의 지수가 짝수이어야 한다.

따라서 가장 작은 자연수 a의 값은 $2 \times 3 = 6$

답 6

28

전략 약수의 개수가 3인 자연수는 $(소수)^2$의 꼴임을 이용한다.

약수의 개수가 3인 자연수는 소인수분해 하였을 때 $(소수)^2$의 꼴인 수이다.

크기가 작은 소수부터 차례대로 제곱하면

$2^2 = 4$, $3^2 = 9$, $5^2 = 25$, $7^2 = 49$, $11^2 = 121$, $13^2 = 169$, $17^2 = 289$, $19^2 = 361$, ...

따라서 30보다 크고 300보다 작은 수는 49, 121, 169, 289이므로 구하는 자연수의 개수는 4이다.

답 ③

절대등급 NOTE

약수의 개수에 따른 자연수의 분류
① 약수의 개수가 1인 수 : 1
② 약수의 개수가 2인 수 : 소수
③ 약수의 개수가 3인 수 : $(소수)^2$의 꼴인 수
④ 약수의 개수가 홀수인 수 : $(자연수)^2$의 꼴인 수

29

전략 약수의 개수가 12인 자연수는 소인수분해 하였을 때 a^{11}의 꼴이거나 $a^3 \times b^2$의 꼴이거나 $a^5 \times b$의 꼴이다. (단, a, b는 서로 다른 소수)

$2^3 \times \square$의 약수의 개수가 12이려면

(i) $12 = 11 + 1$일 때,
$2^3 \times \square = 2^{11}$이어야 하므로
$\square = 2^8 = 256$

(ii) $12 = (3+1) \times (2+1)$일 때,
$\square = (2가 아닌 소수)^2$의 꼴이어야 하므로
$\square = 3^2, 5^2, 7^2, 11^2, \ldots$

(iii) $12 = (5+1) \times (1+1)$일 때,
$\square = 2^2 \times (2가 아닌 소수)$의 꼴이어야 하므로
$\square = 2^2 \times 3, 2^2 \times 5, 2^2 \times 7, 2^2 \times 11, 2^2 \times 13, \ldots$

(i)~(iii)에서 $\square$ 안에 알맞은 자연수 중 50 이하의 자연수의 개수는 9, 12, 20, 25, 28, 44, 49의 7이다.

답 ②

30

전략 약수의 개수가 6인 자연수는 소인수분해 하였을 때, $a^2 \times b$의 꼴이거나 a^5의 꼴이다. (단, a, b는 서로 다른 소수)

소인수분해 하였을 때 $a^2 \times b$의 꼴이거나 a^5의 꼴인 40 이하의 자연수는 다음과 같다.

(i) $a^2 \times b$ (a, b는 서로 다른 소수)의 꼴인 경우
$2^2 \times 3 = 12$, $2^2 \times 5 = 20$, $2^2 \times 7 = 28$, $3^2 \times 2 = 18$

(ii) a^5 (a는 소수)의 꼴인 경우
$2^5 = 32$

따라서 40 이하의 자연수 중 약수의 개수가 6인 모든 자연수의 합은
$12 + 20 + 28 + 18 + 32 = 110$

답 110

기출 C 학교 시험 최상위 문제   ↻ 14쪽

01 215	02 6	03 15	04 980	05 72

01

전략 11을 소수의 합으로 나타낸 후 $S(x) = 11$을 만족시키는 x의 값을 구한다.

11을 소수의 합으로 나타내면
$2+2+2+2+3$, $2+2+2+5$, $2+3+3+3$, $2+2+7$, $3+3+5$
이므로 각 경우의 x의 값을 구하면 다음과 같다.

(i) $11 = 2+2+2+2+3$인 경우 $x = 2^4 \times 3 = 48$
(ii) $11 = 2+2+2+5$인 경우 $x = 2^3 \times 5 = 40$
(iii) $11 = 2+3+3+3$인 경우 $x = 2 \times 3^3 = 54$
(iv) $11 = 2+2+7$인 경우 $x = 2^2 \times 7 = 28$
(v) $11 = 3+3+5$인 경우 $x = 3^2 \times 5 = 45$

(i)~(v)에서 모든 자연수 x의 값의 합은
$48 + 40 + 54 + 28 + 45 = 215$

답 215

주의 x는 합성수이므로 11은 x의 값이 될 수 없다.

02

전략 어떤 자연수의 제곱이 되려면 소인수분해 하였을 때 모든 소인수의 지수가 짝수이어야 한다.

$96 = 2^5 \times 3$이므로 $96 \times a \times b$가 어떤 자연수의 제곱이 되게 하려면 $a \times b$는 $2 \times 3 \times (자연수)^2$, 즉 $6 \times (자연수)^2$의 꼴이어야 한다.

$a \times b$는 6, 6×2^2, 즉 6, 24이므로 가능한 a, b를 (a, b)로 나타내면 $(1, 6)$, $(2, 3)$, $(3, 2)$, $(6, 1)$, $(4, 6)$, $(6, 4)$의 6개이다.

답 6

주의 a, b는 주사위를 던져 나온 눈의 수이므로 1, 2, 3, 4, 5, 6 중 하나이다.

03

전략 $P(n)$의 값을 구한 후 $P(n) = 4$를 만족시키는 n의 값을 구한다.

135를 소인수분해 하면 $135 = 3^3 \times 5$이므로
$$P(135) = P(3^3 \times 5)$$
$$= (3+1) \times (1+1)$$
$$= 4 \times 2 = 8$$

$P(135) \times P(n) = 32$에서
$8 \times P(n) = 32$이므로 $P(n) = 4$ ……❶

약수의 개수가 4인 자연수는 소인수분해 하였을 때, p^3 (p는 소수)
의 꼴이거나 $p \times q$ (p, q는 서로 다른 소수)의 꼴이어야 하므로 각
경우마다 조건을 만족시키는 50 이하의 자연수 n의 개수는 다음과
같다.
(i) $n = p^3$의 꼴일 때,
  2^3, 3^3의 2개
(ii) $n = p \times q$의 꼴일 때,
  2×3, 2×5, 2×7, 2×11, 2×13, 2×17, 2×19, 2×23,
  3×5, 3×7, 3×11, 3×13, 5×7의 13개 ...... ❷
(i), (ii)에서 구하는 자연수 n의 개수는 $2 + 13 = 15$이다. ...... ❸

답 15

채점 기준	배점 비율
❶ $P(n)$의 값 구하기	30 %
❷ n의 값 구하기	50 %
❸ n의 개수 구하기	20 %

04

전략 합이 14인 서로 다른 세 소수를 구한 후 소인수의 지수를 이용하여 약수의 개
수를 나타낸다.

조건 (가)에서 서로 다른 세 소수의 합이 14인 경우는 $2 + 5 + 7 = 14$
이므로 구하는 수를 $2^a \times 5^b \times 7^c$ (a, b, c는 자연수)의 꼴로 나타낼
수 있다.
조건 (나)에서 약수가 18개이므로
$(a+1) \times (b+1) \times (c+1) = 18$
$\therefore a = 1$, $b = 2$, $c = 2$ 또는 $a = 2$, $b = 1$, $c = 2$ 또는
  $a = 2$, $b = 2$, $c = 1$
(i) $a = 1$, $b = 2$, $c = 2$일 때, $2 \times 5^2 \times 7^2 = 2450$
(ii) $a = 2$, $b = 1$, $c = 2$일 때, $2^2 \times 5 \times 7^2 = 980$
(iii) $a = 2$, $b = 2$, $c = 1$일 때, $2^2 \times 5^2 \times 7 = 700$
(i)~(iii)에서 조건을 모두 만족시키는 세 자리의 자연수 중에서 가
장 큰 값은 980이다.

답 980

절대등급 NOTE

14를 2, 5, 7 이외의 소수를 사용하여 합으로 나타내면 $14 = 3 + 11$,
$14 = 7 + 7$, $14 = 3 + 3 + 3 + 5$와 같이 서로 다른 세 소수의 합으로 나타낼
수 없다.

05

전략 컵에 들어 있는 구슬의 개수는 각 컵에 적혀 있는 자연수의 약수의 총합임을
안다.

30이 적혀 있는 컵에 들어 있는 구슬의 개수는 30의 약수의 총합이다.
이때 30을 소인수분해 하면 $30 = 2 \times 3 \times 5$이므로 약수의 총합은
$(1+2) \times (1+3) \times (1+5) = 72$
따라서 30이 적혀 있는 컵에 들어 있는 구슬의 개수는 72이다.

답 72

02 최대공약수와 최소공배수

01 ⑤	02 162	03 35	04 70명	05 1120	06 ③
07 A : 5번, B : 4번		08 84	09 280		

01

$$2^2 \times 3^3 \times 7$$
$$2^3 \times 3^2 \times 7^2$$
$$2^2 \times 3 \times 7^2$$
$$(최대공약수) = 2^2 \times 3 \times 7$$

공약수는 최대공약수의 약수이므로, 세 수의 공약수가 아닌 것은
$2^2 \times 3 \times 7$의 약수가 아닌 ⑤ $2 \times 3 \times 7^2$이다.

답 ⑤

02

$243 = 3^5$이므로 243과 서로소이려면 3의 배수가 아니어야 한다.
243보다 작은 자연수는 242개이고 243보다 작은 자연수 중에서 3
의 배수는 80개이므로 243과 서로소인 자연수의 개수는
$242 - 80 = 162$

답 162

03

175와 315를 모두 나누어떨어지게 하는 수는 두 수의 공약수이며,
이 중 나눈 몫이 서로소가 되려면 최대공약수가 되어야 한다.
따라서 어떤 자연수는 175와 315
의 최대공약수인 $5 \times 7 = 35$이다.

$$\begin{array}{r} 175 = \quad\; 5^2 \times 7 \\ 315 = 3^2 \times 5 \times 7 \\ \hline (최대공약수) = \quad\; 5 \times 7 \end{array}$$

답 35

04

작품의 크기를 되도록 크게 만드려면 정사각형 모양의 작품의 한
변의 길이는 240, 168의 최대공약수이어야 한다.
240, 168의 최대공약수는
$2^3 \times 3 = 24$이므로 작품의 한 변의
길이는 24 cm이다.

$$\begin{array}{r} 240 = 2^4 \times 3 \times 5 \\ 168 = 2^3 \times 3 \times 7 \\ \hline (최대공약수) = 2^3 \times 3 \end{array}$$

즉, 게시판의 가로 방향으로
$240 \div 24 = 10$(개), 세로 방향으로 $168 \div 24 = 7$(개)의 작품을 붙
일 수 있다.
따라서 전시회에 참여할 수 있는 학생은
$10 \times 7 = 70$(명)

답 70명

05

세 수 $20, 56, 70$의 최소공배수는
$2^3 \times 5 \times 7 = 280$
이때 공배수는 최소공배수의 배수
이므로

$$20 = 2^2 \times 5$$
$$56 = 2^3 \quad\quad \times 7$$
$$70 = 2 \quad \times 5 \times 7$$
$$\text{(최소공배수)} = 2^3 \times 5 \times 7$$

$280, 280 \times 2 = 560, 280 \times 3 = 840, 280 \times 4 = 1120, \dots$
따라서 세 수의 공배수 중 1000에 가장 가까운 수는 1120이다.

답 1120

06

$126 = 2 \times 3^2 \times 7$이므로 A는 $2^2 \times 5 = 20$의 배수이면서 최소공배수
인 $2^2 \times 3^2 \times 5 \times 7$의 약수이어야 한다.
즉, $A = 2^2 \times 5 \times (3^2 \times 7$의 약수$)$
① $20 = 2^2 \times 5$
② $60 = 2^2 \times 5 \times 3$
③ $120 = 2^2 \times 5 \times 2 \times 3$
④ $140 = 2^2 \times 5 \times 7$
⑤ $180 = 2^2 \times 5 \times 3^2$
따라서 A의 값이 될 수 없는 것은 ③이다.

답 ③

절대등급 NOTE

최소공배수가 주어질 때 어떤 수 구하기
A와 $126 = 2 \times 3^2 \times 7$의 최소공배수가 $2^2 \times 3^2 \times 5 \times 7$이다.

➡ A는 $2^2 \times 5$의 배수이다.
　 A는 $2^2 \times 3^2 \times 5 \times 7$의 약수이다.

07

두 톱니바퀴 A, B가 한 번 맞물린 후 처음으로 다시 같은 톱니에서
맞물릴 때까지 맞물리는 톱니의 수는 56과 70의 최소공배수이다.
이때 56과 70의 최소공배수는
$2^3 \times 5 \times 7 = 280$이므로 톱니바퀴
A는 $280 \div 56 = 5$(번), 톱니바퀴
B는 $280 \div 70 = 4$(번) 회전해야
한다.

$$56 = 2^3 \quad\quad \times 7$$
$$70 = 2 \quad \times 5 \times 7$$
$$\text{(최소공배수)} = 2^3 \times 5 \times 7$$

답 A : 5번, B : 4번

08

두 수의 곱은 최대공약수와 최소공배수를 곱한 것과 같으므로
두 수의 최소공배수를 L이라 하면
$1176 = 14 \times L \quad \therefore L = 84$

답 84

09

두 수의 곱은 최대공약수와 최소공배수를 곱한 것과 같으므로
$(2^2 \times 3 \times 5^2) \times A = (2^2 \times 5) \times (2^3 \times 3 \times 5^2 \times 7)$

$\therefore A = 2^3 \times 5 \times 7 = 280$

답 280

다른 풀이

두 자연수의 최대공약수가 $2^2 \times 5$이므로
$2^2 \times 3 \times 5^2 = 2^2 \times 5 \times (3 \times 5)$
$A = 2^2 \times 5 \times a$ (a는 15와 서로소)
이때 두 자연수의 최소공배수는
$2^2 \times 5 \times 3 \times 5 \times a = 2^3 \times 3 \times 5^2 \times 7$
이므로 $a = 2 \times 7 = 14$
$\therefore A = 2^3 \times 5 \times 7 = 280$

기출 B 실수 극복하는 심화 문제

↻ 17쪽~21쪽

01 8	**02** ③	**03** 154	**04** 50	**05** ④	**06** ①	**07** 15	**08** ②
09 36000원	**10** 15	**11** ②	**12** (1) 6종류 (2) 332			**13** ④	
14 ⑤	**15** 98	**16** ②	**17** 810	**18** $\frac{144}{5}$	**19** 913	**20** 988	**21** ③
22 675	**23** ②	**24** 오전 10시 34분			**25** (1) 2072년 (2) 정유년		
26 15번	**27** 20일	**28** ⑤	**29** ④	**30** $A = 36, B = 60$			

01

전략 a의 값이 될 수 있는 수는 2의 배수이면서 3의 배수는 아니다.

$54 = 2 \times 3^3$, $a \times 3^2 \times 5$의 최대공
약수가 $18 = 2 \times 3^2$이므로 a의 값
이 될 수 있는 수는 2의 배수이면
서 3의 배수는 아니다.

$$54 = 2 \times 3^3$$
$$a \times 3^2 \times 5$$
$$\text{(최대공약수)} = 2 \times 3^2$$

따라서 a의 값이 될 수 있는 자연수를 작은 수부터 차례대로 나열
하면
$2, 2 \times 2 = 4, 2 \times 4 = 8, 2 \times 5 = 10, 2 \times 7 = 14, \dots$
이므로 세 번째 오는 수는 8이다.

답 8

02

전략 12와 서로소인 수는 2의 배수도 아니고 3의 배수도 아닌 수이다.

$12 = 2^2 \times 3$이므로 12와 서로소인 자연수는 2의 배수도 아니고 3의
배수도 아닌 수이다.
100 이하의 자연수 중 12와 서로소인 자연수의 개수는
100 − (2의 배수의 개수) − (3의 배수의 개수)
　　　　　　　　　 + (2와 3의 공배수의 개수)
이때 2와 3의 공배수는 6의 배수이고, 100 이하의 자연수 중 2의
배수는 50개, 3의 배수는 33개, 6의 배수는 16개이다.
따라서 구하는 자연수의 개수는
$100 - 50 - 33 + 16 = 33$

답 ③

03

전략 84를 소인수분해 한 후 84와의 최대공약수가 14인 자연수가 어떤 수인지 파악한다.

$84 = 2^2 \times 3 \times 7 = 14 \times 2 \times 3$이므로 84와의 최대공약수가 14인 자연수는 $14 \times n$ (n은 2의 배수도 아니고 3의 배수도 아닌 자연수)의 꼴이다.

따라서 $14, 14 \times 5, 14 \times 7, 14 \times 11, \cdots$ 중에서 가장 작은 세 자리의 자연수는

$14 \times 11 = 154$

답 154

04

전략 소인수분해를 이용하여 최대공약수를 구하고, 최대공약수의 약수 중에서 1 또는 소인수의 지수가 모두 짝수인 수를 찾는다.

648과 720의 최대공약수는 $2^3 \times 3^2$이다.

$$648 = 2^3 \times 3^4$$
$$720 = 2^4 \times 3^2 \times 5$$
$$(\text{최대공약수}) = 2^3 \times 3^2$$

공약수는 최대공약수의 약수이므로 $2^3 \times 3^2$의 약수 중에서 어떤 자연수의 제곱이 되는 수는

$1, 2^2, 3^2, 2^2 \times 3^2$

따라서 구하는 수의 합은

$1 + 4 + 9 + 36 = 50$

답 50

> **절대등급 NOTE**
>
> **자연수의 제곱이 되는 수**
> 어떤 수를 제곱하여 얻은 수로, 소인수분해 하면 소인수의 지수는 모두 짝수이다.

05

전략 78과 130을 소인수분해 한 후 A가 어떤 수인지 파악한다.

$78 = 2 \times 3 \times 13$, $130 = 2 \times 5 \times 13$이고, A, 78, 130의 최대공약수가 13이므로 A는 13의 배수이면서 2를 인수로 갖지 않는 수이다.

따라서 A의 값이 될 수 있는 수는

$13, 13 \times 3 = 39, 13 \times 5 = 65, 13 \times 7 = 91, 13 \times 9 = 117, \cdots$

이므로 이 중에서 두 자리의 자연수는 13, 39, 65, 91의 4개이다.

답 ④

06

전략 가장 큰 자연수 n은 42, 63, 168의 최대공약수임을 이용한다.

세 분수가 모두 자연수가 되려면 자연수 n의 값은 42, 63, 168의 공약수이어야 하고, 이 중 n의 값이 가장 클 때는 최대공약수일 때이다.

이때 42, 63, 168의 최대공약수는 $3 \times 7 = 21$이므로 가장 큰 자연수 n의 값은 21이다.

$$42 = 2 \times 3 \times 7$$
$$63 = \quad 3^2 \times 7$$
$$168 = 2^3 \times 3 \times 7$$
$$(\text{최대공약수}) = \quad 3 \times 7$$

$$\therefore \frac{168}{n} - \frac{63}{n} - \frac{42}{n} = \frac{168}{21} - \frac{63}{21} - \frac{42}{21} = 8 - 3 - 2 = 3$$

답 ①

07

전략 어떤 자연수로 A를 나누면 3이 남으므로 $A - 3$은 어떤 수로 나누어떨어진다.

어떤 자연수로 48, 78, 93을 나누면 항상 3이 남으므로 어떤 자연수는

$48 - 3 = 45, 78 - 3 = 75, 93 - 3 = 90$

의 공약수이다.

따라서 이러한 자연수 중에서 가장 큰 수는 45, 75, 90의 최대공약수이므로 구하는 수는

$$45 = \quad 3^2 \times 5$$
$$75 = \quad 3 \times 5^2$$
$$90 = 2 \times 3^2 \times 5$$
$$(\text{최대공약수}) = \quad 3 \times 5$$

$3 \times 5 = 15$

답 15

> **절대등급 NOTE**
>
> 어떤 수로 A를 나누면 3이 남고, B를 나누면 3이 부족하다.
> → $A - 3$, $B + 3$은 어떤 수로 나누어떨어진다.
> → 어떤 수 : $A - 3$, $B + 3$의 공약수
> → 어떤 수 중 가장 큰 수 : $A - 3$, $B + 3$의 최대공약수

08

전략 어떤 자연수로 나누어떨어지는 두 수를 찾은 후 그 두 수의 공약수 중에서 나머지인 3보다 큰 공약수의 개수를 구한다.

어떤 자연수로 115를 나누면 3이 남고, 145를 나누면 1이 남으므로 어떤 자연수로 $115 - 3 = 112$와 $145 - 1 = 144$를 나누면 나누어떨어진다. 즉, 어떤 자연수는 112와 144의 공약수이다.

이때 112와 144의 최대공약수는 $2^4 = 16$이므로 두 수의 공약수는 16의 약수인 1, 2, 4, 8, 16이다.

$$112 = 2^4 \quad \times 7$$
$$144 = 2^4 \times 3^2$$
$$(\text{최대공약수}) = 2^4$$

이 중에서 구하는 자연수는 나머지인 3보다 큰 수이므로 4, 8, 16의 3개이다.

답 ②

> **절대등급 NOTE**
>
> a를 b로 나눈 나머지가 r이면 $a - r$은 b로 나누어떨어진다.
> 이때 나머지 r은 $0 \le r < b$이다.

09

전략 남김없이 되도록 많은 바구니에 똑같이 나누어 담으려면 바구니의 개수는 귤, 딸기, 방울토마토의 개수의 최대공약수임을 이용한다.

남김없이 되도록 많은 바구니에 똑같이 나누어 담으려면 바구니의 개수는 48, 72, 84의 최대공약수이어야 한다.

이때 48, 72, 84의 최대공약수는 $2^2 \times 3 = 12$이므로 총 판매 금액은

$$48 = 2^4 \times 3$$
$$72 = 2^3 \times 3^2$$
$$84 = 2^2 \times 3 \times 7$$
$$(\text{최대공약수}) = 2^2 \times 3$$

$3000 \times 12 = 36000(원)$

답 36000원

10

전략 포장 봉투의 개수는 남거나 부족한 부분을 없앤 수의 약수임을 이용한다.

사탕은 2개가 부족하였고, 젤리는 남거나 부족하지 않았고, 초콜릿은 1개가 남았으므로 사탕 $58+2=60$(개), 젤리 30개, 초콜릿 $46-1=45$(개)를 똑같이 나누어 포장하면 남거나 부족하지 않게 된다.

따라서 60, 30, 45의 최대공약수는 $3\times5=15$이므로 포장 봉투의 최대 개수는 15이다.

$$
\begin{aligned}
60 &= 2^2\times3\times5 \\
30 &= 2\ \ \times3\times5 \\
45 &= \ \ \ \ \ \ \ 3^2\times5 \\
\hline
\text{(최대공약수)} &= \ \ \ \ \ \ \ 3\ \times5
\end{aligned}
$$

답 15

11

전략 조명의 개수를 최소로 하려면 조명 사이의 간격이 최대한 넓어야 하므로 조명의 간격을 먼저 구하고, 조명의 개수를 생각한다.

조명을 일정한 간격으로 설치해야 하므로 조명 사이의 간격은 105와 90의 공약수이어야 한다.

이때 조명의 개수를 최소로 하려면 조명 사이의 간격은 최대가 되어야 하므로 조명 사이의 간격은 105와 90의 최대공약수인 $3\times5=15\,(\text{m})$이어야 한다.

$$
\begin{aligned}
105 &= \ \ \ \ \ 3\times5\times7 \\
90 &= 2\times3^2\times5 \\
\hline
\text{(최대공약수)} &= \ \ \ \ \ 3\times5
\end{aligned}
$$

따라서 $105\div15=7$, $90\div15=6$이므로 필요한 조명의 개수는
$$(7+6)\times2=26$$

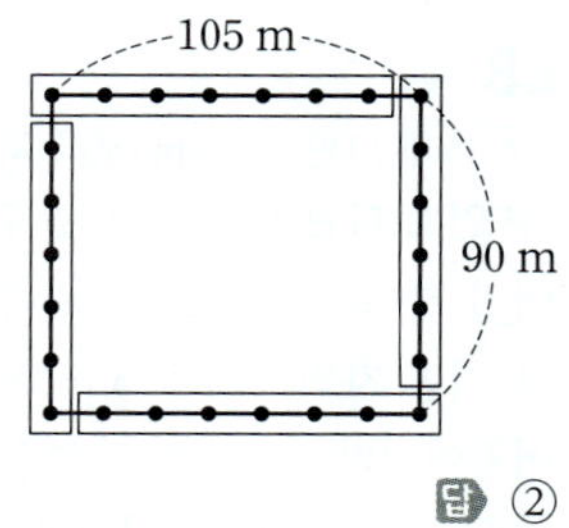

답 ②

다른 풀이

조명 사이의 간격이 15 m이므로 가로에 설치할 조명의 개수는
$$105\div15+1=7+1=8$$
세로에 설치할 조명의 개수는
$$90\div15+1=6+1=7$$
이때 네 모퉁이에서 조명이 두 개씩 겹치므로 필요한 조명의 개수는
$$(8+7)\times2-4=26$$

12

전략 타일의 한 변의 길이는 베란다 바닥의 가로, 세로의 길이와 배수구의 한 변의 길이의 공약수임을 이용한다.

(1) 붙일 수 있는 타일의 한 변의 길이는 베란다 바닥의 가로, 세로의 길이와 배수구의 한 변의 길이의 공약수이어야 한다.

252, 108, 18의 최대공약수는 $2\times3^2=18$이므로 이 세 수의 공약수는 18의 약수인 1, 2, 3, 6, 9, 18이다.

$$
\begin{aligned}
252 &= 2^2\times3^2\times7 \\
108 &= 2^2\times3^3 \\
18 &= 2\ \ \times3^2 \\
\hline
\text{(최대공약수)} &= 2\ \ \times3^2
\end{aligned}
$$

따라서 붙일 수 있는 타일의 크기는 모두 6종류이다. ⋯⋯ ❶

(2) 붙일 수 있는 6종류의 타일 중에서 두 번째로 큰 타일은 한 변의 길이가 9 cm인 타일이므로 베란다 바닥의 가로 방향으로 $252\div9=28$(개), 세로 방향으로 $108\div9=12$(개)가 필요하다.

이때 배수구에 붙여질 타일 $2\times2=4$(개)는 제외해야 하므로 필요한 타일의 개수는
$$28\times12-4=336-4=332 \qquad \cdots\cdots \text{❷}$$

답 (1) 6종류 (2) 332

채점 기준	배점 비율
❶ 붙일 수 있는 타일의 크기는 모두 몇 종류인지 구하기	50 %
❷ 두 번째로 큰 타일을 붙이려고 할 때, 필요한 타일의 개수 구하기	50 %

13

전략 세 자연수 a, b, c를 각각 $3\times k$, $4\times k$, $6\times k$라 하고, 최소공배수가 84임을 이용한다.

세 자연수 a, b, c를 $a=3\times k$, $b=4\times k$, $c=6\times k$ (k는 자연수)라 하면 최소공배수는 $2^2\times3\times k=12\times k$

이때 최소공배수가 84이므로
$$12\times k=84$$
$$\therefore k=7$$

$$
\begin{aligned}
a &= \ \ \ \ \ \ \ 3\times k \\
b &= 2^2\ \ \ \ \ \times k \\
c &= 2\ \times3\times k \\
\hline
\text{(최소공배수)} &= 2^2\times3\times k
\end{aligned}
$$

따라서 $a=3\times7=21$, $b=4\times7=28$, $c=6\times7=42$이므로
$$a+b+c=21+28+42=91$$

답 ④

참고 공약수로 나누는 방법을 이용할 수도 있다.

$$
\begin{array}{r|ccc}
k) & 3\times k & 4\times k & 6\times k \\
3) & 3 & 4 & 6 \\
2) & 1 & 4 & 2 \\
\hline
 & 1 & 2 & 1
\end{array}
$$

➡ (최소공배수) $= k\times3\times2\times1\times2\times1 = 12\times k$

14

전략 30과 72, 1080을 각각 소인수분해 한 후 A가 어떤 수인지 파악한다.

$30=2\times3\times5$, $72=2^3\times3^2$이고, A, 30, 72의 최소공배수가 $1080=2^3\times3^3\times5$이므로 A는 $2^3\times3^3\times5$의 약수이면서 3^3의 배수인 수이다.

따라서 A의 값이 될 수 있는 수는 3^3, 2×3^3, $2^2\times3^3$, $2^3\times3^3$, $3^3\times5$, $2\times3^3\times5$, $2^2\times3^3\times5$, $2^3\times3^3\times5$의 8개이다.

답 ⑤

15

전략 세 수의 최소공배수를 구한 후 공배수는 최소공배수의 배수임을 이용한다.

세 수 12, 21, 28의 최소공배수는 $2^2\times3\times7=84$이다.

공배수는 최소공배수의 배수이므로 $A\times18$은 84의 배수이다.

$$
\begin{aligned}
12 &= 2^2\times3 \\
21 &= \ \ \ \ \ \ 3\ \ \times7 \\
28 &= 2^2\ \ \ \ \ \times7 \\
\hline
\text{(최소공배수)} &= 2^2\times3\times7
\end{aligned}
$$

즉, $A\times18=84\times n$ (n은 자연수)이라 하면 $A\times2\times3^2=2^2\times3\times7\times n$에서 A는 14의 배수가 되어야 한다.

따라서 14의 배수 중 가장 큰 두 자리의 자연수는
$$14\times7=98$$

답 98

16

전략 40과 1680을 소인수분해 한 후, 소인수분해를 이용하여 최대공약수와 최소공배수를 구한다.

세 수 $2^a \times 3 \times 5$, $2^3 \times 5^b \times c$, $2^3 \times 3 \times d$의 최대공약수는

$40 = 2^3 \times 5$이므로 $d = 5$

또한, 최소공배수는 $1680 = 2^4 \times 3 \times 5 \times 7$이므로

$a = 4$, $b = 1$, $c = 7$

$\therefore a + b + c + d = 4 + 1 + 7 + 5 = 17$ 답 ②

절대등급 **NOTE**

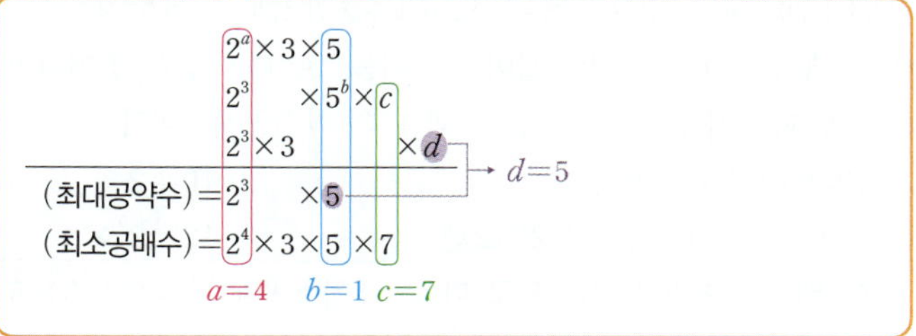

17

전략 30, 75, 15, 450을 각각 소인수분해 한 후, 최대공약수의 배수이면서 최소공배수의 약수가 되는 A의 값을 구한다.

최대공약수가 15이므로 A는 $15 = 3 \times 5$의 배수이어야 한다.

또한, 최소공배수가 $450 = 2 \times 3^2 \times 5^2$이고, $30 = 2 \times 3 \times 5$,

$75 = 3 \times 5^2$이므로 A는 3^2을 약수로 가져야 한다.

즉, A는 $3^2 \times 5$의 배수이고, $2 \times 3^2 \times 5^2$의 약수이므로 A의 값이 될 수 있는 수는

$3^2 \times 5 = 45$, $2 \times 3^2 \times 5 = 90$, $3^2 \times 5^2 = 225$, $2 \times 3^2 \times 5^2 = 450$

따라서 구하는 A의 값의 합은

$45 + 90 + 225 + 450 = 810$ 답 810

18

전략 두 개 이상의 분수 중 어느 것에 곱하여도 그 결과가 자연수가 되게 하는 가장 작은 분수는 $\dfrac{(분모의 \ 최소공배수)}{(분자의 \ 최대공약수)}$이다.

두 분수 $\dfrac{15}{16}$, $\dfrac{25}{12}$ 중 어느 것에 곱하여도 그 결과가 자연수가 되는 분수의 분모는 두 분수에서 분자의 공약수이고, 분자는 두 분수에서 분모의 공배수이어야 한다.

즉, $\dfrac{(16과 \ 12의 \ 공배수)}{(15와 \ 25의 \ 공약수)}$의 꼴이어야 한다.

이 중 가장 작은 분수는

$\dfrac{(16과 \ 12의 \ 최소공배수)}{(15와 \ 25의 \ 최대공약수)} = \dfrac{48}{5}$

또한, 두 번째로 작은 분수를 구하기 위해

$\dfrac{(16과 \ 12의 \ 공배수)}{(15와 \ 25의 \ 공약수)}$, 즉 $\dfrac{(48의 \ 배수)}{(5의 \ 약수)}$를 작은 수부터 차례대로

나열하면 $\dfrac{48}{5}$, $\dfrac{96}{5}$, $\dfrac{144}{5}$, $\cdots$이므로 두 번째로 작은 분수는 $\dfrac{96}{5}$이다.

$\therefore \dfrac{48}{5} + \dfrac{96}{5} = \dfrac{144}{5}$ 답 $\dfrac{144}{5}$

절대등급 **NOTE**

두 분수 $\dfrac{A}{B}$, $\dfrac{C}{D}$를 자연수로 만들기

$\dfrac{A}{B}$, $\dfrac{C}{D}$ 중에서 어느 것을 택하여 곱해도 자연수가 되는 분수

➡ $\dfrac{(B와 \ D의 \ 공배수)}{(A와 \ C의 \ 공약수)}$

이때 가장 작은 분수는 $\dfrac{(B와 \ D의 \ 최소공배수)}{(A와 \ C의 \ 최대공약수)}$이다.

19

전략 어떤 수를 a, b, c로 나누면 나머지가 모두 13일 때, 어떤 수 중 가장 작은 수는 $(a, b, c$의 최소공배수$) + 13$임을 이용한다.

18, 30, 45로 나누면 모두 13이 남는 어떤 자연수를 x라 하면

$x - 13$은 18, 30, 45의 공배수이다.

18, 30, 45의 최소공배수는

$2 \times 3^2 \times 5 = 90$이므로

$x - 13 = 90, 180, 270, \cdots, 900,$

$\qquad 990, 1080, \cdots$

$\begin{aligned} 18 &= 2 \times 3^2 \\ 30 &= 2 \times 3 \times 5 \\ 45 &= 3^2 \times 5 \\ \hline (최소공배수) &= 2 \times 3^2 \times 5 \end{aligned}$

$\therefore x = 103, 193, 283, \cdots, 913, 1003, 1093, \cdots$

따라서 가장 큰 세 자리의 자연수는 913이다.   답 913

절대등급 **NOTE**

어떤 수를 a, b, c로 나누면 나머지가 모두 13이다.

➡ 어떤 수 : $(a, b, c$의 공배수$) + 13$

➡ 어떤 수 중 가장 작은 수 : $(a, b, c$의 최소공배수$) + 13$

20

전략 $15 - 13 = 2$, $10 - 8 = 2$, $18 - 16 = 2$이므로 어떤 자연수를 나누는 수에 2를 더한 수로 나누면 나누어떨어진다.

어떤 자연수를 n이라 하면 n을 15로 나누면 13이 남으므로 $n + 2$를 15로 나누면 나누어떨어진다.

같은 방법으로 $n + 2$를 10, 18로 각각 나누면 모두 나누어떨어진다.

따라서 $n + 2$는 15, 10, 18의 공배수이다.

15, 10, 18의 최소공배수는

$2 \times 3^2 \times 5 = 90$이므로

$n + 2 = 90, 180, 270, \cdots, 900,$

$\qquad 990, 1080, \cdots$

$\begin{aligned} 15 &= 3 \times 5 \\ 10 &= 2 \times 5 \\ 18 &= 2 \times 3^2 \\ \hline (최소공배수) &= 2 \times 3^2 \times 5 \end{aligned}$

$\therefore n = 88, 178, 268, \cdots, 898, 988, 1078, \cdots$

따라서 가장 큰 세 자리의 자연수는 988이다.   답 988

21

전략 엄마와 딸이 공원을 한 바퀴 도는 데 걸리는 시간의 최소공배수를 이용한다.

6분은 360초이고, 4분 40초는 280초이므로 엄마와 딸이 처음으로 다시 출발점에서 만날 때까지 걸리는 시간은 360과 280의 최소공배수이다.

360, 280의 최소공배수는
$2^3 \times 3^2 \times 5 \times 7 = 2520$이므로
엄마와 딸은 2520초, 즉 42분
후에 처음으로 다시 출발점에서 만난다.

$$360 = 2^3 \times 3^2 \times 5$$
$$280 = 2^3 \qquad \times 5 \times 7$$
$$\text{(최소공배수)} = 2^3 \times 3^2 \times 5 \times 7$$

답 ③

22

전략 상자를 되도록 적게 사용하려면 정육면체의 한 모서리의 길이는 18, 6, 10의 최소공배수임을 이용한다.

상자를 되도록 적게 사용하려면 정육면체의 한 모서리의 길이가 18, 6, 10의 최소공배수이어야 한다.

18, 6, 10의 최소공배수는
$2 \times 3^2 \times 5 = 90$이므로 정육면체의
한 모서리의 길이는 90 cm이다.
이때 가로는 $90 \div 18 = 5$(개),
세로는 $90 \div 6 = 15$(개), 높이는 $90 \div 10 = 9$(개)이므로 필요한 직육면체 모양의 상자의 개수는
$5 \times 15 \times 9 = 675$

$$18 = 2 \times 3^2$$
$$6 = 2 \times 3$$
$$10 = 2 \qquad \times 5$$
$$\text{(최소공배수)} = 2 \times 3^2 \times 5$$

답 675

23

전략 두 열차가 동시에 출발한 후, 다시 동시에 출발할 때까지 걸리는 시간을 28과 36의 최소공배수를 이용하여 구한다.

두 열차가 다시 동시에 출발할 때까지 걸리는 시간은 28과 36의 최소공배수이므로
$2^2 \times 3^2 \times 7 = 252$(분)이다.

$$28 = 2^2 \qquad \times 7$$
$$36 = 2^2 \times 3^2$$
$$\text{(최소공배수)} = 2^2 \times 3^2 \times 7$$

즉, 두 열차는 동시에 출발한 후 252분마다 다시 동시에 출발한다.
이때 오전 7시부터 오후 11시까지는 16시간이고,
$16 \times 60 = 960$(분)이므로 두 열차가 오후 11시까지 다시 동시에 출발하는 것은 $\dfrac{960}{252} = 3. \times\times\times$, 즉 3번이다.

답 ②

참고 두 열차가 오전 7시에 동시에 출발한 후 오후 11시까지 다시 동시에 출발하는 시각은 오전 11시 12분, 오후 3시 24분, 오후 7시 36분이다.

24

전략 두 버스가 처음으로 동시에 출발하는 시각을 먼저 구한다.

A행 버스의 출발 시각은
6시 4분, 6시 22분, 6시 40분, 6시 58분, 7시 16분, ...
B행 버스의 출발 시각은
6시 10분, 6시 34분, 6시 58분, 7시 22분, ...
이므로 두 버스는 오전 6시 58분에 처음으로 동시에 출발한다.
이후 18분마다 출발하는 A행 버스와 24분마다 출발하는 B행 버스가 다시 동시에 출발할 때까지 걸리는 시간은 18과 24의 최소공배수이다.

18과 24의 최소공배수는 $2^3 \times 3^2 = 72$
이므로 두 버스가 다시 동시에 출발하는 시각은

$$18 = 2 \times 3^2$$
$$24 = 2^3 \times 3$$
$$\text{(최소공배수)} = 2^3 \times 3^2$$

(오전 6시 58분) + (72분) = (오전 8시 10분),
(오전 8시 10분) + (72분) = (오전 9시 22분),
(오전 9시 22분) + (72분) = (오전 10시 34분), ...
따라서 이 버스 터미널에서 오전 10시와 오전 11시 사이에 두 버스가 동시에 출발하는 시각은 오전 10시 34분이다.

답 오전 10시 34분

25

전략 십간의 개수와 십이지의 개수의 최소공배수를 이용한다.

(1) 10개의 십간과 12개의 십이지가 처음으로 다시 같은 곳에서 맞물릴 때까지 걸리는 시간은 10과 12의 최소공배수이다.
10과 12의 최소공배수는
$2^2 \times 3 \times 5 = 60$이므로 2012년에 태어난 학생이 처음으로 다시 임진년에 생일을 맞이하게 되는 것은 60년 후인 $2012 + 60 = 2072$(년)이다. ……❶

$$10 = 2 \qquad \times 5$$
$$12 = 2^2 \times 3$$
$$\text{(최소공배수)} = 2^2 \times 3 \times 5$$

(2) $2025 - 1597 = 428$이고 $428 = 60 \times 7 + 8$이므로 1597년은 을사년에서 8년 전인 정유년이다. ……❷

답 (1) 2072년 (2) 정유년

채점 기준	배점 비율
❶ 임진년인 2012년에 태어난 학생이 처음으로 다시 임진년에 생일을 맞이하게 되는 것은 몇 년도인지 구하기	50 %
❷ 1597년의 해의 이름 구하기	50 %

절대등급 NOTE

을사년에서 8년 전인 해의 이름은 다음과 같다.

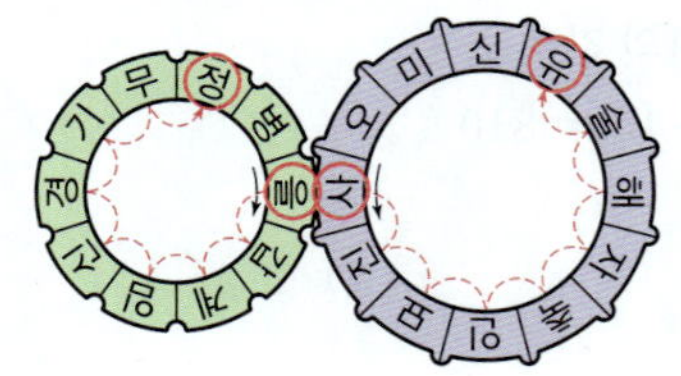

26

전략 세 톱니바퀴의 가운데 있는 B의 회전 수에 따른 A, C의 회전 수를 구한다.

A가 12번 회전하는 동안 B는 5번 회전하고, B가 25번 회전하는 동안 C는 12번 회전한다. 이때 B의 회전 수인 5, 25의 최소공배수는 25이므로 B가 25번 회전하는 동안 A는 $12 \times 5 = 60$(번), C는 12번 회전한다.
따라서 C가 12번 회전하는 동안 A는 60번 회전하므로 C가 3번 회전하는 동안 A는 $60 \div 4 = 15$(번) 회전한다.

답 15번

27

전략 두 사람이 함께 일하는 주기를 찾고, 주기 내에서 같이 쉬는 날의 수를 구한다.

주원이는 4일간 일하고 하루를 쉬므로 주원이가 일을 하는 주기는 $4 + 1 = 5$(일)

태민이는 5일간 일하고 이틀을 쉬므로 태민이가 일을 하는 주기는
$5+2=7$(일)
이때 5와 7의 최소공배수는 35이므로 두 사람이 같이 쉬는 날은 35일 단위로 반복된다.
두 사람이 처음 35일 동안 쉬는 날을 찾으면 다음과 같다.

	1	2	3	4	5	6	7	8	9	10	11	12	13	14	15	16	17	18
주원	○	○	○	○	★	○	○	○	○	★	○	○	○	○	★	○	○	○
태민	○	○	○	○	○	★	★	○	○	○	○	○	★	★	○	○	○	○

	19	20	21	22	23	24	25	26	27	28	29	30	31	32	33	34	35
주원	○	★	○	○	○	○	★	○	○	○	○	★	○	○	○	○	★
태민	○	★	★	○	○	○	○	○	★	★	○	○	○	○	○	★	★

즉, 두 사람이 처음 35일 동안 같이 쉬는 날은 20일째와 35일째의 이틀이다.
따라서 $350\div35=10$이므로 350일 중 두 사람이 같이 쉬는 날은
$2\times10=20$(일)

답   20일

28

전략) 두 자연수 A, B의 최대공약수를 G, 최소공배수를 L이라 하고, $A=a\times G$, $B=b\times G$ (a, b는 서로소)라 하면 $L=G\times a\times b$임을 이용한다.

A, B의 최대공약수가 12이므로
$A=12\times a$, $B=12\times b$ (a, b는 서로소, $a<b$)라 하면
A, B의 최소공배수가 240이므로
$12\times a\times b=240$ $\therefore a\times b=20$
(i) $a=1$, $b=20$일 때, $A=12$, $B=240$
(ii) $a=4$, $b=5$일 때, $A=48$, $B=60$
이때 두 수의 합이 108이므로 $A=48$, $B=60$
$\therefore B-A=60-48=12$

답   ⑤

29

전략) 두 수 A, B의 최대공약수가 G, 최소공배수가 L이면 $A\times B=G\times L$임을 이용한다.

$30=2\times3\times5$, $10=2\times5$, $240=2^4\times3\times5$, $32=2^5$
$2\times3\times5$와 B의 최대공약수가 2×5, 최소공배수가 $2^4\times3\times5$이므로
$(2\times3\times5)\times B=(2\times5)\times(2^4\times3\times5)$
$\therefore B=2^4\times5=80$
A는 $2^4\times5$와 2^5의 최대공약수이므로 $A=2^4=16$
C는 $2^4\times5$와 2^5의 최소공배수이므로 $C=2^5\times5=160$
$\therefore A+B+C=16+80+160=256$

답   ④

30

전략) 두 자연수 A, B의 최대공약수를 G, 최소공배수를 L이라 하고, $A=a\times G$, $B=b\times G$ (a, b는 서로소)라 하면 $L=G\times a\times b$이고, $A\times B=G\times L$임을 이용한다.

두 자연수 A, B의 곱은 최대공약수와 최소공배수의 곱과 같으므로
$A\times B=$ (최대공약수) $\times180=2160$
$\therefore$ (최대공약수) $=12$

$A=12\times a$, $B=12\times b$ (a, b는 서로소, $a<b$)라 하면
$A+B=12\times a+12\times b=96$이므로
$a+b=8$
a, b는 서로소이고 $a<b$이므로
$a=1$, $b=7$ 또는 $a=3$, $b=5$
이 중에서 최소공배수가 $12\times a\times b=180$이므로 $a\times b=15$를 만족시키는 a, b의 값은
$a=3$, $b=5$
$\therefore A=12\times3=36$, $B=12\times5=60$

답 $A=36$, $B=60$

↻ 22쪽

기출 **C** 학교 시험 **최상위 문제**

01 1	02 18	03 5개	04 432 m	05 24

01

전략) 두 수의 곱을 구하여 A, B의 값을 각각 구한다.

서로소인 두 자연수의 최소공배수는 두 수의 곱과 같으므로
$A\times B=4200$
두 수 A, B는 서로소이므로 각각 소인수분해 하였을 때, 같은 소인수를 갖지 않아야 한다.
즉, $A\times B=2^3\times3\times5^2\times7$에서 2^3과 5^2은 서로 다른 수의 인수이어야 한다.
이때 $5^2=25$는 두 자리의 자연수이지만 나머지 소인수들의 곱 $2^3\times3\times7=168$은 두 자리의 자연수가 아니므로 25는 2^3 이외에 다른 소인수와 곱해져야 한다.
따라서 두 자리의 자연수 조건을 만족시키는 경우는 $25\times3=75$뿐이므로 하나의 자연수는 75이고 다른 두 자리의 자연수는 $2^3\times7=56$이다.
즉, $A>B$이므로 $A=75$, $B=56$
따라서 $A+B=131$, $A-B=19$이므로 131과 19의 최대공약수는 1이다.

답   1

02

전략) 괄호 안을 먼저 계산한다.

$12◎27=3$이므로
$A=(12◎27)◆14=3◆14=42$
$15◆21=105$이므로
$B=30◎(15◆21)=30◎105=15$
$(A◎n)◆B=B$에서 $(42◎n)◆15=15$이므로
$42◎n$은 15의 약수이다.
$\therefore 42◎n=1, 3, 5, 15$
(i) $42◎n=1$일 때,
　 42와 n은 서로소이므로 한 자리의 자연수 n의 값은 1, 5이다.

(ii) $42 \odot n = 3$일 때,

$42 = 2 \times 3 \times 7$과 n의 최대공약수가 3이므로 n은 3의 배수이면서 2의 배수와 7의 배수는 아니어야 한다.

따라서 한 자리의 자연수 n의 값은 3, 9이다.

(iii) $42 \odot n = 5$일 때,

42는 5의 배수가 아니므로 n의 값은 존재하지 않는다.

(iv) $42 \odot n = 15$일 때,

42는 15의 배수가 아니므로 n의 값은 존재하지 않는다.

(i)~(iv)에서 조건을 만족시키는 한 자리의 자연수 n의 값은 1, 3, 5, 9이므로 그 합은

$1 + 3 + 5 + 9 = 18$

답 18

절대등급 NOTE

세 자연수 a, b, c에 대하여

① $a \odot b = c$일 때, a, b는 c의 배수이고 c는 a, b의 약수이다.

② $a \odot b = 1$일 때, a와 b는 서로소이다.

③ $a \blacklozenge b = c$일 때, a, b는 c의 약수이고 c는 a, b의 배수이다.

  이때 a, b가 서로소이면 $c = a \times b$이다.

03

전략 두 자연수 A, B의 최대공약수를 G라 하면 $A = a \times G$, $B = b \times G$ (a, b는 서로소)로 나타낼 수 있다.

조건 ㈎에서 A와 $54 = 2 \times 3^3$의 최대공약수가 $9 = 3^2$이므로

A는 3^2의 배수이면서 2의 배수와 3^3의 배수는 아니어야 한다.

조건 ㈏에서 A와 $75 = 3 \times 5^2$의 최대공약수가 $15 = 3 \times 5$이므로

A는 3×5의 배수이면서 5^2의 배수는 아니어야 한다.

따라서 A는 3^2과 3×5의 공배수이므로 최소공배수인 $3^2 \times 5 = 45$의 배수이고, 2, 3^3, 5^2의 배수가 아닌 세 자리의 자연수이다.

즉, 조건을 모두 만족시키는 자연수 A는

$45 \times n$ (n은 2, 3, 5와 서로소)

의 꼴이므로

$45 \times 1 = 45$, $45 \times 7 = 315$, $45 \times 11 = 495$, $45 \times 13 = 585$,

$45 \times 17 = 765$, $45 \times 19 = 855$, $45 \times 23 = 1035$, …

따라서 세 자리의 자연수 A는 315, 495, 585, 765, 855의 5개이다.

답 5개

참고 조건 ㈎에서 A와 54의 최대공약수가 9이므로

$54 = 9 \times 2 \times 3$

$A = 9 \times a$ (a와 2, 3은 서로소) ······ ㉠

조건 ㈏에서 A와 75의 최대공약수가 15이므로

$75 = 15 \times 5$

$A = 15 \times b$ (b와 5는 서로소) ······ ㉡

㉠, ㉡에서 A는 9와 15의 공배수이므로

$A = 45 \times n$ (n은 2, 3, 5와 서로소)

의 꼴임을 알 수 있다.

04

전략 나무 심는 간격을 이용하여 공원의 둘레의 길이를 정하고, 공원의 둘레의 길이에 따른 나무의 수 차이를 구한다.

나무를 8 m 간격으로 심을 수 있으므로 공원의 둘레의 길이는 8의 배수이고, 나무를 18 m 간격으로 심을 수 있으므로 공원의 둘레의 길이는 18의 배수이다. 즉, 공원의 둘레의 길이는 8과 18의 공배수이다.

이때 8과 18의 최소공배수는

$2^3 \times 3^2 = 72$이므로 공원의 둘레의 길이는 72의 배수이다.

$$8 = 2^3$$
$$18 = 2 \times 3^2$$
$$(\text{최소공배수}) = 2^3 \times 3^2$$

······ ❶

(i) 공원의 둘레의 길이가 72 m인 경우

나무를 8 m 간격으로 심을 때, 필요한 나무의 수는

$72 \div 8 = 9$

나무를 18 m 간격으로 심을 때, 필요한 나무의 수는

$72 \div 18 = 4$

따라서 필요한 나무의 수의 차는

$9 - 4 = 5$

(ii) 공원의 둘레의 길이가 $72 \times 2 = 144$ (m)인 경우

나무를 8 m 간격으로 심을 때, 필요한 나무의 수는

$144 \div 8 = 18$

나무를 18 m 간격으로 심을 때, 필요한 나무의 수는

$144 \div 18 = 8$

따라서 필요한 나무의 수의 차는

$18 - 8 = 10$

　⋮

(i), (ii), …에서 공원의 둘레의 길이가 72 m씩 늘어날수록 필요한 나무의 수의 차가 5씩 커진다. ······ ❷

따라서 필요한 나무의 수의 차가 30이려면 공원의 둘레의 길이는

$72 \times 6 = 432$ (m) ······ ❸

답 432 m

채점 기준	배점 비율
❶ 공원의 둘레의 길이가 어떤 수의 배수인지 구하기	20 %
❷ 공원의 둘레의 길이가 최소공배수만큼씩 커질수록 나무의 수의 차가 어떻게 변하는지 규칙 찾기	60 %
❸ 나무의 수의 차가 30이 되는 공원의 둘레의 길이 구하기	20 %

05

전략 $A = 12 \times a$, $B = 12 \times b$ (a, b는 서로소)로 놓고 a, b의 값을 구한다.

$A = 12 \times a$, $B = 12 \times b$ (a, b는 서로소, $a > b$)라 하면

$12 \times a \times b = 420$에서 $a \times b = 35$

이때 a, b는 서로소이고 $a > b$이므로 $a \times b = 35$를 만족시키는 a, b를 (a, b)로 나타내면

$(35, 1)$, $(7, 5)$

그런데 두 자연수 $A = 12 \times a$, $B = 12 \times b$가 모두 두 자리의 자연수이므로

$a = 7$, $b = 5$

따라서 $A = 12 \times 7 = 84$, $B = 12 \times 5 = 60$이므로

$A - B = 84 - 60 = 24$

답 24

01 ①	02 ④	03 ⑤	04 ④	05 ④	06 ②	07 ③	08 ④
09 ①	10 ④	11 ①	12 ③	13 ③	14 ②	15 ⑤	16 5
17 21	18 24	19 180	20 8200원				

01

ㄱ. 9는 홀수이지만 합성수이다.

ㄷ. $a=2$, $b=7$이면 a, b는 모두 소수이지만 $a+b=9$는 합성수이다.

ㄹ. 1은 자연수이지만 약수가 1개이다.

ㅁ. 4, 9는 서로소이지만 두 수 모두 합성수이다.

따라서 옳은 것은 ㄴ으로 그 개수는 1이다.   답 ①

02

① $52=2^2 \times 13$이므로 $<52>=2+13=15$

② $63=3^2 \times 7$이므로 $<63>=3+7=10$

③ $72=2^3 \times 3^2$이므로 $<72>=2+3=5$

④ $85=5 \times 17$이므로 $<85>=5+17=22$

⑤ $99=3^2 \times 11$이므로 $<99>=3+11=14$

따라서 $<a>$의 값이 가장 큰 것은 ④이다.   답 ④

03

$432=2^4 \times 3^3$이므로 432의 약수 중에서 어떤 자연수의 제곱이 되는 수는 1, 2^2, 2^4, 3^2, $2^2 \times 3^2$, $2^4 \times 3^2$의 6개이다.   답 ⑤

04

$6=2 \times 3$이므로 6과 서로소인 수는 2의 배수가 아니고, 3의 배수가 아닌 수이다.

100 이하의 자연수 중에서 2의 배수는 50개, 3의 배수는 33개, 이 중 중복되는 6의 배수는 16개이다.

따라서 6과 서로소인 100 이하의 자연수의 개수는

$100-50-33+16=33$ 답 ④

05

세 수 $\dfrac{24}{n}$, $\dfrac{56}{n}$, $\dfrac{104}{n}$가 모두 자연수가 되려면 n은 24, 56, 104의 공약수이어야 한다.

$24=2^3 \times 3$, $56=2^3 \times 7$, $104=2^3 \times 13$의 최대공약수는 $2^3=8$이므로 n은 8의 약수이다.

따라서 n의 값은 1, 2, 4, 8이므로 모든 자연수 n의 값의 합은

$1+2+4+8=15$ 답 ④

06

조건 ㈎에서 두 자연수를 곱한 수의 약수가 2개뿐이므로 두 자연수의 곱은 소수이다. 즉, 두 자연수 중 하나는 1이다.

조건 ㈏에서 두 자연수의 합이 30이므로 나머지 하나의 자연수는 29이다.

따라서 조건을 모두 만족시키는 두 자연수의 차는

$29-1=28$ 답 ②

07

약수의 개수가 3인 자연수는 소인수분해 하였을 때 (소수)^{2}의 꼴인 수이다. 크기가 작은 소수부터 차례대로 제곱하면

$2^2=4$, $3^2=9$, $5^2=25$, $7^2=49$, $11^2=121$, $\cdots$이므로

약수의 개수가 3인 100 이하의 자연수의 개수는 4이다. 즉, $a=4$

약수의 개수가 5인 자연수는 소인수분해 하였을 때 (소수)^{4}의 꼴인 수이다. 크기가 작은 소수부터 차례대로 네제곱하면

$2^4=16$, $3^4=81$, $5^4=625$, $7^4=2401$, $\cdots$이므로

약수의 개수가 5인 700 이하의 자연수의 개수는 3이다. 즉, $b=3$

$\therefore a+b=4+3=7$ 답 ③

08

$360=2^3 \times 3^2 \times 5$이므로 $x=2 \times 5 \times$ (자연수)^{2}의 꼴이어야 한다.

따라서 200 이하의 자연수 중 가능한 x의 값은 $2 \times 5=10$, $2 \times 5 \times 2^2=40$, $2 \times 5 \times 3^2=90$, $2 \times 5 \times 4^2=160$이므로 가능한 모든 x의 값의 합은 $10+40+90+160=300$ 답 ④

09

8의 거듭제곱의 일의 자리의 숫자는 8, 4, 2, 6의 순서대로 반복되고,

$61=15 \times 4+1$이므로 8^{61}의 일의 자리의 숫자는 8이다. 즉, $a=8$

13의 거듭제곱의 일의 자리의 숫자는 3, 9, 7, 1의 순서대로 반복되고,

$8=2 \times 4$이므로 13^a, 즉 13^8의 일의 자리의 숫자는 1이다.   답 ①

10

A, $147=3 \times 7^2$, $343=7^3$의 최소공배수가 $2 \times 3^2 \times 7^3$이므로 A는 $2 \times 3^2 \times a$ (a는 7^3의 약수)의 꼴이다.

따라서 A의 값이 될 수 있는 자연수는 2×3^2, $2 \times 3^2 \times 7$, $2 \times 3^2 \times 7^2$, $2 \times 3^2 \times 7^3$이므로 그 개수는 4이다.   답 ④

11

최대한 많은 학생에게 똑같이 나누어 주려면 학생 수는 180, 140, 120의 최대공약수이어야 한다.

이때 $180=2^2 \times 3^2 \times 5$, $140=2^2 \times 5 \times 7$, $120=2^3 \times 3 \times 5$의 최대공약수는 $2^2 \times 5=20$이므로 20명의 학생에게 나누어 줄 수 있다.

한 사람에게 나누어 줄 수 있는

지팡이 사탕의 수 : $a=180 \div 20=9$

눈꽃 젤리의 수 : $b=140 \div 20=7$

트리 쿠키의 수 : $c=120 \div 20=6$

$\therefore a-b+c=9-7+6=8$ 답 ①

12

자연수의 곱을 계산했을 때 $a \times 10^n$ (a는 10의 배수가 아닌 수, n은 자연수)이면 일의 자리부터 연속하여 0이 n번 나타난다.
$10 = 2 \times 5$이고, 1부터 26까지의 자연수 중에서 2의 배수는 13개, 5의 배수는 5개로 2의 배수가 충분히 많으므로 1부터 26까지의 자연수의 곱을 계산했을 때 일의 자리에서부터 연속하여 나타나는 0의 개수는 계산 결과를 소인수분해 했을 때 소인수 5의 지수와 같다.
1부터 26까지의 자연수 중에서 5의 배수는 5개이고 $25(=5^2)$의 배수는 1개이므로 소인수 5의 지수는 6이다.
따라서 $1 \times 2 \times 3 \times \cdots \times 26 = a \times 2^6 \times 5^6 = a \times 10^6$ (a는 자연수)이므로 일의 자리에서부터 연속하여 나타나는 0의 개수는 6이다.

답 ③

13

$135 = 3^3 \times 5$

(i) $a = 1$일 때, $\dfrac{3^3 \times 5}{b}$가 1이 아닌 어떤 자연수의 제곱이 되게 하는 b의 값은 $3 \times 5 = 15$

(ii) $a = 2$일 때, $\dfrac{2 \times 3^3 \times 5}{b}$가 1이 아닌 어떤 자연수의 제곱이 되게 하는 b의 값은 $2 \times 3 \times 5 = 30$

(iii) $a = 3$일 때, $\dfrac{3^4 \times 5}{b}$가 1이 아닌 어떤 자연수의 제곱이 되게 하는 b의 값은 5, $3^2 \times 5 = 45$

(i)~(iii)에서 가능한 b의 값은 5, 15, 30, 45이므로 가장 작은 b의 값과 가장 큰 b의 값의 합은 $5 + 45 = 50$

답 ③

14

어떤 자연수를 x라 하면 $x+1$은 4, 7, 8로 나누어떨어지므로 $x+1$은 4, 7, 8의 공배수이다.
$4 = 2^2$, 7, $8 = 2^3$의 최소공배수는 $2^3 \times 7 = 56$이므로
$x+1 = 56, 112, 168, \ldots$ $\therefore x = 55, 111, 167, \ldots$
따라서 가장 작은 세 자리의 자연수는 111이므로 각 자리의 숫자의 합은 $1 + 1 + 1 = 3$

답 ②

15

세 로봇 A, B, C가 트랙 한 바퀴를 도는 데 걸리는 시간은 각각 $\dfrac{60}{20} = 3$(초), $\dfrac{60}{12} = 5$(초), 6초이다.
이때 3, 5, $6 = 2 \times 3$의 최소공배수는 $2 \times 3 \times 5 = 30$이므로 세 로봇은 30초마다 동시에 점 P를 통과하게 된다.
따라서 30분, 즉 1800초 동안 동시에 점 P를 통과하는 횟수는
$\dfrac{1800}{30} = 60$(번)이다.

답 ⑤

16

조건 (내)에서 7로 나눌 때 몫을 p, 나머지를 q라 하면 구하는 자연수

는 $7p + q$ (p, q는 소수, $q < 7$)의 꼴이다.
조건 (개)에서 $7p + q$가 25 이하의 자연수이므로
$p = 2$일 때, $q = 2, 3, 5$
$p = 3$일 때, $q = 2, 3$
따라서 조건을 모두 만족시키는 자연수의 개수는 5이다.

답 5

17

두 수의 공약수는 두 수의 최대공약수의 약수이다.
두 수 $2 \times 3^3 \times 5 \times 7^2$, $2 \times 3^2 \times 7 \times 11$의 최대공약수는 $2 \times 3^2 \times 7$이므로 공약수 중
가장 큰 수는 $2 \times 3^2 \times 7$, 두 번째로 큰 수는 $3^2 \times 7$,
세 번째로 큰 수는 $2 \times 3 \times 7$, 네 번째로 큰 수는 3×7이다.
따라서 네 번째로 큰 수는 $3 \times 7 = 21$이다.

답 21

18

A, B의 최대공약수가 6이므로
$A = 6 \times a$, $B = 6 \times b$ (a, b는 서로소, $a > b$)라 하면
최소공배수가 462이므로
$6 \times a \times b = 462$ $\therefore a \times b = 77$
이때 a, b는 서로소이고 $a > b$이므로
$a = 77$, $b = 1$ 또는 $a = 11$, $b = 7$
A, B 모두 두 자리의 자연수가 되려면 $a = 11$, $b = 7$이 되어야 한다.
따라서 $A = 6 \times 11 = 66$, $B = 6 \times 7 = 42$이므로
$A - B = 66 - 42 = 24$

답 24

19

세 수 7, $81 = 3^4$, A의 최소공배수가 $2^3 \times 3^4 \times 7^2$이므로
A는 $2^3 \times a \times 7^2$ (a는 3^4의 약수)의 꼴이다.
따라서 가능한 A의 값은 $2^3 \times 7^2$, $2^3 \times 3 \times 7^2$, $2^3 \times 3^2 \times 7^2$, $2^3 \times 3^3 \times 7^2$, $2^3 \times 3^4 \times 7^2$이고 ‥‥‥ ❶
약수의 개수는 각각 $4 \times 3 = 12$, $4 \times 2 \times 3 = 24$, $4 \times 3 \times 3 = 36$, $4 \times 4 \times 3 = 48$, $4 \times 5 \times 3 = 60$이므로 ‥‥‥ ❷
약수의 개수의 합은 $12 + 24 + 36 + 48 + 60 = 180$ ‥‥‥ ❸

답 180

채점 기준	배점 비율
❶ 가능한 A의 값 모두 구하기	40 %
❷ 가능한 A의 약수의 개수 각각 구하기	40 %
❸ 가능한 A의 약수의 개수의 합 구하기	20 %

20

62를 상자의 개수로 나누면 2가 남고, 51을 상자의 개수로 나누면 3이 남으므로 상자의 개수는 60, 48의 공약수이고, 이때 최대한 많은 상자에 담으려면 상자의 개수는 60, 48의 최대공약수이어야 한다.
$60 = 2^2 \times 3 \times 5$, $48 = 2^4 \times 3$의 최대공약수는 $2^2 \times 3 = 12$이므로

상자의 개수는 12이다.   ……❶

따라서 한 상자에 담는 사탕은 $\dfrac{60}{12}=5$(개), 젤리는 $\dfrac{48}{12}=4$(개)이

므로   ……❷

묶음 상품 1개의 가격은 $1000\times5+800\times4=8200$(원)   ……❸

답 8200원

채점 기준	배점 비율
❶ 상자의 개수 구하기	40 %
❷ 한 상자에 담는 사탕의 수와 젤리의 수 구하기	30 %
❸ 묶음 상품 1개의 가격 구하기	30 %

대단원 실전 TEST 2회

⟳ 26쪽~28쪽

01 ③	02 ③	03 ①	04 ③	05 ⑤	06 ④	07 ②	08 ⑤
09 ②	10 ②	11 ②	12 ③	13 ⑤	14 ①	15 ③	16 3
17 29송이		18 44	19 8	20 3번			

01

40을 서로 다른 두 소수의 합으로 나타내면

$40=3+37=11+29=17+23$

이므로 3가지이다.

$\therefore <40>=3$

답 ③

02

소인수분해를 하면 $2\times5\times a=3^2\times5^2\times b=c^2$

$2\times5\times a$와 $3^2\times5^2\times b$가 어떤 수의 제곱이 되려면

$a=2\times5\times(\text{자연수})^2$, $b=(\text{자연수})^2$의 꼴이어야 하고,

$2\times5\times a=3^2\times5^2\times b$이므로

$a=2\times5\times3^2\times(\text{자연수})^2$, $b=2^2\times(\text{자연수})^2$의 꼴이다.

이때 가장 작은 자연수 a, b, c는

$a=2\times5\times3^2=90$, $b=2^2=4$, $c=2\times3\times5=30$

이므로 $a+b+c=90+4+30=124$

답 ③

03

$1620=2^2\times3^4\times5$의 약수 중에서 홀수의 개수는 $3^4\times5$의 약수의 개수와 같으므로 $5\times2=10$이다.

답 ①

04

세 자연수의 공약수는 최대공약수의 약수이므로 공약수의 개수는 $20=2^2\times5$의 약수의 개수인 $3\times2=6$이다. $\therefore a=6$

또, 세 자연수의 공배수는 최소공배수의 배수이므로 1000보다 작은 공배수는 120, 240, $\cdots$, 960이고 그 개수는 8이다. $\therefore b=8$

$\therefore a+b=6+8=14$

답 ③

05

세 분수 중 어느 것에 곱해도 그 결과가 자연수가 되는 분수의 분모는 세 분수의 분자의 공약수이고, 분자는 세 분수의 분모의 공배수이어야 한다. 즉, 가장 작은 분수는

$$\dfrac{(5,\ 3,\ 7\text{의 최소공배수})}{(12,\ 16,\ 12\text{의 최대공약수})}=\dfrac{105}{4}$$

따라서 $p=4$, $q=105$이므로 $p+q=4+105=109$

답 ⑤

06

조건 (나)에서 합이 13인 두 소수는 2, 11이므로 이 자연수는

$2^m\times11^n$ (m, n은 자연수)의 꼴이다.

조건 (가)에서 80보다 크고 100보다 작으므로 구하는 자연수는

$2^3\times11=88$

따라서 각 자리의 숫자의 합은 $8+8=16$

답 ④

07

$108=2^2\times3^3$이므로 $S(108)=3\times4=12$

$S(108)\times S(n)=36$에서 $S(n)=3$이므로

자연수 n은 a^2 (a는 소수)의 꼴이다.

따라서 100 이상 200 미만의 자연수 n의 값은

$11^2=121$, $13^2=169$이므로 그 개수는 2이다.

답 ②

08

$\dfrac{88}{3}=\dfrac{2^3\times11}{3}$에 자연수를 곱해 어떤 자연수의 제곱이 되게 하려면 곱해야 하는 수는 $2\times3\times11\times a^2$ (a는 자연수)의 꼴이어야 한다.

따라서 두 번째로 작은 자연수는

$2\times3\times11\times2^2=264$

답 ⑤

09

조건 (가)에서 $a^l\times b^m$ (a, b는 서로 다른 소수, l, m은 자연수)의 꼴이다.

조건 (나)에서 $9=3^2$과 서로소이므로 a, b는 3이 아닌 소수이다.

조건 (다)에서 최대공약수가 $8=2^3$이므로 $a=2$이고

$2^3\times b^m$ (b는 2, 3이 아닌 소수, m은 자연수)의 꼴이다.

따라서 조건을 모두 만족시키는 두 자리의 자연수는

$2^3\times5$, $2^3\times7$, $2^3\times11$이므로 합은 $40+56+88=184$

답 ②

10

ㄱ. $a=2$, $b=9$이면 a, b는 서로소이지만 $a+b=11$은 합성수가 아니다.

ㄷ. $a=3$, $b=8$이면 최소공배수는 24이고 약수의 개수는 8이다.

따라서 옳은 것은 ㄴ이다.

답 ②

11

세 자연수를 $3\times\square$, $9\times\square$, $11\times\square$라 하면

최소공배수는 $3^2 \times 11 \times \square = 99 \times \square$이다.
즉, $99 \times \square = 1188$이므로 $\square = 12$
따라서 세 자연수는
$3 \times 12 = 36$, $9 \times 12 = 108$, $11 \times 12 = 132$이므로 두 번째로 큰 수는 108이다.　　　　답 ②

12

세 종류의 소인수의 합이 15인 경우는 다음과 같다.
(i) 소인수가 2, 3, 5일 때,
　　$2+2+3+3+5=15$, $2+3+5+5=15$이므로
　　$m=2^2 \times 3^2 \times 5$, $2 \times 3 \times 5^2$
(ii) 소인수가 2, 3, 7일 때,
　　$2+3+3+7=15$이므로 $m=2 \times 3^2 \times 7$
(iii) 소인수가 3, 5, 7일 때,
　　$3+5+7=15$이므로 $m=3 \times 5 \times 7$
(i)~(iii)에서 m의 개수는 4이다.　　　　답 ③

13

약수의 개수가 6인 자연수는 a^5 또는 $a^2 \times b$ (a, b는 서로 다른 소수)의 꼴이고, 이 중 50 이하의 자연수는
2^5, $2^2 \times 3$, $2^2 \times 5$, $2^2 \times 7$, $2^2 \times 11$, $3^2 \times 2$, $3^2 \times 5$, $5^2 \times 2$이다.
따라서 이 자연수들의 곱의 소인수는 2, 3, 5, 7, 11이므로 구하는 합은 $2+3+5+7+11=28$　　　　답 ⑤

14

학생 수로 124를 나누면 4가 남고, 73을 나누면 1이 남고, 46을 나누면 2가 부족하므로 학생 수는 120, 72, 48의 공약수이다.
최대한 많은 학생들에게 똑같이 나누어 주려고 하기 때문에 학생 수 a는 120, 72, 48의 최대공약수이다.
$120=2^3 \times 3 \times 5$, $72=2^3 \times 3^2$, $48=2^4 \times 3$의 최대공약수는 $2^3 \times 3 = 24$이므로 $a=24$
이때 한 학생이 받는 수정테이프의 개수는 $\frac{72}{24}=3$이므로 $b=3$
$\therefore a+b=24+3=27$　　　　답 ①

15

2, 5, $8=2^3$의 최소공배수는 $2^3 \times 5 = 40$이므로 40일 후에 처음으로 다시 세 사람이 같이 스터디 카페에 간다.
4월은 30일까지 있으므로 구하는 날은 4월 1일에서 40일 후인 5월 11일이다.
이때 $40=7 \times 5 + 5$이므로 요일은 금요일이다.　　　　답 ③

16

조건 (대)에서 $m=3^2 \times k$ (k는 3과 서로소)이다.
이 중 조건 (개)를 만족시키는 k의 값은
1, 2, 2^2, 5, 7, 2^3, 2×5, 11이다.
이 중 조건 (내)를 만족시키는 k의 값은 2^2, 2^3, 2×5이다.

따라서 조건을 모두 만족시키는 자연수 m은 $2^2 \times 3^2$, $2^3 \times 3^2$, $2 \times 3^2 \times 5$이므로 그 개수는 3이다.　　　　답 3

17

$126=2 \times 3^2 \times 7$, $180=2^2 \times 3^2 \times 5$, $216=2^3 \times 3^3$의 최대공약수는 $2 \times 3^2 = 18$이므로 꽃 사이의 간격이 18 m이어야 한다.
따라서 꽃은 $126 \div 18 + 180 \div 18 + 216 \div 18 = 7 + 10 + 12 = 29$ (송이) 필요하다.　　　　답 29송이

18

(정사각형의 한 변의 길이)$+1$은 15, 9의 공배수이다.
이 중 가장 짧은 한 변의 길이는
$15=3 \times 5$, $9=3^2$의 최소공배수이므로 $3^2 \times 5 = 45$이다.
따라서 정사각형의 한 변의 길이는
$45-1=44$　　　　답 44

19

두 자연수를 A, B라 하면 두 자연수의 최대공약수는 28이므로
$A=28 \times a$, $B=28 \times b$ (a, b는 서로소, $a>b$)　　……❶
최소공배수가 168이므로 $28 \times a \times b = 168$　　$\therefore a \times b = 6$
이때 a, b는 서로소이고 $a>b$이므로
$a=6$, $b=1$ 또는 $a=3$, $b=2$
A, B가 모두 두 자리의 자연수이므로 $a=3$, $b=2$
따라서 $A=28 \times 3$, $B=28 \times 2$이고 작은 수는 56이므로　……❷
$56=2^3 \times 7$의 약수의 개수는 $4 \times 2 = 8$　　……❸
　　　　답 8

채점 기준	배점 비율
❶ 두 자연수를 최대공약수를 이용하여 나타내기	30 %
❷ 두 자리의 자연수 중 작은 수 구하기	40 %
❸ 두 수 중 작은 수의 약수의 개수 구하기	30 %

20

어느 버스 정류장에서 세 버스 A, B, C는 각각
$\frac{60}{6}=10$(분), $\frac{60}{2}=30$(분), 25분 간격으로 출발하므로　……❶
세 버스가 다시 동시에 출발할 때까지 걸리는 시간은 $10=2 \times 5$, $30=2 \times 3 \times 5$, $25=5^2$의 최소공배수 $2 \times 3 \times 5^2 = 150$(분)이다.
즉, 세 버스는 동시에 출발한 후 150분마다 다시 동시에 출발한다.
　　　　……❷
이때 오전 9시부터 오후 5시까지는 8시간이고, $8 \times 60 = 480$(분)이므로 오전 9시와 오후 5시 사이에 세 버스가 동시에 출발하는 것은 $\frac{480}{150}=3.2$, 즉 3번이다.　　　　……❸
　　　　답 3번

채점 기준	배점 비율
❶ 세 버스 A, B, C의 운행 간격 구하기	30 %
❷ 최소공배수를 이용하여 세 버스 다시 동시에 출발할 때까지 걸리는 시간 구하기	40 %
❸ 오전 9시와 오후 5시 사이에 세 버스가 동시에 출발한 횟수 구하기	30 %

03 정수와 유리수

기출 **A** 오답 피하는 필수 문제 　　　　↻30쪽~32쪽

01 ③	02 ⑤	03 ㅁ, ㅂ	04 ③	05 ④	06 ③
07 $x=3, y=-3$			08 ㄴ, ㄷ	09 ⑤	10 8　11 7
12 $-2, -1, 0, 1$					

01

① 정수는 $3, 0, -\dfrac{4}{2}(=-2)$의 3개이다.

② 양수는 $3, +0.55, \dfrac{1}{3}$의 3개이다.

③ 자연수는 3의 1개이다.

④ 음의 유리수는 $-2.5, -\dfrac{4}{2}$의 2개이다.

⑤ 정수가 아닌 유리수는 $-2.5, +0.55, \dfrac{1}{3}$의 3개이다.

따라서 옳은 것은 ③이다.　　　　　　　　답 ③

02

① 0은 유리수이다.

② 0과 1 사이에는 $\dfrac{1}{2}, \dfrac{2}{3}, \dfrac{3}{4}, \cdots$ 등 무수히 많은 유리수가 있다.

③ $-\dfrac{12}{3}(=-4)$는 정수이다.

④ 양의 정수가 아닌 정수는 0 또는 음의 정수이다.

따라서 옳은 것은 ⑤이다.　　　　　　　　답 ⑤

절대등급 **NOTE**

0과 1 사이에 유리수가 없는 것으로 생각하지 않도록 주의한다.

또, $-\dfrac{12}{3}$가 분수의 꼴이어서 정수가 아닌 유리수라고 생각하지 않고 약분한 후, 정수인지 아닌지 판단한다.

양의 정수가 아닌 정수에는 음의 정수도 있고 0도 있다.

같은 이유로 양의 유리수가 아닌 유리수에는 음의 유리수도 있고 0도 있다.

03

(개)에 해당하는 수는 정수, (내)에 해당하는 수는 정수가 아닌 유리수, (대)에 해당하는 수는 음의 정수이다.

따라서 바르게 짝 지어진 것은 ㅁ, ㅂ이다.　　　답 ㅁ, ㅂ

04

③ $C : -\dfrac{2}{3}$　　　　　　　　　　　　答 ③

05

④ 절댓값이 0인 수는 0의 1개이므로 절댓값이 같은 수가 항상 2개 인 것은 아니다.

따라서 옳지 않은 것은 ④이다.　　　　　　答 ④

절대등급 **NOTE**

$a>0 \Rightarrow |a|=a$

$a<0 \Rightarrow |a|=-a$

06

구하는 수는 주어진 수들 중 절댓값이 가장 작은 수이다.

① $|-3|=3$

② $\left|\dfrac{10}{3}\right|=3.3\cdots$

③ $\left|-\dfrac{7}{4}\right|=\dfrac{7}{4}=1.75$

④ $|-2|=2$

⑤ $\left|-\dfrac{14}{5}\right|=\dfrac{14}{5}=2.8$

따라서 구하는 수는 ③ $-\dfrac{7}{4}$이다.　　　　答 ③

07

x가 y보다 6만큼 크므로 수직선 위에서 x, y를 나타내는 두 점 사이의 거리는 6이다.

즉, $|x|=|y|=\dfrac{6}{2}=3$

따라서 절댓값이 3인 수는 $-3, 3$이고 $x>y$이므로 $x=3, y=-3$

답 $x=3, y=-3$

절대등급 **NOTE**

절댓값이 같고 부호가 반대인 두 수를 나타내는 두 점 사이의 거리가 $a\,(a>0)$

➡ 두 수의 차는 a

➡ 두 수 중 큰 수는 $\dfrac{a}{2}$, 작은 수는 $-\dfrac{a}{2}$

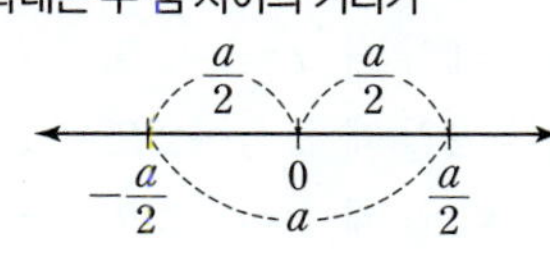

08

ㄱ. $\dfrac{5}{3}=\dfrac{40}{24}, \dfrac{13}{8}=\dfrac{39}{24}$이므로 $\dfrac{5}{3}>\dfrac{13}{8}$

ㄴ. $|-7|=7$이므로 $0<|-7|$

ㄷ. $|-2.6|=2.6, \left|-\dfrac{11}{5}\right|=\dfrac{11}{5}=2.2$이므로

　　$|-2.6|>\left|-\dfrac{11}{5}\right|$　　∴ $-2.6<-\dfrac{11}{5}$

ㄹ. $|-1.4|=1.4=\dfrac{7}{5}=\dfrac{42}{30}, \left|\dfrac{7}{6}\right|=\dfrac{7}{6}=\dfrac{35}{30}$이므로

$$|-1.4| > \left|\frac{7}{6}\right|$$

따라서 옳은 것은 ㄴ, ㄷ이다.   답 ㄴ, ㄷ

09

① $a < 3$

② $a \geq -1$

③ $-\dfrac{2}{7} \leq a < \dfrac{5}{4}$

④ $1 < a \leq \dfrac{7}{2}$

따라서 바르게 나타낸 것은 ⑤이다.   답 ⑤

주의 '작지 않다.'와 '크지 않다.'를 부등호를 사용하여 나타낼 때, 등호를 빠트리지 않도록 주의한다.

절대등급 NOTE

다음을 부등호를 사용하여 나타낼 때, 부등호의 방향에 주의한다.

a는 b보다 크거나 같다.
a는 b보다 작지 않다. → $a \geq b$

a는 b보다 작거나 같다.
a는 b보다 크지 않다. → $a \leq b$

10

$-\dfrac{13}{3} = -4\dfrac{1}{3}$이므로 $-\dfrac{13}{3} \leq a \leq 3$을 만족시키는 정수 a는 $-4, -3, -2, -1, 0, 1, 2, 3$의 8개이다.   답 8

11

구하는 정수를 x라 하면

$|x| < \dfrac{31}{8}$이므로 $|x| = 0, 1, 2, 3$

$|x| = 0$일 때, $x = 0$

$|x| = 1$일 때, $x = -1$ 또는 $x = 1$

$|x| = 2$일 때, $x = -2$ 또는 $x = 2$

$|x| = 3$일 때, $x = -3$ 또는 $x = 3$

따라서 구하는 정수의 개수는 7이다.   답 7

12

조건 ㈎에서 $-3 < a < 3$이므로 이를 만족시키는 정수 a의 값은 $-2, -1, 0, 1, 2$

조건 ㈏에서 $-\dfrac{16}{3} = -5\dfrac{1}{3}$이므로 $-\dfrac{16}{3} \leq a < 2$를 만족시키는 정수 a의 값은 $-5, -4, -3, -2, -1, 0, 1$

따라서 주어진 조건을 모두 만족시키는 정수 a의 값은 $-2, -1, 0, 1$ 답 $-2, -1, 0, 1$

기출 **B** 실수 극복하는 **심화 문제**   ⟳ 33쪽~37쪽

01 ②	02 ④	03 ④	04 6	05 $a=-3, b=9$	06 ⑤
07 B : -4, C : 3		08 A : -5, C : -1, D : 1			09 ③
10 ④	11 ㄱ, ㄹ	12 ①	13 $a=9, b=-3$		14 ②
15 2	16 ③	17 $-\dfrac{7}{2}$	18 ②	19 ⑤ 20 6 21 6	
22 (1) $a=-2, b=1, c=-4, d=3$ (2) ②				23 ③	24 10
25 ③	26 y, z, x	27 $-a, b, -b, a$		28 ㄹ, ㅁ	
29 ④					

01

전략 유리수의 뜻과 분류를 정확히 이해한다.

양의 유리수는 $3.14, +8, 2$의 3개이므로 $a=3$

음의 정수는 $-1, -\dfrac{28}{7}(=-4)$의 2개이므로 $b=2$

정수가 아닌 유리수는 $3.14, -\dfrac{4}{3}, -2.9$의 3개이므로 $c=3$

$\therefore a+b-c = 3+2-3 = 2$ 답 ②

02

전략 유리수의 뜻과 분류를 정확히 이해한다.

ㄱ. 정수는 모두 유리수이다.

ㄷ. 유리수는 양수, 0, 음수로 이루어져 있다.

따라서 옳은 것은 ㄴ, ㄹ이다.   답 ④

03

전략 $\langle 0 \rangle$, $\left\langle \dfrac{3}{4} \right\rangle$, $\left\langle -\dfrac{6}{3} \right\rangle$의 값을 먼저 구한 후, $\langle a \rangle$의 값을 구한다.

$\langle 0 \rangle = 0$, $\left\langle \dfrac{3}{4} \right\rangle = 1$, $\left\langle -\dfrac{6}{3} \right\rangle = \langle -2 \rangle = 0$이므로

$\left\langle a \right\rangle + \langle 0 \rangle + \left\langle \dfrac{3}{4} \right\rangle + \left\langle -\dfrac{6}{3} \right\rangle = \langle a \rangle + 0 + 1 + 0$

$$= \langle a \rangle + 1$$

즉, $\langle a \rangle + 1 = 2$이므로 $\langle a \rangle = 1$

따라서 a는 정수가 아닌 유리수이므로 a의 값이 될 수 없는 것은 ④이다.   답 ④

04

전략 $\dfrac{5}{3}$와 $-\dfrac{15}{4}$를 수직선 위에 점으로 나타낸 후, a, b를 구한다.

$\dfrac{5}{3} = 1\dfrac{2}{3}$와 $-\dfrac{15}{4} = -3\dfrac{3}{4}$을 수직선 위에 점으로 나타내면 다음 그림과 같다.

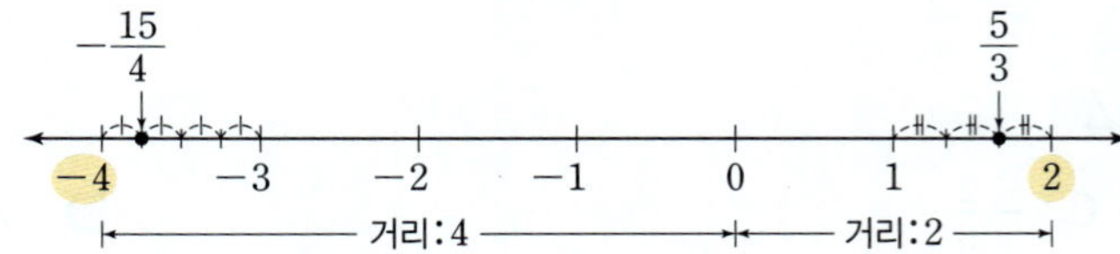

$\dfrac{5}{3}$에 가장 가까운 정수는 2이고, $-\dfrac{15}{4}$에 가장 가까운 정수는 -4
이므로 $a=2$, $b=-4$
따라서 2, -4를 나타내는 두 점 사이의 거리는 $2+4=6$ **답** 6

05

전략 두 수 a, b를 나타내는 두 점으로부터 같은 거리에 있는 점까지의 거리를 먼저 구한다.

두 수 a, b를 나타내는 두 점 사이의 거리가 12이므로 두 점으로부터 같은 거리에 있는 점까지의 거리는 $12 \times \dfrac{1}{2} = 6$

두 점으로부터 같은 거리에 있는 점이 나타내는 수가 3이므로 두 수 a, b를 나타내는 점을 수직선 위에 나타내면 다음 그림과 같다.

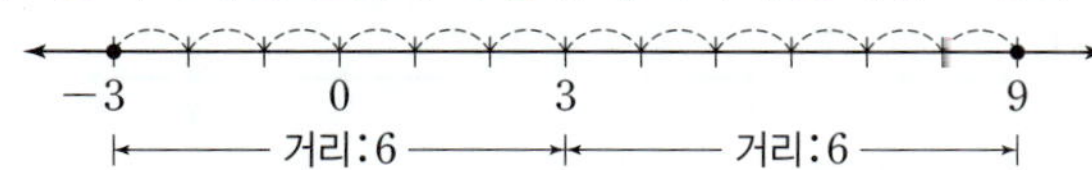

이때 $a<b$이므로 $a=-3$, $b=9$ **답** $a=-3$, $b=9$

06

전략 가능한 a, b의 값을 모두 구한다.

오른쪽 그림에서
$a=2$ 또는 $a=8$이고,
$b=3$ 또는 $b=17$
따라서 $M=8+17=25$,
$N=2+3=5$이므로
$M-N=25-5=20$ **답** ⑤

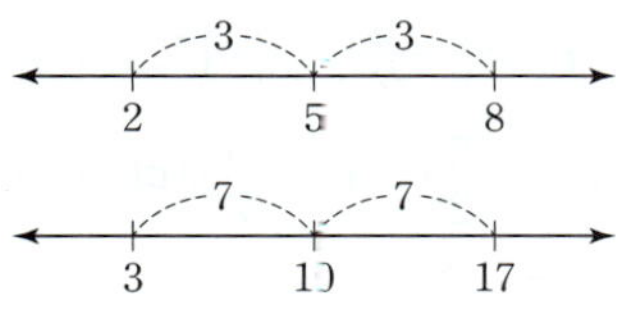

07

전략 눈금 한 칸이 1인 수직선 위에 점 A를 기준으로 나머지 4개의 점 B, C, D, E를 나타내어 본다.

눈금 한 칸이 1인 수직선 위에 점 A를 기준으로 나머지 4개의 점 B, C, D, E를 나타내면 다음 그림과 같다.

따라서 두 점 B, C가 나타내는 수는 각각 -4, 3이다.
답 B : -4, C : 3

08

전략 두 점 B, E 사이의 거리를 이용하여 5개의 점 A, B, C, D, E 사이의 간격을 구한다.

-3을 나타내는 점 B와 3을 나타내는 점 E 사이의 거리가 6이므로 두 점 B, C 사이의 거리는 $\dfrac{6}{3}=2$

따라서 다음 그림과 같이 5개의 점 A, B, C, D, E 사이의 간격이 모두 2이다.

점 B에서 왼쪽으로 2만큼 떨어진 점 A가 나타내는 수는 -5
점 B에서 오른쪽으로 2만큼 떨어진 점 C가 나타내는 수는 -1
점 E에서 왼쪽으로 2만큼 떨어진 점 D가 나타내는 수는 1 ······ ❷
답 A : -5, C : -1, D : 1

채점 기준	배점 비율
❶ 5개의 점 A, B, C, D, E 사이의 간격 구하기	40 %
❷ 세 점 A, C, D가 나타내는 수 각각 구하기	60 %

09

전략 가능한 a의 값을 먼저 구한다.

-2를 나타내는 점과 a를 나타내는 점 사이의 거리가 4이므로
$a=-6$ 또는 $a=2$
(i) $a=-6$일 때
  -6과 2를 나타내는 두 점 사이의 거리가 8이므로 2를 나타내는 점에서 오른쪽으로 8만큼 떨어진 점이 나타내는 수는 10이다.
  $\therefore b=10$
(ii) $a=2$일 때
  2와 2를 나타내는 두 점 사이의 거리가 0이므로 $b=2$
  이때 a와 b는 서로 다른 수라는 조건을 만족시키지 않는다.
(i), (ii)에서 $b=10$ **답** ③

10

전략 두 수 a, b의 절댓값이 같고 a가 b보다 9만큼 크므로 $a>0$, $b<0$이다.

두 수 a, b의 절댓값이 같고 a가 b보다 9만큼 크므로 $a>0$, $b<0$이고 두 수 a, b를 나타내는 두 점 사이의 거리가 9이다.

이때 두 수 a, b를 나타내는 두 점은 원점으로부터 각각 $9 \times \dfrac{1}{2} = \dfrac{9}{2}$만큼 떨어져 있으므로
$a=\dfrac{9}{2}$, $b=-\dfrac{9}{2}$

따라서 $-\dfrac{9}{2}=-4.5$, $\dfrac{9}{2}=4.5$이므로 두 수 사이에 있는 정수는
-4, -3, -2, -1, 0, 1, 2, 3, 4의 9개이다. **답** ④

11

전략 절댓값의 성질을 정확히 이해한다.

ㄴ. $a<0$이면 $|a|=-a$이다.
ㄷ. 절댓값이 가장 작은 정수는 0이다.
따라서 옳은 것은 ㄱ, ㄹ이다. **답** ㄱ, ㄹ

참고 부호만 다른 두 유리수는 절댓값이 서로 같다.

12

전략 $|a|+|b|=3$을 만족시키는 $|a|$, $|b|$를 먼저 구한다.

(i) $|a|=0$, $|b|=3$일 때,
  (a, b)는 $(0, 3)$, $(0, -3)$의 2개이다.

(ii) $|a|=1$, $|b|=2$일 때,
(a, b)는 $(1, 2)$, $(1, -2)$, $(-1, 2)$, $(-1, -2)$의 4개이다.
(iii) $|a|=2$, $|b|=1$일 때,
(a, b)는 $(2, 1)$, $(2, -1)$, $(-2, 1)$, $(-2, -1)$의 4개이다.
(iv) $|a|=3$, $|b|=0$일 때,
(a, b)는 $(3, 0)$, $(-3, 0)$의 2개이다.
(i)~(iv)에서 조건을 만족시키는 (a, b)의 개수는
$2+4+4+2=12$ 답 ①

13

전략) 두 수 a, b를 수직선 위에 나타내어 본다.

주어진 조건에 맞게 두 수 a, b를 수직선 위에 나타내면 다음 그림과 같다.

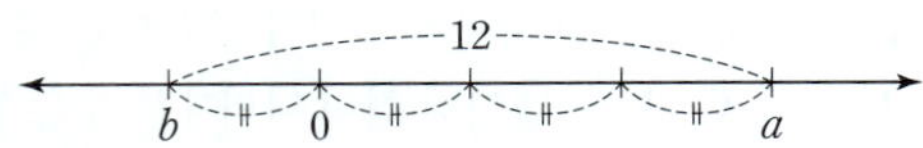

$\therefore a=9$, $b=-3$ 답 $a=9$, $b=-3$

14

전략) $x=-5$일 때와 $x=5$일 때로 나누어 주어진 조건에 맞게 각각 수직선 위에 나타내어 본다.

$|x|=5$이므로 $x=-5$ 또는 $x=5$
(i) $x=-5$일 때,
오른쪽 그림에서 $y=21$
(ii) $x=5$일 때,
오른쪽 그림에서 $y=11$
(i), (ii)에서 y의 값이 될 수 있는 수는 11, 21이다.
이때 11은 소수, 21은 합성수이므로 구하는 값은 11이다.   답 ②

15

전략) 가능한 x, y의 값을 모두 구한다.

$|x-5|=4$에서 $x=1$ 또는 $x=9$
$|y-2|=1$에서 $y=1$ 또는 $y=3$
(i) $x=1$, $y=1$일 때, $x+y=1+1=2$
(ii) $x=1$, $y=3$일 때, $x+y=1+3=4$
(iii) $x=9$, $y=1$일 때, $x+y=9+1=10$
(iv) $x=9$, $y=3$일 때, $x+y=9+3=12$
(i)~(iv)에서 $x+y$의 값 중 가장 작은 수는 2이다.   답 2

16

전략) x, y의 값에 따른 가능한 모든 X, Y의 값을 구한다.

$|x|=\left|-\dfrac{5}{2}\right|=\dfrac{5}{2}$이므로 $x=-\dfrac{5}{2}$ 또는 $x=\dfrac{5}{2}$

$x=-\dfrac{5}{2}$일 때, $-\dfrac{5}{2}$보다 큰 수 중 가장 작은 정수는 -2이므로
$X=-2$

$x=\dfrac{5}{2}$일 때, $\dfrac{5}{2}$보다 큰 수 중 가장 작은 정수는 3이므로
$X=3$

$|y|=\left|\dfrac{10}{3}\right|=\dfrac{10}{3}$이므로 $y=-\dfrac{10}{3}$ 또는 $y=\dfrac{10}{3}$

$y=-\dfrac{10}{3}$일 때, $-\dfrac{10}{3}$보다 작은 수 중 가장 큰 정수는 -4이므로
$Y=-4$

$y=\dfrac{10}{3}$일 때, $\dfrac{10}{3}$보다 작은 수 중 가장 큰 정수는 3이므로
$Y=3$

(i) $X=-2$, $Y=-4$일 때,
$|X|+|Y|=|-2|+|-4|=2+4=6$
(ii) $X=-2$, $Y=3$일 때,
$|X|+|Y|=|-2|+|3|=2+3=5$
(iii) $X=3$, $Y=-4$일 때,
$|X|+|Y|=|3|+|-4|=3+4=7$
(iv) $X=3$, $Y=3$일 때,
$|X|+|Y|=|3|+|3|=3+3=6$
(i)~(iv)에서 $|X|+|Y|$의 값 중 가장 큰 수는 7이다.   답 ③

17

전략) 두 수의 절댓값을 비교한다.

$|3|=3$, $\left|-\dfrac{7}{2}\right|=\dfrac{7}{2}$이므로 $|3|<\left|-\dfrac{7}{2}\right|$

$$\therefore 3\triangle\left(-\frac{7}{2}\right)=-\frac{7}{2}$$

$$\left|-\frac{16}{3}\right|=\frac{16}{3},\ |-6|=6\text{이므로}\ \left|-\frac{16}{3}\right|<|-6|$$

$$\therefore \left(-\frac{16}{3}\right)\triangle(-6)=-6$$

$$\left|-\frac{7}{2}\right|=\frac{7}{2},\ |-6|=6\text{이므로}\ \left|-\frac{7}{2}\right|<|-6|$$

$$\therefore \left\{3\triangle\left(-\frac{7}{2}\right)\right\}\triangledown\left\{\left(-\frac{16}{3}\right)\triangle(-6)\right\}=\left(-\frac{7}{2}\right)\triangledown(-6)$$

$$=-\frac{7}{2} \qquad \text{답}\ -\frac{7}{2}$$

18

전략 두 수 $-\dfrac{7}{5}$ 과 $\dfrac{25}{6}$ 를 수직선 위에 나타내어 본다.

$-\dfrac{7}{5}=-1\dfrac{2}{5},\ \dfrac{25}{6}=4\dfrac{1}{6}$ 이므로 $-\dfrac{7}{5}$ 과 $\dfrac{25}{6}$ 를 수직선 위에 나타내면 다음과 같다.

따라서 $-\dfrac{7}{5}$ 과 $\dfrac{25}{6}$ 사이에 있는 수 중 가장 큰 정수는 4, 가장 작은 정수는 -1 이므로

$$|4|+|-1|=4+1=5 \qquad \text{답}\ ②$$

19

전략 주어진 수를 작은 수부터 차례대로 나열해 본다.

주어진 수를 작은 수부터 차례대로 나열하면

$$-\frac{28}{7},\ -3.6,\ -1,\ -\frac{4}{9},\ 0,\ 0.55,\ \frac{23}{11},\ \frac{7}{2}$$

① 가장 큰 수는 $\dfrac{7}{2}$ 이다.

② 가장 작은 수는 $-\dfrac{28}{7}$ 이다.

주어진 수들의 절댓값의 대소를 비교하면

$$|0|<\left|-\frac{4}{9}\right|<|0.55|<|-1|<\left|\frac{23}{11}\right|<\left|\frac{7}{2}\right|$$

$$<|-3.6|<\left|-\frac{28}{7}\right|$$

③ 절댓값이 가장 큰 수는 $-\dfrac{28}{7}$ 이다.

④ 절댓값이 가장 작은 수는 0이다.

⑤ 원점으로부터 두 번째로 멀리 떨어져 있는 수는 절댓값이 두 번째로 큰 수이므로 -3.6 이다.

따라서 옳은 것은 ⑤이다. $\qquad$ 답 ⑤

20

전략 분수를 소수로 나타내어 가장 가까운 정수를 구한다.

$-\dfrac{11}{4}=-2.75$ 에 가장 가까운 정수는 -3 이므로 $x=-3$ ……❶

$\dfrac{26}{9}=2.8\cdots$ 에 가장 가까운 정수는 3이므로 $y=3$ ……❷

따라서 -3 과 3 사이에 있는 정수는 $-2,\ -1,\ 0,\ 1,\ 2$ 이므로 구하는 절댓값의 합은 $2+1+0+1+2=6$ ……❸

$$\text{답}\ 6$$

채점 기준	배점 비율
❶ 정수 x 구하기	30 %
❷ 정수 y 구하기	30 %
❸ x 와 y 사이에 있는 모든 정수의 절댓값의 합 구하기	40 %

21

전략 두 유리수의 분모를 15로 통분한 후, 조건에 맞는 기약분수를 찾는다.

$-\dfrac{2}{5}=-\dfrac{6}{15},\ \dfrac{1}{3}=\dfrac{5}{15}$ 이므로 $-\dfrac{2}{5}$ 와 $\dfrac{1}{3}$ 사이에 있는 정수가 아닌 유리수 중에서 기약분수로 나타낼 때, 분모가 15인 수는

$$-\frac{4}{15},\ -\frac{2}{15},\ -\frac{1}{15},\ \frac{2}{15},\ \frac{4}{15}\text{의 6개이다.} \qquad \text{답}\ 6$$

다른 풀이

$-\dfrac{2}{5}=-\dfrac{6}{15},\ \dfrac{1}{3}=\dfrac{5}{15}$ 이므로 $-\dfrac{2}{5}$ 와 $\dfrac{1}{3}$ 사이에 있는 정수가 아닌 유리수 중에서 분모가 15인 기약분수는 분자의 절댓값이 15와 서로소이다.

즉, 6보다 작은 자연수 중 15와 서로소인 수는 1, 2, 4이므로 분자의 값으로 가능한 수는 양수 3개(1, 2, 4), 음수 3개($-1,\ -2,\ -4$)의 6개이다.

절대등급 **NOTE**

두 유리수 사이에 있는 분모가 x 인 정수가 아닌 기약분수의 개수 구하기
❶ 두 유리수의 분모가 x 가 되도록 통분한다.
❷ 절댓값이 분모 x 와 서로소인 수를 찾아 분자의 값으로 가능한 수의 개수를 구한다.

22

전략 ㉮보다 작은 정수 중 가장 큰 수가 2이다.

(1) $-\dfrac{3}{2}$ 보다 작은 정수 중 가장 큰 수는 -2 이므로 $a=-2$

$\dfrac{9}{5}$ 보다 작은 정수 중 가장 큰 수는 1이므로 $b=1$

$-\dfrac{10}{3}$ 보다 작은 정수 중 가장 큰 수는 -4 이므로 $c=-4$

$\dfrac{13}{4}$ 보다 작은 정수 중 가장 큰 수는 3이므로 $d=3$

(2) ㉮에 들어갈 수는 준서가 1회, 2회, 3회, 5회에서 말한 기약분수와 분모가 달라야 하고 ㉮보다 작은 정수 중 가장 큰 수가 2이어야 하므로 알맞은 수는 ②이다.

$$\text{답}\ (1)\ a=-2,\ b=1,\ c=-4,\ d=3 \quad (2)\ ②$$

23

전략 각 수의 절댓값을 구한 후, $\dfrac{1}{2}\leq|x|<\dfrac{3}{2}$ 을 만족시키는 x 의 값인지 확인한다.

절댓값이 $\dfrac{1}{2}(=0.5)$ 보다 크거나 같고 $\dfrac{3}{2}(=1.5)$ 보다 작아야 한다.

① $|-1.3|=1.3$　　② $|-0.7|=0.7$　　③ $|-0.4|=0.4$

④ $|0.9|=0.9$　　⑤ $|1.4|=1.4$

따라서 절댓값이 0.5 이상 1.5 미만인 수가 아닌 것은 ③이다.

답 ③

24

전략　조건 ㈎를 만족시키는 정수 중 절댓값이 5보다 크지 않은 것을 찾는다.

조건 ㈎에서 $-4 \leq x < \dfrac{15}{2}$를 만족시키는 정수 x는

$-4, -3, -2, -1, 0, 1, 2, 3, 4, 5, 6, 7$

조건 ㈏에서 $|x| \leq 5$이므로 두 조건을 모두 만족시키는 정수 x는

$-4, -3, -2, -1, 0, 1, 2, 3, 4, 5$의 10개이다.　답 10

25

전략　절댓값이 $0, 1, 2, …, n$인 정수를 구한다.

절댓값이 0인 수는 0

절댓값이 1인 수는 $-1, 1$

절댓값이 2인 수는 $-2, 2$

$\vdots$

절댓값이 n인 수는 $-n, n$

절댓값이 n 이하인 정수가 37개이므로 이 중 0을 제외한 정수는 36개이다.

$\therefore n = \dfrac{36}{2} = 18$　답 ③

26

전략　주어진 조건을 이용하여 x, y, z의 값의 범위를 구한 후 대소를 비교한다.

조건 ㈎, ㈐에서 x는 -2보다 크면서 절댓값이 2보다 크므로 $x > 2$

조건 ㈎, ㈑에서 y는 -2보다 크면서 음수이므로 $-2 < y < 0$

조건 ㈏에서 $y < z < 2$

즉, $-2 < y < z < 2 < x$이므로 $y < z < x$

따라서 작은 수부터 차례대로 나열하면 y, z, x이다.　답 y, z, x

27

전략　주어진 수를 양수와 음수로 구분한 후, 음수는 음수끼리, 양수는 양수끼리 대소를 비교한다.

$a < 0, b > 0$이므로 $-a > 0, -b < 0$

(ⅰ) $-a$와 b에서 $|-a| > |b|$이고, 양수끼리는 절댓값이 큰 수가 더 크므로 $0 < b < -a$

(ⅱ) a와 $-b$에서 $|a| > |-b|$이고, 음수끼리는 절댓값이 큰 수가 더 작으므로 $a < -b < 0$

(ⅰ), (ⅱ)에서 $a < -b < b < -a$

따라서 큰 수부터 차례대로 나열하면 $-a, b, -b, a$이다.

답 $-a, b, -b, a$

28

전략　성립하지 않는 x, y의 예가 있는지 확인한다.

ㄱ. $x=-1, y=-2$이면 $|-1| < |-2|$이지만 $-1 > -2$이다.

ㄴ. $x=1, y=-2$이면 $|1| < |-2|$이지만 x는 양수, y는 음수이다.

ㄷ. $x=0, y=-1$이면 $|0| < |-1|$이지만 y는 음수이다.

ㄹ. $a > 0$일 때, $|x| < a$이면 $-a < x < a$이다.

즉, $|x| < |y|$이면 $-|y| < x < |y|$이다.

ㅁ. $x=-1, y=-2$이면 수직선에서 x를 나타내는 점이 y를 나타내는 점보다 오른쪽에 있다.

따라서 옳은 것은 ㄹ, ㅁ이다.　답 ㄹ, ㅁ

29

전략　주어진 조건을 이용하여 각 수의 값이나 범위를 구한 후 대소를 비교한다.

㈎ $\dfrac{11}{6} = 1.8\cdots$에 가장 가까운 정수는 2이므로 $a = 2$

㈏ $b > 3$

㈐ $c < 0$이고, $|c| > 4$에서 $c > 4$ 또는 $c < -4$이므로 $c < -4$

㈑ $-2 < d \leq -0.5$이고, d는 정수이므로 $d = -1$

㈒ $-\dfrac{22}{7} < e < \dfrac{13}{3}$을 만족시키는 음의 정수는 $-3, -2, -1$이고, 이 중 절댓값이 두 번째로 큰 수는 -2이므로 $e = -2$

$\therefore c < e < d < a < b$

따라서 작은 수부터 차례대로 나열하면 c, e, d, a, b이다.　답 ④

기출 **C** 학교 시험 **최상위 문제**　↻ 38쪽

| 01 76 | 02 18 | 03 20가지 | 04 a, c, b, d | 05 ②, ④ |

01

전략　$a_1, a_2, …, a_6$의 가능한 값을 모두 구한다.

$|a_1 - 2| = 1$에서 $a_1 = 1$ 또는 $a_1 = 3$

$|a_2 - 4| = 3$에서 $a_2 = 1$ 또는 $a_2 = 7$

$|a_3 - 6| = 5$에서 $a_3 = 1$ 또는 $a_3 = 11$

$|a_4 - 8| = 7$에서 $a_4 = 1$ 또는 $a_4 = 15$

$|a_5 - 10| = 9$에서 $a_5 = 1$ 또는 $a_5 = 19$

$|a_6 - 12| = 11$에서 $a_6 = 1$ 또는 $a_6 = 23$

$a_1 + a_2 + a_3 + a_4 + a_5 + a_6$의 값이 가장 큰 경우는

$a_1 = 3, a_2 = 7, a_3 = 11, a_4 = 15, a_5 = 19, a_6 = 23$일 때이고

$a_1 + a_2 + a_3 + a_4 + a_5 + a_6$의 값이 두 번째로 큰 경우는

$a_1 = 1, a_2 = 7, a_3 = 11, a_4 = 15, a_5 = 19, a_6 = 23$일 때이다.

따라서 구하는 수는

$1 + 7 + 11 + 15 + 19 + 23 = 76$　답 76

02

전략) 가능한 $|x|$의 값에 따른 $|y|$의 값을 모두 구한다.

$|x|+|y|<5$를 만족시키는 $|x|$의 값은 0, 1, 2, 3, 4이다. ……❶

(i) $|x|=0$일 때, $|y|=0, 1, 2, 3, 4$
  이때 $x<y$인 (x, y)는
  $(0, 1), (0, 2), (0, 3), (0, 4)$

(ii) $|x|=1$일 때, $|y|=0, 1, 2, 3$
  이때 $x<y$인 (x, y)는
  $(-1, 0), (-1, 1), (-1, 2), (-1, 3), (1, 2), (1, 3)$

(iii) $|x|=2$일 때, $|y|=0, 1, 2$
  이때 $x<y$인 (x, y)는
  $(-2, -1), (-2, 0), (-2, 1), (-2, 2)$

(iv) $|x|=3$일 때, $|y|=0, 1$
  이때 $x<y$인 (x, y)는
  $(-3, -1), (-3, 0), (-3, 1)$

(v) $|x|=4$일 때, $|y|=0$
  이때 $x<y$인 (x, y)는
  $(-4, 0)$ ……❷

(i)~(v)에서 (x, y)의 개수는
$4+6+4+3+1=18$ ……❸

답 18

채점 기준	배점 비율
❶ 가능한 $|x|$의 값 모두 구하기	10 %
❷ 가능한 (x, y) 모두 구하기	80 %
❸ (x, y)의 개수 구하기	10 %

03

전략) $\frac{y}{x}$보다 큰 정수 중 가장 작은 수가 2인 경우를 부등식으로 나타내고, 가능한 x, y의 값을 모두 구한다.

$\frac{y}{x}$보다 큰 정수 중 가장 작은 수가 2이므로 $1<\frac{y}{x}<2$

이때 $|x|=2, 3, 4, 5$이고 $\frac{y}{x}$가 정수가 아닌 유리수이려면

(i) $|x|=2$일 때,
  $x=-2$이면 $1<\frac{y}{-2}<2$이므로 $y=-3$
  $x=2$이면 $1<\frac{y}{2}<2$이므로 $y=3$

(ii) $|x|=3$일 때,
  $x=-3$이면 $1<\frac{y}{-3}<2$이므로 $y=-5, -4$
  $x=3$이면 $1<\frac{y}{3}<2$이므로 $y=4, 5$

(iii) $|x|=4$일 때,
  $x=-4$이면 $1<\frac{y}{-4}<2$이므로 $y=-7, -6, -5$
  $x=4$이면 $1<\frac{y}{4}<2$이므로 $y=5, 6, 7$

(iv) $|x|=5$일 때,
  $x=-5$이면 $1<\frac{y}{-5}<2$이므로 $y=-9, -8, -7, -6$
  $x=5$이면 $1<\frac{y}{5}<2$이므로 $y=6, 7, 8, 9$

(i)~(iv)에서 구하는 경우는 20가지이다. 답 20가지

04

전략) 주어진 조건을 만족시키도록 네 점 A, B, C, D를 수직선 위에 나타내어 본다.

조건 (다)에서 $a<0<c$ 또는 $c<0<a$

조건 (가), (나)에서 $a<0<c<b$ 또는 $b<c<0<a$

조건 (마)에서 $a<0<c<b$

조건 (라)에서 $|a|, |b|, |c|, |d|$ 중 $|d|$의 값이 가장 크고, 조건 (마)에서 네 점 중 한 점만 원점의 왼쪽에 있으므로 $d>0$이다.

주어진 조건을 만족시키도록 수직선 위에 네 점 A, B, C, D를 나타내면 다음 그림과 같다.

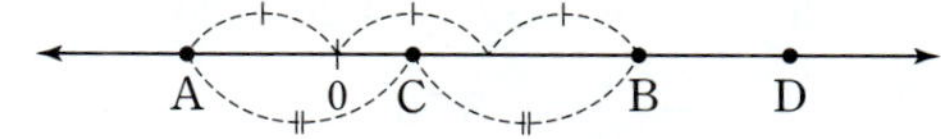

$\therefore a<c<b<d$

따라서 작은 수부터 차례대로 나열하면 a, c, b, d이다.

답 a, c, b, d

절대등급 NOTE

원점으로부터의 거리 조건을 이용하여 세 점 A, B, C가 수직선 위에서 원점으로부터 어떤 방향에 위치하는지를 먼저 생각해 본다.

05

전략) 주어진 조건을 이용하여 x, y, z의 값의 범위를 구한다.

① 조건 (가)에서 $|x|>5$, 즉 $x>5$ 또는 $x<-5$
  그런데 조건 (나)에서 $x<5$이므로 $x<-5$

② 조건 (가), (라)에서 $|z|>|x|>5$이고 조건 (다)에서 $|y|=|z|$이므로
  $|y|>5$, 즉 $y>5$ 또는 $y<-5$
  그런데 조건 (나)에서 $y<5$이므로 $y<-5$

③ 조건 (다)에서 $|y|=|z|$이고 y와 z는 서로 다른 수이므로
  $z=-y$, 즉 $z>5$

④ 조건 (다)에서 $|y|=|z|$이고 조건 (라)에서 $|z|>|x|$이므로
  $|y|>|x|$
  그런데 $x<-5, y<-5$이므로 $x>y$

⑤ $x<-5, z>5$이므로 $x<z$

따라서 옳은 것은 ②, ④이다. 답 ②, ④

절대등급 NOTE

어떤 수의 절댓값은 수직선에서 그 수를 나타내는 점과 원점 사이의 거리를 의미한다. 따라서 어떤 수 a와 b의 절댓값이 같다는 것은 원점으로부터 두 수를 나타내는 두 점 사이의 거리가 같음을 의미하고, 마찬가지로 수직선에서 c를 나타내는 점이 d를 나타내는 점보다 원점으로부터 더 멀리 떨어져 있다는 것은 c의 절댓값이 d의 절댓값보다 더 크다는 것을 의미한다.

04 정수와 유리수의 계산

기출 A 오답 피하는 필수 문제   ↻ 39쪽~41쪽

01 ②   02 ㉠ : 교환, ㉡ : 결합, ㉢ : 11, ㉣ : 55   03 ①, ②

04 $-\dfrac{21}{5}$ 05 ⑤

06 ㈎ 곱셈의 교환법칙, ㈏ 곱셈의 결합법칙, ㈐ $-\dfrac{1}{6}$, ㈑ -2

07 $-\dfrac{1}{20}$ 08 -50 09 5   10 ②   11 $-\dfrac{45}{8}$

12 ⑴ ㉣, ㉤, ㉢, ㉡, ㉠   ⑵ -4 13 ②

01

① $(+9)+(-13)=-(13-9)=-4$

② $(-1)+(-4)=-(1+4)=-5$

③ $\left(-\dfrac{7}{4}\right)+\left(-\dfrac{9}{5}\right)=-\left(\dfrac{7}{4}+\dfrac{9}{5}\right)=-\left(\dfrac{35}{20}+\dfrac{36}{20}\right)$

$\qquad =-\dfrac{71}{20}=-3.55$

④ $\left(+\dfrac{1}{6}\right)+\left(-\dfrac{17}{4}\right)=-\left(\dfrac{17}{4}-\dfrac{1}{6}\right)=-\left(\dfrac{51}{12}-\dfrac{2}{12}\right)$

$\qquad =-\dfrac{49}{12}=-4.08\cdots$

⑤ $(+3.5)+\left(-\dfrac{23}{5}\right)=-\left(\dfrac{23}{5}-3.5\right)=-\left(\dfrac{46}{10}-\dfrac{35}{10}\right)$

$\qquad =-\dfrac{11}{10}=-1.1$

따라서 계산 결과가 가장 작은 것은 ②이다.   답 ②

02   답 ㉠ : 교환, ㉡ : 결합, ㉢ : 11, ㉣ : 55

03

① $(-7)-(+7)=(-7)+(-7)=-14$

② $(-1.5)-(+1.8)=(-1.5)+(-1.8)=-3.3$

③ $(-7.5)-(-9.5)=(-7.5)+(+9.5)=2$

④ $\left(-\dfrac{7}{4}\right)-(-2)=\left(-\dfrac{7}{4}\right)+(+2)=\dfrac{1}{4}$

⑤ $\left(+\dfrac{7}{6}\right)-\left(+\dfrac{2}{3}\right)=\left(+\dfrac{7}{6}\right)+\left(-\dfrac{2}{3}\right)=\dfrac{3}{6}=\dfrac{1}{2}$

따라서 계산 결과가 음수인 것은 ①, ②이다.   답 ①, ②

04

어떤 수를 $\square$라 하면

$\square-\left(-\dfrac{5}{2}\right)=\dfrac{4}{5}$에서

$\square=\dfrac{4}{5}+\left(-\dfrac{5}{2}\right)=\dfrac{8}{10}+\left(-\dfrac{25}{10}\right)=-\dfrac{17}{10}$

따라서 바르게 계산한 값은

$-\dfrac{17}{10}+\left(-\dfrac{5}{2}\right)=-\dfrac{17}{10}+\left(-\dfrac{25}{10}\right)=-\dfrac{42}{10}=-\dfrac{21}{5}$ 답 $-\dfrac{21}{5}$

절대등급 NOTE

바르게 계산한 값을 구하는 문제이므로 어떤 수만 구한 후, 그것을 답으로 하지 않도록 주의한다.

05

① $(-3)\times(+2)=-(3\times2)=-6$

② $\left(+\dfrac{2}{3}\right)\times\left(+\dfrac{7}{2}\right)=+\left(\dfrac{2}{3}\times\dfrac{7}{2}\right)=\dfrac{7}{3}$

③ $\left(-\dfrac{4}{5}\right)\times\left(-\dfrac{5}{8}\right)=+\left(\dfrac{4}{5}\times\dfrac{5}{8}\right)=\dfrac{1}{2}$

④ $(-0.6)\times(+5)=-(0.6\times5)=-3$

⑤ $\left(-\dfrac{1}{5}\right)\times(+0.5)=-\left(\dfrac{1}{5}\times\dfrac{1}{2}\right)=-\dfrac{1}{10}$

따라서 계산 결과가 0에 가장 가까운 것은 ⑤이다.   답 ⑤

06   답 ㈎ 곱셈의 교환법칙, ㈏ 곱셈의 결합법칙, ㈐ $-\dfrac{1}{6}$, ㈑ -2

07

$\left(\dfrac{1}{2}-1\right)\times\left(\dfrac{1}{3}-1\right)\times\left(\dfrac{1}{4}-1\right)\times\cdots\times\left(\dfrac{1}{20}-1\right)$

$=\left(-\dfrac{1}{2}\right)\times\left(-\dfrac{2}{3}\right)\times\left(-\dfrac{3}{4}\right)\times\cdots\times\left(-\dfrac{19}{20}\right)$

$=(-1)^{19}\times\left(\dfrac{1}{2}\times\dfrac{2}{3}\times\dfrac{3}{4}\times\cdots\times\dfrac{19}{20}\right)=-\dfrac{1}{20}$ 답 $-\dfrac{1}{20}$

08

$(-1)+(-1)^3+(-1)^5+\cdots+(-1)^{99}$

$=(-1)+(-1)+(-1)+\cdots+(-1)$

$=-1\times50=-50$ 답 -50

09

$a\times(b+c)=a\times b+a\times c$

$\qquad\qquad\quad =10+(-5)=5$ 답 5

10

① $(-42)\div(-7)=+(42\div7)=6$

② $\left(-\dfrac{5}{2}\right)\div\left(+\dfrac{15}{8}\right)=\left(-\dfrac{5}{2}\right)\times\left(+\dfrac{8}{15}\right)$

$\qquad\qquad\qquad =-\left(\dfrac{5}{2}\times\dfrac{8}{15}\right)=-\dfrac{4}{3}$

③ $\left(+\dfrac{1}{4}\right)\div\left(-\dfrac{5}{12}\right)=\left(+\dfrac{1}{4}\right)\times\left(-\dfrac{12}{5}\right)$

$\qquad\qquad\qquad =-\left(\dfrac{1}{4}\times\dfrac{12}{5}\right)=-\dfrac{3}{5}$

$$④\left(-\frac{3}{5}\right)÷\left(-\frac{3}{20}\right)=\left(-\frac{3}{5}\right)×\left(-\frac{20}{3}\right)$$
$$=+\left(\frac{3}{5}×\frac{20}{3}\right)=4$$
$$⑤\left(+\frac{3}{4}\right)÷(-1.5)=\left(+\frac{3}{4}\right)×\left(-\frac{2}{3}\right)$$
$$=-\left(\frac{3}{4}×\frac{2}{3}\right)=-\frac{1}{2}$$

따라서 계산 결과가 옳은 것은 ②이다. **답** ②

11

$\left(-\frac{2}{3}\right)^2=\frac{4}{9}$의 역수는 $\frac{9}{4}$,

$-2.5=-\frac{5}{2}$의 역수는 $-\frac{2}{5}$이므로

$$\frac{9}{4}÷\left(-\frac{2}{5}\right)=\frac{9}{4}×\left(-\frac{5}{2}\right)=-\frac{45}{8}$$

답 $-\frac{45}{8}$

12

$$(2)\ 7÷\left[5-\left\{3+\left(-\frac{5}{2}\right)^2×\frac{3}{5}\right\}\right]$$
$$=7÷\left\{5-\left(3+\frac{25}{4}×\frac{3}{5}\right)\right\}$$
$$=7÷\left\{5-\left(3+\frac{15}{4}\right)\right\}$$
$$=7÷\left(5-\frac{27}{4}\right)$$
$$=7÷\left(-\frac{7}{4}\right)$$
$$=7×\left(-\frac{4}{7}\right)=-4$$

답 (1) ㄹ, ㅁ, ㄷ, ㄴ, ㄱ (2) -4

13

$$-\frac{12}{5}+\left\{\frac{4}{3}-\left(-\frac{12}{5}\right)\right\}×\frac{1}{2}$$
$$=-\frac{12}{5}+\frac{56}{15}×\frac{1}{2}$$
$$=-\frac{12}{5}+\frac{28}{15}$$
$$=-\frac{36}{15}+\frac{28}{15}=-\frac{8}{15}$$

답 ②

다른 풀이1

$-\frac{12}{5}$와 $\frac{4}{3}$를 나타내는 두 점 사이의 거리는

$$\frac{4}{3}-\left(-\frac{12}{5}\right)=\frac{4}{3}+\frac{12}{5}=\frac{20}{15}+\frac{36}{15}=\frac{56}{15}$$

따라서 구하는 수는

$$-\frac{12}{5}+\frac{56}{15}×\frac{1}{2}=-\frac{12}{5}+\frac{28}{15}$$
$$=-\frac{36}{15}+\frac{28}{15}=-\frac{8}{15}$$

다른 풀이2

$$\frac{4}{3}-\frac{56}{15}×\frac{1}{2}=\frac{4}{3}-\frac{28}{15}$$
$$=\frac{20}{15}-\frac{28}{15}=-\frac{8}{15}$$

01 ③	**02** ⑤	**03** 4

04 $a=\frac{1}{3},\ b=\frac{7}{3},\ c=2,\ d=\frac{7}{2}$ **05** -50

06 $\frac{3}{8}$ **07** ⑤ **08** -5 **09** $y-x,\ y,\ x+y,\ x,\ x-y$ **10** $\frac{1}{6}$

11 ④ **12** ⑤ **13** $a=\frac{1}{2},\ b=\frac{3}{2},\ c=-\frac{5}{3},\ d=\frac{3}{2}$

14 $a=-\frac{2}{3},\ b=0$ **15** 1 **16** $\frac{19}{6}$ m **17** $\frac{1}{3}$

18 4260 **19** 2 **20** ① **21** ①, ④ **22** -1

23 $(1,\ -19),\ (2,\ -7)$ **24** $-1,\ -3,\ -6$ **25** ① **26** $\frac{3}{2}$

27 가장 큰 수 : $\frac{9}{2}$, 가장 작은 수 : $-\frac{9}{2}$ **28** $x=\frac{18}{25},\ y=\frac{3}{2}$

29 $-\frac{7}{12}$ **30** 가장 큰 수 : $-x$, 가장 작은 수 : $-\frac{1}{x^2}$

31 ② **32** (1) $\left[\left\{(-3)^2-\frac{7}{2}\right\}÷\frac{11}{5}+\left(-\frac{1}{2}\right)\right]×(-4)$ (2) -8

33 -9 **34** $-\frac{5}{24}$ **35** ②, ⑤

36 예은 : 10점, 서준 : 18점 **37** 29 **38** -38 **39** 9칸

01

전략 유리수를 수직선 위에 나타내면 오른쪽에 있는 수가 왼쪽에 있는 수보다 크다.

$① (+2)+(-5)=-3$

$②\left(-\frac{5}{6}\right)+\left(+\frac{2}{3}\right)=\left(-\frac{5}{6}\right)+\left(+\frac{4}{6}\right)=-\frac{1}{6}$

$③\left(-\frac{2}{5}\right)-(+1)=\left(-\frac{2}{5}\right)+(-1)=-\frac{7}{5}$

$④(-4)+(-3)-(-7)=(-4)+(-3)+(+7)=0$

$⑤(-4.2)-(+2.8)-(-5.9)=(-4.2)+(-2.8)+(+5.9)$
$$=-1.1$$

$-\frac{7}{5}=-1.4$이므로 계산 결과를 작은 수부터 차례대로 나열하면

$$-3,\ -\frac{7}{5},\ -1.1,\ -\frac{1}{6},\ 0$$

따라서 수직선 위에 나타내었을 때, 왼쪽에서 두 번째에 위치하는 것, 즉 두 번째로 작은 수는 ③이다. **답** ③

02

전략 양수 a에 대하여 절댓값이 a인 수는 $+a$와 $-a$의 2개이다.

$|a|=2$에서 $a=-2$ 또는 $a=2$

$|b|=7$에서 $b=-7$ 또는 $b=7$

$b-a$의 값 중 가장 큰 수는 $7-(-2)=7+(+2)=9$,

가장 작은 수는 $-7-2=-9$이므로

$M=9,\ N=-9$

$∴\ M-N=9-(-9)=9+(+9)=18$ **답** ⑤

03

전략 유리수의 덧셈과 뺄셈을 이용하여 $a,\ b$의 값을 각각 구하고, 그 사이에 있는 정수를 구한다.

$$a = 3 + \left(-\frac{5}{2}\right) = \frac{1}{2} \qquad \cdots\cdots ❶$$

$$b = -5 - \left(-\frac{4}{3}\right) = -5 + \left(+\frac{4}{3}\right) = -\frac{11}{3} \qquad \cdots\cdots ❷$$

따라서 $-\frac{11}{3}$과 $\frac{1}{2}$ 사이에 있는 정수는 $-3, -2, -1, 0$의 4개이다. $\qquad \cdots\cdots ❸$

답 4

채점 기준	배점 비율
❶ a의 값 구하기	35 %
❷ b의 값 구하기	35 %
❸ 정수의 개수 구하기	30 %

04

전략 각 조건을 유리수의 덧셈과 뺄셈 식으로 나타낸다.

조건 ㈎에서 $a = -2 + \frac{7}{3} = \frac{1}{3}$

조건 ㈏에서

$$b = 1 - \left(-\frac{4}{3}\right) = 1 + \left(+\frac{4}{3}\right) = \frac{7}{3}$$

조건 ㈐에서

$$-c = a - b = \frac{1}{3} - \frac{7}{3} = -2 \qquad \therefore c = 2$$

조건 ㈑에서 $c = -\frac{3}{2} + d$, 즉 $2 = -\frac{3}{2} + d$

$$\therefore d = 2 - \left(-\frac{3}{2}\right) = 2 + \left(+\frac{3}{2}\right) = \frac{7}{2}$$

답 $a = \frac{1}{3}, b = \frac{7}{3}, c = 2, d = \frac{7}{2}$

05

전략 A와 B를 식으로 나타낸 후, 덧셈의 교환법칙과 덧셈의 결합법칙의 원리를 이용하여 $A - B$의 값을 구한다.

$A = 1 + 3 + 5 + \cdots + 99$, $B = 2 + 4 + 6 + \cdots + 100$이므로

$$\begin{aligned} A - B &= (1 + 3 + 5 + \cdots + 99) - (2 + 4 + 6 + \cdots + 100) \\ &= 1 - 2 + 3 - 4 + 5 - 6 + \cdots + 99 - 100 \\ &= (1-2) + (3-4) + (5-6) + \cdots + (99-100) \\ &= (-1) + (-1) + (-1) + \cdots + (-1) \\ &= (-1) \times 50 = -50 \end{aligned}$$

답 -50

$(1 + 3 + 5 + \cdots + 99) - (2 + 4 + 6 + \cdots + 100)$을 괄호 안을 각각 계산하는 것보다 같은 수가 반복되어 나오도록 2개씩 짝 지어 계산하는 것이 편리하다.

06

전략 $\frac{1}{n \times (n+1)} = \frac{1}{n} - \frac{1}{n+1}$을 이용하여 주어진 식을 변형한 후, 간단히 한다.

$$\frac{1}{6} + \frac{1}{12} + \frac{1}{20} + \frac{1}{30} + \frac{1}{42} + \frac{1}{56}$$

$$= \frac{1}{2 \times 3} + \frac{1}{3 \times 4} + \frac{1}{4 \times 5} + \frac{1}{5 \times 6} + \frac{1}{6 \times 7} + \frac{1}{7 \times 8}$$

$$= \left(\frac{1}{2} - \frac{1}{3}\right) + \left(\frac{1}{3} - \frac{1}{4}\right) + \left(\frac{1}{4} - \frac{1}{5}\right) + \left(\frac{1}{5} - \frac{1}{6}\right) + \left(\frac{1}{6} - \frac{1}{7}\right) + \left(\frac{1}{7} - \frac{1}{8}\right)$$

$$= \frac{1}{2} + \left(-\frac{1}{3} + \frac{1}{3}\right) + \left(-\frac{1}{4} + \frac{1}{4}\right) + \left(-\frac{1}{5} + \frac{1}{5}\right) + \left(-\frac{1}{6} + \frac{1}{6}\right) + \left(-\frac{1}{7} + \frac{1}{7}\right) - \frac{1}{8}$$

$$= \frac{1}{2} - \frac{1}{8} = \frac{3}{8}$$

답 $\frac{3}{8}$

분수를 두 분수의 차로 나타내기

두 자연수 n, a에 대하여 $\dfrac{a}{n \times (n+a)} = \dfrac{1}{n} - \dfrac{1}{n+a}$임을 이용하여 분수를 두 분수의 차로 나타낼 수 있다.

07

전략 중괄호, 대괄호 순으로 정해진 기호의 규칙에 따라 계산한다.

$4 * (-2) = 4 - (-2) = 4 + (+2) = 6$이므로

$3 * [\{4 * (-2)\} * x] = 1$에서 $3 * (6 * x) = 1$

따라서 $3 - (6 * x) = 1$ 또는 $(6 * x) - 3 = 1$이므로

$6 * x = 2$ 또는 $6 * x = 4$

(ⅰ) $6 - x = 2$일 때, $x = 4$

(ⅱ) $x - 6 = 2$일 때, $x = 8$

(ⅲ) $6 - x = 4$일 때, $x = 2$

(ⅳ) $x - 6 = 4$일 때, $x = 10$

(ⅰ)~(ⅳ)에서 모든 x의 값의 합은 $4 + 8 + 2 + 10 = 24$

답 ⑤

08

전략 정해진 기호의 규칙에 따라 ○, ★ 순으로 계산한다.

$$\frac{1}{6} ○ \left(-\frac{7}{12}\right) = \left(\frac{1}{6} + 1\right) - \left(-\frac{7}{12} + 2\right)$$

$$= \frac{7}{6} - \frac{17}{12} = -\frac{3}{12} = -\frac{1}{4}$$

$$\begin{aligned} \therefore \left(-\frac{7}{4}\right) ★ \left\{\frac{1}{6} ○ \left(-\frac{7}{12}\right)\right\} &= \left(-\frac{7}{4}\right) ★ \left(-\frac{1}{4}\right) \\ &= \left(-\frac{7}{4} - 2\right) - \left\{1 - \left(-\frac{1}{4}\right)\right\} \\ &= -\frac{15}{4} - \frac{5}{4} = -5 \end{aligned}$$

답 -5

09

전략 x, y의 부호를 이용하여 주어진 수들의 대소 관계를 파악한다.

$x > 0, y < 0$이므로 $x + y < x, x + y > y$

$x > 0, -y > 0$이므로 $x - y > x$

$y < 0, -x < 0$이므로 $y - x < y$

$\therefore y - x < y < x + y < x < x - y$

답 $y - x, y, x + y, x, x - y$

전략 수직선 위의 관계를 유리수의 덧셈과 뺄셈 식으로 나타내어 본다.

점 A가 나타내는 수는

$$-3+\frac{11}{2}-\frac{7}{3}=-\frac{18}{6}+\frac{33}{6}-\frac{14}{6}=\frac{1}{6}$$

답 $\frac{1}{6}$

11

전략 네 점 A, B, C, D가 나타내는 수를 각각 구한다.

네 점 A, B, C, D가 나타내는 수를 각각 a, b, c, d라 하자.

$$a=-2+\frac{1}{4}=-\frac{7}{4},\ b=-\frac{1}{2},\ c=1+\frac{3}{5}=\frac{8}{5},\ d=2+\frac{1}{3}=\frac{7}{3}$$

① 점 A와 점 B 사이의 거리는

$$-\frac{1}{2}-\left(-\frac{7}{4}\right)=-\frac{1}{2}+\left(+\frac{7}{4}\right)=\frac{5}{4}$$

② 점 B와 점 C 사이의 거리는

$$\frac{8}{5}-\left(-\frac{1}{2}\right)=\frac{8}{5}+\left(+\frac{1}{2}\right)=\frac{21}{10}$$

③ 점 B와 점 D가 나타내는 수의 차는

$$\frac{7}{3}-\left(-\frac{1}{2}\right)=\frac{7}{3}+\left(+\frac{1}{2}\right)=\frac{17}{6}$$

④ 세 점 A, B, D가 나타내는 수의 합은

$$-\frac{7}{4}+\left(-\frac{1}{2}\right)+\frac{7}{3}=-\frac{21}{12}+\left(-\frac{6}{12}\right)+\frac{28}{12}=\frac{1}{12}$$

⑤ 절댓값이 가장 큰 수는 $\frac{7}{3}$, 가장 작은 수는 $-\frac{1}{2}$이므로

$$\frac{7}{3}+\left(-\frac{1}{2}\right)=\frac{11}{6}$$

따라서 옳지 않은 것은 ④이다.

답 ④

12

전략 양수는 더하고, 음수는 뺄 때 계산한 결과가 커진다.

어떤 수에 양수는 더하고, 음수는 뺄 때 계산한 결과가 커진다.

즉, $A=(-18)+(+3)-(-7)$

$$=-18+3+7=-8$$

어떤 수에서 양수는 빼고, 음수는 더할 때 계산한 결과가 작아진다.

즉, $B=(-18)-(+3)+(-7)$

$$=-18-3-7=-28$$

$$\therefore A-B=(-8)-(-28)=20$$

답 ⑤

13

전략 이웃하는 네 수의 합이 1임을 이용하여 b의 값을 먼저 구한다.

이웃하는 네 수의 합이 1이므로

$$-\frac{5}{3}+b+\frac{2}{3}+\frac{1}{2}=1에서\ -\frac{10}{6}+b+\frac{4}{6}+\frac{3}{6}=1$$

$$b-\frac{1}{2}=1\qquad \therefore b=1+\frac{1}{2}=\frac{3}{2}$$

$$a+\left(-\frac{5}{3}\right)+b+\frac{2}{3}=1,\ 즉\ a+\left(-\frac{5}{3}\right)+\frac{3}{2}+\frac{2}{3}=1에서$$

$$a+\left(-\frac{10}{6}\right)+\frac{9}{6}+\frac{4}{6}=1,\ a+\frac{1}{2}=1\qquad \therefore a=1-\frac{1}{2}=\frac{1}{2}$$

$$b+\frac{2}{3}+\frac{1}{2}+c=1,\ 즉\ \frac{3}{2}+\frac{2}{3}+\frac{1}{2}+c=1에서$$

$$\frac{9}{6}+\frac{4}{6}+\frac{3}{6}+c=1,\ \frac{8}{3}+c=1\qquad \therefore c=1-\frac{8}{3}=-\frac{5}{3}$$

$$\frac{2}{3}+\frac{1}{2}+c+d=1,\ 즉\ \frac{2}{3}+\frac{1}{2}+\left(-\frac{5}{3}\right)+d=1에서$$

$$\frac{4}{6}+\frac{3}{6}+\left(-\frac{10}{6}\right)+d=1,\ -\frac{1}{2}+d=1\qquad \therefore d=1+\frac{1}{2}=\frac{3}{2}$$

답 $a=\frac{1}{2},\ b=\frac{3}{2},\ c=-\frac{5}{3},\ d=\frac{3}{2}$

다른 풀이

$$b+\frac{2}{3}+\frac{1}{2}+c=-\frac{5}{3}+b+\frac{2}{3}+\frac{1}{2}이므로\ c=-\frac{5}{3}$$

$$b+\frac{2}{3}+\frac{1}{2}+c=\frac{2}{3}+\frac{1}{2}+c+d이므로\ b=d$$

$$-\frac{5}{3}+b+\frac{2}{3}+\frac{1}{2}=1이므로\ b=\frac{3}{2}\qquad \therefore d=\frac{3}{2}$$

$$a+\left(-\frac{5}{3}\right)+b+\frac{2}{3}=1,\ 즉\ a+\left(-\frac{5}{3}\right)+\frac{3}{2}+\frac{2}{3}=1이므로\ a=\frac{1}{2}$$

14

전략 대각선에 놓인 세 수의 합을 먼저 구한다.

대각선에 놓인 세 수의 합은 $-\frac{4}{3}+\left(-\frac{1}{3}\right)+\frac{2}{3}=-1$

따라서 가로, 세로, 대각선에 놓인 수들의 합은 모두 -1이다.

……❶

$$a+1+\left(-\frac{4}{3}\right)=-1에서\ a+\left(-\frac{1}{3}\right)=-1$$

$$\therefore a=-1-\left(-\frac{1}{3}\right)=-1+\left(+\frac{1}{3}\right)=-\frac{2}{3}$$

……❷

$$a+\left(-\frac{1}{3}\right)+b=-1,\ 즉\ -\frac{2}{3}+\left(-\frac{1}{3}\right)+b=-1에서$$

$$-1+b=-1\qquad \therefore b=0$$

……❸

답 $a=-\frac{2}{3},\ b=0$

채점 기준	배점 비율
❶ 가로, 세로, 대각선에 놓인 수들의 합 구하기	30 %
❷ a의 값 구하기	35 %
❸ b의 값 구하기	35 %

15

전략 F, D, B, A와 C, E의 순으로 A, E의 값을 각각 구한다.

$$F+\left(-\frac{1}{2}\right)=2에서\ F=2-\left(-\frac{1}{2}\right)=2+\left(+\frac{1}{2}\right)=\frac{5}{2}$$

$$D=-\frac{2}{3}+F=-\frac{2}{3}+\frac{5}{2}=\frac{11}{6}$$

$$B=D+2=\frac{11}{6}+2=\frac{23}{6}$$

$$\therefore A=-\frac{5}{6}+B=-\frac{5}{6}+\frac{23}{6}=3$$

$$C+D=-\frac{5}{6},\ 즉\ C+\frac{11}{6}=-\frac{5}{6}에서\ C=-\frac{5}{6}-\frac{11}{6}=-\frac{8}{3}$$

$$E+\left(-\frac{2}{3}\right)=C,\ 즉\ E+\left(-\frac{2}{3}\right)=-\frac{8}{3}에서$$

$$E=-\frac{8}{3}-\left(-\frac{2}{3}\right)=-\frac{8}{3}+\left(+\frac{2}{3}\right)=-2$$

$$\therefore A+E=3+(-2)=1$$

답 1

16

전략 두 건물의 높이 차이에 따라 식을 세운다.

건물 A의 높이를 $0\,\mathrm{m}$라 가정하면

건물 B의 높이는 $0+\dfrac{5}{2}=\dfrac{5}{2}\,(\mathrm{m})$

건물 C의 높이는 $\dfrac{5}{2}+\dfrac{5}{6}=\dfrac{20}{6}=\dfrac{10}{3}\,(\mathrm{m})$

건물 D의 높이는 $\dfrac{10}{3}-4=-\dfrac{2}{3}\,(\mathrm{m})$

따라서 가장 낮은 건물 D와 두 번째로 높은 건물 B의 높이의 차는

$\dfrac{5}{2}-\left(-\dfrac{2}{3}\right)=\dfrac{5}{2}+\left(+\dfrac{2}{3}\right)=\dfrac{19}{6}\,(\mathrm{m})$

답 $\dfrac{19}{6}\,\mathrm{m}$

17

전략 $(x+y)\times z=x\times z+y\times z$임을 이용한다.

$(x+y)\times z=2$에서 $x\times z+y\times z=2$

이때 $x\times z=\dfrac{5}{3}$이므로 $\dfrac{5}{3}+y\times z=2$

$\therefore\ y\times z=2-\dfrac{5}{3}=\dfrac{1}{3}$

답 $\dfrac{1}{3}$

18

전략 분배법칙을 이용하여 분모 33을 약분할 수 있도록 식을 간단히 한 후 계산한다.

$\begin{aligned}(\text{주어진 식})&=\dfrac{426\times\{2569+(-2239)\}}{33}\\&=\dfrac{426\times330}{33}\\&=426\times10=4260\end{aligned}$

답 4260

19

전략 분배법칙을 이용하여 식을 간단히 한 후 답을 구한다.

$\begin{aligned}&3^7\times2+\{(-3)^7\times18+(-3)^7\times(-8)\}\times\dfrac{1}{5}+2\\&=3^7\times2+(-3)^7\times\{18+(-8)\}\times\dfrac{1}{5}+2\\&=3^7\times2+(-3)^7\times10\times\dfrac{1}{5}+2\\&=3^7\times2+(-3)^7\times2+2\\&=2\times\{3^7+(-3)^7\}+2\\&=2\times(3^7-3^7)+2\\&=2\times0+2=2\end{aligned}$

답 2

절대등급 NOTE

거듭제곱의 계산 결과가 큰 수인 경우 일일이 계산하여 답을 구하지 않고, 분배법칙을 이용하여 식을 간단히 한 후 답을 구한다.

20

전략 서로 다른 세 수를 곱하여 양수가 되는 경우와 음수가 되는 경우로 나누어 생각한다.

주어진 네 유리수 중에서 세 수를 택하여 곱한 값이 가장 크려면 (양수)×(음수)×(음수)이어야 하고, 곱하는 세 수의 절댓값의 곱이 가장 커야 하므로

$a=3.5\times\left(-\dfrac{10}{7}\right)\times(-6)=\dfrac{7}{2}\times\left(-\dfrac{10}{7}\right)\times(-6)=30$

또, 주어진 네 유리수 중에서 세 수를 택하여 곱한 값이 가장 작으려면 (양수)×(양수)×(음수)이어야 하고, 곱하는 세 수의 절댓값의 곱이 가장 커야 하므로

$b=3.5\times\dfrac{8}{3}\times(-6)=\dfrac{7}{2}\times\dfrac{8}{3}\times(-6)=-56$

$\therefore\ a+b=30+(-56)=-26$

답 ①

21

전략 자연수 n에 대하여 n이 짝수이면 $(-1)^n=1$, n이 홀수이면 $(-1)^n=-1$이다.

$-x^2=-(-1)^2=-1$

① $x^5=(-1)^5=-1$

② $(-x)^8=\{-(-1)\}^8=1^8=1$

③ $-x^{99}=-(-1)^{99}=-(-1)=1$

④ $-(-x)^5=-\{-(-1)\}^5=-1^5=-1$

⑤ $-(-x^8)=-\{-(-1)^8\}=-(-1)=1$

따라서 $-x^2$과 그 값이 같은 것은 ①, ④이다.

답 ①, ④

22

전략 거듭제곱을 먼저 계산한 후 덧셈의 결합법칙을 이용한다.

$\begin{aligned}&\dfrac{(-1)^{2n}-1^{2n+1}+(-1)^{2n+2}-1^{2n+3}+\cdots-1^{4n-1}+(-1)^{4n}}{(-1)+1^2+(-1)^3+1^4+\cdots+1^{2n-2}+(-1)^{2n-1}}\\&=\dfrac{1-1+1-1+\cdots-1+1}{-1+1-1+1-\cdots+1-1}\\&=\dfrac{(1-1)+(1-1)+\cdots+(1-1)+1}{(-1+1)+(-1+1)+\cdots+(-1+1)-1}\\&=\dfrac{1}{-1}=-1\end{aligned}$

답 -1

23

전략 $x,\ y-5$의 부호를 구한 후 곱하여 -24가 되는 두 수를 찾고, 나머지 조건을 만족시키는 $x,\ y$의 값을 구한다.

조건 ㈐에서 $x\times(y-5)=-24$이므로 x와 $y-5$는 부호가 다르고, 두 수의 절댓값은 24의 약수이다.

이때 $x<0$이면 조건 ㈎에서 $y<0$이므로 $y-5<0$

즉, 조건 ㈐를 만족시키지 않는다.

$\therefore\ x>0,\ y-5<0$

$x,\ y-5,\ y$의 값을 표로 나타내면 다음과 같다.

x	1	2	3	4	6	8	12	24
$y-5$	-24	-12	-8	-6	-4	-3	-2	-1
y	-19	-7	-3	-1	1	2	3	4

위의 $x,\ y$의 값 중 조건 ㈑의 $|x|<|y|$를 만족시키는 $(x,\ y)$는 $(1,\ -19),\ (2,\ -7)$이다.

답 $(1,\ -19),\ (2,\ -7)$

24

전략 18의 약수를 이용하여 곱하여 -18이 되는 세 수를 먼저 구한 후, 합이 -10인 것을 찾는다.

서로 다른 세 음의 정수의 곱이 -18이므로 세 수의 절댓값은 18의 약수인 1, 2, 3, 6, 9, 18 중 하나이다.

이때 곱이 -18이 되는 서로 다른 세 음의 정수는 -1, -2, -9와 -1, -3, -6이고, 이 중에서 세 수의 합이 -10이 되는 것은 -1, -3, -6이다.

답 -1, -3, -6

25

전략 유리수의 나눗셈을 이용하여 a, b의 값을 먼저 구한다.

$a=\dfrac{4}{3}\div\left(-\dfrac{2}{5}\right)\times\dfrac{9}{10}=\dfrac{4}{3}\times\left(-\dfrac{5}{2}\right)\times\dfrac{9}{10}=-3$

$b=-0.4\div(-2)^3\times\dfrac{4}{3}=-\dfrac{2}{5}\div(-8)\times\dfrac{4}{3}$

$\quad=-\dfrac{2}{5}\times\left(-\dfrac{1}{8}\right)\times\dfrac{4}{3}=\dfrac{1}{15}$

$\therefore a\div b=-3\div\dfrac{1}{15}=-3\times15=-45$

답 ①

26

전략 유리수 a는 -1.5의 역수임을 이용한다.

$(-1.5)\times a=1$에서 $-\dfrac{3}{2}\times a=1$ $\quad\therefore a=-\dfrac{2}{3}$

$\therefore a\times\left(-\dfrac{21}{10}\right)\div\dfrac{14}{15}=\left(-\dfrac{2}{3}\right)\times\left(-\dfrac{21}{10}\right)\div\dfrac{14}{15}$

$\qquad\qquad=\left(-\dfrac{2}{3}\right)\times\left(-\dfrac{21}{10}\right)\times\dfrac{15}{14}$

$\qquad\qquad=\dfrac{3}{2}$

답 $\dfrac{3}{2}$

27

전략 나누는 수와 나누어지는 수의 부호 관계와 절댓값의 크기를 생각해 본다.

서로 다른 두 수를 a, b라 하자.

$a\div b$의 값이 가장 크려면 a, b의 부호가 같아야 하고, a의 절댓값이 가장 크며 b의 절댓값이 가장 작아야 한다. 즉,

$3.5\div2=\dfrac{7}{2}\times\dfrac{1}{2}=\dfrac{7}{4}$

$-\dfrac{7}{2}\div\left(-\dfrac{7}{9}\right)=-\dfrac{7}{2}\times\left(-\dfrac{9}{7}\right)=\dfrac{9}{2}$

이 중 가장 큰 수는 $\dfrac{9}{2}$이다.

한편, $a\div b$의 값이 가장 작으려면 a, b의 부호가 달라야 하고, a의 절댓값이 가장 크며 b의 절댓값이 가장 작아야 한다. 즉,

$-\dfrac{7}{2}\div2=-\dfrac{7}{2}\times\dfrac{1}{2}=-\dfrac{7}{4}$

$3.5\div\left(-\dfrac{7}{9}\right)=\dfrac{7}{2}\times\left(-\dfrac{9}{7}\right)=-\dfrac{9}{2}$

이 중 가장 작은 수는 $-\dfrac{9}{2}$이다.

답 가장 큰 수 : $\dfrac{9}{2}$, 가장 작은 수 : $-\dfrac{9}{2}$

참고 부호가 같은 두 수의 곱은 양수이고, 부호가 다른 두 수의 곱은 음수이다. 이때 양수는 절댓값이 클수록 크고, 음수는 절댓값이 클수록 작다.

28

전략 각 변에 놓인 세 수의 곱이 같음을 이용하여 식을 세운 후, 곱셈과 나눗셈 사이의 관계를 이용한다.

$-\dfrac{3}{4}\times5\times x=x\times\left(-\dfrac{5}{2}\right)\times y$이므로

$-\dfrac{5}{2}\times y=-\dfrac{3}{4}\times5$

$\therefore y=-\dfrac{3}{4}\times5\div\left(-\dfrac{5}{2}\right)=-\dfrac{3}{4}\times5\times\left(-\dfrac{2}{5}\right)=\dfrac{3}{2}$

$-\dfrac{3}{4}\times5\times x=-\dfrac{3}{4}\times2.4\times y$

즉, $-\dfrac{3}{4}\times5\times x=-\dfrac{3}{4}\times2.4\times\dfrac{3}{2}$이므로

$5\times x=2.4\times\dfrac{3}{2}$

$\therefore x=2.4\times\dfrac{3}{2}\div5=\dfrac{12}{5}\times\dfrac{3}{2}\times\dfrac{1}{5}=\dfrac{18}{25}$

답 $x=\dfrac{18}{25}$, $y=\dfrac{3}{2}$

29

전략 서로 마주 보는 면에 적힌 두 수가 서로 역수 관계임을 안다.

마주 보는 면에 적힌 두 수의 곱이 1이므로 두 수는 서로 역수이다.

a와 마주 보는 면에 적힌 수는 $-\dfrac{3}{4}$이므로 $a=-\dfrac{4}{3}$

b와 마주 보는 면에 적힌 수는 3이므로 $b=\dfrac{1}{3}$

c와 마주 보는 면에 적힌 수는 $2.4=\dfrac{12}{5}$이므로 $c=\dfrac{5}{12}$

$\therefore a+b+c=-\dfrac{4}{3}+\dfrac{1}{3}+\dfrac{5}{12}=-\dfrac{7}{12}$

답 $-\dfrac{7}{12}$

30

전략 주어진 수들의 부호를 먼저 판단한 후 절댓값을 이용하여 같은 부호인 수들 사이의 대소 관계를 파악한다.

$-1<x<0$이므로

$0<-x<1$, $0<x^2<1$, $0<-x^3<1$

$\dfrac{1}{x}<-1$, $-\dfrac{1}{x^2}<-1$

이 중에서 양수는 $-x,\ x^2,\ -x^3$이고 $|-x|>|x^2|>|-x^3|$이므로 가장 큰 수는 $-x$이다.

또, 음수는 $\dfrac{1}{x},\ -\dfrac{1}{x^2}$이고 $\left|\dfrac{1}{x}\right|<\left|-\dfrac{1}{x^2}\right|$이므로 가장 작은 수는 $-\dfrac{1}{x^2}$이다.   **답** 가장 큰 수 : $-x$, 가장 작은 수 : $-\dfrac{1}{x^2}$

다른 풀이

$x=-\dfrac{1}{2}$이라 하면 $-x=-\left(-\dfrac{1}{2}\right)=\dfrac{1}{2}$

$x^2=\left(-\dfrac{1}{2}\right)^2=\dfrac{1}{4},\ -x^3=-\left(-\dfrac{1}{2}\right)^3=-\left(-\dfrac{1}{8}\right)=\dfrac{1}{8}$

$\dfrac{1}{x}$은 x의 역수이므로 $\dfrac{1}{x}=-2$

$-x^2=-\left(-\dfrac{1}{2}\right)^2=-\dfrac{1}{4}$이고, $-\dfrac{1}{x^2}$은 $-x^2$의 역수이므로

$-\dfrac{1}{x^2}=-4$

따라서 가장 큰 수는 $-x$, 가장 작은 수는 $-\dfrac{1}{x^2}$이다.

31

전략 음수끼리는 절댓값이 큰 수가 더 작다.

① $-4+2-3=-5$

② $\dfrac{7}{2}\div\left(-\dfrac{7}{6}\right)-\dfrac{6}{5}=\dfrac{7}{2}\times\left(-\dfrac{6}{7}\right)-\dfrac{6}{5}$
$=-3-\dfrac{6}{5}=-\dfrac{21}{5}$

③ $(-2)^4\div4\times(-3)+10=16\div4\times(-3)+10$
$=4\times(-3)+10$
$=-12+10=-2$

④ $24\times\left(-\dfrac{1}{4}\right)^2-124\times\left(-\dfrac{1}{4}\right)^2=(24-124)\times\left(-\dfrac{1}{4}\right)^2$
$=(-100)\times\dfrac{1}{16}=-\dfrac{25}{4}$

⑤ $\left(-\dfrac{2}{3}\right)^3\times(-9)+\left(-\dfrac{1}{5}\right)\div0.2=-\dfrac{8}{27}\times(-9)+\left(-\dfrac{1}{5}\right)\times5$
$=\dfrac{8}{3}-1=\dfrac{5}{3}$

따라서 $-\dfrac{25}{4}<-5<-\dfrac{21}{5}<-2<\dfrac{5}{3}$이므로 계산 결과가 세 번째로 큰 것은 ②이다.   **답** ②

32

전략 계산 순서에 맞게 소괄호, 중괄호, 대괄호를 적절히 사용하여 식을 세운다.

(2) $\left[\left\{(-3)^2-\dfrac{7}{2}\right\}\div\dfrac{11}{5}+\left(-\dfrac{1}{2}\right)\right]\times(-4)$

$=\left\{\left(9-\dfrac{7}{2}\right)\div\dfrac{11}{5}+\left(-\dfrac{1}{2}\right)\right\}\times(-4)$

$=\left\{\dfrac{11}{2}\times\dfrac{5}{11}+\left(-\dfrac{1}{2}\right)\right\}\times(-4)$

$=\left\{\dfrac{5}{2}+\left(-\dfrac{1}{2}\right)\right\}\times(-4)$

$=2\times(-4)=-8$

답 (1) $\left[\left\{(-3)^2-\dfrac{7}{2}\right\}\div\dfrac{11}{5}+\left(-\dfrac{1}{2}\right)\right]\times(-4)$ (2) -8

33

전략 $(\square+1.5)\times2$의 값부터 구한다.

$\left\{1-4\times\left(-\dfrac{5}{2}\right)^2\right\}\div\{(\square+1.5)\times2\}=\dfrac{8}{5}$에서

$\left(1-4\times\dfrac{25}{4}\right)\div\{(\square+1.5)\times2\}=\dfrac{8}{5}$

$-24\div\{(\square+1.5)\times2\}=\dfrac{8}{5}$

$(\square+1.5)\times2=-24\div\dfrac{8}{5}=-24\times\dfrac{5}{8}=-15$

$\square+1.5=-15\div2,\ \square+\dfrac{3}{2}=-\dfrac{15}{2}$

$\therefore\ \square=-\dfrac{15}{2}-\dfrac{3}{2}=-9$ **답** -9

34

전략 수직선에서 두 수 $a,b\ (a<b)$를 나타내는 점으로부터 같은 거리에 있는 점이 나타내는 수는 $a+(b-a)\times\dfrac{1}{2}$이다.

수직선에서 $-\dfrac{1}{3}$과 $\dfrac{5}{2}$를 나타내는 두 점 사이의 거리는

$\dfrac{5}{2}-\left(-\dfrac{1}{3}\right)=\dfrac{5}{2}+\left(+\dfrac{1}{3}\right)=\dfrac{17}{6}$ ······ ❶

$\therefore\ \left(-\dfrac{1}{3}\right)\triangledown\dfrac{5}{2}=-\dfrac{1}{3}+\dfrac{17}{6}\times\dfrac{1}{2}=-\dfrac{1}{3}+\dfrac{17}{12}=\dfrac{13}{12}$ ······ ❷

수직선에서 -1.5와 $\dfrac{13}{12}$을 나타내는 두 점 사이의 거리는

$\dfrac{13}{12}-(-1.5)=\dfrac{13}{12}+\left(+\dfrac{3}{2}\right)=\dfrac{31}{12}$ ······ ❸

$\therefore\ (-1.5)\triangledown\left\{\left(-\dfrac{1}{3}\right)\triangledown\dfrac{5}{2}\right\}=(-1.5)\triangledown\dfrac{13}{12}$
$=-1.5+\dfrac{31}{12}\times\dfrac{1}{2}$
$=-\dfrac{3}{2}+\dfrac{31}{24}=-\dfrac{5}{24}$ ······ ❹

답 $-\dfrac{5}{24}$

채점 기준	배점 비율
❶ 수직선에서 $-\dfrac{1}{3}$과 $\dfrac{5}{2}$를 나타내는 두 점 사이의 거리 구하기	20 %
❷ $\left(-\dfrac{1}{3}\right)\triangledown\dfrac{5}{2}$의 값 구하기	30 %
❸ 수직선에서 -1.5와 $\dfrac{13}{12}$을 나타내는 두 점 사이의 거리 구하기	20 %
❹ $(-1.5)\triangledown\left\{\left(-\dfrac{1}{3}\right)\triangledown\dfrac{5}{2}\right\}$의 값 구하기	30 %

절대등급 NOTE

수직선에서 두 수 a,b를 나타내는 점으로부터 같은 거리에 있는 점이 나타내는 수는 두 수 a,b의 평균 $\dfrac{a+b}{2}$로 구할 수도 있다.

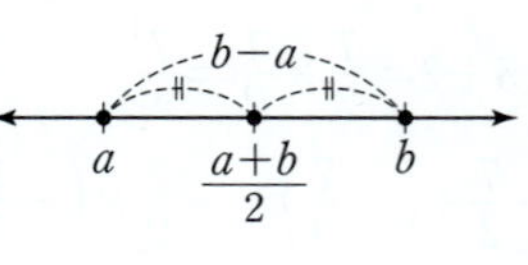

35

전략 $x>y$, $x\times y<0$이므로 $x>0$, $y<0$임을 이용한다.

$x\times y<0$이므로 x와 y는 부호가 다르고 $x>y$이므로
$x>0$, $y<0$

① $-x<0$, $y<0$이므로 $-x+y<0$

② $-x^2<0$, $y<0$이므로 $-x^2\div y>0$

③ $x>0$, $-y^2<0$이므로 $x-y^2$의 부호는 알 수 없다.

④ $x>0$, $y<0$이므로 $x+y$의 부호는 알 수 없다.

⑤ $\dfrac{x}{2}>0$, $-y>0$이므로 $\dfrac{x}{2}-y>0$

따라서 항상 양수인 것은 ②, ⑤이다. 　　　　답 ②, ⑤

절대등급 NOTE

유리수의 부호

① $a\times b>0$이거나 $a\div b>0$이면 a와 b는 서로 같은 부호
➡ $a>0$, $b>0$ 또는 $a<0$, $b<0$

② $a\times b<0$이거나 $a\div b<0$이면 a와 b는 서로 다른 부호
➡ $a>0$, $b<0$ 또는 $a<0$, $b>0$

36

전략 나온 눈의 수가 짝수이면 3을 곱하고, 나온 눈의 수가 홀수이면 -1을 곱하여 더한다.

눈의 수가 2, 4, 6일 때 얻게 되는 점수는 각각 6점, 12점, 18점이고,
눈의 수가 1, 3, 5일 때 잃게 되는 점수는 각각 1점, 3점, 5점이다.

예은이의 점수는
$(-5)+(-3)+6+12=10$(점)

서준이의 점수는
$18+(-1)+(-5)+6=18$(점)　　답 예은 : 10점, 서준 : 18점

37

전략 c의 값을 구하는 식을 세우고, 주어진 조건을 통해 x와 y 사이의 관계를 파악한다.

$a=14+15=29$, $b=a+x=29+x$이므로
$c=b+y=29+x+y$

이때 조건 ㈎에서 $|x|=|y|$, 조건 ㈏에서 $x\times y<0$이므로 x, y는 절댓값이 같고 부호가 다른 수이다.

즉, $x+y=0$

$\therefore c=29$　　　　　　　　　　　　　　답 29

38

전략 상자에 적힌 계산 규칙에 따라 식을 세운다.

$A=9\times\left(-\dfrac{8}{3}\right)-3=-24-3=-27$

$B=-27\div\dfrac{9}{11}+(-5)=-27\times\dfrac{11}{9}-5=-33-5=-38$

답 -38

39

전략 계단을 올라가는 것을 $+$, 내려가는 것을 $-$로 생각하여 계산한다.

계단을 올라가는 것을 $+$, 내려가는 것을 $-$라 하자.

건우는 가위로 1회, 바위로 2회, 보로 1회 이기고 6회 졌으므로
$1\times(+1)+2\times(+2)+1\times(+3)+6\times(-2)$
$=1+4+3-12=-4$

즉, 건우는 처음 위치에서 4칸 내려갔다.

윤서는 가위로 2회, 바위로 1회, 보로 3회 이기고 4회 졌으므로
$2\times(+1)+1\times(+2)+3\times(+3)+4\times(-2)$
$=2+2+9-8=5$

즉, 윤서는 처음 위치에서 5칸 올라갔다.

따라서 건우와 윤서의 위치는 $5-(-4)=9$(칸) 차이 난다.

답 9칸

기출 C 학교 시험 **최상위 문제** ⟲ 48쪽

> 01 $\dfrac{55}{9}$　02 가장 큰 수 : 1.4, 가장 작은 수 : -10.6　03 10개
>
> 04 $\dfrac{1}{x+y}$, $\dfrac{1}{x}$, 0, $-\dfrac{1}{x+z}$, $-\dfrac{1}{z}$　05 $(1, -3, 4)$, $(-3, 1, 4)$

01

전략 이웃한 두 점 사이의 간격을 먼저 구한다.

$-\dfrac{2}{9}$와 $\dfrac{11}{18}$을 나타내는 두 점 사이의 거리는

$\dfrac{11}{18}-\left(-\dfrac{2}{9}\right)=\dfrac{11}{18}+\left(+\dfrac{2}{9}\right)=\dfrac{15}{18}=\dfrac{5}{6}$

x_1, x_2, x_3, x_4, x_5는 $-\dfrac{2}{9}$와 $\dfrac{11}{18}$을 나타내는 두 점 사이를 6등분하는 점이 각각 나타내는 수이다.

이때 이웃한 두 점 사이의 간격은 $\dfrac{5}{6}\times\dfrac{1}{6}=\dfrac{5}{36}$이므로　　……❶

$x_1=-\dfrac{2}{9}+\dfrac{5}{36}$, $x_2=-\dfrac{2}{9}+\dfrac{5}{36}\times2$, $x_3=-\dfrac{2}{9}+\dfrac{5}{36}\times3$

$x_4=-\dfrac{2}{9}+\dfrac{5}{36}\times4$, $x_5=-\dfrac{2}{9}+\dfrac{5}{36}\times5$

$\therefore x_1+x_2+x_3+x_4+x_5=\left(-\dfrac{2}{9}\right)\times5+\dfrac{5}{36}\times(1+2+3+4+5)$

$\qquad\qquad\qquad=-\dfrac{10}{9}+\dfrac{75}{36}=\dfrac{35}{36}$　　……❷

또한, $y_1=\dfrac{11}{18}+\dfrac{5}{36}$, $y_2=\dfrac{11}{18}+\dfrac{5}{36}\times2$, $y_3=\dfrac{11}{18}+\dfrac{5}{36}\times3$

$y_4=\dfrac{11}{18}+\dfrac{5}{36}\times4$, $y_5=\dfrac{11}{18}+\dfrac{5}{36}\times5$

$\therefore y_1+y_2+y_3+y_4+y_5=\dfrac{11}{18}\times5+\dfrac{5}{36}\times(1+2+3+4+5)$

$\qquad\qquad\qquad=\dfrac{55}{18}+\dfrac{75}{36}=\dfrac{185}{36}$　　……❸

$\therefore x_1+x_2+x_3+x_4+x_5+y_1+y_2+y_3+y_4+y_5$

$\qquad=\dfrac{35}{36}+\dfrac{185}{36}=\dfrac{220}{36}=\dfrac{55}{9}$　　……❹

답 $\dfrac{55}{9}$

채점 기준	배점 비율
❶ 이웃한 두 점 사이의 간격 구하기	20 %
❷ $x_1+x_2+x_3+x_4+x_5$의 값 구하기	30 %
❸ $y_1+y_2+y_3+y_4+y_5$의 값 구하기	30 %
❹ $x_1+x_2+x_3+x_4+x_5+y_1+y_2+y_3+y_4+y_5$의 값 구하기	20 %

02

전략 뒤의 두 빈칸에 들어갈 수부터 생각해 본다.

□ 안에 넣을 수를 왼쪽부터 차례대로 A, B, C라 하면 주어진 식은 $A-B \times C$이다.

계산 결과가 가장 크려면 $B \times C$는 절댓값이 가장 큰 음수이어야 하고, A는 남은 수 중 가장 큰 수이어야 하므로

$$-0.6-\frac{1}{2} \times (-4) = -0.6+2 = 1.4$$

계산 결과가 가장 작으려면 $B \times C$는 절댓값이 가장 큰 양수이어야 하고, A는 남은 수 중 가장 작은 수이어야 하므로

$$-0.6-(-4) \times (-2.5) = -0.6-10 = -10.6$$

답 가장 큰 수 : 1.4, 가장 작은 수 : -10.6

절대등급 NOTE

□$-$□$\times$□에서 계산 결과는 뒤의 두 빈칸에 들어갈 두 수의 곱이 작을수록 크고, 클수록 작다.

03

전략 꺼낸 두 수의 번호가 모두 양수인 경우, 모두 음수인 경우, 부호가 다른 경우로 나누어 생각한다.

(ⅰ) 꺼낸 두 수가 모두 양수인 경우

양수는 2, 4이므로

$2+4=6$, $4-2=2$, $2 \times 4=8$, $4 \div 2=2$

따라서 계산 결과 중 양의 정수인 것은 2, 6, 8이다.

(ⅱ) 꺼낸 두 수가 모두 음수인 경우

음수는 -1, -3, -5이므로

$(-1)-(-3)=2$, $(-1)-(-5)=4$, $(-3)-(-5)=2$,

$(-1) \times (-3)=3$, $(-1) \times (-5)=5$, $(-3) \times (-5)=15$,

$(-3) \div (-1)=3$, $(-5) \div (-1)=5$

따라서 계산 결과 중 양의 정수인 것은 2, 3, 4, 5, 15이다.

(ⅲ) 꺼낸 두 수의 부호가 다른 경우

$2+(-1)=1$, $4+(-1)=3$, $4+(-3)=1$,

$2-(-1)=3$, $2-(-3)=5$, $2-(-5)=7$,

$4-(-1)=5$, $4-(-3)=7$, $4-(-5)=9$

따라서 계산 결과 중 양의 정수인 것은 1, 3, 5, 7, 9이다.

(ⅰ)~(ⅲ)에서 구하는 것은 1, 2, 3, 4, 5, 6, 7, 8, 9, 15의 10개이다.

답 10개

04

전략 $0<a<b$이면 $\frac{1}{b}<\frac{1}{a}$임을 이용하여 대소 관계를 파악한다.

$z-y>0$이므로 $z>y$이고, $y+z \leq 0$이므로 $y<0$

$y<0$이고 $x+y>0$이므로 $x>0$, $x \times y \times z<0$이므로 $z>0$

이를 이용하여 주어진 수들의 부호를 판별하면

$x>0$이므로 $\frac{1}{x}>0$, $x+y>0$이므로 $\frac{1}{x+y}>0$

이때 $x>x+y$이므로 $\frac{1}{x}<\frac{1}{x+y}$

$z>0$이므로 $-\frac{1}{z}<0$, $x+z>0$이므로 $-\frac{1}{x+z}<0$

$0<z<x+z$이므로 $\frac{1}{z}>\frac{1}{x+z}$, 즉 $-\frac{1}{z}<-\frac{1}{x+z}$

$\therefore -\frac{1}{z}<-\frac{1}{x+z}<0<\frac{1}{x}<\frac{1}{x+y}$

답 $\dfrac{1}{x+y}$, $\dfrac{1}{x}$, 0, $-\dfrac{1}{x+z}$, $-\dfrac{1}{z}$

절대등급 NOTE

여러 수들의 대소를 비교하는 문제는 먼저 양수인 것과 음수인 것으로 구분한 후, 양수끼리, 음수끼리 대소를 비교하면 더 간단해진다.

또, $a<b<0$ 또는 $0<a<b$이면 $\frac{1}{b}<\frac{1}{a}$이지만, $a<0<b$이면 $\frac{1}{a}<\frac{1}{b}$임에 주의한다.

05

전략 세 정수 x, y, z의 부호를 먼저 파악한 후 가능한 값을 구한다.

조건 ㈎에서 $x \times y \times z=-12$이므로 $|x|$, $|y|$, $|z|$의 값은 12의 약수이다.

조건 ㈐에서 $\frac{x}{y}<0$이므로 x와 y의 부호는 다르고, $x \times y \times z$의 값이 음수이므로 $z>0$이다.

즉, $x>0$, $y<0$, $z>0$ 또는 $x<0$, $y>0$, $z>0$

(ⅰ) $x>0$, $y<0$, $z>0$일 때

조건 ㈎, ㈏를 만족시키는 x, y, z를 표로 나타내면 다음과 같다.

x	y	z
1	-2	6
1	-3	4

이때 조건 ㈐의 $x+y+z=2$를 만족시키는 것은

$x=1$, $y=-3$, $z=4$

(ⅱ) $x<0$, $y>0$, $z>0$일 때

조건 ㈎, ㈏를 만족시키는 x, y, z를 표로 나타내면 다음과 같다.

x	y	z
-1	1	12
-1	2	6
-1	3	4
-2	1	6
-2	2	3
-3	1	4
-4	1	3
-6	1	2

이때 조건 ㈐의 $x+y+z=2$를 만족시키는 것은

$x=-3$, $y=1$, $z=4$

(ⅰ), (ⅱ)에서 구하는 (x, y, z)는 $(1, -3, 4)$, $(-3, 1, 4)$이다.

답 $(1, -3, 4)$, $(-3, 1, 4)$

01 ①	02 ②	03 ④	04 ④	05 ①	06 ④	07 ②	08 ②
09 ④	10 ⑤	11 ③	12 ①	13 ③	14 ⑤	15 ③	16 -3
17 $-2, -3, -7$			18 $|a| < |b|$		19 15	20 90	

01

② 0과 1 사이에는 정수가 없다.
③ 절댓값이 0인 수는 0 하나뿐이다.
④ 유리수는 양수, 0, 음수로 이루어져 있다.
⑤ 절댓값이 가장 작은 정수는 0이다.
따라서 옳은 것은 ①이다.   답 ①

02

두 점 A와 F 사이의 거리는 15이고 각 점 사이의 거리가 같으므로
각 점 사이의 거리는 $\dfrac{15}{5}=3$이다.

따라서 점 C는 점 A에서 오른쪽으로 6만큼 떨어진 점이므로 점 C
가 나타내는 수는 0이다.   답 ②

03

$a=4+\left(-\dfrac{3}{2}\right)=4-\dfrac{3}{2}=\dfrac{5}{2}, \; b=7-\left(-\dfrac{2}{3}\right)=7+\dfrac{2}{3}=\dfrac{23}{3}$

따라서 $\dfrac{5}{2}$와 $\dfrac{23}{3}$ 사이에 있는 정수는 3, 4, 5, 6, 7이므로 가장 큰 수
는 7이다.   답 ④

04

$a\times(b-c)=a\times b-a\times c$이므로
$-24=6-a\times c$
$\therefore a\times c=6-(-24)=30$ 답 ④

05

조건 ㈎에서 $|a|-|b|=0$이므로 $|a|=|b|$
조건 ㈏에서 $a-b=\dfrac{3}{4}$이므로 $a>0>b$이고
$a=\dfrac{3}{4}\times\dfrac{1}{2}=\dfrac{3}{8}, \; b=-\dfrac{3}{8}$
$\therefore a\times b=\dfrac{3}{8}\times\left(-\dfrac{3}{8}\right)=-\dfrac{9}{64}$ 답 ①

06

$-\dfrac{2}{7}=-\dfrac{4}{14}$와 $\dfrac{9}{14}$ 사이에 있는 정수가 아닌 유리수를 기약분수로
나타낼 때, 분모가 14인 수는 $-\dfrac{3}{14}, \; -\dfrac{1}{14}, \; \dfrac{1}{14}, \; \dfrac{3}{14}, \; \dfrac{5}{14}$의 5개이
다.   답 ④

07

대각선에 놓인 세 수의 합은 $(-5)+1+7=3$
따라서 가로, 세로, 대각선에 놓인 수들의 합은 모두 3이다.
$5+1+B=3$에서 $B=-3$
$(-5)+5+C=3$에서 $C=3$
$D+1+C=3$, 즉 $D+1+3=3$에서 $D=-1$
$(-5)+A+D=3$
즉, $(-5)+A+(-1)=3$에서 $A=9$
따라서 $A=9, B=-3, C=3$이므로
세 수의 곱은 $9\times(-3)\times 3=-81$ 답 ②

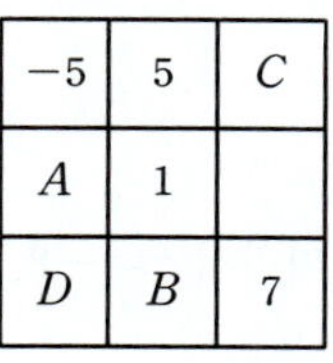

08

합이 13인 두 자연수는 1과 12, 2와 11, 3과 10, 4와 9, 5와 8, 6과
7이므로 이들의 역수를 더하면
$1+\dfrac{1}{12}=\dfrac{13}{12}, \; \dfrac{1}{2}+\dfrac{1}{11}=\dfrac{13}{22}, \; \dfrac{1}{3}+\dfrac{1}{10}=\dfrac{13}{30}, \; \dfrac{1}{4}+\dfrac{1}{9}=\dfrac{13}{36},$
$\dfrac{1}{5}+\dfrac{1}{8}=\dfrac{13}{40}, \; \dfrac{1}{6}+\dfrac{1}{7}=\dfrac{13}{42}$

이 중에서 가장 작은 값은 $\dfrac{13}{42}$이므로 $a=13, b=42$이다.
$\therefore a+b=13+42=55$ 답 ②

09

$|x|=4$이므로 $x=-4$ 또는 $x=4$

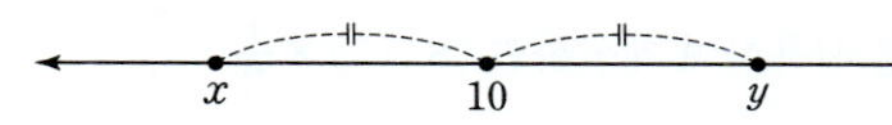

(ⅰ) $x=-4$일 때, $y=24$
(ⅱ) $x=4$일 때, $y=16$
(ⅰ), (ⅱ)에서 y의 값이 될 수 있는 모든 수의 합은
$24+16=40$ 답 ④

10

$\left(-\dfrac{2}{5}\right)\diamond 3=\left(-\dfrac{2}{5}+1\right)-(3+2)=\dfrac{3}{5}-5=-\dfrac{22}{5}$

$\therefore \dfrac{2}{3}\blacklozenge\left\{\left(-\dfrac{2}{5}\right)\diamond 3\right\}=\dfrac{2}{3}\blacklozenge\left(-\dfrac{22}{5}\right)=\left(\dfrac{2}{3}-1\right)-\left(-\dfrac{22}{5}-2\right)$

$=-\dfrac{1}{3}+\dfrac{32}{5}=-\dfrac{5}{15}+\dfrac{96}{15}=\dfrac{91}{15}$ 답 ⑤

11

$A=1+3+5+\cdots+297+299$
$B=2+4+6+\cdots+298+300$
$\therefore A-B=(1+3+5+\cdots+297+299)$
$\qquad\qquad\qquad\qquad -(2+4+6+\cdots+298+300)$
$\qquad =1-2+3-4+\cdots+299-300$
$\qquad =(1-2)+(3-4)+\cdots+(299-300)$
$\qquad =(-1)+(-1)+\cdots+(-1)$
$\qquad =(-1)\times 150=-150$ 답 ③

12

주어진 조건에 맞게 두 수 a, b를 수직선 위에 나타내면 다음 그림과 같다.

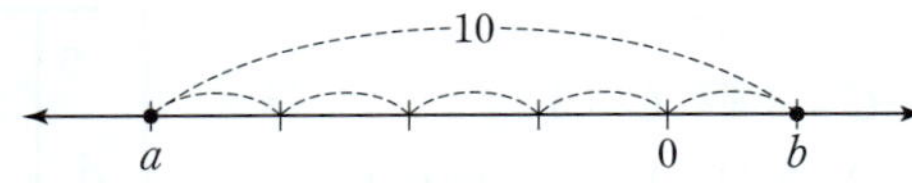

따라서 $a=-8$, $b=2$이므로 $a+b=-8+2=-6$

답 ①

13

$$A=\left\{\left(-\frac{1}{4}\right)+(2.5)^2\div\frac{5}{3}\right\}\times\frac{1}{5}-3$$
$$=\left\{\left(-\frac{1}{4}\right)+\left(\frac{5}{2}\right)^2\div\frac{5}{3}\right\}\times\frac{1}{5}-3$$
$$=\left(-\frac{1}{4}+\frac{25}{4}\times\frac{3}{5}\right)\times\frac{1}{5}-3=\left(-\frac{1}{4}+\frac{15}{4}\right)\times\frac{1}{5}-3$$
$$=\frac{7}{2}\times\frac{1}{5}-3=\frac{7}{10}-3=-\frac{23}{10}$$
$$B=\left(\frac{2}{3}\times6+\frac{4}{7}\right)\div\frac{3}{7}-(-2)^2=\left(4+\frac{4}{7}\right)\div\frac{3}{7}-4$$
$$=\frac{32}{7}\times\frac{7}{3}-4=\frac{32}{3}-4=\frac{20}{3}$$
$$\therefore\ [<A>+<B>]=\left[\left\langle-\frac{23}{10}\right\rangle+\left\langle\frac{20}{3}\right\rangle\right]$$
$$=[-2+7]=[5]=4$$

답 ③

14

8을 규칙 ㈎를 사용하여 계산하면 $(8-3)\times\frac{1}{2}=\frac{5}{2}$

$\frac{5}{2}$를 규칙 ㈏를 사용하여 계산하면

$$\frac{5}{2}\div\frac{3}{4}+5=\frac{5}{2}\times\frac{4}{3}+5=\frac{10}{3}+5=\frac{25}{3}$$

답 ⑤

15

(i) n이 홀수일 때, $n+1$, $n-1$, $2n$은 모두 짝수이므로

$\quad(-1)^n+(-1)^{n+1}+(-1)^{n-1}\times(-1)^{2n}$

$\quad=-1+1+1\times1=-1+1+1=1$

(ii) n이 짝수일 때, $n+1$, $n-1$은 홀수, $2n$은 짝수이므로

$\quad(-1)^n+(-1)^{n+1}+(-1)^{n-1}\times(-1)^{2n}$

$\quad=1+(-1)+(-1)\times1=1-1-1=-1$

따라서 계산 결과가 될 수 있는 모든 수의 합은 $1+(-1)=0$

답 ③

16

$|-3|=3$, $\left|-\frac{11}{4}\right|=\frac{11}{4}$이므로 $|-3|>\left|-\frac{11}{4}\right|$

$\therefore\ \left\{(-3)☆\left(-\frac{11}{4}\right)\right\}=-3$

$|5|=5$, $\left|-\frac{7}{3}\right|=\frac{7}{3}$이므로 $|5|>\left|-\frac{7}{3}\right|$

$\therefore\ \left\{5★\left(-\frac{7}{3}\right)\right\}=-\frac{7}{3}$

$|-3|=3$, $\left|-\frac{7}{3}\right|=\frac{7}{3}$이므로 $|-3|>\left|-\frac{7}{3}\right|$

$\therefore\ \left\{(-3)☆\left(-\frac{11}{4}\right)\right\}☆\left\{5★\left(-\frac{7}{3}\right)\right\}=(-3)☆\left(-\frac{7}{3}\right)=-3$

답 -3

17

서로 다른 세 음의 정수의 곱이 -42이므로 세 수의 절댓값은 42의 약수인 1, 2, 3, 6, 7, 14, 21, 42 중 하나이다. 이때 곱이 -42가 되는 서로 다른 세 음의 정수와 세 수의 합은 다음과 같다.

(i) -1, -2, -21일 때, $(-1)+(-2)+(-21)=-24$

(ii) -1, -3, -14일 때, $(-1)+(-3)+(-14)=-18$

(iii) -1, -6, -7일 때, $(-1)+(-6)+(-7)=-14$

(iv) -2, -3, -7일 때, $(-2)+(-3)+(-7)=-12$

(i)~(iv)에서 세 정수의 합이 -12인 것은 -2, -3, -7이다.

답 -2, -3, -7

18

$a\div b<0$이므로 a와 b는 부호가 다르고, $a<b$이므로 $a<0$, $b>0$

이때 $a+b>0$이므로 $|a|<|b|$

답 $|a|<|b|$

19

조건 ㈎에서 a의 절댓값이 3이므로 $a=-3$ 또는 $a=3$이고

조건 ㈏에서 $a<0$이므로 $a=-3$ ......❶

조건 ㈐에서 $|a|+|b|=10$이므로 $|b|=7$이고

조건 ㈏에서 $b>0$이므로 $b=7$ ......❷

조건 ㈑에서 $-a+b+c=21$이므로

$3+7+c=21$ $\quad\therefore\ c=11$ ......❸

$\therefore\ a+b+c=-3+7+11=15$ ......❹

답 15

채점 기준	배점 비율
❶ a의 값 구하기	30 %
❷ b의 값 구하기	30 %
❸ c의 값 구하기	30 %
❹ $a+b+c$의 값 구하기	10 %

20

$b<0$이고 b의 절댓값이 5이므로 $b=-5$ ......❶

$a\times b\times c=40$이므로 $a\times(-5)\times c=40$ $\quad\therefore\ a\times c=-8$

$a<b<0$, $c>0$이므로 $a=-8$, $c=1$ ......❷

$\therefore\ a^2+b^2+c^2=(-8)^2+(-5)^2+1^2=64+25+1=90$ ......❸

답 90

채점 기준	배점 비율
❶ b의 값 구하기	30 %
❷ a와 c의 값 구하기	50 %
❸ $a^2+b^2+c^2$의 값 구하기	20 %

| 01 ⑤ | 02 ⑤ | 03 ② | 04 ④ | 05 ② | 06 ④ | 07 ⑤ | 08 ① |
| 09 ⑤ | 10 ⑤ | 11 ② | 12 ③ | 13 ② | 14 ⑤ | 15 ② | |

16 $a, -b, b, -a$

17 $(1, -34), (2, -16), (3, -10), (4, -7)$

18 가장 큰 수 : $\dfrac{1}{x}$, 가장 작은 수 : $-\dfrac{1}{x^2}$　　**19** 7　　**20** 1

01

$\langle\!\langle -1 \rangle\!\rangle = -1$, $\langle\!\langle -7 \rangle\!\rangle = -1$, $\langle\!\langle\!\langle \frac{1}{4} \rangle\!\rangle\!\rangle = 1$이므로

$-1 + \langle\!\langle a \rangle\!\rangle = -1 + 1$　　$\therefore \langle\!\langle a \rangle\!\rangle = 1$

따라서 a는 정수가 아닌 유리수이므로 a의 값이 될 수 없는 것은 ⑤이다.　　답 ⑤

02

절댓값이 0인 수는 0의 1개이고,

절댓값이 $a\,(a>0)$인 수는 $-a, a$의 2개이다.

따라서 $57 = 1 + 28 \times 2$이므로 자연수 a의 값은 28이다.　　답 ⑤

03

$4 \diamond \{6 \diamond (5 \diamond 3)\} = 4 \diamond (6 \diamond 2) = 4 \diamond 4 = 0$이므로

$|x - 2| = 0$을 만족시키는 x의 값은 2이다.　　답 ②

04

$-\dfrac{7}{3} = -2\dfrac{1}{3}$에 가장 가까운 정수는 -2이므로 $a = -2$

$\dfrac{47}{6} = 7\dfrac{5}{6}$에 가장 가까운 정수는 8이므로 $b = 8$

$\therefore a \times b = (-2) \times 8 = -16$　　답 ④

05

$a \times (-3) = \dfrac{1}{4}$에서 $a = \dfrac{1}{4} \div (-3) = -\dfrac{1}{12}$이므로 $\dfrac{1}{a} = -12$

$b \div 3 = \dfrac{7}{3}$에서 $b = \dfrac{7}{3} \times 3 = 7$이므로 $\dfrac{1}{b} = \dfrac{1}{7}$

$\therefore \dfrac{1}{a} \times \dfrac{1}{b} = (-12) \times \dfrac{1}{7} = -\dfrac{12}{7}$　　답 ②

06

4를 나타내는 점으로부터 2만큼 떨어진 두 점이 나타내는 수는 2와 6이고, 12를 나타내는 점으로부터 8만큼 떨어진 두 점이 나타내는 수는 4와 20이다.

따라서 $a = 2$ 또는 $a = 6$이고 $b = 4$ 또는 $b = 20$이므로

$a - b$의 값 중 가장 큰 값은 $6 - 4 = 2$　　답 ④

07

주어진 조건에 맞게 두 수 a, b를 수직선 위에 나타내면 다음 그림과 같다.

$\therefore a = \dfrac{18}{5} \times \dfrac{1}{2} = \dfrac{9}{5}$　　답 ⑤

08

조건 ㈎에서 $a = -3 - \dfrac{3}{5} = -\dfrac{18}{5}$

조건 ㈏에서 $b = 2 + \left(-\dfrac{7}{3}\right) = 2 - \dfrac{7}{3} = -\dfrac{1}{3}$

조건 ㈐에서 $c = a - b = -\dfrac{18}{5} - \left(-\dfrac{1}{3}\right) = -\dfrac{18}{5} + \dfrac{1}{3} = -\dfrac{49}{15}$

$\therefore a + b + c = \left(-\dfrac{18}{5}\right) + \left(-\dfrac{1}{3}\right) + \left(-\dfrac{49}{15}\right) = -\dfrac{108}{15} = -\dfrac{36}{5}$　　답 ①

09

$|x - 3| = 2$에서 $x = 1$ 또는 $x = 5$

(i) $x = 1$일 때,

　$|x - y| = 5$에서 $|1 - y| = 5$이므로 $y = -4$ 또는 $y = 6$

(ii) $x = 5$일 때,

　$|x - y| = 5$에서 $|5 - y| = 5$이므로 $y = 0$ 또는 $y = 10$

(i), (ii)에서 y의 값 중 가장 큰 값은 10이다.　　답 ⑤

10

조건 ㈐에서 $|b| = b = -b$이므로 $b = 0$

조건 ㈏에서 a는 b보다 크므로 $a > 0$

조건 ㈎에서 $|a| = |c|$이고 $a > 0$이므로 $c < 0$

$\therefore c < b < a$　　답 ⑤

11

주어진 네 유리수 중에서 세 수를 택하여 곱한 값이 가장 크려면 (양수) × (음수) × (음수)이어야 하고, 곱하는 세 수의 절댓값의 곱이 가장 커야 하므로

$a = 4 \times \left(-\dfrac{8}{3}\right) \times (-3) = 32$

또, 세 수를 택하여 곱한 값이 가장 작은 수가 되려면 (양수) × (양수) × (음수)이어야 하고, 곱하는 세 수의 절댓값의 곱이 가장 커야 하므로

$b = \dfrac{7}{2} \times 4 \times (-3) = -42$

$\therefore a - b = 32 - (-42) = 74$　　답 ②

12

$$A=\frac{1}{2}+\frac{1}{6}+\frac{1}{12}+\frac{1}{20}+\frac{1}{30}$$
$$=\frac{1}{1\times2}+\frac{1}{2\times3}+\frac{1}{3\times4}+\frac{1}{4\times5}+\frac{1}{5\times6}$$
$$=\left(1-\frac{1}{2}\right)+\left(\frac{1}{2}-\frac{1}{3}\right)+\left(\frac{1}{3}-\frac{1}{4}\right)+\left(\frac{1}{4}-\frac{1}{5}\right)+\left(\frac{1}{5}-\frac{1}{6}\right)$$
$$=1-\frac{1}{6}=\frac{5}{6}$$
$$\therefore 30A=30\times\frac{5}{6}=25$$

답 ③

13

$a-\left(-\frac{7}{5}\right)<0$이므로 $a<-\frac{7}{5}$, $a+\frac{7}{2}>0$이므로 $a>-\frac{7}{2}$

따라서 $-\frac{7}{2}<a<-\frac{7}{5}$을 만족시키는 정수 a는 -3, -2의 2개이다.

답 ②

14

어떤 유리수를 a라 하면 $a\div\frac{3}{2}+\frac{2}{3}=6$이므로

$a\div\frac{3}{2}=6-\frac{2}{3}=\frac{16}{3}$, $a=\frac{16}{3}\times\frac{3}{2}=8$

따라서 바르게 계산한 답은 $8\times\frac{3}{2}-\frac{2}{3}=12-\frac{2}{3}=\frac{34}{3}$

답 ⑤

15

(i) $a<0$, $-b<0$이므로 $a-b<0$

(ii) $a\times b<0$

(iii) $a^2>0$, $b^2>0$이므로 $a^2+b^2>0$

(iv) $b>0$, $-a>0$이므로 $b-a>0$

(v) $a<0$, $a^2+b^2>0$이므로 $\dfrac{a^2+b^2}{a}<0$

(i)~(v)에서 항상 양수인 것은 a^2+b^2, $b-a$의 2개이다.

답 ②

16

$a>0$, $b<0$이므로 $-a<0$, $-b>0$

$a>0$, $-b>0$이고 $|b|<|a|$이므로 $a>-b>0$

$-a<0$, $b<0$이고 $|b|<|a|$이므로 $-a<b<0$

따라서 큰 수부터 차례대로 나열하면 a, $-b$, b, $-a$이다.

답 $a,\ -b,\ b,\ -a$

17

조건 ㈏에서 $x(y-2)=-36$이므로 x와 $y-2$는 부호가 다르고, 두 수의 절댓값은 36의 약수이다.

이때 $x<0$이면 $y-2>0$, 즉 $y>2$이므로 조건 ㈎를 만족시키지 않는다. $\therefore x>0$, $y-2<0$

x, $y-2$, y의 값을 표로 나타내면 다음과 같다.

x	1	2	3	4	6	9	12	18	36
$y-2$	-36	-18	-12	-9	-6	-4	-3	-2	-1
y	-34	-16	-10	-7	-4	-2	-1	0	1

위 x, y의 값 중 조건 ㈐의 $|x|<|y|$를 만족시키는 (x, y)는
$(1, -34)$, $(2, -16)$, $(3, -10)$, $(4, -7)$이다.

답 $(1, -34)$, $(2, -16)$, $(3, -10)$, $(4, -7)$

18

$0<x<1$이므로 $x=\frac{1}{2}$이라 하면 $-x^2=-\left(\frac{1}{2}\right)^2=-\frac{1}{4}$

$-\dfrac{1}{x^2}=-1\div x^2=-1\div\left(\frac{1}{2}\right)^2=-1\div\frac{1}{4}=-1\times4=-4$

$x^3=\left(\frac{1}{2}\right)^3=\frac{1}{8}$, $\dfrac{1}{x}=2$

따라서 가장 큰 수는 $\dfrac{1}{x}$이고 가장 작은 수는 $-\dfrac{1}{x^2}$이다.

답 가장 큰 수 : $\dfrac{1}{x}$, 가장 작은 수 : $-\dfrac{1}{x^2}$

19

$|a|=5$에서 $a=-5$ 또는 $a=5$ ·····❶

$|a|-|b|=3$에서 $|b|=2$이므로 $b=-2$ 또는 $b=2$ ·····❷

(i) $a=-5$, $b=-2$일 때, $|a-b|=|-3|=3$

(ii) $a=-5$, $b=2$일 때, $|a-b|=|-7|=7$

(iii) $a=5$, $b=-2$일 때, $|a-b|=|7|=7$

(iv) $a=5$, $b=2$일 때, $|a-b|=|3|=3$

(i)~(iv)에서 $|a-b|$의 값 중 가장 큰 값은 7이다. ·····❸

답 7

채점 기준	배점 비율
❶ 가능한 a의 값 구하기	20 %
❷ 가능한 b의 값 구하기	20 %
❸ $|a-b|$의 값 중 가장 큰 값 구하기	60 %

20

$c+(-1)+\frac{1}{2}=\frac{1}{3}$이므로 $c-\frac{1}{2}=\frac{1}{3}$ $\therefore c=\frac{1}{3}+\frac{1}{2}=\frac{5}{6}$ ·····❶

$b+\frac{1}{2}+c=\frac{1}{3}$이므로

$b+\frac{1}{2}+\frac{5}{6}=\frac{1}{3}$, $b+\frac{4}{3}=\frac{1}{3}$ $\therefore b=\frac{1}{3}-\frac{4}{3}=-1$ ·····❷

$\frac{1}{2}+a+b=\frac{1}{3}$이므로

$\frac{1}{2}+a+(-1)=\frac{1}{3}$, $a-\frac{1}{2}=\frac{1}{3}$ $\therefore a=\frac{1}{3}+\frac{1}{2}=\frac{5}{6}$ ·····❸

$\therefore a-b-c=\frac{5}{6}-(-1)-\frac{5}{6}=1$ ·····❹

답 1

채점 기준	배점 비율
❶ c의 값 구하기	30 %
❷ b의 값 구하기	30 %
❸ a의 값 구하기	30 %
❹ $a-b-c$의 값 구하기	10 %

05 문자의 사용과 식의 계산

기출 A 오답 피하는 **필수 문제** (↻ 56쪽~58쪽)

01 ③	02 ④	03 ③	04 $(2ab+2ac+2bc)$ cm²	05 ⑤
06 ③	07 ⑤	08 ②	09 14	10 ⑤	11 ④	12 29

01

① $a \times 0.1 \times b = 0.1 \times a \times b$
$\qquad\qquad = 0.1ab$

② $3a \div \dfrac{7}{2}b = 3a \times \dfrac{2}{7b}$
$\qquad\qquad = \dfrac{6a}{7b}$

③ $(a+2b) \div 3 \times c = (a+2b) \times \dfrac{1}{3} \times c$
$\qquad\qquad\qquad\quad = \dfrac{c(a+2b)}{3}$

④ $(-a)^2 \times b \times b \times c = a^2 \times b \times b \times c$
$\qquad\qquad\qquad\quad = a^2 b^2 c$

⑤ $5 \times a \div (-2) \times b \div c = 5 \times a \times \left(-\dfrac{1}{2}\right) \times b \times \dfrac{1}{c}$
$\qquad\qquad\qquad\qquad\quad = -\dfrac{5ab}{2c}$

따라서 옳지 않은 것은 ③이다. **답** ③

02

$x \div (y \times z) = x \times \dfrac{1}{yz} = \dfrac{x}{yz}$

① $x \div y \times z = x \times \dfrac{1}{y} \times z = \dfrac{xz}{y}$

② $x \times y \div z = x \times y \times \dfrac{1}{z} = \dfrac{xy}{z}$

③ $x \div (y \div z) = x \div \dfrac{y}{z} = x \times \dfrac{z}{y} = \dfrac{xz}{y}$

④ $x \times \dfrac{1}{y} \div z = x \times \dfrac{1}{y} \times \dfrac{1}{z} = \dfrac{x}{yz}$

⑤ $x \div \dfrac{1}{y} \div z = x \times y \times \dfrac{1}{z} = \dfrac{xy}{z}$

따라서 계산 결과가 같은 것은 ④이다. **답** ④

03

① 둘레의 길이가 a cm인 정사각형의 한 변의 길이는
$\qquad a \div 4 = \dfrac{a}{4}$ (cm)

② (시간) $= \dfrac{(거리)}{(속력)}$ 이므로 $\dfrac{10}{x}$ 시간

③ $1 \times 100 + 2 \times 10 + x = 120 + x$

④ $x - x \times \dfrac{25}{100} = x - \dfrac{1}{4}x$
$\qquad\qquad\qquad = \left(1 - \dfrac{1}{4}\right)x = \dfrac{3}{4}x$ (원)

⑤ 음료수 10개의 가격이 $10a$원이므로 거스름돈은
$\quad (10000 - 10a)$원

따라서 옳은 것은 ③이다. **답** ③

04

(밑넓이) $= a \times b = ab$ (cm²)

(옆넓이) $= 2 \times (a \times c + b \times c) = 2ac + 2bc$ (cm²)

∴ (직육면체의 겉넓이) $= 2 \times$ (밑넓이) $+$ (옆넓이)
$\qquad\qquad\qquad\qquad = 2 \times ab + (2ac + 2bc)$
$\qquad\qquad\qquad\qquad = 2ab + 2ac + 2bc$ (cm²)

답 $(2ab+2ac+2bc)$ cm²

05

$\dfrac{2}{a} - \left(\dfrac{4}{b} + \dfrac{2}{c}\right) = 2 \div a - (4 \div b + 2 \div c)$
$\qquad\qquad\qquad = 2 \div \dfrac{1}{3} - \left\{4 \div \left(-\dfrac{1}{5}\right) + 2 \div \dfrac{1}{7}\right\}$
$\qquad\qquad\qquad = 2 \times 3 - \{4 \times (-5) + 2 \times 7\}$
$\qquad\qquad\qquad = 6 - (-20 + 14)$
$\qquad\qquad\qquad = 6 - (-6)$
$\qquad\qquad\qquad = 12$ **답** ⑤

다른 풀이

$\dfrac{1}{a}$ 은 a의 역수이므로 $\dfrac{1}{a} = 3$

마찬가지로 $\dfrac{1}{b} = -5$, $\dfrac{1}{c} = 7$

∴ $\dfrac{2}{a} - \left(\dfrac{4}{b} + \dfrac{2}{c}\right) = 2 \times 3 - \{4 \times (-5) + 2 \times 7\}$
$\qquad\qquad\qquad\quad = 6 - (-20 + 14)$
$\qquad\qquad\qquad\quad = 6 - (-6) = 12$

06

① $\{-(-1)\}^2 = 1$

② $-(-1)^3 = -(-1) = 1$

③ $\dfrac{1}{-1} = -1$

④ $\left(-\dfrac{1}{-1}\right)^3 = 1^3 = 1$

⑤ $-(-1)^2 - 2 \times (-1) = -1 + 2 = 1$

따라서 식의 값이 나머지 넷과 다른 하나는 ③이다. **답** ③

07

⑤ 상수항은 -5이다. **답** ⑤

08

$\dfrac{8}{7}$은 수로만 이루어졌으므로 상수항이다.

$\dfrac{4}{a}$는 분모에 문자가 있으므로 다항식이 아니다.

$9a^2-5a$는 다항식의 차수가 2이다.

따라서 일차식인 것은 $3a-5$, $\dfrac{a}{5}+4$의 2개이다.　　　답 ②

09

$\left(2x+\dfrac{1}{3}\right)\div\dfrac{1}{6}=\left(2x+\dfrac{1}{3}\right)\times6=2x\times6+\dfrac{1}{3}\times6=12x+2$

따라서 x의 계수는 12, 상수항은 2이므로 x의 계수와 상수항의 합은

$12+2=14$　　　답 14

10

① $-3(-3x+5)=-3\times(-3x)+(-3)\times5=9x-15$

② $(8a-10)\div2=(8a-10)\times\dfrac{1}{2}=8a\times\dfrac{1}{2}+(-10)\times\dfrac{1}{2}$
$\qquad\qquad=4a-5$

③ $(6-15b)\times\dfrac{2}{3}=6\times\dfrac{2}{3}+(-15b)\times\dfrac{2}{3}=4-10b$

④ $(-6x+2)\div\left(-\dfrac{2}{5}\right)=(-6x+2)\times\left(-\dfrac{5}{2}\right)$
$\qquad\qquad=-6x\times\left(-\dfrac{5}{2}\right)+2\times\left(-\dfrac{5}{2}\right)$
$\qquad\qquad=15x-5$

⑤ $\dfrac{1}{5}\left(-10y+\dfrac{20}{3}\right)=\dfrac{1}{5}\times(-10y)+\dfrac{1}{5}\times\dfrac{20}{3}$
$\qquad\qquad=-2y+\dfrac{4}{3}$

따라서 옳지 않은 것은 ⑤이다.　　　답 ⑤

11

① 분모에 문자가 있으면 다항식이 아니므로 동류항이 아니다.
② 문자는 같지만 차수가 다르므로 동류항이 아니다.
③ 차수는 같지만 문자가 다르므로 동류항이 아니다.
⑤ 문자는 같지만 각 문자의 차수가 다르므로 동류항이 아니다.
따라서 동류항끼리 짝 지어진 것은 ④이다.　　　답 ④

12

$4\left(\dfrac{3}{2}x+1\right)-\left(6x-\dfrac{9}{8}\right)\div(-3)=6x+4-\left(6x-\dfrac{9}{8}\right)\times\left(-\dfrac{1}{3}\right)$
$\qquad\qquad=6x+4-\left(-2x+\dfrac{3}{8}\right)$
$\qquad\qquad=6x+4+2x-\dfrac{3}{8}$
$\qquad\qquad=8x+\dfrac{29}{8}$

따라서 $a=8$, $b=\dfrac{29}{8}$이므로 $ab=8\times\dfrac{29}{8}=29$　　　답 29

기출 **B** 실수 극복하는 **심화 문제**　　59쪽~63쪽

01 ⑤	02 ④	03 ②	04 ③	05 $\left(\dfrac{3}{25}a+7\right)$문제
06 $(250-75x-100y)$ km		07 35 ℃	08 ④	09 ④
10 ①	11 ①	12 22	13 $-45a+18$	14 ④	15 $a=\dfrac{1}{3},\ b=\dfrac{1}{9}$
16 ④	17 B 편의점, $\dfrac{a}{30}$ 원		18 -6	19 ②	20 $-4x+14y$
21 $\dfrac{3}{2}x+22$	22 ④	23 ②	24 $\left(\dfrac{19}{5}x+38\right)$ cm	25 ④
26 $4n-3$	27 ②	28 -1015	29 $-3a-6b$	30 ①

01

전략 수와 문자 사이의 곱셈 기호를 생략한다.

① $x\times x\times(-3)=-3x^2$

② $x\div y\times2=x\times\dfrac{1}{y}\times2=\dfrac{2x}{y}$

③ $(x+y)\div\dfrac{1}{2}=(x+y)\times2=2(x+y)$

④ $0.1\times x\times(x-2y)=0.1x(x-2y)$

⑤ $x\times y\div3\times y=x\times y\times\dfrac{1}{3}\times y=\dfrac{xy^2}{3}$

따라서 옳은 것은 ⑤이다.　　　답 ⑤

02

전략 분수 $\dfrac{B}{A}$를 나눗셈 기호를 사용하여 $B\div A$로 나타낸다.

$\dfrac{5a^2+2b}{3(a-b)}=(5a^2+2b)\div3(a-b)$
$\qquad\qquad=(5\times a\times a+2\times b)\div\{3\times(a-b)\}$
$\qquad\qquad=(5\times a\times a+2\times b)\div3\div(a-b)$　　　답 ④

03

전략 a의 $b\,\%$는 $a\times\dfrac{b}{100}$이다.

남학생 수가 $a\times\dfrac{b}{100}=\dfrac{ab}{100}$이므로

여학생 수는 $a-\dfrac{ab}{100}$　　　답 ②

04

전략 (원액의 양)$=\dfrac{(원액의\ 농도)}{100}\times(과즙\ 음료의\ 양)$

농도가 $a\,\%$인 과즙 음료 200 g에 들어 있는 원액의 양은

$\dfrac{a}{100}\times200=2a\ (\text{g})$

농도가 25 %인 과즙 음료 b g에 들어 있는 원액의 양은

$\dfrac{25}{100}\times b=\dfrac{b}{4}\ (\text{g})$

따라서 새로 만든 과즙 음료에 들어 있는 원액의 양은
$$\left(2a+\frac{b}{4}\right)\text{g}$$
답 ③

05

 10문제를 맞힌 학생 수와 7문제를 맞힌 학생 수의 합은 25명임을 이용한다.

10문제를 맞힌 학생 수가 a명이므로 7문제를 맞힌 학생 수는 $(25-a)$명이다.

즉, 이 반 전체 학생의 맞힌 문제 수의 총합은
$$10\times a+7\times(25-a)=10a+175-7a$$
$$=3a+175(\text{문제})$$

따라서 이 반 전체 학생의 맞힌 문제 수의 평균은
$$\frac{3a+175}{25}=\frac{3}{25}a+7(\text{문제})$$
답 $\left(\dfrac{3}{25}a+7\right)$문제

절대등급 NOTE

평균 구하기

$$(\text{평균})=\frac{(\text{자료의 총합})}{(\text{자료의 개수})}$$

06

 x시간 동안 이동한 거리와 y시간 동안 이동한 거리를 각각 구한다.

시속 75 km로 x시간 동안 이동한 거리는
$$75\times x=75x\,(\text{km})$$

시속 100 km로 y시간 동안 이동한 거리는
$$100\times y=100y\,(\text{km})$$

휴게소에서 쉬는 동안은 이동하지 않는다.

따라서 Q 지점까지 남은 거리는
$$(250-75x-100y)\,\text{km}$$
답 $(250-75x-100y)$ km

절대등급 NOTE

$$(\text{남은 거리})=(\text{전체 거리})-(\text{이동한 거리})$$

07

 주어진 식에 $x=95$를 대입한다.

$\dfrac{5}{9}(x-32)\,^{\circ}\text{C}$에 $x=95$를 대입하면
$$\frac{5}{9}(95-32)=\frac{5}{9}\times63=35\,(^{\circ}\text{C})$$

따라서 화씨온도 95 °F는 섭씨온도 35 °C이다.
답 35 °C

08

 소리의 속력을 구한 후 거리를 구한다.

$331+0.6x$에 $x=25$를 대입하면
$$331+0.6\times25=331+15=346$$

따라서 소리의 속력은 기온이 25 °C일 때, 초속 346 m이다.

이때 번개가 치고 4초 후에 천둥소리를 들었으므로 번개가 친 곳에서 천둥소리를 들은 곳까지의 거리는
$$346\times4=1384\,(\text{m})$$
답 ④

09

 분모에 분수를 대입할 때는 나눗셈 기호를 다시 쓴다.

① $ab=\left(-\dfrac{1}{2}\right)\times\dfrac{1}{2}=-\dfrac{1}{4}$

② $-a^2+\dfrac{1}{b}=-a^2+1\div b=-\left(-\dfrac{1}{2}\right)^2+1\div\dfrac{1}{2}$
$$=-\frac{1}{4}+1\times2=-\frac{1}{4}+2=\frac{7}{4}$$

③ $\dfrac{b}{a^2}=b\div a^2=\dfrac{1}{2}\div\left(-\dfrac{1}{2}\right)^2$
$$=\frac{1}{2}\div\frac{1}{4}=\frac{1}{2}\times4=2$$

④ $\dfrac{1}{a}+b=1\div a+b=1\div\left(-\dfrac{1}{2}\right)+\dfrac{1}{2}$
$$=1\times(-2)+\frac{1}{2}=-2+\frac{1}{2}=-\frac{3}{2}$$

⑤ $\dfrac{1}{a}+\dfrac{1}{b}=1\div a+1\div b=1\div\left(-\dfrac{1}{2}\right)+1\div\dfrac{1}{2}$
$$=1\times(-2)+1\times2=-2+2=0$$

따라서 식의 값이 가장 작은 것은 ④이다.
답 ④

10

 $x+y-z=0$을 적당히 변형한 후, 주어진 식에 대입하여 분모를 간단히 한다.

$x+y-z=0$이므로
$$x+y=z,\quad x-z=-y,\quad y-z=-x$$
$$\therefore \frac{3yz}{(x-z)(x+y)}+\frac{4xz}{(x+y)(z-y)}+\frac{5xy}{(z-x)(y-z)}$$
$$=\frac{3yz}{(-y)\times z}+\frac{4xz}{z\times x}+\frac{5xy}{y\times(-x)}$$
$$=-\frac{3yz}{yz}+\frac{4xz}{xz}-\frac{5xy}{xy}$$
$$=-3+4-5$$
$$=-4$$
답 ①

11

 항을 구할 때 부호를 포함시킨다.

주어진 다항식의 항은 $\dfrac{7}{3}x^2$, $-4x$, $+\dfrac{1}{3}$이므로 $a=3$

다항식의 차수는 2이므로 $b=2$

x의 계수는 -4이므로 $c=-4$

상수항은 $\dfrac{1}{3}$이므로 $d=\dfrac{1}{3}$

$$\therefore 3a-2b-c-\left(\frac{1}{d}\right)^2=3\times3-2\times2-(-4)-\left(1\div\frac{1}{3}\right)^2$$
$$=9-4-(-4)-(1\times3)^2$$
$$=5+4-9$$
$$=0$$
답 ①

12

전략) 주어진 식이 x에 대한 일차식이므로 (x^2의 계수)$=0$이다.

주어진 식이 x에 대한 일차식이 되려면 x^2의 계수가 0이어야 하므로

$3-a=0$ $\therefore a=3$ ……❶

이때 상수항이 4이므로 $\dfrac{b}{a}=\dfrac{b}{3}=4$ $\therefore b=12$ ……❷

또, x의 계수는 $a+4$이므로

$c=a+4=3+4=7$ ……❸

$\therefore a+b+c=3+12+7=22$ ……❹

답 22

채점 기준	배점 비율
❶ 주어진 식이 x에 대한 일차식이라는 조건을 이용하여 a의 값 구하기	30 %
❷ 상수항을 이용하여 b의 값 구하기	30 %
❸ x의 계수를 이용하여 c의 값 구하기	30 %
❹ $a+b+c$의 값 구하기	10 %

13

전략) 어떤 일차식에 $-\dfrac{1}{3}$을 곱하면 $-5a+2$가 되는 것을 이용하여 식을 세운다.

어떤 일차식을 $\boxed{}$라 하면

$\boxed{}\times\left(-\dfrac{1}{3}\right)=-5a+2$이므로

$\boxed{}=(-5a+2)\div\left(-\dfrac{1}{3}\right)$

$\quad\ =(-5a+2)\times(-3)$

$\quad\ =15a-6$

따라서 바르게 계산한 식은

$(15a-6)\div\left(-\dfrac{1}{3}\right)=(15a-6)\times(-3)$

$\qquad\qquad\qquad\qquad\ =-45a+18$

답 $-45a+18$

절대등급 NOTE

어떤 일차식을 $-\dfrac{1}{3}$로 나눈 계산 결과가 $-5a+2$라 착각하지 않도록 하고, 어떤 일차식에 $-\dfrac{1}{3}$을 잘못하여 곱한 계산 결과인 $-5a+2$를 이용하여 어떤 일차식을 먼저 구한다.

14

전략) 나눗셈은 역수의 곱셈으로 바꾸어 계산한다.

$(2x+6)\div\left(-\dfrac{2}{3}\right)=(2x+6)\times\left(-\dfrac{3}{2}\right)$

$\qquad\qquad\qquad\qquad\ =-3x-9$

$\therefore p=-3,\ q=-9$

$15\left(\dfrac{7}{3}x-\dfrac{9}{5}\right)=35x-27$

$\therefore r=35,\ s=-27$

따라서 $\dfrac{q}{p}=\dfrac{-9}{-3}=3$, $r+s=35+(-27)=8$이므로

x의 계수가 3이고, 상수항이 8인 일차식은

$3x+8$

답 ④

15

전략) 조건에 따라 순서대로 해결한다.

조건 ㈎에서

$A=(ax+2b)\div\left(-\dfrac{2}{3}\right)$

$\quad=(ax+2b)\times\left(-\dfrac{3}{2}\right)$

$\quad=-\dfrac{3a}{2}x-3b$

조건 ㈏에서

$B=A\div\dfrac{1}{3}$

$\quad=\left(-\dfrac{3a}{2}x-3b\right)\div\dfrac{1}{3}$

$\quad=\left(-\dfrac{3a}{2}x-3b\right)\times 3$

$\quad=-\dfrac{9a}{2}x-9b$

조건 ㈐에서

$C=-2B$

$\quad=-2\left(-\dfrac{9a}{2}x-9b\right)$

$\quad=9ax+18b$

이때 $C=3x+2$이므로

$9a=3$에서 $a=\dfrac{1}{3}$, $18b=2$에서 $b=\dfrac{1}{9}$

답 $a=\dfrac{1}{3},\ b=\dfrac{1}{9}$

16

전략) 문자를 사용한 식으로 나타낸 후 동류항을 찾는다.

ㄱ. $a\times a\times b=a^2 b$

ㄴ. $\dfrac{1}{2}\times a\times b=\dfrac{ab}{2}$

ㄷ. $10\times a+b=10a+b$

ㄹ. $a\times b=ab$

따라서 동류항끼리 짝 지으면 ㄴ, ㄹ이다.

답 ④

17

전략) A 편의점에서 아이스크림 한 묶음을 사면 6개가 되므로 1개당 가격은 한 묶음의 가격을 6으로 나눈 것과 같다.

A 편의점의 아이스크림 1개당 가격은

$5a\div 6=\dfrac{5}{6}a$(원) ……❶

B 편의점의 아이스크림 1개당 가격은

$a-a\times\dfrac{20}{100}=a\left(1-\dfrac{1}{5}\right)=\dfrac{4}{5}a$(원) ……❷

이때 $\dfrac{5}{6}a=\dfrac{25}{30}a$, $\dfrac{4}{5}a=\dfrac{24}{30}a$이므로 아이스크림 한 묶음을 구입할 때, 1개당 가격은 B 편의점에서 사는 것이

$\dfrac{5}{6}a-\dfrac{4}{5}a=\dfrac{25}{30}a-\dfrac{24}{30}a=\dfrac{a}{30}$(원)

더 저렴하다. ……❸

답 B 편의점, $\dfrac{a}{30}$ 원

채점 기준	배점 비율
❶ A 편의점의 아이스크림 1개당 가격 구하기	30 %
❷ B 편의점의 아이스크림 1개당 가격 구하기	30 %
❸ 아이스크림 1개당 가격이 더 저렴한 편의점과 얼마만큼 더 저렴한지 구하기	40 %

18

 $(\ \ )\rightarrow\{\ \ \}\rightarrow[\ \ ]$의 순서로 괄호를 풀어서 계산한다.

$3x-[2y-\{2x+5y-3(x+2y)\}]$
$=3x-\{2y-(2x+5y-3x-6y)\}$
$=3x-\{2y-(-x-y)\}$
$=3x-(2y+x+y)=3x-(x+3y)$
$=3x-x-3y=2x-3y$
따라서 $a=2$, $b=-3$이므로
$ab=2\times(-3)=-6$　　　　　　　　　달 -6

절대등급 NOTE

괄호 앞의 부호에 주의한다.

19

 주어진 식을 먼저 간단히 한다.

$-2A+B+4(A-B)+3=-2A+B+4A-4B+3$
$\qquad\qquad\qquad\qquad=2A-3B+3$
$\qquad\qquad\qquad\qquad=2(2x+1)-3(3x-2)+3$
$\qquad\qquad\qquad\qquad=4x+2-9x+6+3$
$\qquad\qquad\qquad\qquad=-5x+11$　　　달 ②

절대등급 NOTE

문자에 일차식을 대입할 때는 괄호를 사용한다.

20

 $(\ \ )\rightarrow\{\ \ \}$의 순서로 괄호를 풀어 주어진 식을 간단히 한 후 A, B, C를 대입한다.

$A=(-3x+5y)+(-4x+3y)=-7x+8y$
$B=(-3x+5y)+\left(\dfrac{2}{3}x-\dfrac{1}{3}y\right)=-\dfrac{7}{3}x+\dfrac{14}{3}y$
$C=(-4x+3y)+\left(\dfrac{2}{3}x-\dfrac{1}{3}y\right)=-\dfrac{10}{3}x+\dfrac{8}{3}y$

$\therefore\ 2A-\{2C-(3B-A-C)\}$
$=2A-(2C-3B+A+C)$
$=2A-(A-3B+3C)$
$=2A-A+3B-3C$
$=A+3B-3C$
$=(-7x+8y)+3\left(-\dfrac{7}{3}x+\dfrac{14}{3}y\right)-3\left(-\dfrac{10}{3}x+\dfrac{8}{3}y\right)$
$=-7x+8y-7x+14y+10x-8y$
$=-4x+14y$　　　　　　　　달 $-4x+14y$

21

 직사각형의 넓이를 구한 후 색칠하지 않은 삼각형의 넓이를 뺀다.

$(직사각형의\ 넓이)=(x+8)\times8=8x+64$　　　…… ❶

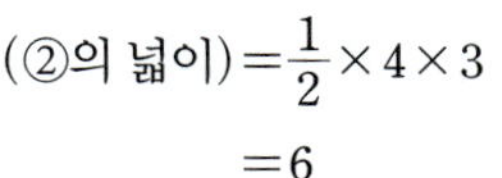

오른쪽 그림에서
$(①의\ 넓이)=\dfrac{1}{2}\times(x+8)\times5$
$\qquad\qquad=\dfrac{5}{2}x+20$
$(②의\ 넓이)=\dfrac{1}{2}\times4\times3$
$\qquad\qquad=6$
$(③의\ 넓이)=\dfrac{1}{2}\times(x+4)\times8$
$\qquad\qquad=4x+16$　　　…… ❷

$\therefore\ (색칠한\ 부분의\ 넓이)$
$=(직사각형의\ 넓이)-(①의\ 넓이)-(②의\ 넓이)-(③의\ 넓이)$
$=(8x+64)-\left(\dfrac{5}{2}x+20\right)-6-(4x+16)$
$=\dfrac{3}{2}x+22$　　　…… ❸

달 $\dfrac{3}{2}x+22$

채점 기준	배점 비율
❶ 직사각형의 넓이 구하기	10 %
❷ 색칠하지 않은 삼각형의 넓이 각각 구하기	60 %
❸ 색칠한 부분의 넓이 구하기	30 %

22

 길이가 주어지지 않은 변의 길이를 각각 표시한 후 길이의 합을 구한다.

오른쪽 그림과 같이 나머지 변의 길이를 각각 ①~⑦이라 하자.
$①+②+③=(2a-5)+(3a+1)$
$\qquad\qquad=5a-4$
$④+⑤+⑥+⑦=8a+2$
따라서 도형의 둘레의 길이는
$(8a+2)+(2a-5)+(3a+1)+(①+②+③)$
$\qquad\qquad\qquad\qquad+(④+⑤+⑥+⑦)$
$=13a-2+(5a-4)+(8a+2)$
$=26a-4$　　　　　　　　달 ④

절대등급 NOTE

가로 4개의 변의 길이의 합과 세로 3개의 변의 길이의 합을 이용하여 도형의 둘레의 길이를 구할 수 있다. 이때 길이가 주어지지 않은 7개의 변의 길이를 일일이 구하지 않도록 주의한다.

23

 일차식을 $ax-4\,(a\neq0)$로 놓고 푼다.

상수항이 -4인 x에 대한 일차식을 $ax-4\,(a\neq0)$라 하면
조건 ㈎에서 $x=2$일 때, $2a-4=A$
조건 ㈏에서 $x=5$일 때, $5a-4=B$

$$\therefore 5A-2B=5(2a-4)-2(5a-4)$$
$$=10a-20-10a+8=-12$$

답 ②

24

전략) 원래의 길이 x를 $a\,\%$ 늘인 길이는 $x\left(1+\dfrac{a}{100}\right)$이고, $a\,\%$ 줄인 길이는 $x\left(1-\dfrac{a}{100}\right)$이다.

새로 만든 직사각형에서

$$(\text{가로의 길이})=(x+10)\times\left(1+\dfrac{20}{100}\right)$$
$$=(x+10)\times\dfrac{6}{5}$$
$$=\dfrac{6}{5}x+12\ (\text{cm})$$

$$(\text{세로의 길이})=(x+10)\times\left(1-\dfrac{30}{100}\right)$$
$$=(x+10)\times\dfrac{7}{10}$$
$$=\dfrac{7}{10}x+7\ (\text{cm})$$

따라서 직사각형의 둘레의 길이는

$$2\left\{\left(\dfrac{6}{5}x+12\right)+\left(\dfrac{7}{10}x+7\right)\right\}=2\left(\dfrac{19}{10}x+19\right)$$
$$=\dfrac{19}{5}x+38\ (\text{cm})$$

답 $\left(\dfrac{19}{5}x+38\right)$ cm

25

전략) 주어진 규칙에 따라 $a\odot\dfrac{1}{2}$부터 계산한다.

$$a\odot\dfrac{1}{2}=3\left(a+\dfrac{1}{3}\right)+4\left(\dfrac{1}{2}+\dfrac{1}{2}\right)=3a+1+4=3a+5$$
$$\therefore \left(a\odot\dfrac{1}{2}\right)\odot\dfrac{1}{4}=(3a+5)\odot\dfrac{1}{4}$$
$$=3\left\{(3a+5)+\dfrac{1}{3}\right\}+4\left(\dfrac{1}{4}+\dfrac{1}{2}\right)$$
$$=3\left(3a+\dfrac{16}{3}\right)+4\times\dfrac{3}{4}$$
$$=9a+16+3$$
$$=9a+19$$

답 ④

26

전략) 돌의 개수에 대한 규칙을 찾는다.

가운데 놓인 돌은 1개로 일정하고, 〈2단계〉부터 모든 방향으로 1개씩, 즉 4개의 돌이 늘어나므로 각 단계별로 필요한 돌의 개수는 다음 표와 같다.

단계	돌의 개수
1	1
2	$1+4$
3	$1+4\times2$
4	$1+4\times3$
⋮	⋮
n	$1+4\times(n-1)$

따라서 n단계의 모양을 만드는 데 필요한 돌의 개수는
$$1+4\times(n-1)=4n-3$$

답 $4n-3$

다른 풀이

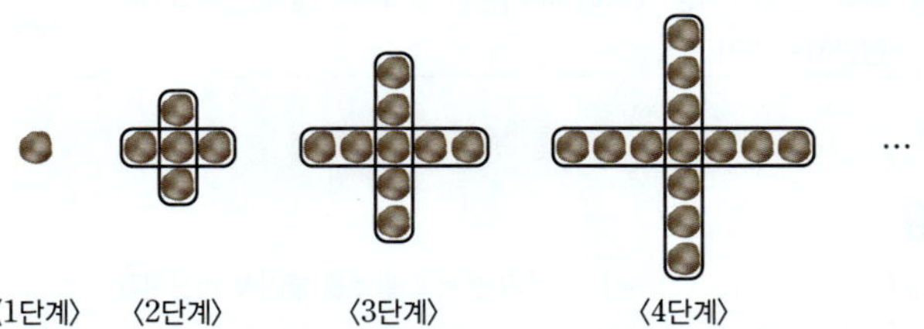

〈1단계〉　〈2단계〉　〈3단계〉　〈4단계〉

위의 그림과 같이 가로줄과 세로줄에 놓인 돌의 개수를 더하고 겹치는 돌의 개수를 빼서 각 단계별로 필요한 돌의 개수를 구하면 다음 표와 같다.

단계	돌의 개수
1	1
2	$3+3-1$
3	$5+5-1$
4	$7+7-1$
⋮	⋮
n	$(2n-1)+(2n-1)-1$

따라서 n단계의 모양을 만드는 데 필요한 돌의 개수는
$$(2n-1)+(2n-1)-1=4n-3$$

27

전략) 한 번씩 더 자를 때마다 늘어나는 끈의 개수에 대한 규칙을 찾는다.

〈1번〉 자른 후의 끈은 4개이고, 〈2번〉 자를 때부터 끈이 3개씩 늘어나므로 자른 횟수별로 끈의 개수는 다음 표와 같다.

자른 횟수(번)	끈의 개수
1	4
2	$4+3\times1$
3	$4+3\times2$
4	$4+3\times3$
⋮	⋮
n	$4+3\times(n-1)$

따라서 n번 자른 후의 끈의 개수는
$$4+3\times(n-1)=4+3n-3=3n+1$$
이므로 일곱 번 자른 후의 끈의 개수는
$$3\times7+1=22$$

답 ②

28

전략) $(-1)^{(\text{홀수})}=-1$, $(-1)^{(\text{짝수})}=1$임을 이용한다.

$$a+2a^2+3a^3+4a^4+\cdots+2028a^{2028}+2029a^{2029}$$
$$=(-1)+2\times(-1)^2+3\times(-1)^3+4\times(-1)^4+\cdots$$
$$\qquad+2028\times(-1)^{2028}+2029\times(-1)^{2029}$$
$$=-1+2-3+4-\cdots+2028-2029$$
$$=\{(-1)+2\}+\{(-3)+4\}+\{(-5)+6\}+\cdots$$
$$\qquad+\{(-2027)+2028\}-2029$$
$$=\underbrace{1+1+1+\cdots+1}_{1014\text{개}}-2029$$
$$=1014-2029=-1015$$

답 -1015

29

 -1의 거듭제곱에서 지수가 홀수인지 짝수인지 파악한다.

k가 홀수이므로 $k+3$은 짝수, $k+4$는 홀수, $k+k$는 짝수이다.

즉, $(-1)^{k+3}=1$, $(-1)^{k+4}=-1$, $(-1)^{k+k}=1$

$$\therefore (-1)^{k+3}(a-4b)+(-1)^{k+4}(-3a+7b)-(-1)^{k+k}(7a-5b)$$
$$=(a-4b)-(-3a+7b)-(7a-5b)$$
$$=a-4b+3a-7b-7a+5b$$
$$=-3a-6b$$

답 $-3a-6b$

절대등급 NOTE

- n이 홀수일 때, $(-1)^n=-1$
- n이 짝수일 때, $(-1)^n=1$

30

 m이 홀수, n이 짝수일 때 $2n$, $m+n$, mn이 홀수인지 짝수인지 파악한다.

m이 홀수, n이 짝수일 때,

$2n$은 짝수, $m+n$은 홀수, mn은 짝수이다.

즉, $(-1)^{2n}=1$, $(-1)^{m+n}=-1$, $(-1)^{mn}=1$

$$\therefore \frac{(-1)^{2n}(x+y)+(-1)^{m+n}(3x-5y)}{2\times(-1)^{mn}}$$
$$=\frac{(x+y)-(3x-5y)}{2\times1}=\frac{x+y-3x+5y}{2}$$
$$=\frac{-2x+6y}{2}=-x+3y$$

답 ①

 C 학교 시험 **최상위 문제**　　　　　　　　↻ 64쪽

01 $(420-38a)$ cm　　**02** $(45x-25200)$원　　**03** $72x$

04 $\left(a+\dfrac{1}{3}\right)$시간

01

 색종이를 한 장씩 이어 붙일 때마다 늘어나는 가로의 길이를 a를 사용하여 나타낸다.

다음 그림과 같이 색종이를 한 장씩 이어 붙일 때마다 가로의 길이는 $(10-a)$ cm씩 늘어난다.

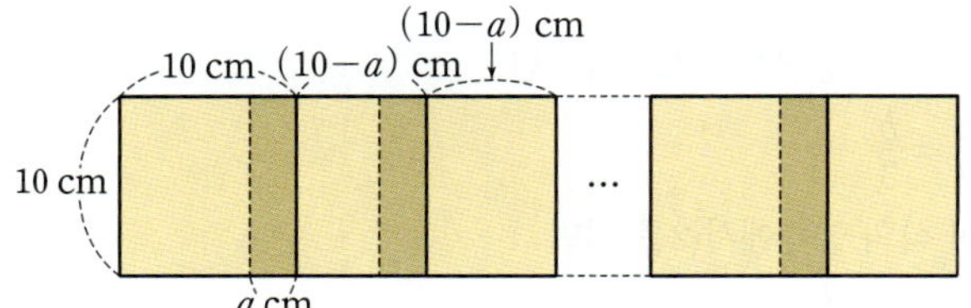

색종이 1장에 19장의 색종이를 이어 붙여 만든 완성된 띠의 가로의 길이는

$$10+19\times(10-a)=200-19a \text{ (cm)}$$

따라서 완성된 띠의 둘레의 길이는

$$2\{10+(200-19a)\}=2(210-19a)$$
$$=420-38a \text{ (cm)}$$

답 $(420-38a)$ cm

다음 그림과 같이 색종이를 이어 붙일 때 겹치는 부분과 겹치지 않는 부분으로 나누어 보자.

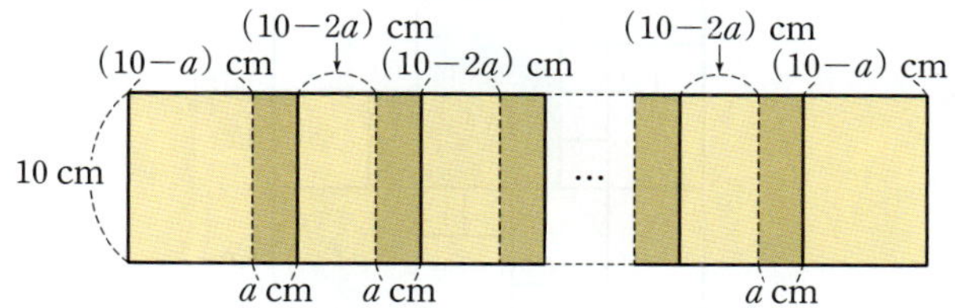

이때 겹치는 부분의 폭은 a cm, 겹치지 않는 부분 중 양 끝 부분의 폭은 $(10-a)$ cm, 양 끝을 제외한 나머지 겹치지 않는 부분의 폭은 $(10-2a)$ cm이다.

20장의 색종이를 이어 붙였을 때 겹치는 부분은 19개이고, 겹치지 않는 부분 중 양 끝 부분은 2개, 양 끝을 제외한 나머지 겹치지 않는 부분은 18개이다.

완성된 띠의 가로의 길이는

$$19a+2(10-a)+18(10-2a)=200-19a \text{ (cm)}$$

따라서 완성된 띠의 둘레의 길이는

$$2\{10+(200-19a)\}=2(210-19a)=420-38a \text{ (cm)}$$

절대등급 NOTE

색종이 n장을 a cm의 일정한 폭으로 겹치게 이어 붙여 하나의 큰 직사각형을 만들면 겹치는 부분은 $(n-1)$개이므로 직사각형의 가로의 길이는 n장의 색종이의 가로의 길이의 합에서 $a(n-1)$ cm를 뺀 것과 같다.

02

 지난달과 이번 달의 사탕 한 봉지와 초콜릿 한 개의 가격을 먼저 구한다.

지난달의 사탕 한 봉지의 가격이 x원이므로 이번 달의 사탕 한 봉지의 가격은 $\left\{x\times\left(1-\dfrac{10}{100}\right)\right\}$원이다. ……❶

지난달의 초콜릿 한 개의 가격은 $(x-700)$원이므로 이번 달의 초콜릿 한 개의 가격은 $\left\{(x-700)\times\left(1+\dfrac{20}{100}\right)\right\}$원이다. ……❷

따라서 이번 달에 사탕 10봉지와 초콜릿 30개를 산다고 할 때, 지불해야 하는 금액은

$$x\times\left(1-\frac{10}{100}\right)\times10+(x-700)\times\left(1+\frac{20}{100}\right)\times30$$
$$=9x+36(x-700)$$
$$=9x+36x-25200$$
$$=45x-25200(\text{원}) \qquad\qquad ……❸$$

답 $(45x-25200)$원

채점 기준	배점 비율
❶ 이번 달의 사탕 한 봉지의 가격 구하기	20 %
❷ 지난달과 이번 달의 초콜릿 한 개의 가격 구하기	30 %
❸ 이번 달에 사탕 10봉지와 초콜릿 30개를 산다고 할 때, 지불해야 하는 금액을 x를 사용한 식으로 나타내기	50 %

03

전략 세 종류의 정사각형과 한 종류의 직사각형의 한 변의 길이를 x에 대한 식으로 나타낸다.

가장 작은 정사각형의 한 변의 길이가 x이므로

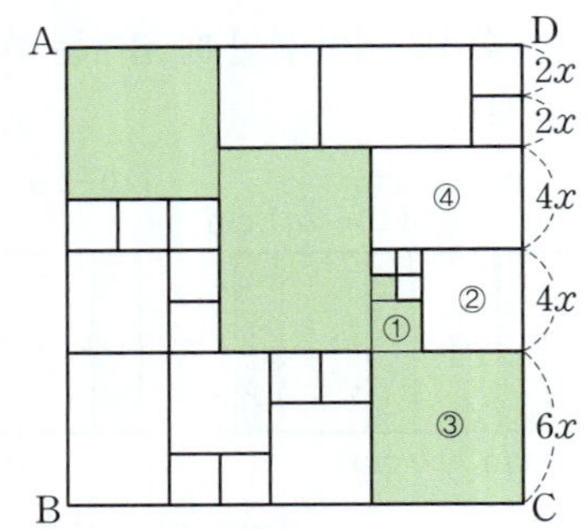

(정사각형 ①의 한 변의 길이)$=x+x=2x$

(정사각형 ②의 한 변의 길이)$=2x+2x=4x$

(정사각형 ③의 한 변의 길이)$=2x+4x=6x$

(직사각형 ④의 짧은 변의 길이)$=2x+2x=4x$

이때 색칠한 부분의 둘레의 길이는 주어진 정사각형 ABCD의 둘레의 길이와 같으므로

$4(2x+2x+4x+4x+6x)=4\times18x=72x$

답 $72x$

04

전략 각 지점의 위치를 파악하여 거리를 구한다.

조건 (개), (내)에서 학교, 서점, 아이스크림 가게, 집 순서로 위치해 있음을 알 수 있다.

조건 (내), (대)에서 학교와 아이스크림 가게 사이의 거리가 $(15a+9)$ km이므로 학교와 서점 사이의 거리는

$(15a+9)\times\dfrac{1}{3}=5a+3$ (km)

서점과 아이스크림 가게 사이의 거리는

$(15a+9)\times\dfrac{2}{3}=10a+6$ (km)

이때 조건 (래)에서 서점과 문방구 사이의 거리가 $(22a+14)$ km이므로 서점, 아이스크림 가게, 문방구가 위치한 지점을 수직선 위에 나타내면 다음 그림과 같다.

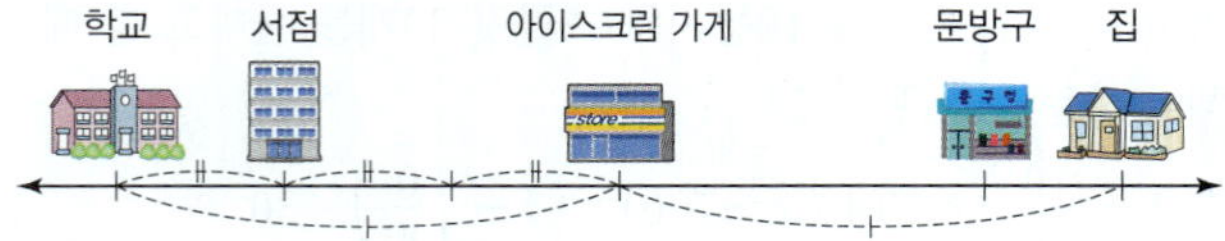

아이스크림 가게와 문방구 사이의 거리는

$(22a+14)-(10a+6)=12a+8$ (km)

아이스크림 가게와 집 사이의 거리가 $(15a+9)$ km이므로 문방구와 집 사이의 거리는

$(15a+9)-(12a+8)=3a+1$ (km)

따라서 병주가 문방구에서 집까지 시속 3 km의 속력으로 걸어갈 때 걸린 시간은

$\dfrac{3a+1}{3}=a+\dfrac{1}{3}$ (시간)

답 $\left(a+\dfrac{1}{3}\right)$시간

06 일차방정식

기출 A 오답 피하는 **필수 문제**   ↻ 65쪽~67쪽

01 ③	02 ④	03 ②	04 (개) 5	(내) 30	(대) 7	(래) $-\dfrac{20}{7}$
05 ④	06 ②, ⑤		07 ③	08 $x=7$	09 ①	10 ⑤
11 ③						

01

각 방정식의 x에 [ ] 안의 수를 대입하면

① $3\times1+1\neq-1$

② $5\times(-2)+2\neq-2-2$

③ $\dfrac{-5-1}{2}=2+(-5)$

④ $2\times(-7-2)\neq3\times(-7)+4$

⑤ $\dfrac{1}{3}\times\{6\times(-1)-1\}-\dfrac{5}{3}\neq-1-1$

따라서 [ ] 안의 수가 주어진 방정식의 해인 것은 ③이다.   **답** ③

02

x의 값에 관계없이 항상 참인 등식은 항등식이다.

ㄱ. (좌변)$=3x+5x=8x$에서
(좌변)$\neq$(우변)이므로 항등식이 아니다.

ㄴ. (우변)$=3x+5-2x=x+5$에서
(좌변)$=$(우변)이므로 항등식이다.

ㄷ. (우변)$=5-(x+2)=-x+3$에서
(좌변)$\neq$(우변)이므로 항등식이 아니다.

ㄹ. (좌변)$=4(-2x+4)=-8x+16$,
(우변)$=-2(4x-8)=-8x+16$에서
(좌변)$=$(우변)이므로 항등식이다.

따라서 항등식인 것은 ㄴ, ㄹ이다.   **답** ④

03

① $a+5=b+5$의 양변에서 5를 빼면
$a=b$

② $a=b$의 양변에 -1을 곱하면
$-a=-b$
이 식의 양변에 3을 더하면
$3-a=3-b$

③ $a=b$의 양변을 3으로 나누면
$\dfrac{a}{3}=\dfrac{b}{3}$
이 식의 양변에서 2를 빼면
$\dfrac{a}{3}-2=\dfrac{b}{3}-2$

④ $\dfrac{a}{2}=\dfrac{b}{2}$의 양변에 6을 곱하면
$3a=3b$

이 식의 양변에 1을 더하면

$3a+1=3b+1$

⑤ $-4a+12=-8b+12$의 양변에서 12를 **빼면**

$-4a=-8b$

이 식의 양변을 -4로 나누면

$a=2b$

따라서 옳지 않은 것은 ②이다.　　　　　　　　　　답 ②

참고 ② $a=1$, $b=1$이면 $a=b$이지만 $3-a\neq b-3$이다.

04

$2x+30=10-5x$의 양변에 $5x$를 더하면

$2x+30+5x=10-5x+5x$

$7x+30=10$

이 식의 양변에서 30을 **빼면**

$7x+30-30=10-30$

$7x=-20$

이 식의 양변을 7로 나누면

$$\frac{7x}{7}=\frac{-20}{7}$$

$$\therefore x=-\frac{20}{7}$$

따라서 ㈎$=5$, ㈏$=30$, ㈐$=7$, ㈑$=-\dfrac{20}{7}$이다.

답 ㈎ 5　㈏ 30　㈐ 7　㈑ $-\dfrac{20}{7}$

05

① $x-5=1$에서 -5를 이항하면

$x=1+5$

② $4x=x-2$에서 x를 이항하면

$4x-x=-2$

③ $-2x+3=2x-9$에서 3과 $2x$를 각각 이항하면

$-2x-2x=-9-3$

④ $7+3x=6x+10$에서 7과 $6x$를 각각 이항하면

$3x-6x=10-7$

⑤ $-x-11=3-8x$에서 -11과 $-8x$를 각각 이항하면

$-x+8x=3+11$

따라서 바르게 이항한 것은 ④이다.　　　　　　　답 ④

06

① 분모에 미지수가 있으므로 일차방정식이 아니다.

② $7x-6=1+4x$에서 $3x-7=0$이므로 일차방정식이다.

③ $x^2+3=2x^2+3$에서 $-x^2=0$이므로 일차방정식이 아니다.

④ $\dfrac{1}{4}(8x+4)=\dfrac{1}{3}(6x-7)$에서

$2x+1=2x-\dfrac{7}{3}$, $\dfrac{10}{3}=0$이므로 일차방정식이 아니다.

⑤ $-\dfrac{1}{2}(4x^2+2x)=-2x^2+5+x$에서

$-2x^2-x=-2x^2+5+x$, $-2x-5=0$이므로 일차방정식이다.

따라서 일차방정식인 것은 ②, ⑤이다.　　　　　답 ②, ⑤

참고 ④는 거짓인 등식이다.

07

① $2x-1=5$에서 $2x=6$　　$\therefore x=3$

② $-x+4=7-2x$에서 $x=3$

③ $3(x+1)=5x+7$에서 $3x+3=5x+7$

$-2x=4$　　$\therefore x=-2$

④ $1-(-3x+4)=6$에서 $1+3x-4=6$

$3x=9$　　$\therefore x=3$

⑤ $2(x-4)=3(x-1)-8$에서 $2x-8=3x-3-8$

$-x=-3$　　$\therefore x=3$

따라서 해가 나머지 넷과 다른 하나는 ③이다.　　답 ③

08

$\dfrac{2x+1}{5}+4=\dfrac{3x-7}{2}$의 양변에 10을 곱하면

$2(2x+1)+40=5(3x-7)$, $4x+2+40=15x-35$

$-11x=-77$　　$\therefore x=7$　　　　　　　　답 $x=7$

09

$0.8x=0.6(x+3)-1.7$의 양변에 10을 곱하면

$8x=6(x+3)-17$, $8x=6x+18-17$

$2x=1$　　$\therefore x=\dfrac{1}{2}$　　　　　　　　　답 ①

10

$7(x-a)=bx+14$에서

$7x-7a=bx+14$

이 방정식의 해가 무수히 많으므로

$7=b$, $-7a=14$　　$\therefore a=-2$, $b=7$

$\therefore a+b=-2+7=5$　　　　　　　　　　　답 ⑤

11

$2+4kx=3(3k-5)x$에서

$2+4kx=(9k-15)x$

$(-5k+15)x=-2$

이 방정식의 해가 없으므로

$-5k+15=0$, $-5k=-15$

$\therefore k=3$　　　　　　　　　　　　　　　　답 ③

기출 B 실수 극복하는 **심화 문제** ↻ 68쪽~72쪽

01 ②	**02** -1	**03** ㄷ, ㄹ	**04** $-5x+1$	**05** $\dfrac{1}{5}$	**06** ④
07 6	**08** ⑤	**09** -10	**10** 7	**11** ♡	**12** ④	**13** -1
14 -2	**15** ①	**16** -2	**17** ②	**18** ④	**19** $\dfrac{7}{5}$	**20** ④
21 $x=\dfrac{3}{2}$	**22** 1	**23** ⑤	**24** $-\dfrac{6}{5}$	**25** 6	**26** ④
27 ②	**28** 3	**29** $k\neq\dfrac{2}{3}$	**30** ③		

01

전략 각 문장을 등식으로 나타낸다.

각 문장을 등식으로 나타내면 다음과 같다.

① $2x+5=x-7$

② $\dfrac{2x+(x+2)+85}{3}=x+29$에서

$\qquad \dfrac{3x+87}{3}=x+29$

③ $6x+2=32$

④ $\dfrac{1}{2}\times x\times 4=20$에서 $2x=20$

⑤ $1000\times x+300\times 2=5600$에서

$\qquad 1000x+600=5600$

따라서 항등식인 것은 ②이다. 답 ②

02

전략 모든 x에 대하여 항상 참이 되는 등식은 x에 대한 항등식이다.

$3x+5=\dfrac{1}{2}(ax-4)+b$에서

$3x+5=\dfrac{1}{2}ax-2+b$

이 식이 x에 대한 항등식이므로

$3=\dfrac{1}{2}a,\ 5=-2+b$ ∴ $a=6,\ b=7$

∴ $a-b=6-7=-1$ 답 -1

03

전략 a의 값에 따라 주어진 등식이 방정식 또는 항등식이 됨을 이해한다.

ㄱ. a의 값에 따라 해가 달라진다.

ㄴ. $a=0$일 때, $3x-6=0$이므로

$\qquad 3x=6$ ∴ $x=2$

$\qquad$ 즉, 해는 $x=2$이다.

ㄷ. $a=3$일 때, $3x-6=3(x-2)$

$\qquad$ 즉, (좌변)=(우변)이므로 항등식이다.

ㄹ. $3x-6=a(x-2)$에서

$\qquad 3x-6=ax-2a,\ (3-a)x-6+2a=0$

$\qquad$ 즉, $a\neq3$일 때, x에 대한 일차방정식이다.

ㅁ. a의 값에 따라 항등식이 되기도 하고, 방정식이 되기도 한다.

따라서 옳은 것은 ㄷ, ㄹ이다. 답 ㄷ, ㄹ

04

전략 $A=ax+b$라 하고, 주어진 등식이 x에 대한 항등식임을 이용한다.

$\dfrac{1}{2}(x-3)-\dfrac{1}{2}A-\dfrac{6x-9}{3}=x+1$에서

$\dfrac{1}{2}(x-3)-\dfrac{1}{2}A-(2x-3)=x+1$

이 식의 양변에 2를 곱하면

$x-3-A-2(2x-3)=2(x+1)$

$x-3-A-4x+6=2x+2$

$-3x+3-A=2x+2$

$A=ax+b\ (a,\ b$는 상수)라 하면

$-3x+3-(ax+b)=2x+2$

$(-3-a)x+3-b=2x+2$

이 식이 x에 대한 항등식이므로

$-3-a=2,\ 3-b=2$ ∴ $a=-5,\ b=1$

∴ $A=-5x+1$ 답 $-5x+1$

05

전략 항등식의 정의에 따라 $a,\ b$의 값을 각각 구한 후, y에 대한 방정식의 해가 $y=2a+b$임을 이용하여 c의 값을 구한다.

$\dfrac{x-2}{5}-1=ax+b$에서 $\dfrac{1}{5}x-\dfrac{7}{5}=ax+b$가 x에 대한 항등식이므로

$a=\dfrac{1}{5},\ b=-\dfrac{7}{5}$ $\cdots\cdots$ ❶

∴ $y=2a+b=2\times\dfrac{1}{5}-\dfrac{7}{5}=-1$ $\cdots\cdots$ ❷

$2ay-2b=cy+1$에 $a=\dfrac{1}{5},\ b=-\dfrac{7}{5}$을 대입하면

$\dfrac{2}{5}y+\dfrac{14}{5}=cy+1$

이 방정식의 해가 $y=-1$이므로

$-\dfrac{2}{5}+\dfrac{14}{5}=-c+1,\ \dfrac{12}{5}=-c+1$

∴ $c=1-\dfrac{12}{5}=-\dfrac{7}{5}$ $\cdots\cdots$ ❸

∴ $a-b+c=\dfrac{1}{5}-\left(-\dfrac{7}{5}\right)-\dfrac{7}{5}=\dfrac{1}{5}$ $\cdots\cdots$ ❹

답 $\dfrac{1}{5}$

채점 기준	배점 비율
❶ x에 대한 항등식임을 이용하여 $a,\ b$의 값 각각 구하기	30 %
❷ y의 값 구하기	20 %
❸ c의 값 구하기	40 %
❹ $a-b+c$의 값 구하기	10 %

06

전략 $x=2$를 주어진 방정식에 대입한 식이 k에 대한 항등식임을 이용한다.

$2m-3kx=nk+4x+2$에 $x=2$를 대입하면

$2m-6k=nk+8+2,\ -6k+2m=nk+10$

이 식이 k에 대한 항등식이므로

$-6=n$, $2m=10$ $\quad\therefore m=5$, $n=-6$

$\therefore 2m+n=2\times5-6=4$ $\qquad$ 답 ④

07

전략 등식의 성질을 이용하여 주어진 식의 좌변이 $a-2$가 되도록 변형한다.

$3a+6=3(b-2)$의 양변을 3으로 나누면

$a+2=b-2$

이 식의 양변에서 4를 빼면

$a-2=b-6$

따라서 $\square$ 안에 알맞은 수는 6이다. $\qquad$ 답 6

08

전략 등식의 성질을 이용하여 $3a=4b$를 보기의 식으로 변형해 본다.

ㄱ. $3a=4b$의 양변에 $3a$를 더하면

$\quad 6a=4b+3a$

ㄴ. $3a=4b$의 양변을 12로 나누면

$\quad \dfrac{a}{4}=\dfrac{b}{3}$

$\quad$ 이 식의 양변에서 4를 빼면

$\quad \dfrac{a}{4}-4=\dfrac{b}{3}-4$

ㄷ. $3a=4b$의 양변을 3으로 나누면

$\quad a=\dfrac{4}{3}b$

$\quad$ 이 식의 양변에 7을 더하면

$\quad a+7=\dfrac{4}{3}b+7$

ㄹ. $3a=4b$의 양변에 1을 더하면

$\quad 3a+1=4b+1$

$\quad$ 이 식의 양변을 2로 나누면

$\quad \dfrac{3a+1}{2}=\dfrac{4b+1}{2}$

ㅁ. $3a=4b$의 양변에서 $4b$를 빼면

$\quad 3a-4b=0$

$\quad$ 이 식의 양변을 5로 나누면

$\quad \dfrac{3a-4b}{5}=0$

따라서 옳은 것은 ㄱ, ㄷ, ㅁ이다. $\qquad$ 답 ⑤

09

전략 등식의 성질을 이용하여 주어진 방정식을 $x=(\text{수})$의 꼴로 고친다.

$-x+3=-\dfrac{x}{6}+\dfrac{1}{2}$의 양변에 6을 곱하면

$-6x+18=-x+3$

이 식의 양변에 x를 더하면 $-5x+18=3$

이 식의 양변에서 18을 빼면 $-5x=-15$

이 식의 양변을 -5로 나누면 $x=3$

따라서 $a=6$, $b=1$, $c=18$, $d=-5$이므로

$2a+b-c+d=2\times6+1-18-5=-10$ $\qquad$ 답 -10

10

전략 주어진 등식의 성질을 이용하여 $x=k$의 꼴로 고친다.

$2x+4=5$의 양변에서 4를 빼면

$2x+4-4=5-4$, $2x=1$

이 식의 양변을 2로 나누면

$\dfrac{2x}{2}=\dfrac{1}{2}$ $\quad\therefore x=\dfrac{1}{2}$

따라서 $k=\dfrac{1}{2}$, $m=4$, $n=2$이므로

$m+n+2k=4+2+2\times\dfrac{1}{2}=7$ $\qquad$ 답 7

11

전략 저울이 평형을 이루면 양쪽의 무게가 같음을 이용하여 등식을 세운다.

🔵, ☆, 🧡의 무게를 각각 a, b, c라 하고, ? 에 올려놓은 것의 무게를 x라 하면

$a+b=c$ $\qquad\qquad$ ······㉠

$2a=b+c$ $\qquad\qquad$ ······㉡

$5b=x+a$

㉠의 양변에 b를 더하면

$a+2b=c+b$ $\qquad$ ······㉢

㉡, ㉢에서 $2a=a+2b$

이 식의 양변에서 a를 빼면

$a=2b$ $\qquad\qquad$ ······㉣

㉣을 ㉠에 대입하면 $3b=c$

이때 $5b=3b+2b=c+a$이므로 $x=c$

따라서 ? 에 올려놓은 것은 🧡 한 개이다. $\qquad$ 답 🧡

절대등급 NOTE

등식으로 표현하기

각 물건의 무게를 문자 a, b, c로 생각하여 저울의 평형을 등식으로 나타낸 후, 등식의 성질을 이용하여 ? 에 올려놓은 것을 찾는다.

12

전략 (x에 대한 일차식)$=0$의 꼴로 정리한다.

$6x+5=2(ax+5)-\dfrac{1}{3}$에서

$6x+5=2ax+10-\dfrac{1}{3}$, $(6-2a)x-\dfrac{14}{3}=0$

이 식이 x에 대한 일차방정식이므로

$6-2a\neq0$ $\quad\therefore a\neq3$

따라서 상수 a의 값이 될 수 없는 것은 3이다. $\qquad$ 답 ④

13

전략) 두 번째 줄의 빈칸에 들어갈 알맞은 식을 먼저 구한다.

다음 그림과 같이 두 번째 줄의 빈칸의 식을 B라 하면

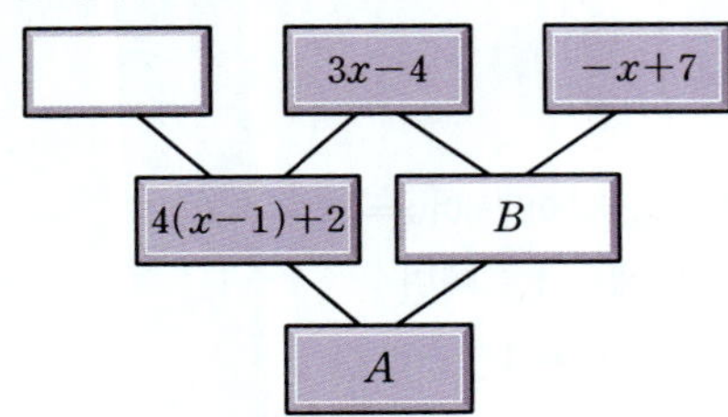

$B=(3x-4)+(-x+7)=2x+3$ ...... ❶

$\therefore A=\{4(x-1)+2\}+B$

$\quad =(4x-4+2)+(2x+3)=6x+1$ ...... ❷

따라서 $6x+1=-5$이므로

$6x=-6$ $\quad \therefore x=-1$ ...... ❸

답 -1

채점 기준	배점 비율
❶ 두 번째 줄의 빈칸의 식 구하기	40 %
❷ A가 나타내는 식 구하기	30 %
❸ x의 값 구하기	30 %

14

전략) 일차방정식 $3x-8=2(x+5)$의 해를 구한 후 나머지 일차방정식에 대입한다.

$3x-8=2(x+5)$에서 $3x-8=2x+10$

$\therefore x=18$

$x-k+k(x-10)=4$에 $x=18$을 대입하면

$18-k+8k=4,\ 7k=-14$

$\therefore k=-2$

답 -2

15

전략) 두 일차방정식의 해를 각각 구한 후 두 해가 같지 않음을 이용한다.

$4(x-1)-5=9+2x$에서 $4x-4-5=9+2x$

$2x=18$ $\quad \therefore x=9$

이때 $4x+1=3x-5a$에서 $x=-5a-1$

두 일차방정식의 해가 같지 않으므로

$-5a-1\neq9,\ -5a\neq10$ $\quad \therefore a\neq-2$

따라서 a의 값이 될 수 없는 것은 -2이다.

답 ①

16

전략) a와 b의 관계식을 구한다.

$5x-2b=a-3x$에 $x=a$를 대입하면

$5a-2b=a-3a$ $\quad \therefore 7a=2b$

$\therefore \dfrac{5a-6b}{a+2b}=\dfrac{5a-3\times2b}{a+2b}=\dfrac{5a-3\times7a}{a+7a}=\dfrac{-16a}{8a}=-2$

답 -2

17

전략) 주어진 식이 x에 대한 일차방정식임을 이용하여 a의 값을 구하고, 해가 $x=-1$임을 이용하여 b의 값을 구한다.

$(4a-3)x^2+(5b-2)x+3=0$이 x에 대한 일차방정식이 되려면

$4a-3=0,\ 5b-2\neq0$이어야 한다.

$\therefore a=\dfrac{3}{4},\ b\neq\dfrac{2}{5}$

이때 $(5b-2)x+3=0$의 해가 $x=-1$이므로

$(5b-2)x+3=0$에 $x=-1$을 대입하면

$-(5b-2)+3=0,\ -5b=-5$ $\quad \therefore b=1$

y의 계수가 $\dfrac{3}{4}$이고, 상수항이 1인 y에 대한 일차방정식은

$\dfrac{3}{4}y+1=0$이므로 $\dfrac{3}{4}y=-1$ $\quad \therefore y=-\dfrac{4}{3}$

답 ②

절대등급 NOTE

방정식 $ax^2+bx+c=0$이 x에 대한 일차방정식이 되는 조건

➡ $a=0,\ b\neq0$

18

전략) 계수에 소수, 분수가 있는 경우 양변에 적당한 수를 곱하여 계수를 정수로 바꿔서 푼다.

$\dfrac{1}{2}x-0.25x=\dfrac{3x-7}{5}$에서 $\dfrac{1}{2}x-\dfrac{1}{4}x=\dfrac{3x-7}{5}$

양변에 20을 곱하면

$10x-5x=4(3x-7),\ 10x-5x=12x-28$

$-7x=-28$ $\quad \therefore x=4$

① $x-4=8$에서 $x=12$

② $3x=-12$에서 $x=-4$

③ $\dfrac{x}{3}+1=\dfrac{8}{3}$의 양변에 3을 곱하면

$\quad x+3=8$ $\quad \therefore x=5$

④ $x+\dfrac{5}{3}=\dfrac{17}{3}$의 양변에 3을 곱하면

$\quad 3x+5=17,\ 3x=12$ $\quad \therefore x=4$

⑤ $2(x-1)=x+4$에서

$\quad 2x-2=x+4$ $\quad \therefore x=6$

따라서 주어진 일차방정식과 해가 같은 것은 ④이다.

답 ④

19

전략) 소괄호 앞의 부호에 주의하여 푼다.

$\dfrac{1}{2}\{4-(6x-2)+8x\}=3x-9$에서

$\dfrac{1}{2}(4-6x+2+8x)=3x-9$

$\dfrac{1}{2}(2x+6)=3x-9,\ x+3=3x-9$

$-2x=-12$ $\quad \therefore x=6$

따라서 $k=6$이므로

$\dfrac{k^2+6}{k^2-6}=\dfrac{6^2+6}{6^2-6}=\dfrac{36+6}{36-6}=\dfrac{42}{30}=\dfrac{7}{5}$

답 $\dfrac{7}{5}$

20

 주어진 식에 $x=9$를 대입한 후 a의 값을 구한다.

$\frac{1}{3}(ax-1):5=(2x-a):6$에 $x=9$를 대입하면

$\frac{1}{3}(9a-1):5=(18-a):6$

비례식에서 외항의 곱과 내항의 곱은 같으므로

$2(9a-1)=5(18-a),\ 18a-2=90-5a$

$23a=92$ $\quad\therefore a=4$ 답 ④

절대등급 NOTE

주어진 비례식에 x의 값을 대입한 후 비례식의 성질을 이용하여 a의 값을 구한다.

$a:b=c:d \Rightarrow ad=bc$

21

 $\frac{x}{3}+\frac{a}{6}=\frac{a-x}{2}-\frac{5}{6}$에 $x=-2$를 대입하여 a의 값을 구한다.

$\frac{x}{3}+\frac{a}{6}=\frac{a-x}{2}-\frac{5}{6}$에 $x=-2$를 대입하면

$-\frac{2}{3}+\frac{a}{6}=\frac{a+2}{2}-\frac{5}{6}$

양변에 6을 곱하면

$-4+a=3(a+2)-5,\ -4+a=3a+6-5$

$-2a=5$ $\quad\therefore a=-\frac{5}{2}$ ……❶

$2\left(ax+\frac{1}{2}\right)=3(x-2)+2a$에 $a=-\frac{5}{2}$를 대입하면

$2\left(-\frac{5}{2}x+\frac{1}{2}\right)=3(x-2)-5$

$-5x+1=3x-6-5,\ -8x=-12$ $\quad\therefore x=\frac{3}{2}$

따라서 구하는 일차방정식의 해는 $x=\frac{3}{2}$이다.   ……❷

답 $x=\frac{3}{2}$

채점 기준	배점 비율
❶ $x=-2$를 대입하여 a의 값 구하기	40 %
❷ $a=-\frac{5}{2}$를 대입하여 주어진 일차방정식의 해 구하기	60 %

22

 비례식에서 외항의 곱과 내항의 곱은 같다는 성질을 이용하여 x의 값을 구한다.

$2(x+1):(4-x)=3:1$에서

$2(x+1)=3(4-x),\ 2x+2=12-3x$

$5x=10$ $\quad\therefore x=2$

즉, $\frac{5x-4}{3}-\frac{2x+a}{5}=1$의 해가 $x=2$이므로

$\frac{10-4}{3}-\frac{4+a}{5}=1,\ 2-\frac{4+a}{5}=1$

양변에 5를 곱하면

$10-(4+a)=5,\ 10-4-a=5$ $\quad\therefore a=1$ 답 1

23

 정해진 규칙에 따라 주어진 식을 일차방정식으로 나타낸다.

$x\odot3=x+3-3x=-2x+3$

$2\odot(x-1)=2+(x-1)-2(x-1)$

$\qquad\qquad\quad =2+x-1-2x+2$

$\qquad\qquad\quad =-x+3$

$\therefore (x\odot3)-\{2\odot(x-1)\}=(-2x+3)-(-x+3)$

$\qquad\qquad\qquad\qquad\qquad =-2x+3+x-3$

$\qquad\qquad\qquad\qquad\qquad =-x$

이때 $-x=-2$이므로 $x=2$ 답 ⑤

24

 바르게 푼 해를 이용하여 a의 값을 구한 후, 잘못 보고 구한 해를 이용한다.

$\frac{1}{5}x-0.3(2a-x)=\frac{3}{2}+\frac{7}{5}x$에 $x=-1$을 대입하면

$-\frac{1}{5}-0.3(2a+1)=\frac{3}{2}-\frac{7}{5},\ -\frac{1}{5}-0.3(2a+1)=\frac{1}{10}$

양변에 10을 곱하면

$-2-3(2a+1)=1,\ -2-6a-3=1$

$-6a=6$ $\quad\therefore a=-1$

한편, $\frac{3}{2}$을 b로 잘못 보고 풀었다고 하면

$\frac{1}{5}x-0.3(-2-x)=b+\frac{7}{5}x$

이 일차방정식의 해가 $x=2$이므로

$\frac{2}{5}-0.3(-2-2)=b+\frac{14}{5},\ \frac{2}{5}+1.2=b+\frac{14}{5}$

양변에 10을 곱하면

$4+12=10b+28,\ -10b=12$

$\therefore b=-\frac{6}{5}$

따라서 현서는 $\frac{3}{2}$을 $-\frac{6}{5}$으로 잘못 보고 풀었다.   답 $-\frac{6}{5}$

25

 주어진 방정식의 해를 $x=(a$에 대한 식)의 꼴로 구한다.

$0.3x+a=0.8x+5$의 양변에 10을 곱하면

$3x+10a=8x+50,\ -5x=50-10a$

$\therefore x=-10+2a$

이때 x는 자연수이므로 $-10+2a=1, 2, 3, \cdots$

따라서 $a=\frac{11}{2}, 6, \frac{13}{2}, \cdots$이므로 가장 작은 자연수 a의 값은 6이다.

답 6

절대등급 NOTE

$-10+2a$의 값이 자연수이므로 $-10+2a\geq1, 2a\geq11$

$\therefore a\geq\frac{11}{2}$

이때 구하는 것은 가장 작은 자연수 a의 값이므로 6이다.

26

전략) 주어진 일차방정식을 풀어 a에 대한 식이 음의 정수가 되도록 식을 세운다.

$2x-\dfrac{1}{4}(5x+3a)=-6$의 양변에 4를 곱하면

$8x-(5x+3a)=-24$

$8x-5x-3a=-24$

$3x=3a-24$

$\therefore x=a-8$

이때 $a-8$이 음의 정수이므로

$a-8=-1,-2,-3,\ldots$

$\therefore a=7,6,5,\ldots$

따라서 가장 큰 정수 a의 값은 7이다.　　답 ④

절대등급 NOTE

$a-8$의 값이 음의 정수이므로 $a-8\le-1$, $a\le7$
이때 구하는 것은 가장 큰 정수 a의 값이므로 7이다.

27

전략) $\dfrac{1}{5}x+3=0.4(3-x)$의 해부터 구한다.

$\dfrac{1}{5}x+3=0.4(3-x)$에서 $\dfrac{1}{5}x+3=\dfrac{2}{5}(3-x)$

양변에 5를 곱하면

$x+15=2(3-x)$, $x+15=6-2x$

$3x=-9$　　$\therefore x=-3$

즉, $\dfrac{x-9k}{3}=kx+4$의 해는 $x=-3\times2=-6$이다.

$\dfrac{x-9k}{3}=kx+4$에 $x=-6$을 대입하면

$\dfrac{-6-9k}{3}=-6k+4$, $-2-3k=-6k+4$

$3k=6$　　$\therefore k=2$　　답 ②

28

전략) $\dfrac{2x-5}{3}=1$의 해부터 구한다.

$\dfrac{2x-5}{3}=1$의 양변에 3을 곱하면

$2x-5=3$, $2x=8$　　$\therefore x=4$

4와 절댓값이 같고 부호는 서로 반대인 수는 -4이므로

$5k+x=3k+2$의 해는 $x=-4$이다.

$5k+x=3k+2$에 $x=-4$를 대입하면

$5k-4=3k+2$, $2k=6$

$\therefore k=3$　　답 3

절대등급 NOTE

절댓값이 $a\ (a>0)$인 수
➡ 수직선 위에서 원점으로부터의 거리가 a인 수
➡ $-a,\ a$

29

전략) $ax+b=cx+d$가 한 개의 해를 갖기 위한 조건은 $a\ne c$이다.

$kx-\dfrac{x-3k}{3}=\dfrac{k}{2}x+4$에서

$kx-\dfrac{1}{3}x+k=\dfrac{k}{2}x+4$

$\left(k-\dfrac{1}{3}\right)x+k=\dfrac{k}{2}x+4$

이 방정식이 한 개의 해를 가지므로

$k-\dfrac{1}{3}\ne\dfrac{k}{2}$, $k-\dfrac{k}{2}\ne\dfrac{1}{3}$

$\dfrac{k}{2}\ne\dfrac{1}{3}$　　$\therefore k\ne\dfrac{2}{3}$　　답 $k\ne\dfrac{2}{3}$

다른 풀이

$kx-\dfrac{x-3k}{3}=\dfrac{k}{2}x+4$에서

$kx-\dfrac{1}{3}x+k=\dfrac{k}{2}x+4$

$\left(\dfrac{k}{2}-\dfrac{1}{3}\right)x=4-k$

x에 대한 방정식 $ax=b$가 한 개의 해를 갖기 위한 조건은 $a\ne0$이므로

$\dfrac{k}{2}-\dfrac{1}{3}\ne0$　　$\therefore k\ne\dfrac{2}{3}$

30

전략) $ax+b=cx+d$의 해가 무수히 많을 조건은 $a=c$, $b=d$이고, 해가 존재하지 않을 조건은 $a=c$, $b\ne d$이다.

$(2a+5)x+2b-7=ax+3b$의 해가 두 개 이상이므로 이 방정식은 해가 무수히 많다.

즉, $2a+5=a$, $2b-7=3b$

$\therefore a=-5$, $b=-7$

이때 $2(x-5)=c(2x-7)$의 해가 존재하지 않으므로

$2x-10=2cx-7c$에서

$2=2c$, $-10\ne-7c$

$\therefore c=1$

$\therefore a-b+c=-5-(-7)+1$

$\qquad\qquad\quad=-5+7+1=3$　　답 ③

기출 **C** 학교 시험 **최상위 문제**　　⟳ 73쪽

| **01** 7 | **02** 25 | **03** $x=5$ | **04** $\dfrac{22}{5}$ | **05** $x=10$ |

01

전략) 규칙에 따라 주어진 등식을 x에 대한 식으로 나타낸 후, 항등식의 성질을 이용한다.

$m\circ(2n)=2mx-4\times2n=2mx-8n$

$3 \circ 2 = 2 \times 3x - 4 \times 2 = 6x - 8$이므로

$(3 \circ 2) \triangle n = (6x - 8) \triangle n = 6nx + 6x - 8$
$\qquad\qquad\qquad = (6n + 6)x - 8$

$m \circ (2n) = (3 \circ 2) \triangle n$에서

$2mx - 8n = (6n + 6)x - 8$

이 식이 x에 대한 항등식이므로

$2m = 6n + 6,\ -8n = -8$

$\therefore m = 6,\ n = 1$

$\therefore m + n = 6 + 1 = 7$ 답 7

02

 약분하면 $\dfrac{3}{2}$이 되는 분수를 $\dfrac{3k}{2k}$로 나타낸 후 주어진 조건에 맞는 식을 세운다.

약분하면 $\dfrac{3}{2}$이 되는 분수를 $\dfrac{3k}{2k}$ (k는 자연수)라 하면

$\dfrac{3k + (2k + 4) - 8}{2k + 4} = \dfrac{3}{2}$

$\dfrac{5k - 4}{2k + 4} = \dfrac{3}{2},\ 2(5k - 4) = 3(2k + 4)$

$10k - 8 = 6k + 12,\ 4k = 20$

$\therefore k = 5$

따라서 처음의 분수는 $\dfrac{a}{b} = \dfrac{3k}{2k} = \dfrac{3 \times 5}{2 \times 5} = \dfrac{15}{10}$이므로

$a = 15,\ b = 10$

$\therefore a + b = 15 + 10 = 25$ 답 25

03

 식을 간단히 한 후 잘못 본 a의 값과 그때 구한 해를 이용하여 b의 값을 구하고, 잘못 본 b의 값과 그때 구한 해를 이용하여 a의 값을 구한다

$\dfrac{2a(x-4)}{3} - \dfrac{3 - bx}{5} = \dfrac{1}{15}$의 양변에 15를 곱하면

$10a(x - 4) - 3(3 - bx) = 1$

$10ax - 40a - 9 + 3bx = 1$

$(10a + 3b)x = 40a + 10 \qquad \cdots\cdots \ \text{㉠}$

지호가 a를 $-\dfrac{1}{2}$로 잘못 보고 구한 해가 $x = \dfrac{5}{2}$이므로

㉠에 $a = -\dfrac{1}{2},\ x = \dfrac{5}{2}$를 대입하면

$(-5 + 3b) \times \dfrac{5}{2} = -20 + 10$

$5(-5 + 3b) = -20,\ -25 + 15b = -20$

$15b = 5 \qquad \therefore b = \dfrac{1}{3}$

예원이가 b를 $\dfrac{2}{3}$로 잘못 보고 구한 해가 $x = \dfrac{30}{7}$이므로

㉠에 $b = \dfrac{2}{3},\ x = \dfrac{30}{7}$을 대입하면

$(10a + 2) \times \dfrac{30}{7} = 40a + 10$

$30(10a + 2) = 280a + 70,\ 300a + 60 = 280a + 70$

$20a = 10 \qquad \therefore a = \dfrac{1}{2}$

따라서 ㉠에 $a = \dfrac{1}{2},\ b = \dfrac{1}{3}$을 대입하면

$(5 + 1)x = 20 + 10,\ 6x = 30$

$\therefore x = 5$ 답 $x = 5$

04

 선분의 길이를 각각 구한 후 그 길이의 비를 이용하여 비례식을 세운다.

(선분 PA의 길이)$= 4 - x$

(선분 AQ의 길이)$= (3x + 4) - 4 = 3x$

선분 PA의 길이와 선분 AQ의 길이의 비가 $1 : 3$이므로

$(4 - x) : 3x = 1 : 3 \qquad \cdots\cdots$ ❶

$3(4 - x) = 3x,\ 12 - 3x = 3x$

$-6x = -12 \qquad \therefore x = 2 \qquad \cdots\cdots$ ❷

(선분 PB의 길이)$= k - x = k - 2$

(선분 BQ의 길이)$= (3x + 4) - k$
$\qquad\qquad\qquad = 3 \times 2 + 4 - k = 10 - k$

선분 PB의 길이와 선분 BQ의 길이의 비가 $4 : 1$이므로

$(k - 2) : (10 - k) = 4 : 1 \qquad \cdots\cdots$ ❸

$k - 2 = 4(10 - k),\ k - 2 = 40 - 4k$

$5k = 42 \qquad \therefore k = \dfrac{42}{5}$

따라서 선분 AB의 길이는

$k - 4 = \dfrac{42}{5} - 4 = \dfrac{22}{5} \qquad \cdots\cdots$ ❹

답 $\dfrac{22}{5}$

채점 기준	배점 비율
❶ 선분 PA의 길이와 선분 AQ의 길이를 구하여 비례식 세우기	30 %
❷ x의 값 구하기	20 %
❸ 선분 PB의 길이와 선분 BQ의 길이를 구하여 비례식 세우기	30 %
❹ k의 값을 구하여 선분 AB의 길이 구하기	20 %

05

 $3a + 2b + c = 10$을 적당히 변형하여 주어진 식에 대입한다.

$3a + 2b + c = 10$이므로

$2b + c = 10 - 3a$

$3a + c = 10 - 2b$

$3a + 2b = 10 - c$

$\therefore \dfrac{x}{3a} + \dfrac{x}{2b} + \dfrac{x}{c} - 3 = \dfrac{2b + c}{3a} + \dfrac{3a + c}{2b} + \dfrac{3a + 2b}{c}$
$\qquad\qquad\qquad\qquad\quad = \dfrac{10 - 3a}{3a} + \dfrac{10 - 2b}{2b} + \dfrac{10 - c}{c}$
$\qquad\qquad\qquad\qquad\quad = \dfrac{10}{3a} + \dfrac{10}{2b} + \dfrac{10}{c} - 3$

$\therefore x = 10$ 답 $x = 10$

절대등급 NOTE

이 문제는 주어진 식의 양변에 분모의 최소공배수를 곱하여 방정식을 푸는 것이 아니라 조건 $3a + 2b + c = 10$을 변형하여 우변에 대입한 후 좌변과 비교하여 x의 값을 구해야 계산이 간단해진다.

07 일차방정식의 활용

기출 A 오답 피하는 **필수 문제** ↻ 74쪽~75쪽

> **01** 14세 **02** 31 **03** ② **04** ④ **05** 204쪽 **06** 4000원
>
> **07** ③ **08** 400

01

올해 건우의 나이를 x세라 하면 어머니의 나이는 $3x$세이므로

$3x+14=2(x+14)$

$3x+14=2x+28$

$\therefore x=14$

따라서 올해 건우의 나이는 14세이다. 답 14세

절대등급 NOTE

> 현재 나이가 x세인 사람의 n년 후의 나이 ➡ $(x+n)$세
> 현재 나이가 x세인 사람의 n년 전의 나이 ➡ $(x-n)$세

02

연속하는 세 홀수를 $x-2$, x, $x+2$라 하면

$(x-2)+x+(x+2)=99$

$3x=99$

$\therefore x=33$

따라서 세 홀수 중 가장 작은 수는

$33-2=31$ 답 31

03

직사각형의 세로의 길이를 $x\,\text{cm}$라 하면 직사각형의 가로의 길이는 $(2x+3)\,\text{cm}$이므로

$(2x+3)-5=x+6$

$2x-2=x+6$

$\therefore x=8$

따라서 처음 직사각형의 세로의 길이는 $8\,\text{cm}$, 가로의 길이는 $2\times8+3=19\,(\text{cm})$이므로 직사각형의 둘레의 길이는

$2(8+19)=54\,(\text{cm})$ 답 ②

04

집에서 도서관까지의 거리를 $x\,\text{km}$라 하면

20분은 $\dfrac{20}{60}=\dfrac{1}{3}$(시간)이므로

$\dfrac{x}{2}-\dfrac{x}{3}=\dfrac{1}{3}$

양변에 6을 곱하면

$3x-2x=2$

$\therefore x=2$

따라서 집과 도서관 사이의 거리는 $2\,\text{km}$이다. 답 ④

절대등급 NOTE

> 거리, 속력, 시간에 대한 문제에서 방정식을 세우기 전에 단위를 통일해야 한다.
>
> | 속력 | 시간 | 거리 |
> |---|---|---|
> | 시속 $x\,\text{km}$ | 시간 | km |
> | 분속 $x\,\text{m}$ | 분 | m |
> | 초속 $x\,\text{m}$ | 초 | m |
>
> 이때 $1\,\text{km}=1000\,\text{m}$, 1시간$=60$분, 1분$=\dfrac{1}{60}$시간이다.

05

전체 x쪽이라 하면

$\dfrac{1}{3}x+\dfrac{1}{6}x+\dfrac{1}{4}x+51=x$

양변에 12를 곱하면

$4x+2x+3x+612=12x$

$-3x=-612$ $\therefore x=204$

따라서 책은 전체 204쪽이다. 답 204쪽

06

상품의 원가를 x원이라 하면

$(\text{정가})=\left(1+\dfrac{25}{100}\right)x=\dfrac{5}{4}x\,(\text{원})$

$(\text{판매 가격})=\left(1-\dfrac{10}{100}\right)\times\dfrac{5}{4}x=\dfrac{9}{8}x\,(\text{원})$

이때 $(\text{판매 가격})-(\text{원가})=(\text{이익})$이므로

$\dfrac{9}{8}x-x=500$, $\dfrac{1}{8}x=500$ $\therefore x=4000$

따라서 상품의 원가는 4000원이다. 답 4000원

07

전체 일의 양을 1이라 하면 준형이와 효정이가 하루 동안 하는 일의 양은 각각 $\dfrac{1}{16}$, $\dfrac{1}{20}$이다.

이때 두 사람이 함께 일한 날을 x일이라 하면

$\dfrac{1}{16}\times7+\left(\dfrac{1}{16}+\dfrac{1}{20}\right)\times x=1$

$\dfrac{7}{16}+\dfrac{9}{80}x=1$

양변에 80을 곱하면

$35+9x=80$, $9x=45$

$\therefore x=5$

따라서 두 사람이 함께 일한 날은 5일이다. 답 ③

08

$\dfrac{2}{100}\times200+\dfrac{5}{100}\times x=\dfrac{4}{100}\times(200+x)$

양변에 100을 곱하면

$400+5x=800+4x$ $\therefore x=400$ 답 400

01 25	02 6번	03 진하 : 2700원, 민우 : 3450원	04 19
05 3	06 ③	07 14일	08 251	09 ④	10 3 km	11 4분
12 ①	13 ④	14 1250원	15 22세	16 350명		17 ③
18 144분	19 48분	20 ⑤	21 ①	22 ②	23 30	24 5
25 텐트의 개수 : 11, 학생 수 : 51	26 ④	27 34분	28 ①
29 45 km	30 ④

01

전략 일의 자리의 숫자를 x라 하고 십의 자리의 숫자를 x에 대한 식으로 나타낸다.

일의 자리의 숫자를 x라 하면 십의 자리의 숫자는 $x-3$이므로

$10(x-3)+x=5\{(x-3)+x\}-10$

$11x-30=10x-25$ ∴ $x=5$

따라서 구하는 자연수는 25이다.　답 25

절대등급 NOTE

십의 자리의 숫자가 a이고, 일의 자리의 숫자가 b인 두 자리 자연수

➡ $10a+b$

02

전략 유안이가 이긴 횟수와 승현이가 진 횟수가 같고, 유안이가 진 횟수와 승현이가 이긴 횟수가 같다.

유안이가 x번 이겼다고 하면 유안이는 $(10-x)$번 졌고, 승현이는 $(10-x)$번 이기고 x번 졌으므로

$3x-(10-x)=3(10-x)-x+8$

$4x-10=38-4x$

$8x=48$ ∴ $x=6$

따라서 유안이는 6번 이겼다.　답 6번

03

전략 4개월 후 두 사람의 예금액을 각각 구한 뒤, 예금액이 같아짐을 이용하여 식을 세운다.

진하의 4개월 후 예금액은 $(8000+2k\times4)$원

민우의 4개월 후 예금액은 $\{5000+(3k-600)\times4\}$원　……❶

4개월 후 두 사람의 예금액이 같아지므로

$8000+8k=5000+4(3k-600)$

$8000+8k=2600+12k$

$-4k=-5400$ ∴ $k=1350$　……❷

따라서 진하의 매달 예금액은 $2\times1350=2700$(원), 민우의 매달 예금액은 $3\times1350-600=3450$(원)이다.　……❸

답 진하 : 2700원, 민우 : 3450원

채점 기준	배점 비율
❶ 4개월 후 두 사람의 예금액을 각각 구하기	20 %
❷ k의 값 구하기	50 %
❸ 진하와 민우의 매달 예금액을 각각 구하기	30 %

04

전략 상자 밑면의 가로, 세로의 길이는 2 cm가 두 번씩 빠진 길이임을 이용하여 식을 세운다.

직사각형 모양의 종이의 네 모퉁이를 잘라낸 후 접으면 오른쪽 그림과 같이 밑면의 가로의 길이와 세로의 길이가 각각 $(x-4)$ cm, 16 cm이고, 높이는 2 cm인 뚜껑이 없는 직육면체 모양의 상자가 된다.

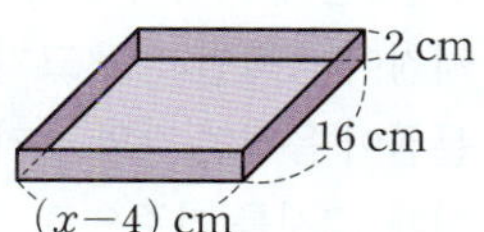

이때 상자의 부피가 480 cm³이므로

$(x-4)\times16\times2=480$

$x-4=15$ ∴ $x=19$　답 19

05

전략 새로 만든 사각형이 사다리꼴임을 이용하여 식을 세운다.

새로 만든 사각형은 사다리꼴이므로

$\frac{1}{2}\times\{(8+x)+8\}\times(8-2)=57$

$3(16+x)=57$

$16+x=19$ ∴ $x=3$　답 3

06

전략 두 번째 정삼각형부터는 성냥개비가 2개씩 더 필요함을 이용하여 식을 세운다.

첫 번째 정삼각형은 성냥개비 3개가 필요하고, 두 번째 정삼각형부터는 성냥개비가 2개씩 더 필요하므로 정삼각형의 개수와 성냥개비의 개수를 표로 나타내면 다음과 같다.

정삼각형의 개수	성냥개비의 개수
1	3
2	$3+2$
3	$3+2\times2$
⋮	⋮
n	$3+2\times(n-1)$

즉, n개의 정삼각형을 만드는 데 필요한 성냥개비의 개수는

$3+2\times(n-1)$

이때 성냥개비를 51개 사용하였으므로

$3+2\times(n-1)=51,\ 2(n-1)=48$

$n-1=24$ ∴ $n=25$

따라서 만들 수 있는 정삼각형의 개수는 25이다.　답 ③

07

전략 첫 번째 날의 날짜를 x일이라 하고, 나머지 날짜들을 x에 대한 식으로 나타낸다.

첫 번째 날의 날짜를 x일이라 하면 나머지 날짜는 오른쪽 그림과 같이 $(x+7)$일, $(x+14)$일, $(x+15)$일이므로

$x+(x+7)+(x+14)+(x+15)=92$

$4x+36=92,\ 4x=56$

∴ $x=14$

따라서 첫 번째 날의 날짜는 14일이다.　답 14일

08

전략 1분 동안 시침과 분침이 움직인 각의 크기를 각각 구한다.

4시 x분에 시침과 분침이 일치한다고 하면 x분 동안

시침이 움직인 각의 크기는 $0.5x°$

분침이 움직인 각의 크기는 $6x°$

이때 12시를 기준으로

(분침이 회전한 각의 크기)=(시침이 회전한 각의 크기)이므로

$6x=120+0.5x,\ 5.5x=120$

$55x=1200$ $\qquad \therefore x=\dfrac{240}{11}$

따라서 $\dfrac{q}{p}=\dfrac{240}{11}$이므로 $p=11,\ q=240$

$\therefore p+q=11+240=251$ **답** 251

절대등급 NOTE

12시를 기준으로 일정한 시간 동안 분침과 시침이 회전한 각도는 다음과 같다.

	60분	1분	x분
분침	$360°$	$6°$	$6x°$
시침	$30°$	$0.5°$	$0.5x°$

09

전략 자유형으로 수영을 한 시간을 x분이라 하고, 자유형으로 수영을 한 거리와 배영으로 수영을 한 거리가 같음을 이용하여 식을 세운다.

자유형으로 수영을 한 시간을 x분이라 하면

배영으로 수영을 한 시간은 $(7-x)$분이고,

자유형으로 수영을 한 거리와 배영으로 수영을 한 거리가 같으므로

$40x=30(7-x)$

$40x=210-30x,\ 70x=210$

$\therefore x=3$

따라서 자유형으로 수영을 한 시간은 3분이다. **답** ④

10

전략 집에서 약속 장소까지의 거리를 x km라 하고 뛰어 갔을 때와 자전거를 타고 갔을 때 걸리는 시간을 각각 구한다.

집에서 약속 장소까지의 거리를 x km라 하면

시간 차는 $10-(-5)=15$(분), 즉 $\dfrac{15}{60}=\dfrac{1}{4}$(시간)이므로

$\dfrac{x}{6}-\dfrac{x}{12}=\dfrac{1}{4},\ \dfrac{x}{12}=\dfrac{1}{4}$ $\qquad \therefore x=3$

따라서 집에서 약속 장소까지의 거리는 3 km이다. **답** 3 km

11

전략 두 사람이 동시에 출발한 후 만날 때까지의 걸린 시간을 x분이라 할 때, 두 사람이 만날 때까지 이동한 거리를 구한다.

두 사람이 동시에 출발한 후 만날 때까지의 걸린 시간을 x분이라 하면 두 사람이 만날 때까지 이동한 거리의 합이 2100 m이므로

$250x+300\left(x-\dfrac{20}{60}\right)=2100$

$250x+300x-100=2100,\ 550x=2200$

$\therefore x=4$

따라서 두 사람은 출발한 지 4분 후에 만난다. **답** 4분

다른 풀이

예빈이네 집에서 두 사람이 만나는 지점까지의 거리를 x m라 하면

지후네 집에서 두 사람이 만나는 지점까지의 거리는

$(2100-x)$ m이고, 두 사람이 만날 때까지 걸린 시간이 같으므로

$\dfrac{x}{250}=\dfrac{2100-x}{300}+\dfrac{20}{60}$

$6x=10500-5x+500$

$11x=11000$ $\qquad \therefore x=1000$

이때 예빈이가 이동한 시간은 $\dfrac{1000}{250}=4$(분)

따라서 두 사람은 출발한 지 4분 후에 만난다.

주의 거리와 속력, 시간의 단위를 통일한다.

12

전략 이익은 판매 가격에서 원가를 뺀 것이다.

$(\text{정가})=\left(1+\dfrac{20}{100}\right)\times 10000=12000(\text{원})$

$(\text{판매 가격})=\left(1-\dfrac{x}{100}\right)\times 12000=12000-120x(\text{원})$

$(\text{이익})=10000\times\dfrac{14}{100}=1400(\text{원})$

이때 (판매 가격)$-$(원가)$=$(이익)이므로

$(12000-120x)-10000=1400$

$-120x=-600$ $\qquad \therefore x=5$ **답** ①

13

전략 작년에 가입한 여학생 수를 x라 하고, 올해 증가한 여학생 수와 감소한 남학생 수를 x에 대한 식으로 나타낸다.

작년에 가입한 여학생 수를 x라 하면

작년에 가입한 남학생 수는 $100-x$

$(\text{올해 증가한 여학생 수})=\dfrac{10}{100}x$

$(\text{올해 감소한 남학생 수})=\dfrac{4}{100}(100-x)$

전체적으로 3명이 증가하였으므로

$\dfrac{10}{100}x-\dfrac{4}{100}(100-x)=3$

$10x-4(100-x)=300$

$10x-400+4x=300$

$14x=700$ $\qquad \therefore x=50$

따라서 올해에 가입한 여학생 수는

$50+50\times\dfrac{10}{100}=55$ **답** ④

절대등급 NOTE

작년 학생 수와 올해 학생 수의 증가, 감소에 대한 문제는 작년 학생 수를 미지수 x로 놓고, 변화된 부분에 대한 식을 세운다.

14

전략 이익금은 판매 가격에서 원가를 뺀 금액에 판매량을 곱한 값이다.

노트의 정가를 x원이라 하면 원가는 $(x-500)$원이고,

노트를 정가의 20 %를 할인하여 판매한 가격은

$\left(1-\dfrac{20}{100}\right)x=\dfrac{4}{5}x$(원)이므로 20권을 판매했을 때의 이익금은

$\left\{\dfrac{4}{5}x-(x-500)\right\}\times 20=\left(-\dfrac{1}{5}x+500\right)\times 20$

$\qquad\qquad\qquad\qquad\qquad =-4x+10000$(원) $\quad\cdots\cdots\ \bigcirc$

정가에서 300원을 할인하여 25권을 판매했을 때의 이익금은

$\{(x-300)-(x-500)\}\times 25=200\times 25=5000$(원) $\quad\cdots\cdots\ \bigcirc\!\!\bigcirc$

이때 $\bigcirc=\bigcirc\!\!\bigcirc$이므로

$-4x+10000=5000,\ -4x=-5000$

$\therefore\ x=1250$

따라서 노트의 정가는 1250원이다. 　　　　　　　답 1250원

15

전략 세종 대왕이 승하한 나이를 x세라 하고, 세종 대왕의 일생을 식으로 나타낸다.

세종 대왕이 승하한 나이를 x세라 하면

$\dfrac{2}{9}x+10+\dfrac{16}{27}x=x$

$6x+270+16x=27x$

$-5x=-270 \qquad \therefore\ x=54$

이때 세종 대왕이 즉위한 나이는 혼자 살다가 부인 심씨와 혼인하

고 10년 후이므로 $\dfrac{2}{9}\times 54+10=22$(세) 　　　답 22세

16

전략 합격자의 남녀 인원 수를 각각 구한 후, 불합격자의 남녀 인원 수의 비를 이용
하여 비례식을 세운다.

남자 응시생을 $4x$명, 여자 응시생을 $3x$명이라 하면

남자 합격자는 $220\times\dfrac{7}{7+4}=140$(명),

여자 합격자는 $220\times\dfrac{4}{7+4}=80$(명)이므로

남자 불합격자는 $(4x-140)$명,

여자 불합격자는 $(3x-80)$명

이때 불합격자의 남녀 인원 수의 비가 6 : 7이므로

$(4x-140):(3x-80)=6:7$

$7(4x-140)=6(3x-80)$

$28x-980=18x-480$

$10x=500 \qquad \therefore\ x=50$

따라서 전체 응시생은

$4x+3x=7x=7\times 50=350$(명) 　　　답 350명

절대등급 NOTE

비례식의 성질

$a:b=c:d$에서 외항의 곱과 내항의 곱은 같다.

즉, $ad=bc$이다.

17

전략 작년의 남학생 정원을 x명이라 하고, 올해와 내년의 학생의 정원을 x에 대한
식으로 나타낸다.

작년의 남학생 정원을 x명이라 하면 작년의 여학생 정원은

$(500-x)$명이므로 올해와 내년의 학생 정원은 다음 표와 같다.

	올해의 학생 정원(명)	내년의 학생 정원(명)
남학생	$\left(1+\dfrac{10}{100}\right)x$	$\left(1-\dfrac{10}{100}\right)\times\left(1+\dfrac{10}{100}\right)x$
여학생	$\left(1-\dfrac{10}{100}\right)\times(500-x)$	$\left(1-\dfrac{10}{100}\right)\times(500-x)$

내년의 학생 정원은 작년보다 23명 감소한

$500-23=477$(명)이므로

$\left(1-\dfrac{10}{100}\right)\times\left(1+\dfrac{10}{100}\right)x+\left(1-\dfrac{10}{100}\right)\times(500-x)=477$

$\dfrac{99}{100}x+\dfrac{90}{100}(500-x)=477$

$99x+90(500-x)=47700$

$9x=2700 \qquad \therefore\ x=300$

따라서 내년의 남학생 정원은 $\dfrac{99}{100}\times 300=297$(명) 　　답 ③

18

전략 A, B 호스로 1시간 동안 채울 수 있는 물의 양과 C 호스로 1시간 동안 빼내
는 물의 양을 각각 구한다.

물통에 가득 찬 물의 양을 1이라 하면 A 호스와 B 호스로 1시간

동안 채울 수 있는 물의 양은 각각 $\dfrac{1}{3},\ \dfrac{1}{4}$이고, C 호스로 1시간 동안

빼내는 물의 양은 $\dfrac{1}{6}$이다.

물통에 물을 가득 채우는 데 걸리는 시간을 x시간이라 하면

$\left(\dfrac{1}{4}+\dfrac{1}{3}-\dfrac{1}{6}\right)x=1,\ \dfrac{5}{12}x=1 \qquad \therefore\ x=\dfrac{12}{5}$

따라서 물통에 물을 가득 채우는 데 걸리는 시간은

$\dfrac{12}{5}\times 60=144$(분) 　　　　　　　답 144분

19

전략 두 사람이 단위 시간(1분) 동안 만들 수 있는 종이학의 개수를 각각 구한다.

하진이가 1분 동안 만들 수 있는 종이학의 개수는 $\dfrac{5}{8}$,

수민이가 1분 동안 만들 수 있는 종이학의 개수는 $\dfrac{7}{12}$이다. $\cdots\cdots$ ❶

x분 후에 두 사람의 종이학의 개수가 같아진다고 하면

x분 후의 하진이의 종이학의 개수는 $8+\dfrac{5}{8}x$,

x분 후의 수민이의 종이학의 개수는 $10+\dfrac{7}{12}x$이므로

$8+\dfrac{5}{8}x=10+\dfrac{7}{12}x$ $\qquad\qquad\qquad\cdots\cdots$ ❷

$192+15x=240+14x$ $\therefore x=48$

따라서 종이학을 만들기 시작한 지 48분 후에 두 사람의 종이학의 개수가 같아진다. ······❸

답 48분

채점 기준	배점 비율
❶ 두 사람이 1분 동안 만들 수 있는 종이학의 개수 각각 구하기	30 %
❷ x분 후에 두 사람의 종이학의 개수가 같아짐을 이용하여 등식 세우기	40 %
❸ 두 사람의 종이학의 개수가 같아지는 것은 종이학을 만들기 시작한 지 몇 분 후인지 구하기	30 %

20

전략 사장님이 1분 동안 말 수 있는 김밥의 개수를 x라 하고 식을 세운다.

사장님이 수습생보다 10분에 12개, 즉 1분에 $\dfrac{6}{5}$개의 김밥을 더 말 수 있다.

사장님이 1분 동안 말 수 있는 김밥의 개수를 x라 하면

수습생이 1분 동안 말 수 있는 김밥의 개수는 $x-\dfrac{6}{5}$이므로

$$\left(x-\dfrac{6}{5}\right)\times 20=16x\times\dfrac{3}{4}$$

$20x-24=12x,\ 8x=24$

$\therefore x=3$

따라서 사장님이 1시간 동안 말 수 있는 김밥의 개수는

$3\times 60=180$, 수습생이 1시간 동안 말 수 있는 김밥의 개수는

$\left(3-\dfrac{6}{5}\right)\times 60=108$이므로 김밥의 개수의 합은

$180+108=288$ **답** ⑤

21

전략 처음 설탕물의 농도를 x %라 하고 설탕의 양은 변하지 않음을 이용한다.

처음 설탕물의 농도를 x %라 하면

18 %의 설탕물의 양은 $600-300-100=200\,(g)$이므로

$$\dfrac{x}{100}\times 300+\dfrac{18}{100}\times 200=\dfrac{11}{100}\times 600$$

$3x+36=66,\ 3x=30$ $\therefore x=10$

따라서 처음 설탕물의 농도는 10 %이다. **답** ①

절대등급 NOTE

물 100 g에는 설탕이 들어 있지 않다. 즉, 처음 설탕물과 18 %의 설탕물, 11 %의 설탕물에 각각 들어 있는 설탕의 양을 이용한다.

22

전략 A 컵의 소금물을 B 컵에 부었을 때, B 컵에 들어 있는 소금의 양을 구한 후 B 컵의 소금물의 농도를 구한다.

A 컵에서 소금물 100 g을 덜어 내어 B 컵에 부었을 때

A 컵에 들어 있는 소금의 양은

$$\dfrac{7}{100}\times 400=28\,(g)$$

B 컵에 들어 있는 소금의 양은

$$\dfrac{19}{100}\times 200+\dfrac{7}{100}\times 100=45\,(g)$$

B 컵의 소금물의 농도는 $\dfrac{45}{300}\times 100=15\,(\%)$이고 A 컵의 소금물의 농도를 15 %로 만들기 위해 소금 x g을 더 넣었으므로

$$\dfrac{28+x}{400+x}\times 100=15$$

$2800+100x=6000+15x,\ 85x=3200$

$\therefore x=\dfrac{640}{17}$ **답** ②

절대등급 NOTE

(1) 소금을 넣는 경우
 (처음 소금물의 소금의 양)＋(더 넣은 소금의 양)
 ＝(나중 소금물의 소금의 양)

(2) 농도가 다른 두 소금물 A, B를 섞는 경우
 (소금물 A에 들어 있는 소금의 양)＋(소금물 B에 들어 있는 소금의 양)
 ＝(섞은 후의 소금물에 들어 있는 소금의 양)

23

전략 같은 양의 소금물을 서로 바꾸어 부었으므로 소금의 양은 변하지 않지만 소금물의 농도는 다르기 때문에 소금의 양은 달라진다.

두 컵 A, B에서 각각 200 g의 소금물을 덜어 내어 서로 바꾸어 부었을 때

A 컵에 들어 있는 소금의 양은

$$\dfrac{x}{100}\times 200+\dfrac{6}{100}\times 200=2x+12\,(g)$$

B 컵에 들어 있는 소금의 양은

$$\dfrac{6}{100}\times 400+\dfrac{x}{100}\times 200=24+2x\,(g)$$ ······❶

A 컵의 소금물의 농도가 B 컵의 소금물의 농도보다 4 % 더 높으므로

$$\dfrac{2x+12}{400}\times 100=\dfrac{2x+24}{600}\times 100+4$$ ······❷

$\dfrac{1}{2}x+3=\dfrac{1}{3}x+4+4,\ 3x+18=2x+48$

$\therefore x=30$ ······❸

답 30

채점 기준	배점 비율
❶ 소금물을 서로 바꾸어 부은 후 A컵, B 컵에 들어 있는 소금의 양 각각 구하기	50 %
❷ 소금물의 농도를 이용하여 방정식 세우기	20 %
❸ x의 값 구하기	30 %

24

전략 긴 의자의 개수를 x라 하고 학생 수를 구한다.

긴 의자의 개수를 x라 하면

5명씩 앉을 때의 학생 수는 $5x+12$

8명씩 앉을 때의 학생 수는 $8(x-1)+5$

이때 학생 수는 같으므로

$5x+12=8(x-1)+5,\ 5x+12=8x-3$

$-3x=-15\qquad\therefore x=5$

따라서 긴 의자의 개수는 5이다.　　　　　　　　　　답 5

8명씩 앉을 때의 학생 수를 $8x+5$라고 생각하지 않도록 주의한다.

25

전략) 4명씩 배정할 때의 전체 학생 수와 6명씩 배정할 때의 전체 학생 수가 같음을 이용하여 식을 세운다.

텐트의 개수를 x라 하면

4명씩 배정할 때의 학생 수는 $4x+7$

6명씩 배정할 때의 학생 수는 $6(x-3)+3$

이때 학생 수는 같으므로

$4x+7=6(x-3)+3,\ 4x+7=6x-15$

$-2x=-22\qquad\therefore x=11$

이때 학생 수는 $4\times11+7=51$

따라서 텐트의 개수는 11이고, 학생 수는 51이다.

답 텐트의 개수 : 11, 학생 수 : 51

텐트의 개수와 학생 수 중에서 식을 세우기 간단한 수를 미지수로 놓는다.

26

전략) 의자의 개수의 비를 이용하여 전체 학생 수를 구한 후 식을 세운다.

5명씩 앉는 의자와 4명씩 앉는 의자의 개수를 각각 $3x$, $4x$라 하면 전체 의자의 개수는 $7x$이므로 5명씩 앉았을 때의 학생 수는

$(7x-4)\times5$

$3x$개의 의자에는 5명씩 앉고 $4x$개의 의자에는 4명씩 앉았을 때의 학생 수는

$3x\times5+4x\times4$

이때 학생 수는 같으므로

$(7x-4)\times5=3x\times5+4x\times4,\ 35x-20=31x$

$4x=20\qquad\therefore x=5$

따라서 1학년 학생 수는 $(7\times5-4)\times5=155$　　　답 ④

27

전략) 두 사람이 출발한 지 x분 후에 처음으로 다시 만난다고 할 때, 두 사람이 걸은 거리의 차를 이용하여 식을 세운다.

두 사람이 출발한 지 x분 후에 처음으로 다시 만난다고 하면

(예지가 걸은 거리)$-$(희준이가 걸은 거리)$=$(호수의 둘레의 길이)

이므로

$70x-55x=510,\ 15x=510\qquad\therefore x=34$

따라서 두 사람이 처음으로 다시 만나는 것은 출발한 지 34분 후이다.

답 34분

28

전략) 주원이의 속력을 분속 $5x$ m, 태민이의 속력을 분속 $3x$ m라 하여 식을 세운다.

주원이와 태민이의 걷는 속력을 각각 분속 $5x$ m, 분속 $3x$ m라 하면 20분 동안 주원이가 걸은 거리는 $100x$ m, 태민이가 걸은 거리는 $60x$ m이다.

두 사람이 20분 동안 걸은 거리의 합은 산책로의 길이와 같고, $3.2\,\text{km}=3200\,\text{m}$이므로

$100x+60x=3200,\ 160x=3200$

$\therefore x=20$

따라서 주원이의 걷는 속력은 분속 $5\times20=100\,(\text{m})$　　답 ①

29

전략) 보트가 강의 흐름과 같은 방향으로 이동할 때와 반대 방향으로 이동할 때의 속력은 서로 다르다.

강을 따라 내려갈 때의 보트의 속력은

시속 $45+15=60\,(\text{km})$,

강을 거슬러 올라갈 때의 보트의 속력은

시속 $45-15=30\,(\text{km})$　　　　　　　……❶

출발점에서 반환점까지의 거리를 x km라 하면 민우가 수빈이보다 15분 먼저 도착하였으므로

$\dfrac{x}{60}+\dfrac{x}{30}=\dfrac{x}{45}+\dfrac{x}{45}+\dfrac{15}{60}$　　　　　……❷

$3x+6x=4x+4x+45\qquad\therefore x=45$

따라서 출발점에서 반환점까지의 거리는 45 km이다.　……❸

답 45 km

채점 기준	배점 비율
❶ 강을 따라 내려갈 때와 강을 거슬러 올라갈 때의 보트의 속력을 각각 구하기	20 %
❷ 시간을 이용하여 방정식 세우기	40 %
❸ 출발점에서 반환점까지의 거리 구하기	40 %

30

전략) 철교를 통과할 때와 터널을 통과할 때의 기차의 속력이 같음을 이용하여 등식을 세운다.

기차의 길이를 x m라 하면 기차가 철교를 통과할 때의 속력과 터널을 통과할 때의 속력이 같으므로

$\dfrac{300+x}{5}=\dfrac{660-x}{7}$

$2100+7x=3300-5x$

$12x=1200$

$\therefore x=100$

따라서 기차의 길이는 100 m이다.　　　　　　　　답 ④

① (기차가 다리를 완전히 통과할 때까지 이동한 거리)
　$=$(다리의 길이)$+$(기차의 길이)

② (기차의 속력)$=\dfrac{(\text{다리의 길이})+(\text{기차의 길이})}{(\text{다리를 완전히 통과하는 데 걸린 시간})}$

기출 **C** 학교 시험 **최상위 문제** ↻81쪽

> **01** 44점 **02** 분속 114 m **03** 1시간 $\dfrac{420}{11}$ 분 $\left($ 또는 1시간 $38\dfrac{2}{11}$ 분 $\right)$
>
> **04** 4시간 40분 **05** ㄱ, ㄷ, ㅁ

01

전략) 최저 합격 점수를 x점으로 놓고 문제에서 주어진 전체 평균, 합격자의 평균, 불합격자의 평균을 x에 대한 식으로 나타낸다.

최저 합격 점수를 x점이라 하면

50명의 전체 평균은 $(x+3)$점,

합격자의 평균은 $(x+11)$점,

불합격자의 평균은 $\left(\dfrac{3}{4}x+2\right)$점 ······ ❶

50명의 전체 평균을 이용하여 식을 세우면

$$\dfrac{30(x+11)+20\left(\dfrac{3}{4}x+2\right)}{50}=x+3 \qquad ······ ❷$$

$$30x+330+15x+40=50x+150$$

$$-5x=-220 \qquad \therefore x=44$$

따라서 최저 합격 점수는 44점이다. ······ ❸

답 44점

채점 기준	배점 비율
❶ 최저 합격 점수를 x점으로 놓고 전체 평균, 합격자의 평균, 불합격자의 평균을 x에 대한 식으로 각각 나타내기	30 %
❷ 전체 평균을 이용하여 방정식 세우기	30 %
❸ 방정식을 풀어 최저 합격 점수 구하기	40 %

02

전략) 시우의 걷는 속력을 분속 x m라 하고, 서로 반대 방향으로 돌 때와 서로 같은 방향으로 돌 때 운동장 트랙의 둘레의 길이의 의미를 각각 파악한다.

시우의 걷는 속력을 분속 x m라 하자.

서로 반대 방향으로 돌 때, 운동장 트랙의 둘레의 길이는 두 사람이 9분 동안 걸은 거리의 합과 같으므로

$$60\times9+9x=540+9x \text{ (m)}$$

서로 같은 방향으로 돌 때, 운동장 트랙의 둘레의 길이는 두 사람이 29분 동안 걸은 거리의 차와 같으므로

$$29x-60\times29=29x-1740 \text{ (m)}$$

즉, $540+9x=29x-1740$이므로

$$20x=2280 \qquad \therefore x=114$$

따라서 시우의 걷는 속력은 분속 114 m이다. **답** 분속 114 m

03

전략) 시침과 분침이 1분 동안 움직이는 각의 크기를 구한다.

시침과 분침이 서로 반대 방향으로 일직선을 이루는 시각을 1시 a 분이라 하면 12시를 기준으로

(분침이 회전한 각의 크기) $-$ (시침이 회전한 각의 크기) $=180°$ 이므로

$$6a-(30+0.5a)=180$$

$$6a-30-0.5a=180, \ 60a-300-5a=1800$$

$$55a=2100 \qquad \therefore a=\dfrac{420}{11}$$

즉, 시침과 분침이 서로 반대 방향으로 일직선을 이루는 시각은 1시 $\dfrac{420}{11}$ 분이다.

시침과 분침이 겹치는 시각을 3시 b분이라 하면 12시를 기준으로 (시침이 회전한 각의 크기) $=$ (분침이 회전한 각의 크기)이므로

$$90+0.5b=6b, \ 900+5b=60b$$

$$-55b=-900 \qquad \therefore b=\dfrac{180}{11}$$

즉, 시침과 분침이 겹치는 시각은 3시 $\dfrac{180}{11}$ 분이다.

따라서 수정이가 공부한 총시간은

$$\left(3\text{시 } \dfrac{180}{11} \text{ 분}\right)-\left(1\text{시 } \dfrac{420}{11} \text{ 분}\right)$$

$$=\left(2\text{시 } \dfrac{840}{11} \text{ 분}\right)-\left(1\text{시 } \dfrac{420}{11} \text{ 분}\right)$$

$$=1\text{시간 } \dfrac{420}{11} \text{ 분}\left(=1\text{시간 } 38\dfrac{2}{11} \text{ 분}\right)$$

답 1시간 $\dfrac{420}{11}$ 분 $\left($ 또는 1시간 $38\dfrac{2}{11}$ 분 $\right)$

절대등급 NOTE

> 시침은 1시간에 $360°\times\dfrac{1}{12}=30°$를 움직이므로 1분에 $30°\times\dfrac{1}{60}=0.5°$씩 움직이고, 분침은 1시간에 $360°$를 움직이므로 1분에 $360°\times\dfrac{1}{60}=6°$씩 움직인다.

04

전략) A, B, C 호스로 1시간 동안 채우거나 빼내는 물의 양을 각각 구한다.

물통에 가득 찬 물의 양을 1이라 하면 A 호스와 B 호스로 1시간 동안 채울 수 있는 물의 양은 각각 $\dfrac{1}{12}$, $\dfrac{1}{4}$ 이고, C 호스로 1시간 동안 빼내는 물의 양은 $\dfrac{1}{8}$ 이다.

이때 B 호스로 물을 채운 시간을 x시간이라 하면 C 호스로 물을 빼내는 시간은 $\left(x+\dfrac{40}{60}\right)$ 시간이고, A 호스로 6시간 동안 물을 채웠으므로

$$\dfrac{1}{12}\times6+\dfrac{1}{4}x-\dfrac{1}{8}\left(x+\dfrac{40}{60}\right)=1$$

$$\dfrac{1}{2}+\dfrac{1}{4}x-\dfrac{1}{8}x-\dfrac{1}{12}=1$$

$$12+6x-3x-2=24, \ 3x=14$$

$$\therefore x=\dfrac{14}{3}$$

따라서 B 호스로 물을 채운 시간은 $\dfrac{14}{3}$시간, 즉 4시간 40분이다.

답 4시간 40분

물통에 가득 찬 물의 양을 1이라 하고, B 호스로 물을 채우는 시간을 미지수로 놓은 후, A 호스로 물을 채우는 시간과 C 호스로 물을 빼내는 시간을 이용하여 식을 세운다. 이때 물을 채우면 식을 더하고, 물을 빼내면 식을 뺀다.

05

전략 세 상자 A, B, C에 처음 들어 있던 사탕의 개수를 각각 a, b, c로 놓고 식을 세운다.

세 상자 A, B, C에 처음 들어 있던 사탕의 개수를 각각 a, b, c라 하면

A 상자에서 꺼낸 사탕의 개수는 $\dfrac{1}{4}a$

A 상자에 남아 있는 사탕의 개수는 $\dfrac{3}{4}a$

B 상자에서 꺼낸 사탕의 개수는 $\left(b+\dfrac{1}{4}a\right)\times\dfrac{2}{5}=\dfrac{2}{5}b+\dfrac{1}{10}a$

B 상자에 남아 있는 사탕의 개수는 $\left(b+\dfrac{1}{4}a\right)\times\dfrac{3}{5}=\dfrac{3}{5}b+\dfrac{3}{20}a$

C 상자에 들어 있는 사탕의 개수는 $c+\dfrac{2}{5}b+\dfrac{1}{10}a$

이때 모든 상자에 들어 있는 사탕의 개수가 60이므로

A 상자에서 $\dfrac{3}{4}a=60$

$\therefore a=80$

B 상자에서 $\dfrac{3}{5}b+\dfrac{3}{20}a=60$

$\dfrac{3}{5}b+12=60$, $\dfrac{3}{5}b=48$

$\therefore b=80$

C 상자에서 $c+\dfrac{2}{5}b+\dfrac{1}{10}a=60$

$c+32+8=60$

$\therefore c=20$

ㄱ. 처음 A 상자에 들어 있던 사탕의 개수는 80이다.

ㄴ. 처음 B 상자에 들어 있던 사탕의 개수는 80이다.

ㄷ. 처음 C 상자에 들어 있던 사탕의 개수는 20이다.

ㄹ. A 상자에서 꺼내어 B 상자에 넣은 사탕의 개수는

$\dfrac{1}{4}a=\dfrac{1}{4}\times80=20$

ㅁ. B 상자에서 꺼내어 C 상자에 넣은 사탕의 개수는

$\dfrac{2}{5}b+\dfrac{1}{10}a=\dfrac{2}{5}\times80+\dfrac{1}{10}\times80=32+8=40$

따라서 옳은 것은 ㄱ, ㄷ, ㅁ이다.

답 ㄱ, ㄷ, ㅁ

세 상자에 처음 들어 있던 사탕의 개수를 각각 a, b, c로 놓고, 각 상자에서 사탕을 꺼내어 옮긴 후의 남아 있는 사탕의 개수를 식으로 나타내어 이 식의 값이 모두 60임을 이용하여 방정식을 푼다.

01 ②	02 ⑤	03 ②	04 ②	05 ③	06 ②	07 ⑤	08 ⑤
09 ⑤	10 ①	11 ①	12 ③	13 ③	14 ②	15 ①	16 $-\dfrac{1}{2}$
17 -6	18 816 cm^2		19 74		20 108명		

01

① $a\times a\times0.1\times b=0.1a^2b$

③ $(6+a)\div2=(6+a)\times\dfrac{1}{2}=3+\dfrac{a}{2}$

④ $a\div3\div b=a\times\dfrac{1}{3}\times\dfrac{1}{b}=\dfrac{a}{3b}$

⑤ $a\times4\div b\times c=a\times4\times\dfrac{1}{b}\times c=\dfrac{4ac}{b}$

따라서 옳은 것은 ②이다.

답 ②

02

ㄱ. $6-x$는 일차식이고, 상수항은 6이다.

ㄴ. $-3x^2+3x+4$는 일차식이 아니다.

ㄷ. $\dfrac{3+2x}{2}=\dfrac{3}{2}+x$는 일차식이고, 상수항은 $\dfrac{3}{2}$이다.

ㄹ. $\dfrac{3(x-1)-3x}{2}=-\dfrac{3}{2}$은 일차식이 아니다.

ㅁ. $\dfrac{-5x+7+2(3x+1)}{2}=\dfrac{x+9}{2}=\dfrac{1}{2}x+\dfrac{9}{2}$는 일차식이고, 상수항은 $\dfrac{9}{2}$이다.

따라서 일차식은 ㄱ, ㄷ, ㅁ이고, 그 일차식의 상수항이 바르게 짝 지어진 것은 ⑤이다.

답 ⑤

03

$a=-\dfrac{1}{3}$이므로 $\dfrac{a}{3}=a\div3=\left(-\dfrac{1}{3}\right)\div3=\left(-\dfrac{1}{3}\right)\times\dfrac{1}{3}=-\dfrac{1}{9}$

$-\dfrac{1}{a}=-1\div a=-1\div\left(-\dfrac{1}{3}\right)=-1\times(-3)=3$

$-\dfrac{1}{a^2}=-1\div a^2=-1\div\left(-\dfrac{1}{3}\right)^2=-1\times9=-9$

$(-a)^2=\left\{-\left(-\dfrac{1}{3}\right)\right\}^2=\dfrac{1}{9}$

따라서 가장 큰 값은 3, 가장 작은 값은 -9이므로 -9와 3 사이에 있는 정수는 -8, -7, -6, $\ldots$, 0, 1, 2의 11개이다.

답 ②

04

$\dfrac{3}{a}+\dfrac{3}{b}=4$에서 $\dfrac{3(a+b)}{ab}=4$, 즉 $\dfrac{ab}{a+b}=\dfrac{3}{4}$

$\therefore \dfrac{4(a+b)-6ab}{a+b}=4-\dfrac{6ab}{a+b}$

$=4-6\times\dfrac{3}{4}=-\dfrac{1}{2}$

답 ②

05

① $5a=4b$의 양변을 2로 나누면 $\dfrac{5}{2}a=2b$

　이 식의 양변에서 $2b$를 빼면 $\dfrac{5}{2}a-2b=0$

② $5a=4b$의 양변에 a를 더하면 $6a=4b+a$

③ $5a=4b$의 양변에 2를 곱하면 $10a=8b$

　이 식의 양변에서 $8b$를 빼면 $10a-8b=0$

　이 식의 양변을 5로 나누면 $\dfrac{10a-8b}{5}=0$

④ $5a=4b$의 양변을 20으로 나누면 $\dfrac{a}{4}=\dfrac{b}{5}$

　이 식의 양변에서 3을 빼면 $\dfrac{a}{4}-3=\dfrac{b}{5}-3$

⑤ $5a=4b$의 양변에서 5를 빼면 $5a-5=4b-5$

　즉, $5(a-1)=4b-5$

따라서 옳은 것은 ③이다.　　　　　　　**답** ③

06

12 %의 소금물의 양을 x g이라 하면

$\dfrac{8}{100}\times(x-200)+\dfrac{14}{100}\times200=\dfrac{12}{100}\times x$

양변에 100을 곱하면

$8(x-200)+2800=12x$

$-4x=-1200$　　$\therefore x=300$

따라서 12 %의 소금물의 양은 300 g이다.　　**답** ⑤

07

(직사각형의 넓이)$=(3x+9)\times6$

$\qquad\qquad\qquad\quad=18x+54$

(①의 넓이)$=\dfrac{1}{2}\times9\times3=\dfrac{27}{2}$

(②의 넓이)$=\dfrac{1}{2}\times\{(9+3x)-x\}\times3$

$\qquad\qquad=\dfrac{3}{2}(2x+9)$

(③의 넓이)$=\dfrac{1}{2}\times x\times\{(3+3)-2\}=2x$

(④의 넓이)$=\dfrac{1}{2}\times3x\times2=3x$

$\therefore$ (색칠한 부분의 넓이)

$\quad=(18x+54)-\dfrac{27}{2}-\dfrac{3}{2}(2x+9)-2x-3x$

$\quad=18x+54-\dfrac{27}{2}-3x-\dfrac{27}{2}-2x-3x$

$\quad=10x+27$　　　　　　　　　　　　**답** ⑤

08

(60점을 받은 학생들의 점수의 합)$=60\times x=60x$(점)

(20점을 받은 학생들의 점수의 합)$=20\times2x=40x$(점)

(10점을 받은 학생들의 점수의 합)$=10\times(25-3x)$

$\qquad\qquad\qquad\qquad\qquad\quad=250-30x$(점)

따라서 이 반 전체 학생의 점수의 평균은

$\dfrac{60x+40x+(250-30x)}{25}=\dfrac{70x+250}{25}=\dfrac{14}{5}x+10$(점)

답 ⑤

09

$\dfrac{2x+a}{3}=5$의 양변에 3을 곱하면

$2x+a=15,\ 2x=15-a$　　$\therefore x=\dfrac{15-a}{2}$

이때 x가 자연수이려면 $15-a$가 2의 배수이어야 한다.

즉, $15-a$는 2, 4, 6, 8, 10, 12, 14이므로 자연수 a는 13, 11, 9, 7,

5, 3, 1이고 그 개수는 7이다.　　　　　　**답** ⑤

10

$\dfrac{a-3}{5}-\dfrac{2x-1}{3}=-2$의 양변에 15를 곱하면

$3(a-3)-5(2x-1)=-30,\ 3a-9-10x+5=-30$

$-10x=-26-3a$　　$\therefore x=\dfrac{26+3a}{10}$

$1.5(x+0.2a)=\dfrac{x+3}{2}+3.3$의 양변에 10을 곱하면

$15(x+0.2a)=5(x+3)+33,\ 15x+3a=5x+15+33$

$10x=48-3a$　　$\therefore x=\dfrac{48-3a}{10}$

두 일차방정식의 해의 비가 $2:3$이므로

$\dfrac{26+3a}{10}:\dfrac{48-3a}{10}=2:3$

$3\times\dfrac{26+3a}{10}=2\times\dfrac{48-3a}{10},\ 78+9a=96-6a$

$15a=18$　　$\therefore a=\dfrac{6}{5}$

따라서 $p=5,\ q=6$이므로 $p+q=5+6=11$　　**답** ①

11

$-2x+18=-5(ax-5)-7$에서

$-2x+18=-5ax+25-7,\ 5ax-2x=0,\ (5a-2)x=0$

이 방정식의 해가 무수히 많으므로

$5a-2=0,\ 5a=2$　　$\therefore a=\dfrac{2}{5}$

$4bx+5=(3a+2)x-a$에서

$4bx+5=\dfrac{16}{5}x-\dfrac{2}{5},\ \left(4b-\dfrac{16}{5}\right)x=-\dfrac{27}{5}$

이 방정식의 해가 없으므로

$4b-\dfrac{16}{5}=0,\ 4b=\dfrac{16}{5}$　　$\therefore b=\dfrac{4}{5}$

$\therefore a+b=\dfrac{2}{5}+\dfrac{4}{5}=\dfrac{6}{5}$　　　　　　　**답** ①

12

상품 A의 원가를 x원이라 하면

$$(\text{정가})=\left(1+\frac{60}{100}\right)x=\frac{8}{5}x\,(\text{원})$$

$$(\text{정가의 30 \%를 할인하여 판매한 가격})=\left(1-\frac{30}{100}\right)\times\frac{8}{5}x$$
$$=\frac{28}{25}x\,(\text{원})$$

100개를 판매했을 때의 이익금은

$$\left\{\left(\frac{8}{5}x\times20\right)+\left(\frac{28}{25}x\times80\right)\right\}-100x=648\times100$$

$$32x+\frac{448}{5}x-100x=64800$$

양변에 5를 곱하면 $160x+448x-500x=324000$

$$108x=324000 \qquad \therefore x=3000$$

따라서 상품 A의 원가는 3000원이다.   **답** ③

13

물탱크에 가득 찬 물의 양을 1이라 하면

A 호스로 1시간 동안 채울 수 있는 물의 양은 $\frac{1}{3}$,

B 호스와 C 호스로 1시간 동안 빼내는 물의 양은 각각 $\frac{1}{12}$, $\frac{1}{36}$이다.

이때 물탱크에 물을 가득 채우는 데 걸리는 시간을 x시간이라 하면

$$\left(\frac{1}{3}-\frac{1}{12}-\frac{1}{36}\right)x=1$$

$$\frac{8}{36}x=1, \frac{2}{9}x=1 \qquad \therefore x=\frac{9}{2}$$

따라서 물탱크에 물을 가득 채우는 데 걸리는 시간은 $\frac{9}{2}$시간이다.

   답 ③

14

두 사람이 출발한 지 x분 후에 처음으로 다시 만난다고 하면

(소라가 걸은 거리)$-$(연준이가 걸은 거리)

$=$(산책로의 둘레의 길이)이므로

$$80x-60x=1000$$

$$20x=1000 \qquad \therefore x=50$$

따라서 50분 동안 연준이가 걸은 거리는 $60\times50=3000\,(\text{m})$이므로 연준이는 산책로를 3바퀴 돌았다.   **답** ②

15

전체 일의 양을 1, 로봇 A, B, C가 하루 동안 하는 일의 양을 각각 $\frac{1}{a}$, $\frac{1}{b}$, $\frac{1}{c}$이라 하면

$$\left(\frac{1}{a}+\frac{1}{b}\right)\times15=1, \left(\frac{1}{b}+\frac{1}{c}\right)\times10=1, \left(\frac{1}{a}+\frac{1}{c}\right)\times12=1$$이므로

$$\frac{1}{a}+\frac{1}{b}=\frac{1}{15}, \frac{1}{b}+\frac{1}{c}=\frac{1}{10}, \frac{1}{a}+\frac{1}{c}=\frac{1}{12}$$

세 식을 변끼리 더하면 $\frac{2}{a}+\frac{2}{b}+\frac{2}{c}=\frac{1}{4}$

$$\therefore \frac{1}{a}+\frac{1}{b}+\frac{1}{c}=\frac{1}{8}$$

이때 세 로봇 A, B, C를 모두 동시에 작동시키는 날을 x일이라 하면

$$\frac{1}{8}x=1 \qquad \therefore x=8$$

따라서 세 로봇 A, B, C를 모두 동시에 작동시키면 이 일을 완성하는 데 8일이 걸린다.   **답** ①

16

$x=3$을 $4mn-3kx=6mk+2mnx+3$에 대입하면

$$4mn-9k=6mk+6mn+3$$

이 식이 k에 대한 항등식이므로

$$-9=6m, 4mn=6mn+3 \qquad \therefore m=-\frac{3}{2}, n=1$$

$$\therefore m+n=-\frac{3}{2}+1=-\frac{1}{2}$$

   답 $-\frac{1}{2}$

17

$(x+2)\odot(2x-1)=3(x+2)+(2x-1)=5x+5$이므로

$$\{(x+2)\odot(2x-1)\}\blacklozenge(4-2x)=(5x+5)\blacklozenge(4-2x)$$
$$=2(5x+5)+3(4-2x)-1$$
$$=10x+10+12-6x-1$$
$$=4x+21$$

즉, $4x+21=-3$이므로

$$4x=-24 \qquad \therefore x=-6$$

   답 -6

18

각 단계별로 필요한 스티커의 개수는 오른쪽 표와 같다.

n단계에 필요한 스티커의 개수는

$$(n+2)\times2+n\times2$$
$$=2n+4+2n=4n+4$$

단계	스티커의 개수
1	$3\times2+1\times2$
2	$4\times2+2\times2$
3	$5\times2+3\times2$
⋮	⋮
n	$(n+2)\times2+n\times2$

50단계에 필요한 스티커의 개수는

$$4\times50+4=204$$

이때 스티커 한 개의 넓이가 $2\times2=4\,(\text{cm}^2)$이므로 50단계에 필요한 스티커의 넓이는

$$204\times4=816\,(\text{cm}^2)$$

   답 $816\,\text{cm}^2$

19

처음 수의 일의 자리의 숫자를 x라 하면 십의 자리의 숫자는 $11-x$이고 (처음 수)$-$(바꾼 수)$=27$이므로

$$\{10(11-x)+x\}-\{10x+(11-x)\}=27 \qquad \cdots\cdots ❶$$

$$(110-9x)-(9x+11)=27$$

$$99-18x=27, -18x=-72$$

$$\therefore x=4 \qquad \cdots\cdots ❷$$

따라서 처음 수는 74이다. ······ ❸

답 74

채점 기준	배점 비율
❶ 처음 수의 일의 자리의 숫자를 x로 놓고 방정식 세우기	40 %
❷ x의 값 구하기	30 %
❸ 처음 수 구하기	30 %

20

작년 남학생 수를 x라 하면 올해 감소한 남학생 수는 $\dfrac{10}{100}x$이다.

올해 전체 학생 수가 15 % 증가하였으므로

$$-\dfrac{10}{100}x+54=\dfrac{15}{100}\times280$$ ······ ❶

양변에 100을 곱하면

$$-10x+5400=15\times280$$

$$-10x=-1200 \qquad \therefore x=120$$ ······ ❷

따라서 올해 남학생은 $120-\dfrac{10}{100}\times120=108$(명)이다. ······ ❸

답 108명

채점 기준	배점 비율
❶ 작년 남학생 수를 x로 놓고 방정식 세우기	40 %
❷ x의 값 구하기	30 %
❸ 올해 남학생은 몇 명인지 구하기	30 %

대단원 실전 TEST 2회

85쪽~87쪽

01 ⑤	02 ③	03 ②	04 ⑤	05 ③	06 ①	07 ⑤	08 ⑤
09 ⑤	10 ⑤	11 ③	12 ②	13 ③	14 ③	15 ⑤	
16 $\dfrac{33}{2}a$		17 $3b$	18 55	19 $\dfrac{7}{2}$	20 60		

01

$$\dfrac{-a^2+0.1b}{3(c-d)}=(-a^2+0.1b)\div3(c-d)$$

$$=\{(-1)\times a\times a+0.1\times b\}\div\{3\times(c-d)\}$$

답 ⑤

02

주어진 식이 x에 대한 일차식이 되려면 x^2의 계수가 0이어야 하므로 $2a+4=0$ $\therefore a=-2$

즉, 주어진 식은 $-4x-5$이므로 x의 계수는 -4, 상수항은 -5이다.

따라서 구하는 값은 $-4-(-5)=1$ 답 ③

03

ㄱ. $-2x+16=0$이므로 방정식이다.

ㄴ. $-x=0$이므로 방정식이다.

ㄷ. 항등식도 방정식도 아니다.

ㄹ. $\dfrac{x}{6}-4=0$이므로 방정식이다.

ㅁ, ㅂ. (좌변)=(우변)이므로 항등식이다.

항등식인 것은 ㅁ, ㅂ으로 2개이므로 $a=2$

방정식인 것은 ㄱ, ㄴ, ㄹ로 3개이므로 $b=3$

$\therefore 2a-b=4-3=1$ 답 ②

04

n이 짝수일 때

$$3\times(-1)^n+5\times(-1)^{n+1}+7\times(-1)^{n+2}+9\times(-1)^{n+3}+$$
$$\cdots+27\times(-1)^{n+12}$$

$$=\{3+(-5)\}+\{7+(-9)\}+\cdots+\{23+(-25)\}+27$$

$$=(-2)\times6+27$$

$$=15$$ 답 ⑤

05

㈎에서 $A=3x-2$

㈏에서 $A-C=2x+2$이므로 $(3x-2)-C=2x+2$

$\therefore C=(3x-2)-(2x+2)=x-4$

㈐에서 $2C-B=-3x+5$이므로 $2(x-4)-B=-3x+5$

$\therefore B=2(x-4)-(-3x+5)=5x-13$

$\therefore A+B+C=(3x-2)+(5x-13)+(x-4)$

$$=9x-19$$ 답 ③

06

다음 그림과 같이 길을 이동하면 남겨진 밭의 넓이는 색칠한 직사각형의 넓이와 같다.

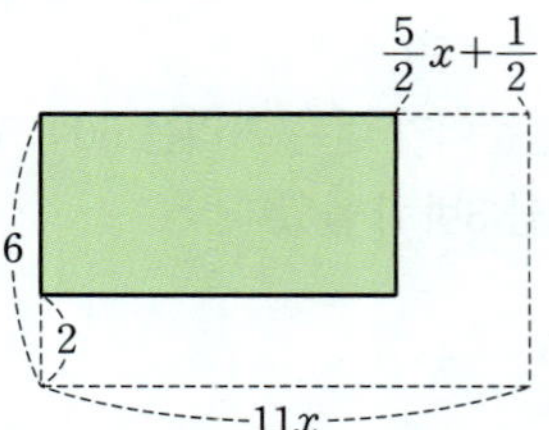

색칠한 직사각형의 세로의 길이는

$$6-2=4$$

색칠한 직사각형의 가로의 길이는

$$11x-\left(\dfrac{5}{2}x+\dfrac{1}{2}\right)=\dfrac{17}{2}x-\dfrac{1}{2}$$

따라서 남겨진 밭의 넓이는

$$4\times\left(\dfrac{17}{2}x-\dfrac{1}{2}\right)=34x-2$$ 답 ①

07

$\bigcirc$, $\triangle$, $\star$의 무게를 각각 a, b, c라 하면

A에서 $a+2c=2a+b$, 즉 $a+b=2c$ $\qquad$ …… ㉠

B에서 $4a+b=3c$ $\qquad$ …… ㉡

① ㉠$-$㉡을 하면

$\quad -3a=-c$ $\qquad \therefore c=3a$

$\quad c=3a$를 ㉠에 대입하면 $a+b=6a$ $\qquad \therefore b=5a$

② $4\times$㉠$-$㉡을 하면 $3b=5c$

③ $b=5a$, $c+2a=3a+2a=5a$이므로 $b=c+2a$

④ $2c=6a$, $a+b=a+5a=6a$이므로 $2c=a+b$

⑤ $4a+b-4a=b$, $3c-c=2c$이므로 $b\neq 2c$

따라서 옳지 않은 것은 ⑤이다. $\qquad$ 답 ⑤

08

$x=1$을 $\dfrac{3}{2}(x+2)-0.5(3a+x)=0.2x+\dfrac{4}{5}$에 대입하면

$\dfrac{3}{2}\times 3-\dfrac{1}{2}(3a+1)=\dfrac{1}{5}+\dfrac{4}{5}$

$\dfrac{9}{2}-\dfrac{1}{2}(3a+1)=1$

양변에 2를 곱하면 $9-(3a+1)=2$

$-3a=-6$ $\qquad \therefore a=2$

한편, 0.2를 b로 잘못 보고 풀었다고 하면

$\dfrac{3}{2}(x+2)-0.5(6+x)=bx+\dfrac{4}{5}$의 해가 $x=2$이므로

$\dfrac{3}{2}\times 4-\dfrac{1}{2}\times 8=2b+\dfrac{4}{5}$, $-2b=-\dfrac{6}{5}$

$\therefore b=\dfrac{3}{5}=0.6$ $\qquad$ 답 ⑤

09

$\dfrac{ax+3}{2}+1=2x+b$에서 $\dfrac{ax}{2}+\dfrac{5}{2}=2x+b$가 x에 대한 항등식이므로

$a=4$, $b=\dfrac{5}{2}$

$cx+3+b=d$에서 $cx=d-3-b$

즉, $cx=d-\dfrac{11}{2}$의 해가 무수히 많으므로

$c=0$, $d=\dfrac{11}{2}$

$\therefore a+b+c+d=4+\dfrac{5}{2}+0+\dfrac{11}{2}=12$ $\qquad$ 답 ⑤

10

$(21-3x):2k=1:3$에서

$3(21-3x)=2k$, $63-9x=2k$

$\therefore x=\dfrac{63-2k}{9}$

이때 $\dfrac{63-2k}{9}$가 자연수이므로

$63-2k=9, 18, 27, 36, 45, 54$

따라서 $k=\dfrac{9}{2}, 9, \dfrac{27}{2}, 18, \dfrac{45}{2}, 27$이므로 모든 자연수 k의 값의 합은

$9+18+27=54$ $\qquad$ 답 ⑤

11

전체 일의 양을 1이라 하면 A와 B가 하루 동안 하는 일의 양은 각각 $\dfrac{1}{10}$, $\dfrac{1}{20}$이다.

이때 두 사람이 함께 일한 날을 x일이라 하면

$\dfrac{1}{20}\times 4+\dfrac{1}{10}\times 2+\left(\dfrac{1}{10}+\dfrac{1}{20}\right)\times x=1$, $\dfrac{2}{5}+\dfrac{3}{20}x=1$

양변에 20을 곱하면 $8+3x=20$

$3x=12$ $\qquad \therefore x=4$

따라서 A가 일한 날은 $2+4=6$(일)이다. $\qquad$ 답 ③

12

올해 삼촌의 나이를 a세라 하고 x년 후 누나와 삼촌의 나이의 합이 삼촌의 네 자녀의 나이의 합과 같아진다고 하면

$(22+x)+(a+x)=a+4x$

$-2x=-22$ $\qquad \therefore x=11$

따라서 11년 후 누나의 나이는 $22+11=33$(세) $\qquad$ 답 ②

13

6시 x분에 시침과 분침이 이루는 각의 크기가 $90°$라 하면 x분 동안 시침이 움직인 각의 크기는 $0.5x°$, 분침이 움직인 각의 크기는 $6x°$이다.

12시를 기준으로

(분침이 회전한 각의 크기)$-$(시침이 회전한 각의 크기)$=90°$

일 때

$6x-(180+0.5x)=90$

$5.5x=270$

$\therefore x=\dfrac{2700}{55}=\dfrac{540}{11}$

따라서 구하는 시각은 6시 $\dfrac{540}{11}$분이다. $\qquad$ 답 ③

14

5 %의 소금물의 양은 $500-400=100$ (g)이고 덜어 낸 소금물의 양을 x g이라 하면

$\dfrac{6}{100}\times(400-x)+\dfrac{5}{100}\times 100=\dfrac{4}{100}\times 500$

양변에 100을 곱하면

$2400-6x+500=2000$

$-6x=-900$ $\qquad \therefore x=150$

따라서 덜어 낸 소금물의 양은 150 g이다. $\qquad$ 답 ③

15

기차의 길이를 x m라 하면 기차가 150 m 길이인 터널을 통과할 때의 속력과 490 m 길이인 터널을 통과할 때의 속력이 같으므로

$$\frac{150+x}{6}=\frac{490-x}{10}$$

$10(150+x)=6(490-x)$, $1500+10x=2940-6x$

$16x=1440$ $\therefore x=90$

따라서 기차의 길이는 90 m이다.

답 ⑤

16

한 변의 길이가 a인 정삼각형 모양의 종이 10장의 둘레의 길이는

$a\times 3\times 10=30a$

겹치는 부분은 한 변의 길이가 $\frac{a}{2}$인 정삼각형이고 9곳에서 겹쳐지므로 둘레의 길이는

$$\frac{a}{2}\times 3\times 9=\frac{27}{2}a$$

따라서 완성된 도형의 둘레의 길이는

$$30a-\frac{27}{2}a=\frac{33}{2}a$$

답 $\frac{33}{2}a$

17

$|-8x-2y|+2(x^2-2y^2)$

$=|-8\times 2-2\times(-2)|+2\times\{2^2-2\times(-2)^2\}$

$=|-16+4|+2\times(4-2\times 4)$

$=|-12|+2\times(-4)$

$=12-8=4$

즉, $m=4$이므로

$(-1)^m(a+2b)+(-1)^{m+1}(a-b)$

$=(-1)^4(a+2b)+(-1)^5(a-b)$

$=a+2b-(a-b)$

$=a+2b-a+b$

$=3b$

답 $3b$

18

(첫 번째 친구가 받은 젤리의 개수)$=\frac{1}{10}a+5$

(두 번째 친구가 받은 젤리의 개수)$=\frac{1}{10}\left\{a-\left(\frac{1}{10}a+5\right)\right\}+6$

$=\frac{1}{10}\left(\frac{9}{10}a-5\right)+6$

이때 모두 같은 개수의 젤리를 받았으므로

$$\frac{1}{10}a+5=\frac{1}{10}\left(\frac{9}{10}a-5\right)+6$$

$10a+500=9a-50+600$

$\therefore a=50$

즉, 각 친구들마다 받은 젤리의 개수는 $\frac{1}{10}\times 50+5=10$이므로

젤리를 받은 친구의 수는

$50\div 10=5$ $\therefore b=5$

$\therefore a+b=50+5=55$

답 55

19

$\frac{3a-4x}{5}=\frac{a+4}{3}-x$의 양변에 15를 곱하면

$3(3a-4x)=5(a+4)-15x$

$9a-12x=5a+20-15x$, $3x=-4a+20$

$x=\frac{-4a+20}{3}$, 즉 $m=\frac{-4a+20}{3}$ ……❶

$0.5(3x+2a-3)-\frac{x+2}{2}=2$의 양변에 10을 곱하면

$5(3x+2a-3)-5(x+2)=20$

$15x+10a-15-5x-10=20$, $10x=-10a+45$

$x=\frac{-2a+9}{2}$, 즉 $n=\frac{-2a+9}{2}$ ……❷

$m-n=1$이므로

$$\frac{-4a+20}{3}-\frac{-2a+9}{2}=1$$

양변에 6을 곱하면

$2(-4a+20)-3(-2a+9)=6$

$-8a+40+6a-27=6$

$-2a=-7$ $\therefore a=\frac{7}{2}$ ……❸

답 $\frac{7}{2}$

채점 기준	배점 비율
❶ m의 값 구하기	30 %
❷ n의 값 구하기	30 %
❸ a의 값 구하기	40 %

20

긴 의자의 개수가 a이므로

5명씩 앉을 때의 학생 수는 $5a+6$

7명씩 앉을 때의 학생 수는 $7(a-2)+2$

이때 학생 수는 같으므로

$5a+6=7(a-2)+2$

$5a+6=7a-12$, $2a=18$ $\therefore a=9$ ……❶

즉, 학생 수는 $5\times 9+6=51$ $\therefore b=51$ ……❷

$\therefore a+b=9+51=60$ ……❸

답 60

채점 기준	배점 비율
❶ a의 값 구하기	40 %
❷ b의 값 구하기	30 %
❸ $a+b$의 값 구하기	30 %

기출 **A** 오답 피하는 **필수 문제**　　　↻90쪽~92쪽

01 $\dfrac{5}{2}$	02 ①	03 5	04 ②	05 ③	06 -6	07 ③	08 ④
09 ③	10 (1) 1 km　(2) 15분　(3) 25분				11 ②

01

두 점 P, Q 사이의 거리가 3이고, 점 R은 두 점 P, Q의 한가운데에 있으므로 두 점 R, Q 사이의 거리는 $\dfrac{3}{2}$

$$\therefore b=1+\dfrac{3}{2}=\dfrac{5}{2}$$

답 $\dfrac{5}{2}$

절대등급 **NOTE**

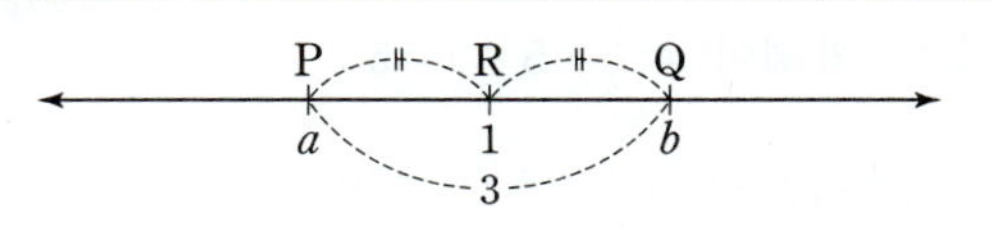

02

$2a-1=a+1$이므로 $a=2$
$-b+3=b-1$이므로 $-2b=-4$　$\therefore b=2$
$$\therefore a-b=2-2=0$$

답 ①

03

점 $(2a+1, 3-b)$가 x축 위의 점이므로
$3-b=0$　$\therefore b=3$
점 $(-2+a, -4b)$가 y축 위의 점이므로
$-2+a=0$　$\therefore a=2$
$$\therefore a+b=2+3=5$$

답 5

04

① A$(-2, 4)$　　　　③ C$(-2, -2)$
④ D$(2, -1)$　　　　⑤ E$(2, 3)$

답 ②

05

세 점 A, B, C를 좌표평면 위에 나타내면 오른쪽 그림과 같다.
(밑변의 길이)$=2-(-3)=5$
(높이)$=4-(-2)=6$
따라서 삼각형 ABC의 넓이는
$$\dfrac{1}{2}\times 5\times 6=15$$

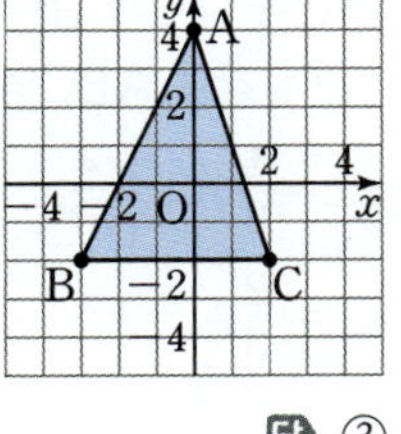

답 ③

06

두 점 A$(b, -a+b)$, B$(-2b-3, 2a+1)$이 원점에 대하여 대칭이므로
$b=-(-2b-3)$에서 $b=2b+3$　$\therefore b=-3$
$-a+b=-(2a+1)$에서 $a=-b-1$
즉, $a=-(-3)-1=2$
$$\therefore ab=2\times(-3)=-6$$

답 -6

07

ㄱ. y축 위의 점은 x좌표가 0이다.
ㄷ. 제4사분면에 속하는 점의 x좌표는 양수, y좌표는 음수이다.
따라서 옳은 것은 ㄴ, ㄹ이다.

답 ③

08

$ab<0$이므로 a, b의 부호는 서로 다르고
$a-b>0$이므로 $a>0, b<0$
따라서 점 (a, b)는 제4사분면 위의 점이다.

답 ④

09

점 $(a, -b)$가 제1사분면 위에 있으므로
$a>0, -b>0$　$\therefore a>0, b<0$
① $a>0, b<0$이므로 점 A는 제4사분면 위에 있다.
② $-a<0, -b>0$이므로 점 B는 제2사분면 위에 있다.
③ $b<0, -a<0$이므로 점 C는 제3사분면 위에 있다.
④ $-b>0, a>0$이므로 점 D는 제1사분면 위에 있다.
⑤ $-b>0, -a<0$이므로 점 E는 제4사분면 위에 있다.
따라서 점의 좌표와 그 점이 속하는 사분면이 바르게 짝 지어진 것은 ③이다.

답 ③

10

(1) $x=15$일 때 $y=1$이므로 예은이가 집에서 출발한 후 처음 15분 동안 이동한 거리는 1 km이다.
(2) 집에서 출발한 지 15분 후부터 20분 후까지 이동한 거리의 증가가 없으므로 마트에 머무른 것으로 해석할 수 있다.
따라서 집에서 출발한 지 15분 후에 마트에 도착했다.
(3) 마트에 머문 시간은 5분이고 집에서 출발한 지 30분 후에 예은이가 도서관에 도착했으므로 구하는 시간은 $30-5=25$(분)

답 (1) 1 km　(2) 15분　(3) 25분

11

물의 높이가 처음에는 서서히 증가하다가 나중에 급격히 증가하므로 물병의 모양은 바닥에서부터 위로 올라갈수록 폭이 점점 좁아진다.

답 ②

절대등급 NOTE

각 물병에 따른 그래프는 다음과 같다.

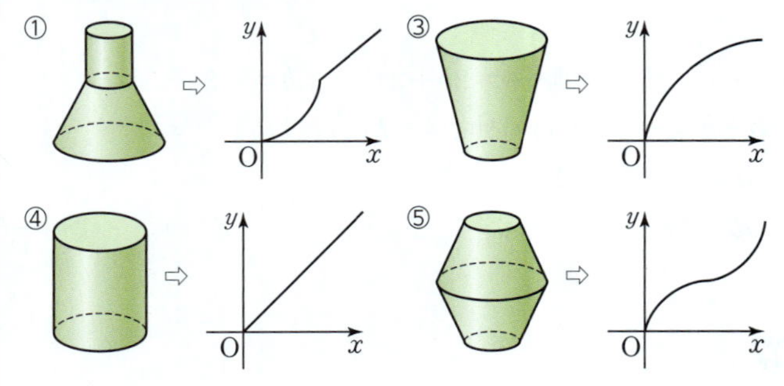

기출 **B** 실수 극복하는 **심화 문제** $\circlearrowleft$ 93쪽~96쪽

01 5	**02** ⑤	**03** $\dfrac{33}{2}$	**04** $\dfrac{2}{3}$	**05** ④	**06** 38

07 $C(4, -4), D(4, 2)$ 또는 $C(-8, -4), D(-8, 2)$

08 ⑤ **09** $\left(-12, \dfrac{20}{3}\right)$ **10** 32 **11** 8 **12** $(7, 4)$

13 $(-1, 2)$ **14** 제4사분면 **15** 제4사분면 **16** 제1사분면

17 ⑤ **18** ② **19** ④ **20** 2 **21** 62 **22** ② **23** ㄷ

01

전략 $b-a$의 값이 가장 크려면 b의 값이 가장 크고, a의 값이 가장 작아야 한다.

$b-a$의 값이 가장 크려면 b의 값이 가장 크고, a의 값이 가장 작아야 하므로 점 P가 점 A에 위치해야 한다.

즉, $a=-4$, $b=1$이므로 $b-a$의 값 중 가장 큰 값은

$1-(-4)=5$

답 5

02

전략 네 점 A, B, C, D를 좌표평면 위에 나타내어 사각형 ABCD의 가로, 세로의 길이를 구한다.

네 점 A, B, C, D를 좌표평면 위에 나타내면 오른쪽 그림과 같다.

$\therefore$ (사각형 ABCD의 넓이)

$=7\times7=49$

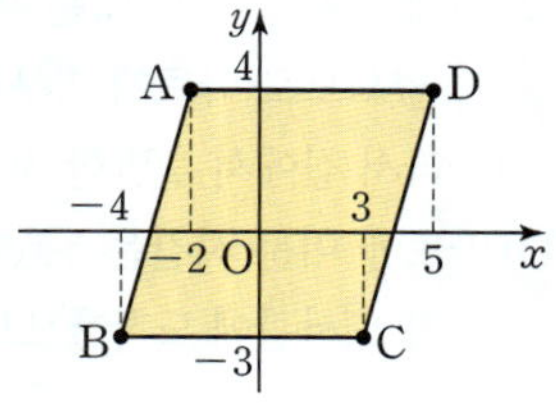

답 ⑤

절대등급 NOTE

사각형 ABCD가 평행사변형이라는 것을 모르더라도 두 선분 AD, BC가 서로 평행하므로 사다리꼴의 넓이를 구해 보면 $\dfrac{1}{2}\times(7+7)\times7=49$임을 알 수 있다.

03

전략 좌표축과 평행한 변이 있는지 먼저 확인한다.

세 점 $A(2, -4)$, $B(3, 3)$, $C(-2, 1)$을 좌표평면 위에 나타내면 다음 그림과 같다.

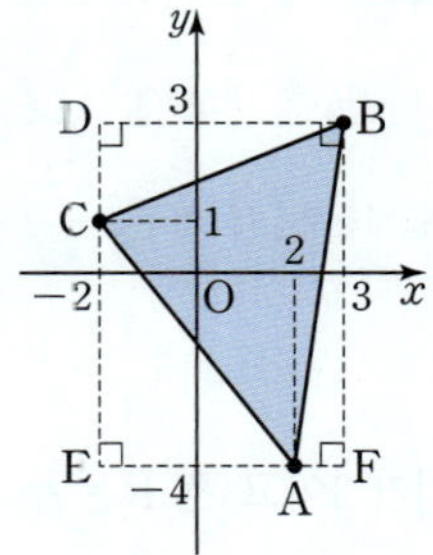

$D(-2, 3)$, $E(-2, -4)$, $F(3, -4)$라 하면

(사각형 DEFB의 넓이)$=5\times7=35$

(삼각형 BAF의 넓이)$=\dfrac{1}{2}\times1\times7=\dfrac{7}{2}$

(삼각형 BDC의 넓이)$=\dfrac{1}{2}\times5\times2=5$

(삼각형 CEA의 넓이)$=\dfrac{1}{2}\times4\times5=10$

$\therefore$ (삼각형 ABC의 넓이)

$\quad=$(사각형 DEFB의 넓이)$-\{$(삼각형 BAF의 넓이)

$\qquad+$(삼각형 BDC의 넓이)$+$(삼각형 CEA의 넓이)$\}$

$\quad=35-\left(\dfrac{7}{2}+5+10\right)$

$\quad=35-\dfrac{37}{2}=\dfrac{33}{2}$

답 $\dfrac{33}{2}$

절대등급 NOTE

좌표평면 위의 세 점을 꼭짓점으로 하는 삼각형의 넓이를 구할 때, 좌표축에 평행한 변이 없으면 사각형의 넓이에서 삼각형들의 넓이를 뺀다.

04

전략 y축, x축 위의 점임을 이용하여 a, b의 값을 구한 후 세 점 A, B, C의 좌표를 구한다.

점 $(2a-1, 6b+7)$이 y축 위의 점이므로

$2a-1=0$ $\therefore a=\dfrac{1}{2}$ ······ ❶

점 $(4a+3, 3b+2)$가 x축 위의 점이므로

$3b+2=0$ $\therefore b=-\dfrac{2}{3}$ ······ ❷

세 점 $A\left(\dfrac{1}{2}, -\dfrac{2}{3}\right)$, $B\left(-\dfrac{1}{2}, -\dfrac{2}{3}\right)$,

$C\left(-\dfrac{1}{2}, \dfrac{2}{3}\right)$를 좌표평면 위에 나타내면 오른쪽 그림과 같다.

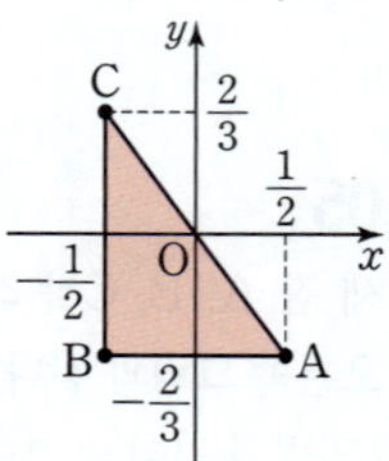

$\therefore$ (삼각형 ABC의 넓이)

$\quad=\dfrac{1}{2}\times1\times\dfrac{4}{3}$

$\quad=\dfrac{2}{3}$ ······ ❸

답 $\dfrac{2}{3}$

채점 기준	배점 비율
❶ a의 값 구하기	30 %
❷ b의 값 구하기	30 %
❸ 삼각형 ABC의 넓이 구하기	40 %

05

 $a<2$인 경우와 $a>2$인 경우로 나누어 식을 세운다.

(ⅰ) $a<2$일 때

세 점 A, B, C를 좌표평면 위에 나타내면 오른쪽 그림과 같다.

이때 삼각형 ABC에서 변 AB를 밑변으로 할 때, 삼각형 ABC의 넓이가 8이므로

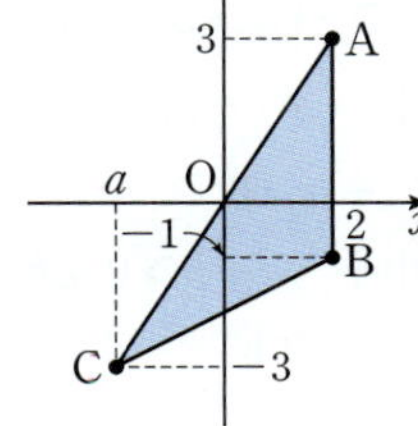

$$\frac{1}{2}\times 4\times (2-a)=8$$

$$2-a=4 \qquad \therefore a=-2$$

(ⅱ) $a>2$일 때

세 점 A, B, C를 좌표평면 위에 나타내면 오른쪽 그림과 같다.

이때 삼각형 ABC에서 변 AB를 밑변으로 할 때, 삼각형 ABC의 넓이가 8이므로

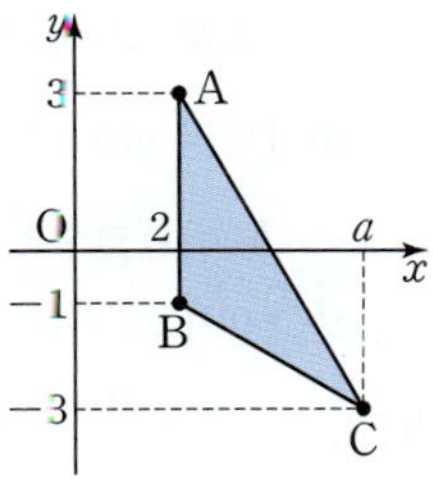

$$\frac{1}{2}\times 4\times (a-2)=8$$

$$a-2=4 \qquad \therefore a=6$$

(ⅰ), (ⅱ)에서 구하는 a의 값은 -2, 6이므로 $-2+6=4$ 답 ④

06

 x축 위의 점임을 이용하여 a, b의 값을 구한 후 사각형을 두 개의 삼각형으로 나누어 넓이를 구한다.

두 점 $A\left(\frac{1}{2}a-6,\ b+2\right)$, $B\left(\frac{1}{3}b+2,\ -a+2\right)$가 x축 위에 있으므로 두 점 A, B의 y좌표는 0이다.

$b+2=0$에서 $b=-2$

$-a+2=0$에서 $a=2$

$$\therefore A(-5,\ 0),\ B\left(\frac{4}{3},\ 0\right),\ C(-6,\ 8),\ D(0,\ -4)$$

따라서 네 점 A, B, C, D를 좌표평면 위에 나타내면 오른쪽 그림과 같으므로

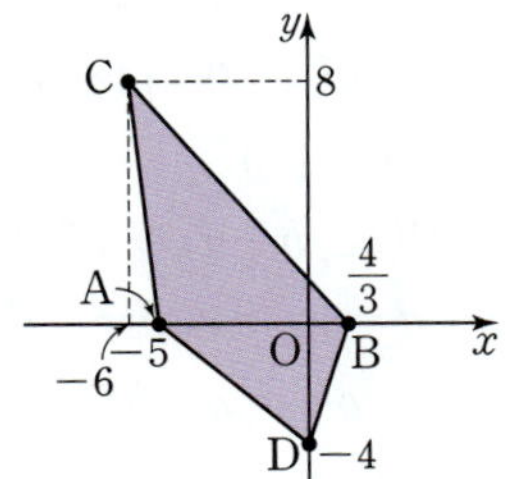

(사각형 ADBC의 넓이)
= (삼각형 ABC의 넓이)
  + (삼각형 ADB의 넓이)

$$=\frac{1}{2}\times\frac{19}{3}\times 8+\frac{1}{2}\times\frac{19}{3}\times 4$$

$$=\frac{76}{3}+\frac{38}{3}$$

$$=\frac{114}{3}=38$$

   답 38

07

 가능한 정사각형의 모양을 생각해 본다.

구하는 정사각형 ABCD의 한 변의 길이는 두 점 A, B의 y좌표 사이의 거리이므로 $2-(-4)=6$

따라서 한 변의 길이가 6인 정사각형 ABCD는 다음 그림과 같이 두 가지 경우가 있다.

(ⅰ)

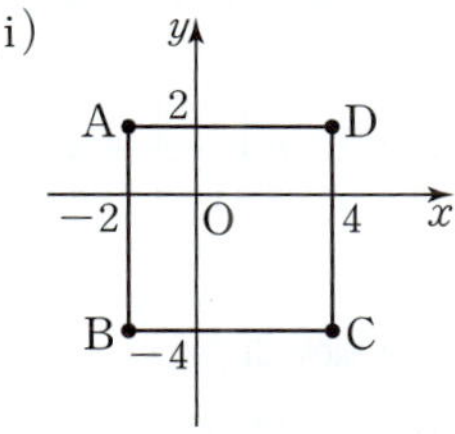

$$\therefore C(4,\ -4),\ D(4,\ 2)$$

(ⅱ)

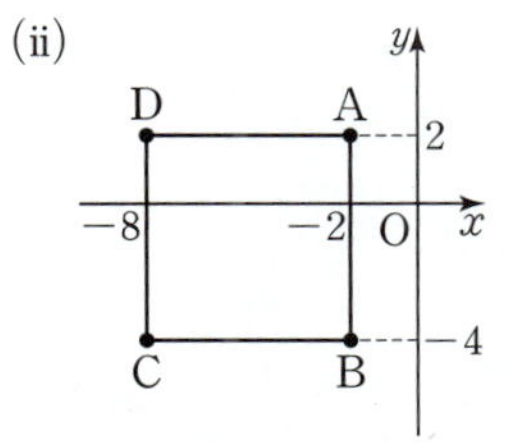

$$\therefore C(-8,\ -4),\ D(-8,\ 2)$$

   답 $C(4,\ -4),\ D(4,\ 2)$ 또는 $C(-8,\ -4),\ D(-8,\ 2)$

08

 $b-a$의 값이 최소가 되는 점 P의 좌표를 구한다.

네 점 A, B, C, D를 좌표평면 위에 나타내면 오른쪽 그림과 같다.

$b-a$의 값이 가장 작으려면 b의 값이 가장 작고, a의 값이 가장 커야 하므로 점 P가 점 C에 위치해야 한다.

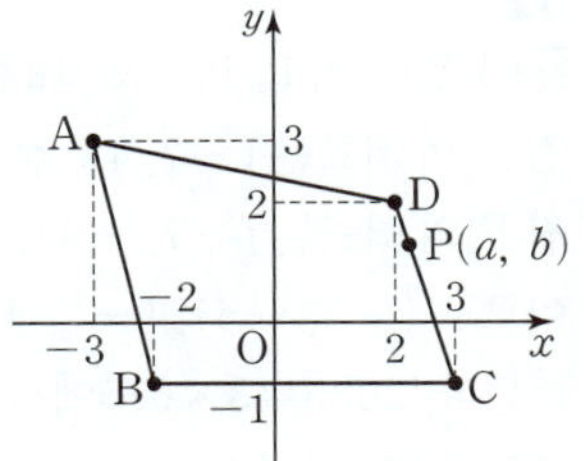

즉, $a=3$, $b=-1$

$$\therefore 2a+3b=2\times 3+3\times (-1)=3$$

   답 ⑤

09

 정사각형의 네 변의 길이가 같음을 이용하여 두 점 A, B의 좌표를 구한 후 사다리꼴 ABOD의 넓이와 삼각형 EBO의 넓이를 각각 구한다.

정사각형 ABCD의 한 변의 길이가 8이므로

$A(-12,\ 8)$, $B(-12,\ 0)$

$$(\text{사다리꼴 ABOD의 넓이})=\frac{1}{2}\times (8+12)\times 8=80$$

이때 점 E의 좌표를 $(-12,\ a)$라 하면

$$(\text{삼각형 EBO의 넓이})=\frac{1}{2}\times 12\times a=6a$$

$$(\text{삼각형 EBO의 넓이})=\frac{1}{2}\times (\text{사다리꼴 ABOD의 넓이})\text{이므로}$$

$$6a=40 \qquad \therefore a=\frac{20}{3}$$

따라서 점 E의 좌표는 $\left(-12,\ \frac{20}{3}\right)$이다.   답 $\left(-12,\ \frac{20}{3}\right)$

10

전략 네 점 P, A, B, C를 좌표평면 위에 나타내어 사각형 PACB의 둘레의 길이를 구한다.

$A(-3, -5)$, $B(3, 5)$, $C(3, -5)$이므로 네 점 P, A, B, C를 좌표평면 위에 나타내면 오른쪽 그림과 같다.

따라서 사각형 PACB의 둘레의 길이는
$2 \times (6+10) = 32$

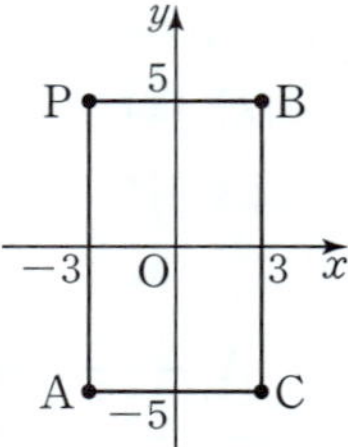

답 32

11

전략 먼저 a, b의 값을 구한 후 세 점 A, B, C를 좌표평면 위에 나타낸다.

두 점 $A(5+b, 2a+b)$, $B(b+1, -5a-3b)$가 원점에 대하여 대칭이므로

$5+b = -(b+1)$에서 $2b = -6$ $\therefore b = -3$

$2a+b = -(-5a-3b)$에서 $-3a = 2b$

즉, $-3a = -6$ $\therefore a = 2$

따라서 세 점 A, B, C의 좌표는 각각 $A(2, 1)$, $B(-2, -1)$, $C(2, -3)$이고, 세 점 A, B, C를 좌표평면 위에 나타내면 오른쪽 그림과 같으므로

(삼각형 ABC의 넓이)
$= \dfrac{1}{2} \times 4 \times 4 = 8$

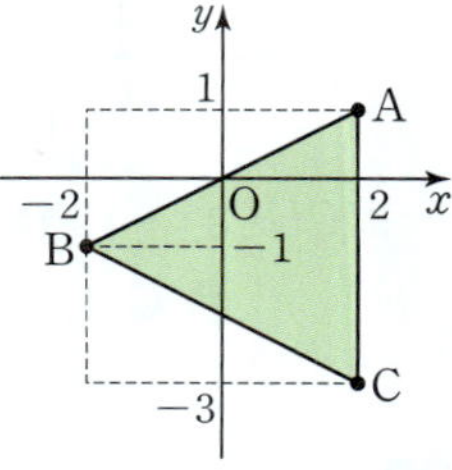

답 8

12

전략 점 $P_1, P_2, P_3, P_4, \ldots$의 좌표를 순서대로 구하여 규칙을 찾는다.

점 P_2의 좌표는 $(-7, 4)$, 점 P_3의 좌표는 $(7, 4)$,

점 P_4의 좌표는 $(-7, -4)$, …

이므로 $(-7, -4)$, $(-7, 4)$, $(7, 4)$의 순서대로 점의 좌표가 반복된다. $2025 = 3 \times 675$에서 점 P_{2025}의 좌표는 점 P_3의 좌표와 같으므로 $(7, 4)$이다.

답 $(7, 4)$

13

전략 순서대로 각각의 기호가 나타내는 점의 좌표를 구한다.

♥(Q)는 점 $Q(-1, 2)$와 y축에 대하여 대칭인 점의 좌표이므로 $(1, 2)$, 즉 ♥(Q)$= (1, 2)$

●((1, 2))는 점 $(1, 2)$와 원점에 대하여 대칭인 점의 좌표이므로 $(-1, -2)$, 즉 ●♥(Q)$=$ ●((1, 2))$= (-1, -2)$

★((-1, -2))는 점 $(-1, -2)$와 x축에 대하여 대칭인 점의 좌표이므로 $(-1, 2)$, 즉 ★●♥(Q)$=$ ★((-1, -2))$= (-1, 2)$

답 $(-1, 2)$

절대등급 NOTE

순서에 상관없이 x축 대칭(★), y축 대칭(♥), 원점 대칭(●)을 한 번씩 하면 항상 원래의 점으로 돌아온다.

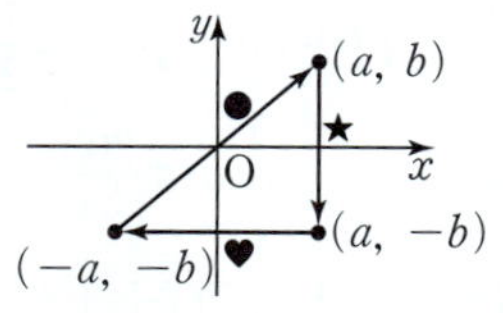

14

전략 제4사분면 위에 있는 점의 x좌표는 양수, y좌표는 음수이다.

점 $P(a, b)$가 제4사분면 위에 있으므로 $a > 0$, $b < 0$

점 $Q(-b, a)$와 x축에 대하여 대칭인 점의 좌표는 $(-b, -a)$

$-b > 0$, $-a < 0$

따라서 점 $(-b, -a)$는 제4사분면 위의 점이다.   답 제4사분면

15

전략 제2사분면 위에 있는 점의 x좌표는 음수, y좌표는 양수이다.

점 (a, b)가 제2사분면 위의 점이므로 $a < 0$, $b > 0$

$\therefore -a > 0$

이때 $-a+b > 0$, $ab < 0$이므로 점 $(-a+b, ab)$는 제4사분면 위의 점이다.   답 제4사분면

16

전략 a, b의 부호와 이들 사이의 관계를 이용하여 주어진 점이 속한 사분면을 구한다.

$\dfrac{b}{a} > 0$이므로 a와 b의 부호는 서로 같고, $b-a < 0$에서 $b < a$,

$|a| < |b|$이므로 $b < a < 0$이다.   ……❶

즉, $ab > 0$이고 $-a > 0$이므로 $ab-a > 0$ ……❷

또한, $\dfrac{b}{a} - 1 = \dfrac{b-a}{a}$에서 $b-a < 0$, $a < 0$이므로

$\dfrac{b}{a} - 1 > 0$ ……❸

따라서 점 $\left(ab-a, \dfrac{b}{a}-1\right)$은 제1사분면 위의 점이다.   ……❹

답 제1사분면

채점 기준	배점 비율
❶ $b < a < 0$임을 파악하기	20 %
❷ $ab-a > 0$임을 파악하기	30 %
❸ $\dfrac{b}{a} - 1 > 0$임을 파악하기	30 %
❹ 점 $\left(ab-a, \dfrac{b}{a}-1\right)$은 제몇 사분면 위의 점인지 구하기	20 %

17

전략 a, b, c, d의 부호와 관계식을 구한다.

점 $A(ad, c)$가 제4사분면 위에 있으므로

$ad > 0$, $c < 0$ ……㉠

점 $B(ac, b+d)$가 x축 위에 있으므로

$b+d = 0$ $\therefore b = -d$ ……㉡

점 $C(2c-d, a-b)$가 y축 위에 있으므로

$2c-d = 0$ $\therefore 2c = d$ ……㉢

㉠, ㉡, ㉢에 의해 $a < 0$, $b > 0$, $c < 0$, $d < 0$

① $ab < 0$, $c < 0$이므로 점 (ab, c)는 제3사분면 위에 있다.

② $bc < 0$, $ad > 0$에서 $bc-ad < 0$이고, $-b < 0$이므로 점 $(bc-ad, -b)$는 제3사분면 위에 있다.

③ $\dfrac{a}{b}<0$, $\dfrac{b}{d}<0$이므로 점 $\left(\dfrac{a}{b},\ \dfrac{b}{d}\right)$는 제3사분면 위에 있다.

④ $d=2c$, $b=-d=-2c$에서 $bd=-4c^2$이므로
$$2c^2+bd=2c^2-4c^2=-2c^2$$
이때 $c^2>0$이므로 $2c^2+bd<0$
즉, 점 $(2c^2+bd,\ a)$는 제3사분면 위에 있다.

⑤ $bc+cd=c(b+d)$이고 $b+d=0$이므로 $bc+cd=0$
즉, 점 $(bc+cd,\ ab)$는 y축 위에 있다.

따라서 제3사분면 위에 있지 않은 점은 ⑤이다. 〔답〕 ⑤

18

〔전략〕 출발 후 민지는 10분, 혜정이는 20분 후에 학원에 도착했음을 파악한다.

① 혜정이가 민지보다 천천히 걸었다.

③ 민지는 출발한 지 $15-5=10$(분) 후에 학원에 도착하였다.

④ 혜정이는 처음 10분 간 민지보다 앞에 있었으며 10분 이후부터는 민지가 혜정이 앞에 있었다.

⑤ 민지가 혜정이보다 $20-15=5$(분) 먼저 도착하였다.

따라서 옳은 것은 ②이다. 〔답〕 ②

19

〔전략〕 물체는 속력이 0일 때 멈춘 것임을 파악한다.

④ 10초 이후에 물체가 이동하는 속력이 줄어들고 있지만, 물체는 움직이고 있다. 〔답〕 ④

20

〔전략〕 수조 A, B에서 1분 동안 흘러나온 물의 양을 먼저 구한다.

A 수조에서는 10분 동안 40 L의 물이 흘러나왔으므로

1분 동안 흘러나온 물의 양은 $\dfrac{40}{10}=4\ (\text{L})$

B 수조에서는 20분 동안 60 L의 물이 흘러나왔으므로

1분 동안 흘러나온 물의 양은 $\dfrac{60}{20}=3\ (\text{L})$

이때 수조에 들어 있는 물의 양이 120 L이고, 수조 A, B에서 1분 동안 흘러나온 물의 양은 각각 4 L, 3 L이므로

$$a=\dfrac{120}{4}=30,\ b=\dfrac{120}{3}=40$$

$$\therefore\ \dfrac{a}{3}-\dfrac{b}{5}=10-8=2$$
〔답〕 2

21

〔전략〕 대관람차가 원 운동을 3번 반복한다는 것을 생각하여 그래프를 해석한다.

㈎ 대관람차가 한 바퀴 도는 데 걸리는 시간은 3분이므로
$$a=8$$

㈏ 가장 높이 올라갔을 때의 지면으로부터의 높이는 30 m이므로
$$b=30$$

㈐ 탑승한 대관람차는 세 바퀴를 돌고 멈추므로 지원이가 대관람차에 탑승한 시간은 총 24분이다.
$$\therefore\ c=24$$

$$\therefore\ a+b+c=8+30+24=62$$
〔답〕 62

22

〔전략〕 원기둥의 밑면의 반지름의 길이가 작을수록 수면이 빠르게 높아짐을 파악한다.

아랫부분에 있는 원기둥에서는 물의 높이가 빠르고 일정하게 증가하고, 가운데에 있는 원기둥에서는 물의 높이가 느리고 일정하게 증가하며 윗부분에 있는 원기둥에서는 물의 높이가 빠르고 일정하게 증가한다.

따라서 x와 y 사이의 관계를 나타낸 그래프로 알맞은 것은 ②이다. 〔답〕 ②

절대등급 NOTE

주어진 그릇의 단면은 오른쪽 그림과 같이 폭에 따라서 세 부분으로 나누어진다.

23

〔전략〕 토끼가 달릴 때는 y의 값이 증가하고, 토끼가 잘 때는 y의 값이 일정한 그래프를 찾는다.

토끼가 달리는 동안 x의 값이 증가하면 y의 값도 증가한다.

또, 토끼가 낮잠을 자는 동안 x의 값이 증가하여도 y의 값은 변화가 없이 일정하다.

토끼가 30분 동안 달리다가 20분 동안 낮잠을 자고 다시 달렸으므로, x의 값이 증가할 때 y의 값은 증가하다 일정한 값을 유지하다 다시 증가한다.

따라서 x와 y 사이의 관계를 나타낸 그래프로 가장 적당한 것은 ㄷ이다. 〔답〕 ㄷ

〔기출〕 **C** 학교 시험 **최상위 문제** ↻97쪽

| **01** 12 | **02** 1 | **03** ④ | **04** 14분 |

01

〔전략〕 세 점 A, B, C의 좌표를 a, b를 사용하여 나타낸 후 식을 세운다.

점 $\mathrm{P}(a,\ b)$와 점 A가 원점에 대하여 대칭이므로 점 A의 좌표는 $(-a,\ -b)$

점 $\mathrm{P}(a,\ b)$와 점 B가 x축에 대하여 대칭이므로 점 B의 좌표는 $(a,\ -b)$

점 $\mathrm{P}(a,\ b)$와 점 C가 y축에 대하여 대칭이므로 점 C의 좌표는 $(-a,\ b)$

이때 점 P를 제1사분면 위의 점이라 할 때, 네 점 P, A, B, C를 좌표평면 위에 나타내면 오른쪽 그림과 같으므로 사각형 ABPC는 가로의 길이가 $2|a|$, 세로의 길이가 $2|b|$인 직사각형이다.

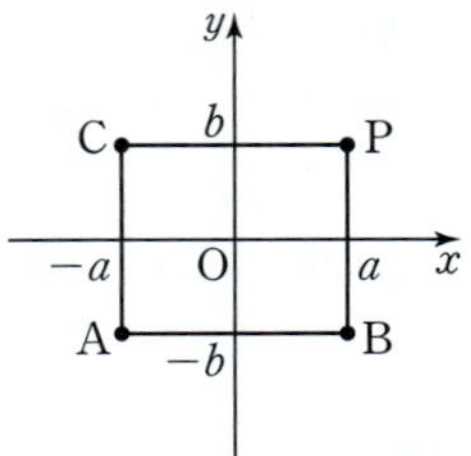

사각형 ABPC의 둘레의 길이는 16이므로 $2(2|a|+2|b|)=16$

$4(|a|+|b|)=16$ $\therefore |a|+|b|=4$

따라서 구하는 두 정수 a, b의 순서쌍 (a, b)는
$(-3, -1)$, $(-3, 1)$, $(-2, -2)$, $(-2, 2)$, $(-1, -3)$, $(-1, 3)$, $(1, -3)$, $(1, 3)$, $(2, -2)$, $(2, 2)$, $(3, -1)$, $(3, 1)$의 12개이다. 달 12

절대등급 NOTE

점 P가 제2, 3, 4사분면 위에 있을 때 그 둘레의 길이는 점 P가 제1사분면 위에 있을 때와 같다. 예를 들어, 점 P가 제2사분면 위의 점일 때, 네 점 P, A, B, C를 꼭짓점으로 하는 사각형은 오른쪽 그림과 같다.

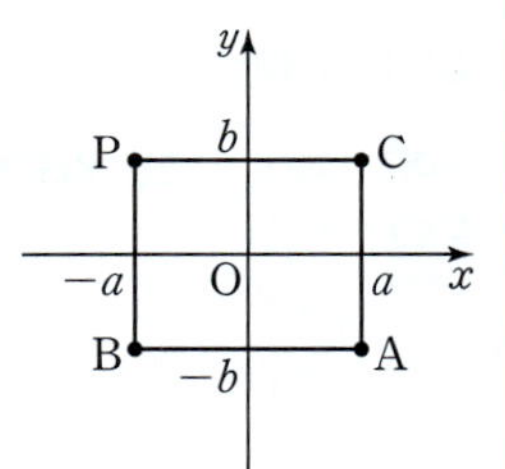

또한, $a \neq 0$, $b \neq 0$이어야 함에 주의한다.
$a=0$이면 점 $P(0, b)$가 y축 위에 있으므로 점 P와 y축에 대하여 대칭인 점 C의 좌표는 $(0, b)$가 되어 점 P와 점 C가 같은 점이 된다. 즉, 사각형 ABPC가 만들어지지 않으므로 $a \neq 0$이다. 마찬가지로 $b \neq 0$이다.

02

전략 x축 위의 점은 y좌표가 0이고, y축 위의 점은 x좌표가 0임을 이용하여 a, b의 값을 먼저 구한다.

점 $A(2a+2b, b+3)$이 x축 위에 있으므로
$b+3=0$ $\therefore b=-3$
점 $B(3a+2b, -2b)$가 y축 위에 있으므로
$3a+2b=0$에서 $3a-6=0$, $3a=6$ $\therefore a=2$ ······ ❶
따라서 $A(-2, 0)$, $B(0, 6)$, $C(-1, 4)$이므로
$A'(2, 0)$, $B'(0, -6)$, $C'(1, -4)$ ······ ❷
세 점 A', B', C'을 좌표평면 위에 나타내면 오른쪽 그림과 같다.

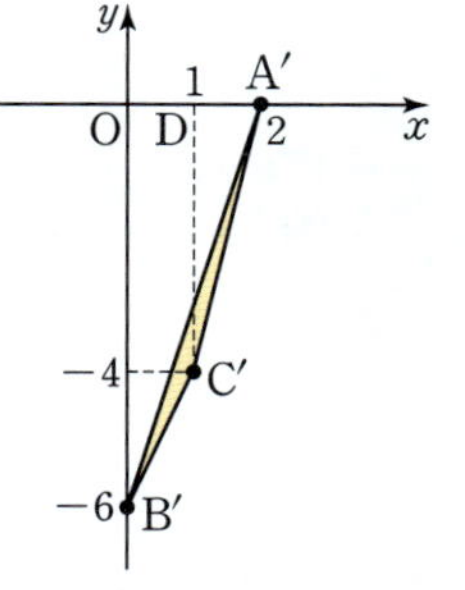

이때 $D(1, 0)$이라 하면
(사각형 $A'OB'C'$의 넓이)
= (사각형 $DOB'C'$의 넓이)
  $+$ (삼각형 $A'DC'$의 넓이)
$= \frac{1}{2} \times (4+6) \times 1 + \frac{1}{2} \times 1 \times 4$
$= 5+2=7$

(삼각형 $A'OB'$의 넓이)$= \frac{1}{2} \times 2 \times 6 = 6$

$\therefore$ (삼각형 $A'B'C'$의 넓이)
$=$ (사각형 $A'OB'C'$의 넓이)$-$(삼각형 $A'OB'$의 넓이)
$= 7-6=1$ ······ ❸

달 1

채점 기준	배점 비율
❶ a, b의 값 각각 구하기	20 %
❷ 세 점 A', B', C'의 좌표 각각 구하기	40 %
❸ 삼각형 $A'B'C'$의 넓이 구하기	40 %

03

전략 점 P가 꼭짓점 A에서 B까지, B에서 C까지, C에서 D까지 움직인 때로 나누어 생각해 본다.

(ⅰ) 점 P가 꼭짓점 A에서 꼭짓점 B까지 움직일 때,
(삼각형 APD의 넓이)
$= \frac{1}{2} \times$ (선분 AD의 길이) $\times$ (선분 AP의 길이)
에서 선분 AD의 길이는 일정하고 선분 AP의 길이는 시간이 지남에 따라 길어지므로 삼각형 APD의 넓이는 시간이 지남에 따라 일정하게 커진다.

(ⅱ) 점 P가 꼭짓점 B에서 꼭짓점 C까지 움직일 때,
(삼각형 APD의 넓이)
$= \frac{1}{2} \times$ (선분 AD의 길이) $\times$ (선분 AB의 길이)
에서 선분 AD의 길이와 선분 AB의 길이는 각각 일정하므로 삼각형 APD의 넓이는 시간에 관계없이 일정하다.

(ⅲ) 점 P가 꼭짓점 C에서 꼭짓점 D까지 움직일 때,
(삼각형 APD의 넓이)
$= \frac{1}{2} \times$ (선분 AD의 길이) $\times$ (선분 DP의 길이)
에서 선분 AD의 길이는 일정하고 선분 DP의 길이는 시간이 지남에 따라 짧아지므로 삼각형 APD의 넓이는 시간이 지남에 따라 일정하게 작아진다.

(ⅰ)~(ⅲ)에 의해 그래프로 알맞은 것은 ④이다. 달 ④

04

전략 A 수도관만을 이용하여 1분 동안 채워지는 물의 양과 A 수도관과 B 수도관을 같이 이용하여 1분 동안 채워지는 물의 양을 각각 구하고 의미를 파악한다.

A 수도관만을 이용하여 처음 4분 동안 80 m^3의 물을 채웠으므로 1분 동안 $\frac{80}{4}=20 \text{ (m}^3)$의 물을 채울 수 있다.

A 수도관과 B 수도관을 같이 이용하여 5분 동안 $240-80=160 \text{ (m}^3)$의 물을 채웠으므로 1분 동안 $\frac{160}{5}=32 \text{ (m}^3)$의 물을 채울 수 있다.

즉, B 수도관만을 이용하면 1분 동안 $32-20=12 \text{ (m}^3)$의 물을 채울 수 있다.

이때 B 수도관만을 이용하여 채워야 하는 물의 양은 $300-240=60 \text{ (m}^3)$이므로 물을 가득 채우는 데 걸리는 시간은 $\frac{60}{12}=5$(분)

따라서 수조에 물을 가득 채우는 데 걸리는 총시간은 $4+5+5=14$(분) 달 14분

01 ①, ④	02 $y=4x$	03 ㄱ, ㄴ, ㄷ	04 ⑤	05 ②
06 $y=\dfrac{480}{x}$	07 ⑤	08 -6		

01

① $y=3\times x$에서 $y=3x$

② (시간)$=\dfrac{(거리)}{(속력)}$에서 $y=\dfrac{60}{x}$

③ $y=500\times x+500\times 1$에서 $y=500x+500$

④ $y=\dfrac{x}{100}\times 200$에서 $y=2x$

⑤ 둘레의 길이가 x cm인 정사각형의 한 변의 길이는 $\dfrac{x}{4}$ cm이므로

$$y=\left(\dfrac{x}{4}\right)^2 \qquad \therefore y=\dfrac{x^2}{16}$$

따라서 x와 y가 정비례하는 것은 ①, ④이다. 답 ①, ④

02

종이 한 장의 무게는 $600\div 150=4$ (g)이므로 종이 한 묶음의 무게는 $4\times 1000=4000$ (g), 즉 4 kg이다.

즉, 종이 1묶음의 무게가 4 kg이므로 종이 x묶음의 무게는 $4x$ kg이다.

따라서 종이 x묶음의 무게 y kg 사이의 관계를 식으로 나타내면 $y=4x$이다. 답 $y=4x$

03

ㄹ. $\left|-\dfrac{2}{3}\right|<|-1|$이므로 $y=-x$의 그래프가 $y=-\dfrac{2}{3}x$의 그래프보다 y축에 더 가깝다.

따라서 옳은 것은 ㄱ, ㄴ, ㄷ이다. 답 ㄱ, ㄴ, ㄷ

04

주어진 그래프가 원점과 점 $(-2,\,3)$을 지나는 직선이므로 $y=ax$ $(a\neq 0)$로 놓고 $x=-2$, $y=3$을 대입하면

$$3=-2a \qquad \therefore a=-\dfrac{3}{2}$$

$$\therefore y=-\dfrac{3}{2}x$$

① $y=-\dfrac{3}{2}x$에 $x=-\dfrac{4}{3}$, $y=2$를 대입하면

$$2=-\dfrac{3}{2}\times\left(-\dfrac{4}{3}\right)$$

② $y=-\dfrac{3}{2}x$에 $x=-1$, $y=\dfrac{3}{2}$을 대입하면

$$\dfrac{3}{2}=-\dfrac{3}{2}\times(-1)$$

③ $y=-\dfrac{3}{2}x$에 $x=\dfrac{1}{2}$, $y=-\dfrac{3}{4}$을 대입하면

$$-\dfrac{3}{4}=-\dfrac{3}{2}\times\dfrac{1}{2}$$

④ $y=-\dfrac{3}{2}x$에 $x=\dfrac{2}{3}$, $y=-1$을 대입하면

$$-1=-\dfrac{3}{2}\times\dfrac{2}{3}$$

⑤ $y=-\dfrac{3}{2}x$에 $x=4$, $y=-3$을 대입하면

$$-3\neq-\dfrac{3}{2}\times 4$$

따라서 그래프 위의 점이 아닌 것은 ⑤이다. 답 ⑤

05

x와 y가 반비례하므로 $y=\dfrac{a}{x}$ $(a\neq 0)$라 하자.

$y=\dfrac{a}{x}$에 $x=3$, $y=6$을 대입하면

$$6=\dfrac{a}{3} \qquad \therefore a=18$$

$$\therefore y=\dfrac{18}{x}$$

$y=\dfrac{18}{x}$에 $x=-2$를 대입하면

$$y=\dfrac{18}{-2}=-9$$

답 ②

06

톱니가 24개인 톱니바퀴 A가 20번 회전하는 동안 톱니가 x개인 톱니바퀴 B가 y번 회전하므로

$$24\times 20=x\times y,\ \ 즉\ y=\dfrac{480}{x}$$

따라서 x와 y 사이의 관계를 식으로 나타내면

$$y=\dfrac{480}{x}$$

답 $y=\dfrac{480}{x}$

절대등급 NOTE

톱니바퀴가 맞물려 돌아가므로 시간당 돌아가는 톱니의 개수가 같음을 이용한다.

07

① $y=-\dfrac{14}{x}$에 $x=2$, $y=7$을 대입하면

$$7\neq-\dfrac{14}{2}$$

②, ③ 제2사분면과 제4사분면을 지나는 한 쌍의 매끄러운 곡선이다.

④ x의 값이 한없이 커지면 x축에 가까워지지만 x축과 만나지는 않는다.

따라서 옳은 것은 ⑤이다. 답 ⑤

08

$y=\dfrac{a}{x}$에 $x=-2$, $y=9$를 대입하면

$9=\dfrac{a}{-2}$ $\therefore a=-18$ $\therefore y=-\dfrac{18}{x}$

$y=-\dfrac{18}{x}$에 $x=3$, $y=k$를 대입하면

$k=-\dfrac{18}{3}=-6$ 답 -6

기출 **B** 실수 극복하는 **심화 문제**   ⟳ 100쪽~105쪽

01 $-\dfrac{1}{2}$	**02** $y=\dfrac{4}{3}x$, 54분	**03** ④	**04** 8	**05** ②
06 ②	**07** $\dfrac{1}{2}\leq a\leq\dfrac{5}{2}$	**08** 12	**09** ③	**10** $(8,2)$	**11** 4
12 48	**13** $\dfrac{6}{7}$	**14** $\dfrac{7}{18}$	**15** -1	**16** $y=\dfrac{45}{x}$, $9\,\mathrm{cm}^3$
17 $y=\dfrac{1.5}{x}$, 0.3	**18** ②	**19** (1) ㄷ (2) ㅁ (3) ㄱ (4) ㄴ	**20** 4
21 ②	**22** $y=\dfrac{135}{x}$	**23** ⑤	**24** ㄱ, ㄹ	**25** ⑤	**26** $\dfrac{4}{3}$
27 15	**28** ③	**29** 10	**30** 24	**31** 12	**32** ①	**33** 12	**34** 36
35 30	**36** 15			

01

전략 정비례 관계를 나타내는 식 $y=ax\,(a\neq0)$에 $x=4$, $y=2$를 대입하여 a의 값을 먼저 구한다.

x와 y가 정비례하므로 $y=ax\,(a\neq0)$라 하자.

$y=ax$에 $x=4$, $y=2$를 대입하면

$2=4a$ $\therefore a=\dfrac{1}{2}$ $\therefore y=\dfrac{1}{2}x$

$y=\dfrac{1}{2}x$에 $x=A$, $y=-1$을 대입하면

$-1=\dfrac{1}{2}A$ $\therefore A=-2$

$y=\dfrac{1}{2}x$에 $x=1$, $y=B$를 대입하면

$B=\dfrac{1}{2}\times1=\dfrac{1}{2}$

$y=\dfrac{1}{2}x$에 $x=2$, $y=C$를 대입하면

$C=\dfrac{1}{2}\times2=1$

$\therefore A+B+C=-2+\dfrac{1}{2}+1=-\dfrac{1}{2}$ 답 $-\dfrac{1}{2}$

02

전략 (거리)$=$(속력)$\times$(시간)이므로 속력이 일정할 때 거리와 시간의 관계를 먼저 구한다.

자동차가 달린 거리는 달린 시간에 정비례하므로 $y=ax\,(a\neq0)$라 하자.

30분 동안 달린 거리가 40 km이므로 $y=ax$에 $x=30$, $y=40$을 대입하면

$40=30a$ $\therefore a=\dfrac{4}{3}$ $\therefore y=\dfrac{4}{3}x$ ……❶

휘발유 1 L로 12 km를 달리는 자동차는 휘발유 6 L로는 72 km를 달릴 수 있으므로

$y=\dfrac{4}{3}x$에 $y=72$를 대입하면

$72=\dfrac{4}{3}x$ $\therefore x=72\times\dfrac{3}{4}=54$

따라서 6 L의 휘발유로 54분을 달릴 수 있다.   ……❷

답 $y=\dfrac{4}{3}x$, 54분

채점 기준	배점 비율
❶ x와 y 사이의 관계를 식으로 나타내기	40 %
❷ 휘발유 6 L로 자동차가 달릴 수 있는 시간 구하기	60 %

03

전략 정비례 관계를 나타내는 식 $y=ax\,(a\neq0)$에 x, y의 값을 대입하여 a의 값을 구한다.

ㄱ. x와 y가 정비례하므로 x의 값이 2배가 되면 y의 값도 2배가 된다.

ㄴ. $y=ax$라 하고 $x=-\dfrac{1}{10}$, $y=4$를 대입하면

$4=-\dfrac{1}{10}a$ $\therefore a=-40$

$\therefore y=-40x$

ㄷ. $y=-40x$에 $x=3$을 대입하면

$y=-40\times3=-120$

따라서 옳은 것은 ㄱ, ㄴ이다.   답 ④

04

전략 $y=ax$에 $x=2$, $y=-8$을 대입하여 a의 값을 먼저 구한다.

$y=ax$에 $x=2$, $y=-8$을 대입하면

$-8=2a$ $\therefore a=-4$

$y=-4x$에 $x=-3$, $y=p$를 대입하면

$p=-4\times(-3)=12$

$\therefore a+p=-4+12=8$ 답 8

다른 풀이

$y=ax$에서 $\dfrac{y}{x}=a$이므로

$a=\dfrac{-8}{2}=\dfrac{p}{-3}$ $\therefore a=-4$, $p=12$

$\therefore a+p=-4+12=8$

절대등급 **NOTE**

점 (p,q)가 정비례 관계 $y=ax\,(a\neq0)$의 그래프 위에 있다.

➡ 정비례 관계 $y=ax$의 그래프가 점 (p,q)를 지난다.

➡ $y=ax$에 $x=p$, $y=q$를 대입하면 등식이 성립한다.

05

전략) 정비례 관계 $y=ax$ $(a\neq0)$의 그래프는 a의 절댓값이 클수록 y축에 가깝다.

$a<0$, $b<0$이고 $y=bx$의 그래프가 $y=ax$의 그래프보다 y축에 가까우므로

$b<a$

$c>0$, $d>0$이고 $y=cx$의 그래프가 $y=dx$의 그래프보다 y축에 가까우므로

$c>d$

$\therefore b<a<d<c$　　　답 ②

06

전략) 두 점 O, A를 지나는 직선의 식을 구한 후 점 B의 좌표를 대입하여 k의 값을 구한다.

세 점 O, A, B를 지나는 직선을 $y=ax$ $(a\neq0)$라 하고

$x=-2$, $y=6$을 대입하면

$6=-2a$　　$\therefore a=-3$

$\therefore y=-3x$

$y=-3x$의 그래프가 점 B$(3, k)$를 지나므로

$k=-3\times3=-9$　　답 ②

07

전략) $y=ax$의 그래프가 선분 AB와 만나려면 점 A와 점 B 사이를 지나야 한다.

(i) $y=ax$의 그래프가 점 A$(6, 15)$를 지날 때

　$15=6a$에서 $a=\dfrac{5}{2}$

(ii) $y=ax$의 그래프가 점 B$(16, 8)$을 지날 때

　$8=16a$에서 $a=\dfrac{1}{2}$

(i), (ii)에서 $y=ax$의 그래프가 선분 AB와 만나기 위한 a의 값의 범위는

$\dfrac{1}{2}\le a\le\dfrac{5}{2}$　　답 $\dfrac{1}{2}\le a\le\dfrac{5}{2}$

08

전략) 정사각형의 한 변의 길이를 a로 놓고 각 점의 좌표를 구한다.

정사각형 ABCD의 한 변의 길이를 a라 하면

B$(4, 16-a)$, C$(4+a, 16-a)$, D$(4+a, 16)$

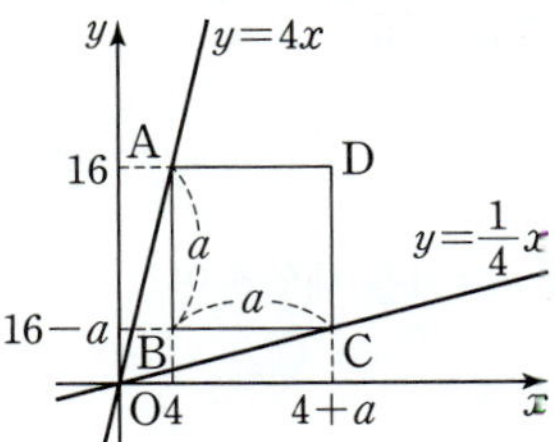

점 C는 $y=\dfrac{1}{4}x$의 그래프 위의 점이므로

$y=\dfrac{1}{4}x$에 $x=4+a$, $y=16-a$를 대입하면

$16-a=\dfrac{1}{4}(4+a)$, $64-4a=4+a$

$5a=60$　　$\therefore a=12$

따라서 정사각형 ABCD의 한 변의 길이는 12이다.　　답 12

09

전략) 선분 A_nB_n의 길이를 n을 사용한 식으로 나타낸다.

두 점 A_n, B_n의 x좌표는 n이므로

$A_n(n, 3n)$, $B_n\left(n, \dfrac{n}{2}\right)$

$l_n=3n-\dfrac{n}{2}=\dfrac{5}{2}n$이므로

$l_1+l_2+l_3=\dfrac{5}{2}\times1+\dfrac{5}{2}\times2+\dfrac{5}{2}\times3$

$\qquad\qquad=\dfrac{5}{2}+\dfrac{10}{2}+\dfrac{15}{2}$

$\qquad\qquad=\dfrac{30}{2}=15$　　답 ③

다른 풀이

$n=1$일 때, 두 점 A_1, B_1의 x좌표는 1이므로

$A_1(1, 3)$, $B_1\left(1, \dfrac{1}{2}\right)$

$\therefore l_1=3-\dfrac{1}{2}=\dfrac{5}{2}$

$n=2$일 때, 두 점 A_2, B_2의 x좌표는 2이므로

$A_2(2, 6)$, $B_2(2, 1)$

$\therefore l_2=6-1=5$

$n=3$일 때, 두 점 A_3, B_3의 x좌표는 3이므로

$A_3(3, 9)$, $B_3\left(3, \dfrac{3}{2}\right)$

$\therefore l_3=9-\dfrac{3}{2}=\dfrac{15}{2}$

$\therefore l_1+l_2+l_3=\dfrac{5}{2}+5+\dfrac{15}{2}$

$\qquad\qquad\quad=15$

10

전략) 점 A의 x좌표를 a로 놓고, 네 점 A, B, C, D의 좌표를 각각 구한다.

점 A의 x좌표를 a $(a>0)$라 하면

$A(a, a)$, $B\left(a, \dfrac{a}{2}\right)$

점 A의 y좌표와 점 D의 y좌표가 같고 점 D는 $y=\dfrac{1}{2}x$의 그래프 위의 점이므로 $y=\dfrac{1}{2}x$에 $y=a$를 대입하면

$a=\dfrac{1}{2}x$에서 $x=2a$, 즉 D$(2a, a)$

점 C의 x좌표는 점 D의 x좌표와 같고, y좌표는 점 B의 y좌표와 같으므로

$C\left(2a, \dfrac{a}{2}\right)$

직사각형 ABCD에서 선분 AB의 길이는 $a-\dfrac{a}{2}=\dfrac{a}{2}$,

선분 AD의 길이는 $2a-a=a$이고, 직사각형 ABCD의 둘레의 길이가 12이므로

$2\times\left(\dfrac{a}{2}+a\right)=12$

$3a=12$에서 $a=4$

따라서 구하는 점 C의 좌표는 $(8, 2)$이다. **답** $(8, 2)$

11

전략 두 점 A, B의 좌표를 각각 구한 후 삼각형의 넓이를 이용하여 선분 AB의 길이를 구한다.

$y=ax$에 $x=4$를 대입하면

$y=4a$ ∴ $\mathrm{A}(4, 4a)$

$y=\dfrac{1}{2}x$에 $x=4$를 대입하면

$y=\dfrac{1}{2}\times4=2$ ∴ $\mathrm{B}(4, 2)$

삼각형 AOB에서 선분 AB를 밑변으로 할 때,

(밑변의 길이)$=4a-2$, (높이)$=4$이므로

삼각형 AOB의 넓이는

$\dfrac{1}{2}\times(4a-2)\times4=8a-4$

이때 $8a-4=28$이므로 $8a=32$

∴ $a=4$ **답** 4

12

전략 두 점 P, Q는 x좌표가 같고 두 점 P, R은 y좌표가 같음을 이용한다.

점 P의 x좌표를 $a\,(a>0)$라 하면

$\mathrm{P}(a, -2a)$, $\mathrm{Q}\left(a, \dfrac{2}{3}a\right)$

선분 PQ의 길이가 8이므로

$\dfrac{2}{3}a-(-2a)=\dfrac{8}{3}a=8$ ∴ $a=3$

즉, $\mathrm{P}(3, -6)$, $\mathrm{Q}(3, 2)$ ······ ❶

한편, 점 R의 y좌표는 점 P의 y좌표와 같으므로

$y=\dfrac{2}{3}x$에 $y=-6$을 대입하면

$-6=\dfrac{2}{3}x$에서 $x=-9$

∴ $\mathrm{R}(-9, -6)$ ······ ❷

따라서 삼각형 PQR의 넓이는

$\dfrac{1}{2}\times\{3-(-9)\}\times8=48$ ······ ❸

답 48

채점 기준	배점 비율
❶ 점 P, Q의 좌표 각각 구하기	40 %
❷ 점 R의 좌표 구하기	30 %
❸ 삼각형 PQR의 넓이 구하기	30 %

13

전략 두 점 E, F의 좌표를 이용하여 사다리꼴 BCFE의 넓이를 구한다.

직사각형 ABCD의 넓이는

$(5-2)\times(7-1)=3\times6=18$

$\mathrm{B}(2, 1)$, $\mathrm{C}(5, 1)$이고 두 점 E, F는 $y=ax$의 그래프 위의 점이므로

$\mathrm{E}(2, 2a)$, $\mathrm{F}(5, 5a)$

$P:Q=2:1$에서

$Q=\dfrac{1}{3}\times$(직사각형 ABCD의 넓이)이므로

$\dfrac{1}{2}\times\{(2a-1)+(5a-1)\}\times3=\dfrac{1}{3}\times18$

$7a-2=4$ ∴ $a=\dfrac{6}{7}$ **답** $\dfrac{6}{7}$

절대등급 NOTE

비례배분

전체의 양 A를 $P:Q=p:q$로 나누면

$P=A\times\dfrac{p}{p+q}$, $Q=A\times\dfrac{q}{p+q}$

14

전략 두 점 A와 C의 x좌표가 같으므로 선분 AC, 선분 AP를 각각 삼각형 ABC, 삼각형 AOP의 밑변으로 생각하여 삼각형의 넓이를 구한다.

삼각형 ABC의 넓이는

$\dfrac{1}{2}\times\{9-(-1)\}\times\{6-(-2)\}=40$

점 P는 선분 AC 위의 점이므로 x좌표는 6이고,

$y=ax$의 그래프 위의 점이므로 $\mathrm{P}(6, 6a)$

(삼각형 AOP의 넓이)$=\dfrac{1}{2}\times$(삼각형 ABC의 넓이)이므로

$\dfrac{1}{2}\times(9-6a)\times6=\dfrac{1}{2}\times40$

$27-18a=20$, $-18a=-7$

∴ $a=\dfrac{7}{18}$ **답** $\dfrac{7}{18}$

15

전략 반비례 관계를 나타내는 식 $y=\dfrac{a}{x}\,(a\neq0)$에 $x=-10$, $y=-\dfrac{3}{2}$을 대입하여 a의 값을 먼저 구한다.

$y=\dfrac{a}{x}$라 하고 $x=-10$, $y=-\dfrac{3}{2}$을 대입하면

$-\dfrac{3}{2}=\dfrac{a}{-10}$ ∴ $a=15$

∴ $y=\dfrac{15}{x}$ ······ ❶

$y=\dfrac{15}{x}$에 $x=-5$, $y=A$를 대입하면

$A=\dfrac{15}{-5}=-3$

$y=\dfrac{15}{x}$에 $x=B$, $y=-5$를 대입하면

$-5=\dfrac{15}{B}$ ∴ $B=-3$

$y=\dfrac{15}{x}$에 $x=C$, $y=-15$를 대입하면

$$-15=\dfrac{15}{C} \qquad \therefore C=-1 \qquad\qquad \cdots\cdots ❷$$

$$\therefore A-B+C=(-3)-(-3)+(-1)$$
$$=-1 \qquad\qquad\qquad\cdots\cdots ❸$$

답 -1

채점 기준	배점 비율
❶ 반비례 관계를 나타내는 식 구하기	30 %
❷ A, B, C의 값 각각 구하기	50 %
❸ $A-B+C$의 값 구하기	20 %

16

전략 x와 y가 반비례하면 $y=\dfrac{a}{x}\,(a\neq0)$와 같은 식으로 나타낸다.

x와 y가 반비례하므로 $y=\dfrac{a}{x}\,(a\neq0)$라 하자.

$y=\dfrac{a}{x}$에 $x=3$, $y=15$를 대입하면

$$15=\dfrac{a}{3} \qquad \therefore a=45$$

$$\therefore y=\dfrac{45}{x}$$

$y=\dfrac{45}{x}$에 $x=5$를 대입하면

$$y=\dfrac{45}{5}=9$$

따라서 압력이 5기압일 때 이 기체의 부피는 $9\,\mathrm{cm}^3$이다.

답 $y=\dfrac{45}{x}$, $9\,\mathrm{cm}^3$

17

전략 $y=\dfrac{a}{x}\,(a\neq0)$로 놓고 a의 값을 구한다.

x와 y가 반비례하므로 $y=\dfrac{a}{x}\,(a\neq0)$라 하자.

$y=\dfrac{a}{x}$에 $x=1.5$, $y=1.0$을 대입하면

$$1.0=\dfrac{a}{1.5} \qquad \therefore a=1.5$$

따라서 x와 y 사이의 관계를 식으로 나타내면 $y=\dfrac{1.5}{x}$이다.

$y=\dfrac{1.5}{x}$에 $x=5$를 대입하면 $y=\dfrac{1.5}{5}=0.3$

따라서 $5\,\mathrm{mm}$인 고리까지 판별할 수 있는 사람의 시력은 0.3이다.

답 $y=\dfrac{1.5}{x}$, 0.3

18

전략 반비례 관계를 나타내는 식 $y=-\dfrac{18}{x}$에 두 점의 좌표를 대입하여 a, b의 값을 각각 구한다.

$y=-\dfrac{18}{x}$에 $x=-2$, $y=a$를 대입하면

$$a=-\dfrac{18}{-2}=9$$

$y=-\dfrac{18}{x}$에 $x=b$, $y=6$을 대입하면

$$6=-\dfrac{18}{b} \qquad \therefore b=-3$$

$$\therefore ab=9\times(-3)=-27$$

답 ②

다른 풀이

$y=-\dfrac{18}{x}$에서 $xy=-18$이므로

$$-2a=-18 \qquad \therefore a=9$$

$$6b=-18 \qquad \therefore b=-3$$

$$\therefore ab=9\times(-3)=-27$$

19

전략 정비례 관계의 그래프는 원점을 지나는 직선이고, 반비례 관계의 그래프는 원점에 대칭인 한 쌍의 매끄러운 곡선이다.

(1), (2) 반비례 관계 $y=\dfrac{a}{x}\,(a\neq0)$의 그래프이고 제1사분면과 제3사분면을 지나므로 $a>0$

이때 (2)의 그래프가 (1)의 그래프보다 원점에 더 가까우므로

(1)의 그래프에 알맞은 x와 y 사이의 관계를 나타내는 식은 ㄷ,

(2)의 그래프에 알맞은 x와 y 사이의 관계를 나타내는 식은 ㅁ

이다.

(3) 정비례 관계 $y=ax\,(a\neq0)$의 그래프이고 제1사분면과 제3사분면을 지나므로 $a>0$

따라서 (3)의 그래프에 알맞은 x와 y 사이의 관계를 나타내는 식은 ㄱ이다.

(4) 정비례 관계 $y=ax\,(a\neq0)$의 그래프이고 제2사분면과 제4사분면을 지나므로 $a<0$

따라서 (4)의 그래프에 알맞은 x와 y 사이의 관계를 나타내는 식은 ㄴ이다.

답 (1) ㄷ (2) ㅁ (3) ㄱ (4) ㄴ

20

전략 반비례 관계를 나타내는 식 $y=\dfrac{a}{x}$에 $x=2$, $y=\dfrac{5}{2}$를 대입하여 a의 값을 먼저 구한다.

$y=\dfrac{a}{x}$에 $x=2$, $y=\dfrac{5}{2}$를 대입하면

$$\dfrac{5}{2}=\dfrac{a}{2} \qquad \therefore a=5$$

즉, $y=\dfrac{5}{x}$이고 $x=m$, $y=n$을 대입하면 $n=\dfrac{5}{m}$

이때 n이 정수이려면 m이 $\pm(5$의 약수$)$이어야 한다.

따라서 m, n이 모두 정수인 점의 좌표 (m, n)은

$$(1, 5),\ (5, 1),\ (-1, -5),\ (-5, -1)$$

이므로 구하는 점의 개수는 4이다.

답 4

절대등급 NOTE

반비례 관계 $y=\dfrac{a}{x}$의 그래프 위의 점 중 x좌표가 $\pm(|a|$의 약수$)$일 때, x좌표와 y좌표가 모두 정수이다.

21

전략 반비례 관계 $y=\dfrac{a}{x}\,(a\neq0)$의 그래프는 a의 절댓값이 클수록 원점에서 멀다.

반비례 관계 $y=\dfrac{a}{x}$의 그래프가 제2사분면과 제4사분면을 지나므로

$a<0$

a의 절댓값이 클수록 원점에서 멀리 떨어져 있으므로

$|a|>|-3|$ $\qquad \therefore a<-3$ 답 ②

22

전략 반비례 관계 $y=\dfrac{a}{x}\,(a\neq0)$의 그래프는 x좌표와 y좌표의 곱이 일정한 점들을 지나는 한 쌍의 매끄러운 곡선이다.

조건 ㈎에 의해 x좌표와 y좌표의 곱이 일정한 점들을 지나는 한 쌍의 매끄러운 곡선이므로 그래프가 나타내는 식은

$y=\dfrac{a}{x}\,(a\neq0)$의 꼴이다.

조건 ㈏에 의해 $y=\dfrac{a}{x}$에 $x=15$, $y=9$를 대입하면

$9=\dfrac{a}{15}$ $\qquad \therefore a=135$

따라서 그래프가 나타내는 식은 $y=\dfrac{135}{x}$이다. 답 $y=\dfrac{135}{x}$

23

전략 정비례 관계의 그래프의 식을 먼저 구한다.

주어진 그래프가 원점과 점 $(1,\,2)$를 지나는 직선이므로

$y=ax\,(a\neq0)$로 놓고 $x=1$, $y=2$를 대입하면 $a=2$

$y=2x$에 $x=2$, $y=2-\dfrac{1}{3}k$를 대입하면

$2-\dfrac{1}{3}k=4$ $\qquad \therefore k=-6$

① $y=-\dfrac{6}{x}$에 $x=2$, $y=3$을 대입하면

$\qquad 3\neq-\dfrac{6}{2}$

② $y=-\dfrac{6}{x}$에 $x=-1$, $y=2$를 대입하면

$\qquad 2\neq-\dfrac{6}{-1}$

③ $y=-\dfrac{6}{x}$에 $x=6$, $y=3$을 대입하면

$\qquad 3\neq-\dfrac{6}{6}$

④ $y=-\dfrac{6}{x}$에 $x=-6$, $y=2$를 대입하면

$\qquad 2\neq-\dfrac{6}{-6}$

⑤ $y=-\dfrac{6}{x}$에 $x=-3$, $y=2$를 대입하면

$\qquad 2=-\dfrac{6}{-3}$

따라서 $y=-\dfrac{6}{x}$의 그래프 위에 있는 점은 ⑤ $(-3,\,2)$이다. 답 ⑤

24

전략 $a,\,b$의 부호에 따른 그래프의 개형을 찾는다.

ㄱ. $a>0$ 또는 $a<0$일 때에도 $y=ax$의 그래프는 원점을 지나는 직선이다.

ㄴ. $a<0$이면 $y=ax$의 그래프는 제2사분면과 제4사분면을 지난다.

ㄷ. $b>0$이면 $y=\dfrac{b}{x}$의 그래프는 각 사분면에서 x의 값이 증가하면 y의 값은 감소한다.

ㄹ. $a>0$이면 $y=ax$의 그래프는 제1사분면과 제3사분면을 지나고, $b<0$이면 $y=\dfrac{b}{x}$의 그래프는 제2사분면과 제4사분면을 지나므로 서로 만나지 않는다.

따라서 옳은 것은 ㄱ, ㄹ이다. 답 ㄱ, ㄹ

25

전략 $b,\,c$를 a를 사용한 식으로 나타낸다.

두 점 A, B가 $y=\dfrac{a}{x}$의 그래프 위의 점이므로

$b=\dfrac{a}{2},\ c=\dfrac{a}{4}$ ⋯⋯ ㉠

$b-c=3$이므로 $\dfrac{a}{2}-\dfrac{a}{4}=3$

$\dfrac{a}{4}=3$ $\qquad \therefore a=12$

$a=12$를 ㉠에 각각 대입하면 $b=6$, $c=3$

$\therefore a+b+c=12+6+3=21$ 답 ⑤

다른 풀이

$b-c=3$에서 $b=3+c$이므로

$A(2,\,3+c)$

x와 y가 반비례하므로 xy의 값은 일정하다.

즉, $2(3+c)=4c$, $6+2c=4c$ $\qquad \therefore c=3$

$b=6$이고 점 B의 좌표는 $(4,\,3)$이므로

$3=\dfrac{a}{4}$ $\qquad \therefore a=12$

$\therefore a+b+c=12+6+3=21$

26

전략 점 A의 y좌표를 구한 후 두 점 B, C의 좌표를 각각 구한다.

점 A는 $y=\dfrac{4}{x}$의 그래프 위의 점이므로

$y=\dfrac{4}{x}$에 $x=2$를 대입하면

$y=\dfrac{4}{2}=2$ $\qquad \therefore A(2,\,2)$

점 B의 y좌표가 2이므로 $y=\dfrac{12}{x}$에 $y=2$를 대입하면

$2=\dfrac{12}{x}$ $\qquad \therefore x=6$

$\therefore B(6,\,2)$

점 C의 x좌표가 6이므로 $y=\dfrac{4}{x}$에 $x=6$을 대입하면

$y=\dfrac{4}{6}=\dfrac{2}{3}$

$\therefore C\left(6,\dfrac{2}{3}\right)$

따라서 선분 BC의 길이는

$2-\dfrac{2}{3}=\dfrac{4}{3}$

답 $\dfrac{4}{3}$

27

전략 점 A의 좌표를 $\left(k,\dfrac{a}{k}\right)$로 놓고 직사각형 ACOB의 넓이가 15임을 이용하여 a의 값을 구한다.

점 A의 x좌표를 $k\,(k>0)$라 하면 $A\left(k,\dfrac{a}{k}\right)$

이때 직사각형 ACOB의 넓이가 15이므로

$k\times\dfrac{a}{k}=15$ $\quad\therefore a=15$

답 15

다른 풀이

점 A의 좌표를 (p,q)라 하고 $y=\dfrac{a}{x}$에 대입하면

$q=\dfrac{a}{p}$ $\quad\therefore pq=a$

이때 직사각형 ACOB의 넓이가 15이므로

$pq=a=15$

절대등급 NOTE

$y=\dfrac{a}{x}\,(x>0)$의 그래프 위의 점 P의 x좌표가

p일 때 (단, $a>0,\,p>0$)

➡ (직사각형 OAPB의 넓이)$=p\times\dfrac{a}{p}$

$\qquad\qquad\qquad\qquad\quad=a$

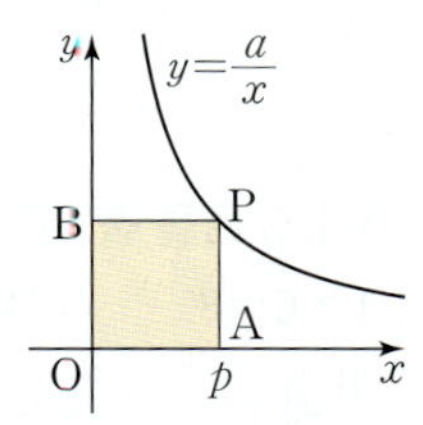

28

전략 정사각형의 한 변의 길이를 이용하여 각 점의 좌표를 구한다.

점 A의 x좌표가 3이므로 $A\left(3,\dfrac{a}{3}\right)$

넓이가 16인 정사각형 ABCD의 한 변의 길이는 4이므로

$B\left(3,\dfrac{a}{3}-4\right),\,C\left(7,\dfrac{a}{3}-4\right),\,D\left(7,\dfrac{a}{3}\right)$

점 C는 $y=\dfrac{a}{x}$의 그래프 위의 점이므로

$y=\dfrac{a}{x}$에 $x=7,\,y=\dfrac{a}{3}-4$를 대입하면

$\dfrac{a}{3}-4=\dfrac{a}{7},\,7a-84=3a$

$4a=84$ $\quad\therefore a=21$

답 ③

29

전략 반비례 관계 $y=\dfrac{a}{x}$에서 xy의 값은 일정함을 이용한다.

오른쪽 그림과 같이 점 A에서 x축에 평행한 직선을 그어 y축과 만나는 점을 E라 하자.

점 A의 좌표를 $\left(p,\dfrac{5}{p}\right)$라 하면 사각형 EOBA의 넓이는 $p\times\dfrac{5}{p}=5$

점 D의 좌표를 $\left(q,\dfrac{15}{q}\right)$라 하면 사각형 EOCD의 넓이는

$q\times\dfrac{15}{q}=15$

$\therefore$ (사각형 ABCD의 넓이)

$=$(사각형 EOCD의 넓이)$-$(사각형 EOBA의 넓이)

$=15-5$

$=10$

답 10

30

전략 사각형 ABCD의 넓이는 삼각형 ABD와 삼각형 BCD의 넓이의 합이다.

두 점 A, B의 x좌표가 같으므로

$y=-\dfrac{12}{x}$에 $x=-2a$를 대입하면

$y=-\dfrac{12}{-2a}=\dfrac{6}{a}$ $\quad\therefore A\left(-2a,\dfrac{6}{a}\right)$

두 점 C, D의 x좌표가 같으므로

$y=-\dfrac{12}{x}$에 $x=2a$를 대입하면

$y=-\dfrac{12}{2a}=-\dfrac{6}{a}$ $\quad\therefore C\left(2a,-\dfrac{6}{a}\right)$

(선분 AB의 길이)$=\dfrac{6}{a}$

(선분 BD의 길이)$=2a-(-2a)=4a$

(선분 CD의 길이)$=\dfrac{6}{a}$

이므로 삼각형 ABD와 삼각형 BCD는 모두 밑변의 길이가 $4a$이고 높이가 $\dfrac{6}{a}$이다.

$\therefore$ (사각형 ABCD의 넓이)$=2\times$(삼각형 ABD의 넓이)

$\qquad\qquad\qquad=2\times\left(\dfrac{1}{2}\times4a\times\dfrac{6}{a}\right)$

$\qquad\qquad\qquad=24$

답 24

31

전략 정비례 관계를 나타내는 식 $y=2x$에 $x=3,\,y=b$를 대입하여 b의 값을 먼저 구한다.

$y=2x$에 $x=3,\,y=b$를 대입하면 $b=2\times3=6$

$y=\dfrac{a}{x}$에 $x=3,\,y=6$을 대입하면 $6=\dfrac{a}{3}$ $\quad\therefore a=18$

$\therefore a-b=18-6=12$

답 12

32

전략 $y=ax$, $y=\dfrac{b}{x}$에 $x=-3$, $y=6$을 대입하여 a, b의 값을 먼저 구한다.

$y=ax$에 $x=-3$, $y=6$을 대입하면

$6=-3a$ $\quad\therefore a=-2$

$y=\dfrac{b}{x}$에 $x=-3$, $y=6$을 대입하면

$6=\dfrac{b}{-3}$ $\quad\therefore b=-18$

$y=-2x$에 $x=3$, $y=c$를 대입하면

$c=-2\times 3=-6$

$\therefore a+b+c=-2+(-18)+(-6)=-26$ 　답 ①

33

전략 점 B의 x좌표가 1임을 이용하여 세 점 A, C, D의 좌표를 구한다.

점 A의 x좌표가 1이므로 $y=3x$에 $x=1$을 대입하면

$y=3$, 즉 A$(1, 3)$ ……❶

따라서 정사각형 ABCD의 한 변의 길이가 3이므로

C$(4, 0)$, D$(4, 3)$ ……❷

$y=\dfrac{a}{x}$에 $x=4$, $y=3$을 대입하면

$3=\dfrac{a}{4}$ $\quad\therefore a=12$ ……❸

답 12

채점 기준	배점 비율
❶ 점 A의 좌표 구하기	30 %
❷ 두 점 C, D의 좌표 각각 구하기	40 %
❸ 상수 a의 값 구하기	30 %

34

전략 점 A의 y좌표를 구한 후 두 점 B, C의 좌표를 각각 구한다.

점 A의 x좌표가 3이므로 $y=\dfrac{18}{x}$에 $x=3$을 대입하면

$y=\dfrac{18}{3}=6$ $\quad\therefore$ A$(3, 6)$

점 B의 y좌표가 6이므로 $y=-2x$에 $y=6$을 대입하면

$6=-2x$ $\quad\therefore x=-3$

$\therefore$ B$(-3, 6)$

점 C의 x좌표가 3이므로 $y=-2x$에 $x=3$을 대입하면

$y=-2\times 3=-6$ $\quad\therefore$ C$(3, -6)$

선분 AB의 길이는 6, 선분 AC의 길이는 12이므로

삼각형 ABC의 넓이는

$\dfrac{1}{2}\times 6\times 12=36$ 　답 36

35

전략 두 점 A, B의 좌표와 정사각형 ABCD의 한 변의 길이를 이용하여 a의 값을 구한다.

점 A의 x좌표가 a이므로 A$(a, 3a)$

정사각형 ABCD의 한 변의 길이가 8이므로

B$(a-8, 3a)$, D$(a, 3a+8)$

점 B가 $y=-x$의 그래프 위의 점이므로

$y=-x$에 $x=a-8$, $y=3a$를 대입하면

$3a=-(a-8)$

$4a=8$ $\quad\therefore a=2$

$\therefore$ D$(2, 14)$

점 D가 $y=\dfrac{b}{x}$의 그래프 위의 점이므로

$y=\dfrac{b}{x}$에 $x=2$, $y=14$를 대입하면

$14=\dfrac{b}{2}$ $\quad\therefore b=28$

$\therefore a+b=2+28=30$ 　답 30

36

전략 점 P의 y좌표를 이용하여 a의 값을 구한다.

점 P는 $y=2x$의 그래프 위의 점이므로

$y=2x$에 $y=4$를 대입하면

$4=2x$ $\quad\therefore x=2$

$\therefore$ P$(2, 4)$, A$(2, 0)$

점 P가 $y=\dfrac{a}{x}$의 그래프 위의 점이므로

$y=\dfrac{a}{x}$에 $x=2$, $y=4$를 대입하면

$4=\dfrac{a}{2}$ $\quad\therefore a=8$

$\therefore y=\dfrac{8}{x}$

점 B가 점 A를 출발한 지 6초 후의 점 B의 x좌표는

$2+1\times 6=8$ $\quad\therefore$ B$(8, 0)$

$y=\dfrac{8}{x}$에 $x=8$을 대입하면

$y=1$ $\quad\therefore$ Q$(8, 1)$

따라서 사각형 PABQ의 넓이는

$\dfrac{1}{2}\times(4+1)\times 6=15$ 　답 15

기출 **C** 학교 시험 **최상위 문제** ↻106쪽

01 $y=15x$, 900 m	02 98	03 35	04 7

01

전략 기차의 길이를 l m라 하고 식을 세워 기차의 길이와 속력을 차례대로 구한다.

기차의 길이를 l m라 하면 기차의 속력은 일정하므로

$\dfrac{480+l}{36}=\dfrac{120+l}{12}$

$480+l=360+3l$

$2l=120$ $\therefore l=60$

기차의 길이는 60 m이므로 기차의 속력은

$\dfrac{120+60}{12}=15$, 즉 초속 15 m이다.

이 기차가 1초 동안 15 m씩 이동하므로 x와 y 사이의 관계를 식으로 나타내면

$y=15x$

한편, 1분=60초이므로 $y=15x$에 $x=60$을 대입하면

$y=15\times60=900$

따라서 기차가 1분 동안 이동한 거리는 900 m이다.

🗒 $y=15x$, 900 m

02

 반비례 관계를 나타내는 식 $y=\dfrac{36}{x}$에 $x=a$, $y=b$를 대입하여 가능한 점 Q의 좌표 $(a,\,b)$를 구한다.

직사각형 OPQR의 둘레의 길이는 $2(a+b)$

점 $Q(a,\,b)$가 $y=\dfrac{36}{x}$의 그래프 위의 점이므로

$b=\dfrac{36}{a}$, 즉 $ab=36$

a, b가 자연수이므로 가능한 점 Q의 좌표 $(a,\,b)$는

$(1,\,36)$, $(2,\,18)$, $(3,\,12)$, $(4,\,9)$, $(6,\,6)$, $(9,\,4)$, $(12,\,3)$, $(18,\,2)$, $(36,\,1)$ ······❶

점 Q의 좌표가 $(1,\,36)$ 또는 $(36,\,1)$일 때 직사각형 OPQR의 둘레의 길이는 최대이므로

$m=2\times(1+36)=74$

점 Q의 좌표가 $(6,\,6)$일 때 직사각형 OPQR의 둘레의 길이는 최소이므로

$n=2\times(6+6)=24$ ······❷

$\therefore m+n=74+24=98$ ······❸

🗒 98

채점 기준	배점 비율
❶ 가능한 점 Q의 좌표 $(a,\,b)$ 구하기	30 %
❷ m, n의 값 각각 구하기	50 %
❸ $m+n$의 값 구하기	20 %

03

 그래프가 원점에 대칭임을 이용한다.

제1사분면 위의 $y=3x$, $y=\dfrac{1}{3}x$, $y=\dfrac{12}{x}$의 그래프가 다음 그림과 같다.

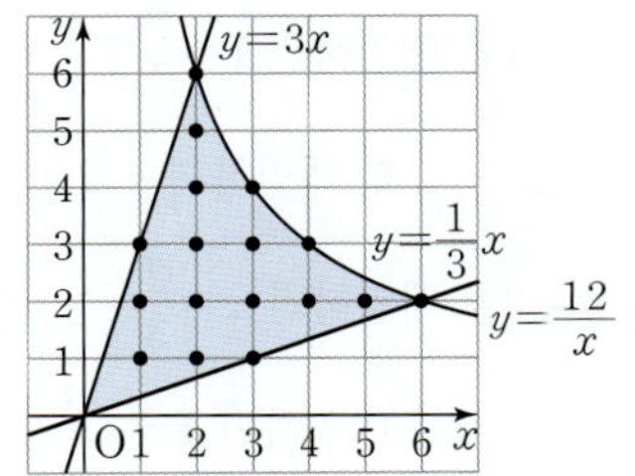

x좌표와 y좌표가 모두 정수인 점은

$x=1$일 때, $y=1,\,2,\,3$의 3개

$x=2$일 때, $y=1,\,2,\,3,\,4,\,5,\,6$의 6개

$x=3$일 때, $y=1,\,2,\,3,\,4$의 4개

$x=4$일 때, $y=2,\,3$의 2개

$x=5$일 때, $y=2$의 1개

$x=6$일 때, $y=2$의 1개

이므로 제1사분면에서 구하는 점의 개수는

$3+6+4+2+1+1=17$

같은 방법으로 제3사분면 위에 있는 x좌표와 y좌표가 모두 정수인 점의 개수도 17이다.

또한, 원점도 x좌표와 y좌표가 모두 정수인 점이다.

따라서 구하는 점의 개수는

$17\times2+1=35$

🗒 35

 원점을 빠뜨리지 않도록 주의한다.

절대등급 NOTE

> 색칠한 부분에 있는 점 중에서 x좌표와 y좌표가 모두 정수인 점의 개수를 구할 때 직선 또는 곡선 위의 점들도 포함되는지 포함되지 않는지 조건을 확인해야 한다.

04

 네 점 A, B, C, D의 좌표를 먼저 구한다.

두 점 A, B의 x좌표가 2이므로

$A\left(2,\,\dfrac{a}{2}\right)$, $B(2,\,-2a)$

두 점 C, D의 x좌표가 k이므로

$C\left(k,\,\dfrac{a}{k}\right)$, $D(k,\,-ak)$

선분 AB의 길이가

$\dfrac{a}{2}-(-2a)=\dfrac{5}{2}a$이므로

삼각형 AOB의 넓이는

$\dfrac{1}{2}\times\dfrac{5}{2}a\times2=\dfrac{5}{2}a$

선분 CD의 길이가

$\dfrac{a}{k}-(-ak)=\dfrac{a}{k}+ak$이므로

삼각형 COD의 넓이는

$\dfrac{1}{2}\times\left(\dfrac{a}{k}+ak\right)\times k=\dfrac{1}{2}a+\dfrac{1}{2}ak^2$

삼각형 COD의 넓이가 삼각형 AOB의 넓이의 10배이므로

$\dfrac{1}{2}a+\dfrac{1}{2}ak^2=10\times\dfrac{5}{2}a$

$a+ak^2=50a$

$ak^2=49a$, $k^2=49$

$\therefore k=7\ (\because k>2)$

🗒 7

대단원 실전 TEST 1회

107쪽~109쪽

01 ②	02 ④	03 ②	04 ④	05 ⑤	06 ④	07 ②	08 ②
09 ③	10 ②	11 ①	12 ①	13 ①	14 ④	15 ①	16 $\frac{5}{3}$
17 14	18 20	19 1	20 40				

01

점 $P(3, 6)$과 x축에 대하여 대칭인 점의 좌표는 $(3, -6)$
이 점이 정비례 관계 $y=ax$의 그래프 위의 점이므로
$y=ax$에 $x=3$, $y=-6$을 대입하면
$-6=3a$ $\quad \therefore a=-2$

답 ②

02

$ab<0$이므로 a와 b의 부호는 서로 다르고,
$a-b<0$에서 $a<b$이므로 $a<0$, $b>0$이다.
① $a<0$, $b>0$이므로 점 (a, b)는 제2사분면 위의 점이다.
② $b>0$, $-a>0$이므로 점 $(b, -a)$는 제1사분면 위의 점이다.
③ $-a>0$, $b>0$이므로 점 $(-a, b)$는 제1사분면 위의 점이다.
④ $-b<0$, $a-b<0$이므로 점 $(-b, a-b)$는 제3사분면 위의 점이다.
⑤ $-a+b>0$, $\frac{b}{a}<0$이므로 점 $\left(-a+b, \frac{b}{a}\right)$는 제4사분면 위의 점이다.
따라서 옳은 것은 ④이다.

답 ④

03

점 $(3a-1, 4a+3)$은 y축 위의 점이므로
$3a-1=0$ $\quad \therefore a=\frac{1}{3}$
점 $(3a-4, 5b+3)$은 x축 위의 점이므로
$5b+3=0$ $\quad \therefore b=-\frac{3}{5}$
세 점 $A\left(\frac{1}{3}, -\frac{3}{5}\right)$, $B\left(\frac{1}{3}, \frac{3}{5}\right)$, $C\left(-\frac{1}{3}, \frac{3}{5}\right)$
을 좌표평면 위에 나타내면 오른쪽 그림과 같다.
$\therefore$ (삼각형 ABC의 넓이)
$=\frac{1}{2}\times\frac{2}{3}\times\frac{6}{5}=\frac{2}{5}$

답 ②

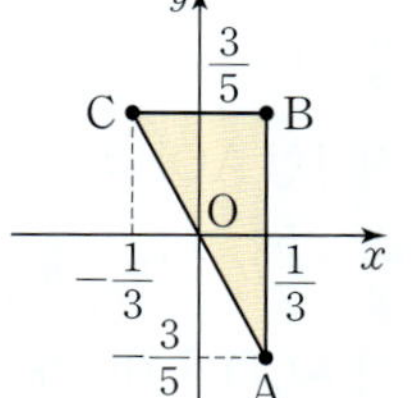

04

(ⅰ) $a<-4$일 때
세 점 A, B, C를 좌표평면 위에 나타내면
오른쪽 그림과 같다.
이때 삼각형 ABC에서 변 AC를 밑변으로
할 때, 삼각형 ABC의 넓이가 18이므로
$\frac{1}{2}\times(-4-a)\times6=18$
$-4-a=6$ $\quad \therefore a=-10$

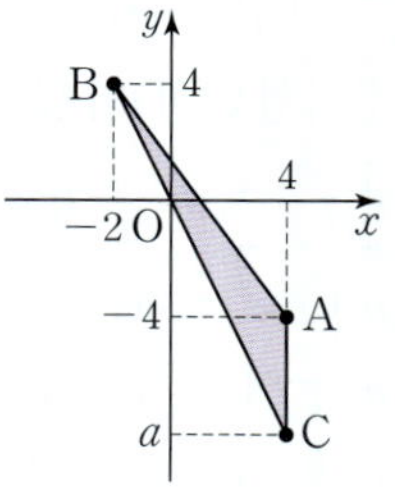

(ⅱ) $a>-4$일 때
세 점 A, B, C를 좌표평면 위에 나타내면
오른쪽 그림과 같다.
이때 삼각형 ABC에서 변 AC를 밑변으로
할 때, 삼각형 ABC의 넓이가 18이므로
$\frac{1}{2}\times\{a-(-4)\}\times6=18$
$a+4=6$ $\quad \therefore a=2$

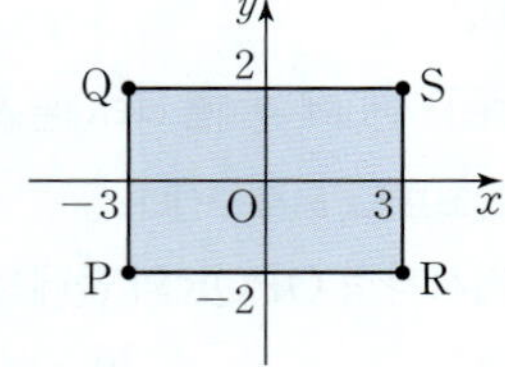

(ⅰ), (ⅱ)에서 구하는 a의 값은 2, -10이므로 그 합은
$2+(-10)=-8$

답 ④

05

점 $P(-3, -2)$와 x축에 대하여 대칭
인 점은 $Q(-3, 2)$, y축에 대하여 대칭
인 점은 $R(3, -2)$, 원점에 대하여 대칭
인 점은 $S(3, 2)$이므로
네 점 P, Q, R, S를 좌표평면 위에 나타
내면 오른쪽 그림과 같다.
따라서 사각형 PQSR의 넓이는
$6\times4=24$

답 ⑤

06

$y=4x$에 $x=3$을 대입하면 $y=4\times3=12$ $\quad \therefore A(3, 12)$
$y=ax$에 $x=3$을 대입하면 $y=3a$ $\quad \therefore B(3, 3a)$
삼각형 AOB에서 선분 AB를 밑변으로 할 때,
(밑변의 길이)$=12-3a$, (높이)$=3$이므로
삼각형 AOB의 넓이는
$\frac{1}{2}\times(12-3a)\times3=18-\frac{9}{2}a$
이때 $18-\frac{9}{2}a=12$이므로 $-\frac{9}{2}a=-6$
$\therefore a=\frac{4}{3}$

답 ④

07

주어진 그래프가 원점과 점 $(2, 6)$을 지나는 직선이므로
$y=ax$ $(a\neq0)$로 놓고 $x=2$, $y=6$을 대입하면 $a=3$
$y=3x$에 $x=-1$, $y=5-4k$를 대입하면
$5-4k=-3$ $\quad \therefore k=2$
$y=\frac{2}{x}$에 각 점의 좌표를 대입하면
① $y=\frac{2}{x}$에 $x=1$, $y=1$을 대입하면 $1\neq\frac{2}{1}$
② $y=\frac{2}{x}$에 $x=-1$, $y=-2$를 대입하면 $-2=\frac{2}{-1}$
③ $y=\frac{2}{x}$에 $x=3$, $y=2$를 대입하면 $2\neq\frac{2}{3}$
④ $y=\frac{2}{x}$에 $x=-4$, $y=4$를 대입하면 $4\neq\frac{2}{-4}$

⑤ $y=\dfrac{2}{x}$에 $x=4$, $y=2$를 대입하면 $2\neq\dfrac{2}{4}$

따라서 $y=\dfrac{2}{x}$의 그래프 위의 점은 ② $(-1,\,-2)$이다.   **답** ②

08

네 점 A, B, C, D를 좌표평면 위에 나타
내면 오른쪽 그림과 같다.
$a-b$의 값이 가장 크려면 a의 값이 가장
크고, b의 값이 가장 작아야 하므로 점 P
가 점 C에 위치해야 한다.

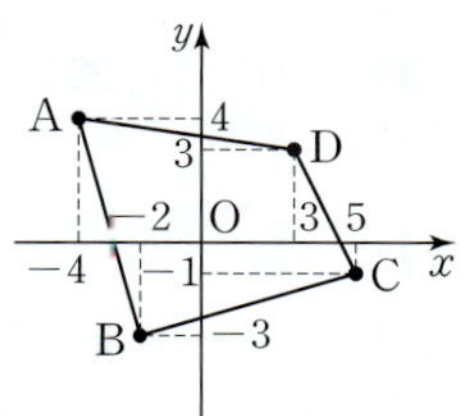

즉, $a=5$, $b=-1$

$\therefore a+3b=5+3\times(-1)=2$ **답** ②

09

점 P가 어느 사분면에도 속하지 않으려면 점 P는 x축 또는 y축 위
에 있어야 한다.

(i) x축 위에 있을 때, $\dfrac{4a+3}{7}=0$이므로

$\quad 4a+3=0 \quad \therefore a=-\dfrac{3}{4}$

(ii) y축 위에 있을 때, $3a-9=0$이므로 $a=3$

(i), (ii)에서 모든 a의 값의 합은 $-\dfrac{3}{4}+3=\dfrac{9}{4}$ **답** ③

10

$y=\dfrac{16}{m}$에 $x=m$, $y=n$을 대입하면 $n=\dfrac{16}{m}$

이때 n이 자연수이려면 m이 16의 약수이어야 한다.
따라서 m, n이 모두 자연수인 점의 좌표 $(m,\,r)$은
$(1,\,16)$, $(2,\,8)$, $(4,\,4)$, $(8,\,2)$, $(16,\,1)$
이므로 구하는 점의 개수는 5이다.   **답** ②

11

점 $(3a-8,\,a-5)$가 제4사분면 위에 있으므로
$3a-8>0$, $a-5<0$이다.
$3a-8>0$을 만족시키는 자연수 a는 3, 4, 5, …이고,
$a-5<0$을 만족시키는 자연수 a는 1, 2, 3, 4이다.
따라서 구하는 자연수 a의 개수는 3, 4의 2이다.   **답** ①

12

조건 ㈎에서 $\dfrac{1}{2}y=\dfrac{a}{x}\,(a\neq0)$라 하면 $y=\dfrac{2a}{x}$

조건 ㈏에서 $8=\dfrac{2a}{-3} \quad \therefore a=-12 \quad \therefore y=-\dfrac{24}{x}$

$y=-\dfrac{24}{x}$에 $x=4$를 대입하면 $y=-\dfrac{24}{4}=-6$ **답** ①

13

(삼각형 AOB의 넓이)$=\dfrac{1}{2}\times12\times5=30$

선분 AB와 정비례 관계 $y=ax$의 그래프가 만나는 점의 좌표를
$\mathrm{C}(p,\,q)$라 하면

(삼각형 AOC의 넓이)$=\dfrac{1}{2}\times5\times(-p)=15 \quad \therefore p=-6$

(삼각형 BOC의 넓이)$=\dfrac{1}{2}\times12\times q=15 \quad \therefore q=\dfrac{5}{2}$

즉, 점 $\mathrm{C}\left(-6,\,\dfrac{5}{2}\right)$이므로 $y=ax$에 $x=-6$, $y=\dfrac{5}{2}$를 대입하면

$\dfrac{5}{2}=-6a \quad \therefore a=-\dfrac{5}{12}$ **답** ①

14

기차의 속력이 서서히 증가하다가 최고 속력 이후 천천히 속력이
감소하므로 그래프로 알맞은 것은 ④이다.   **답** ④

15

점 P가 점 B를 출발한 지 x초 후에 $\overline{\mathrm{BP}}=2x$ cm이므로

$y=\dfrac{1}{2}\times2x\times24 \quad \therefore y=24x\,(\because 0<x\leq18)$

$y=24x$에 $y=288$을 대입하면 $288=24x \quad \therefore x=12$
따라서 삼각형 ABP의 넓이가 $288\ \mathrm{cm^2}$가 되는 것은 점 P가 점 B
를 출발한 지 12초 후이다.   **답** ①

16

두 점 $\mathrm{A}(3a-1,\,a+2b)$, $\mathrm{B}(a+2,\,b-2)$가 x축에 대하여 대칭이
므로

$3a-1=a+2$에서 $2a=3 \quad \therefore a=\dfrac{3}{2}$

$a+2b=-(b-2)$에서

$\dfrac{3}{2}+2b=-b+2$, $3b=\dfrac{1}{2} \quad \therefore b=\dfrac{1}{6}$

$\therefore a+b=\dfrac{3}{2}+\dfrac{1}{6}=\dfrac{5}{3}$ **답** $\dfrac{5}{3}$

17

점 A의 x좌표가 2이므로 $\mathrm{A}\left(2,\,\dfrac{a}{2}\right)$

넓이가 25인 정사각형 ABCD의 한 변의
길이가 5이므로 점 C의 x좌표는 7이다.

$\therefore \mathrm{C}\left(7,\,\dfrac{a}{7}\right)$

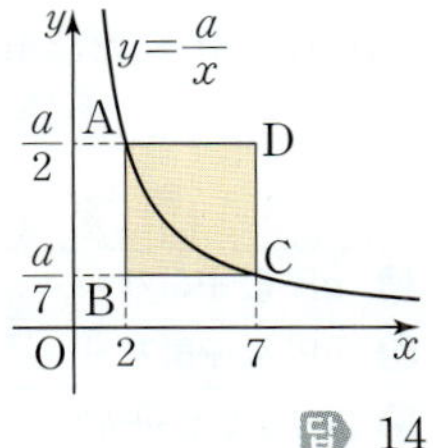

$\dfrac{a}{2}-\dfrac{a}{7}=5$이므로

$7a-2a=70$, $5a=70 \quad \therefore a=14$ **답** 14

18

점 B의 x좌표를 $k\,(k>0)$라 하면 $\mathrm{B}\left(k,\dfrac{a}{k}\right)$

이때 직사각형 OABC의 넓이가 20이므로

$$k\times\dfrac{a}{k}=20 \qquad \therefore a=20$$

답 20

다른 풀이

점 B의 좌표를 $(p,\,q)$라 하고 $y=\dfrac{a}{x}$에 대입하면

$$q=\dfrac{a}{p} \qquad \therefore pq=a$$

이때 직사각형 OABC의 넓이가 20이므로

$$a=pq=20$$

19

$\triangledown(\mathrm{Q})$는 점 $\mathrm{Q}(4,\,-3)$과 y축에 대하여 대칭인 점의 좌표이므로

$(-4,\,-3)$, 즉 $\triangledown(\mathrm{Q})=(-4,\,-3)$ ...... ❶

$\triangle((-4,\,-3))$은 점 $(-4,\,-3)$과 x축에 대하여 대칭인 점의 좌표이므로

$(-4,\,3)$, 즉 $\triangle\triangledown(\mathrm{Q})=\triangle(-4,\,-3)=(-4,\,3)$ ...... ❷

$\diamondsuit((-4,\,3))$은 점 $(-4,\,3)$과 원점에 대하여 대칭인 점의 좌표이므로

$(4,\,-3)$, 즉 $\diamondsuit\triangle\triangledown(\mathrm{Q})=\diamondsuit((-4,\,3))=(4,\,-3)$ ...... ❸

따라서 $a=4$, $b=-3$이므로

$a+b=4+(-3)=1$ ...... ❹

답 1

채점 기준	배점 비율
❶ $\triangledown(\mathrm{Q})$의 좌표 구하기	30 %
❷ $\triangle\triangledown(\mathrm{Q})$의 좌표 구하기	30 %
❸ $\diamondsuit\triangle\triangledown(\mathrm{Q})$의 좌표 구하기	30 %
❹ $a+b$의 값 구하기	10 %

20

점 B의 x좌표가 2이므로 $\mathrm{A}(2,\,2a)$

직각삼각형 AOB의 넓이가 16이므로 $\dfrac{1}{2}\times2\times2a=16$

$2a=16 \qquad \therefore a=8$ ...... ❶

따라서 $\mathrm{A}(2,\,16)$이므로 $y=\dfrac{b}{x}$에 $x=2$, $y=16$을 대입하면

$16=\dfrac{b}{2} \qquad \therefore b=32$ ...... ❷

$\therefore a+b=8+32=40$ ...... ❸

답 40

채점 기준	배점 비율
❶ a의 값 구하기	40 %
❷ b의 값 구하기	40 %
❸ $a+b$의 값 구하기	20 %

01 ①	02 ④	03 ③	04 ②	05 ③	06 ②	07 ①	08 ⑤
09 ①	10 ②	11 ②	12 ④	13 ④	14 ①	15 ④	

16 $-\dfrac{10}{3}\le a\le-\dfrac{1}{3}$ 17 $\left(-15,\,\dfrac{25}{3}\right)$ 18 $(3,\,-4)$

19 제1사분면 20 120

01

점 $\mathrm{A}(2a,\,2-b)$가 x축 위의 점이므로 $2-b=0 \qquad \therefore b=2$

점 $\mathrm{B}(2b-1,\,ab+4)$가 x축 위의 점이므로 $ab+4=0$

즉, $2a=-4 \qquad \therefore a=-2$

$\therefore a+b=-2+2=0$

답 ①

02

일정한 시간 동안 맞물린 톱니의 개수는 같으므로

$21x=14y \qquad \therefore y=\dfrac{3}{2}x$

$y=\dfrac{3}{2}x$에 $x=20$을 대입하면 $y=\dfrac{3}{2}\times20=30$

따라서 A가 20번 회전할 때, B는 30번 회전한다.

답 ④

03

A는 3분 동안 360 m를 달렸으므로 1분 동안 달린 거리는

$$\dfrac{360}{3}=120\,(\mathrm{m})$$

B는 5분 동안 360 m를 달렸으므로 1분 동안 달린 거리는

$$\dfrac{360}{5}=72\,(\mathrm{m})$$

A와 B가 15분 동안 달린 거리는 각각 $120\times15=1800\,(\mathrm{m})$,

$72\times15=1080\,(\mathrm{m})$이므로 15분 후 두 사람은

$1800-1080=720\,(\mathrm{m})$ 떨어져 있다.

답 ③

04

두 점 $\mathrm{A}(b+3,\,-4a+2)$, $\mathrm{B}(2a+4,\,3b-1)$이 y축 위에 있으므로 두 점 A, B의 x좌표는 0이다.

$b+3=0$에서 $b=-3$

$2a+4=0$에서 $a=-2$

즉, $\mathrm{A}(0,\,10)$, $\mathrm{B}(0,\,-10)$, $\mathrm{C}(-5,\,6)$, $\mathrm{D}(3,\,-3)$

이므로 네 점 A, B, C, D를 좌표평면 위에 나타내면 오른쪽 그림과 같다.

$\therefore$ (사각형 ACBD의 넓이)

$\quad =$(삼각형 ACB의 넓이)$+$(삼각형 ADB의 넓이)

$\quad =\dfrac{1}{2}\times 20\times 5+\dfrac{1}{2}\times 20\times 3$

$\quad =50+30=80$ 답 ②

05

두 점 P, Q에서 y축에 내린 수선의 발을 각각 R, S라 하고 좌표평면 위에 나타내면 오른쪽 그림과 같다.

(삼각형 OPQ의 넓이)

$\quad =$(사각형 PQSR의 넓이)

$\qquad -$(삼각형 PRO의 넓이)

$\qquad -$(삼각형 QSO의 넓이)

$\quad =\dfrac{1}{2}\times(2a+4a)\times 4b-\dfrac{1}{2}\times 2a\times b-\dfrac{1}{2}\times 4a\times 3b$

$\quad =12ab-ab-6ab=5ab$

이때 삼각형 OPQ의 넓이가 65이므로

$5ab=65$ $\therefore ab=13$ 답 ③

06

x의 값이 1, 3, 4, 6일 때 y의 값은 차례대로 $a,\ \dfrac{a}{3},\ \dfrac{a}{4},\ \dfrac{a}{6}$

따라서 y의 값이 모두 자연수가 되도록 하는 가장 작은 상수 a의 값은 1, 3, 4, 6의 최소공배수인 12이다.   답 ②

07

조건 (개)에 의해 $a<0$, $b<0$이다.

점 A와 점 B의 y좌표가 같고 조건 (내)에서 선분 AB의 길이가 11이므로 $3-a=11$ $\therefore a=-8$

점 A와 점 C의 x좌표가 같고 조건 (대)에서 선분 AC의 길이가 8이므로 $2-b=8$ $\therefore b=-6$

$\therefore a-b=-8-(-6)=-2$ 답 ①

08

$A(a, b)$라 하면 $C(-a, -b)$, $B(-a, b)$, $D(a, -b)$

사각형 ABCD의 가로의 길이는 $|2a|$, 세로의 길이는 $|2b|$이므로 사각형의 둘레의 길이는

$2(|2a|+|2b|)=48$

$4(|a|+|b|)=48$

$\therefore |a|+|b|=12$

따라서 점 A의 좌표가 될 수 있는 것은 ⑤이다.   답 ⑤

09

$\dfrac{a}{b}>0$이므로 a와 b의 부호는 서로 같고

$b-a>0$에서 $b>a$, $|a|>|b|$이므로 $a<b<0$이다.

즉, $ab>0$, $-b>0$이므로 $ab-b>0$

또한, $-a>0$, $-b>0$이므로 $-a-b+1>0$

따라서 점 $(ab-b, -a-b+1)$은 제1사분면 위의 점이다.   답 ①

10

두 점 A, B가 $y=\dfrac{a}{x}$의 그래프 위의 점이므로

$b=\dfrac{a}{4}$, $c=\dfrac{a}{6}$ ……㉠

$b-c=2$이므로 $\dfrac{a}{4}-\dfrac{a}{6}=2$

$\dfrac{a}{12}=2$에서 $a=24$

$a=24$를 ㉠에 각각 대입하면 $b=6$, $c=4$

$\therefore a+b+c=24+6+4=34$ 답 ②

다른 풀이

$b-c=2$에서 $b=c+2$이므로

$A(4, c+2)$

x와 y가 반비례하므로 xy의 값은 일정하다.

즉, $4(c+2)=6c$에서 $4c+8=6c$ $\therefore c=4$

$b=6$이고 점 B의 좌표는 $(6, 4)$이므로

$4=\dfrac{a}{6}$ $\therefore a=24$

$\therefore a+b+c=24+6+4=34$

11

두 점 A, B의 x좌표가 같고, 두 점 C, D의 x좌표가 같으므로

$B\left(k, \dfrac{16}{k}\right)$, $D\left(-k, -\dfrac{16}{k}\right)$

삼각형 ABC와 삼각형 ACD는 모두 밑변의 길이가 $2k$이고 높이가 $\dfrac{16}{k}$이므로

(사각형 ABCD의 넓이)$=2\times$(삼각형 ABC의 넓이)

$\qquad\qquad =2\times\left(\dfrac{1}{2}\times 2k\times\dfrac{16}{k}\right)=32$ 답 ②

12

(i) $a>0$일 때, $y=ax$의 그래프가 $y=3x$의 그래프보다 y축에 가까우므로 $a>3$

(ii) $a<0$일 때, $y=ax$의 그래프가 $y=-\dfrac{1}{5}x$의 그래프보다 y축에 가까우므로 $|a|>\left|-\dfrac{1}{5}\right|$ $\therefore a<-\dfrac{1}{5}$

(i), (ii)에서 $a<-\dfrac{1}{5}$ 또는 $a>3$

따라서 상수 a의 값이 될 수 없는 것은 ④이다.   답 ④

13

점 P의 좌표를 $\left(p, \dfrac{a}{p}\right)(p>0)$라 하면 직사각형 OAPB의 넓이는

$$p \times \left(-\dfrac{a}{p}\right)=10 \qquad \therefore a=-10$$

$$\therefore y=-\dfrac{10}{x}$$

점 Q의 좌표를 $\left(q, -\dfrac{10}{q}\right)(q<0)$이라 하면

$$S=-q \times \left(-\dfrac{10}{q}\right)=10$$

$$\therefore a-S=-10-10=-20 \qquad \text{답 ③}$$

14

점 A의 x좌표가 4이므로 $y=\dfrac{12}{x}$에 $x=4$를 대입하면

$$y=\dfrac{12}{4}=3 \qquad \therefore A(4, 3)$$

점 B의 y좌표가 3이므로 $y=-3x$에 $y=3$을 대입하면

$$3=-3x에서\ x=-1 \qquad \therefore B(-1, 3)$$

점 C의 x좌표가 4이므로 $y=-3x$에 $x=4$를 대입하면

$$y=-3 \times 4=-12 \qquad \therefore C(4, -12)$$

선분 AB의 길이는 5, 선분 AC의 길이는 15이므로

삼각형 ABC의 넓이는 $\dfrac{1}{2} \times 5 \times 15=\dfrac{75}{2}$ 답 ①

15

직사각형 ABCD의 넓이는 $(8-3) \times (11-3)=40$

점 E는 선분 AB 위의 점이므로 x좌표는 3이고, $y=ax$의 그래프 위의 점이므로 $E(3, 3a)$

또한, 점 F는 선분 CD 위의 점이므로 x좌표는 8이고, $y=ax$의 그래프 위의 점이므로 $F(8, 8a)$

$P:Q=5:3$에서 $Q=\dfrac{3}{8} \times$ (직사각형 ABCD의 넓이)이므로

$$\dfrac{1}{2} \times \{(3a-3)+(8a-3)\} \times 5=\dfrac{3}{8} \times 40$$

$$\dfrac{55}{2}a-15=15,\ \dfrac{55}{2}a=30 \qquad \therefore a=\dfrac{12}{11} \qquad \text{답 ④}$$

16

(i) $y=ax$의 그래프가 점 $A(-12, 4)$를 지날 때

$$4=-12a에서\ a=-\dfrac{1}{3}$$

(ii) $y=ax$의 그래프가 점 $B(-3, 10)$을 지날 때

$$10=-3a에서\ a=-\dfrac{10}{3}$$

(i), (ii)에서 $y=ax$의 그래프가 선분 AB와 만나기 위한 a의 값의

범위는 $-\dfrac{10}{3} \leq a \leq -\dfrac{1}{3}$ 답 $-\dfrac{10}{3} \leq a \leq -\dfrac{1}{3}$

17

정사각형 ABCD의 한 변의 길이가 10이므로

$$A(-15, 10), B(-15, 0)$$

(사다리꼴 ABOD의 넓이)$=\dfrac{1}{2} \times (15+10) \times 10=125$

이때 점 E의 좌표를 $(-15, a)$라 하면

(삼각형 EBO의 넓이)$=\dfrac{1}{2} \times 15 \times a=\dfrac{15}{2}a$

(삼각형 EBO의 넓이)$=\dfrac{1}{2} \times$ (사다리꼴 ABOD의 넓이)이므로

$$\dfrac{15}{2}a=\dfrac{125}{2} \qquad \therefore a=\dfrac{25}{3}$$

따라서 점 E의 좌표는 $\left(-15, \dfrac{25}{3}\right)$이다. 답 $\left(-15, \dfrac{25}{3}\right)$

18

점 P_2의 좌표는 $(-3, 4)$, 점 P_3의 좌표는 $(3, -4)$, 점 P_4의 좌표는 $(3, 4)$, …이므로 $(3, 4)$, $(-3, 4)$, $(3, -4)$의 순서대로 점의 좌표가 반복된다.

$2025=3 \times 675$에서 점 P_{2025}의 좌표는 점 P_3의 좌표와 같으므로 $(3, -4)$이다. 답 $(3, -4)$

19

점 $P(a, b)$와 원점에 대하여 대칭인 점의 좌표는

$$(-a, -b) \qquad \cdots\cdots ❶$$

점 $(-a, -b)$가 제3사분면 위에 있으므로

$$-a<0, -b<0 \qquad \therefore a>0, b>0 \qquad \cdots\cdots ❷$$

이때 $\dfrac{a}{b}>0$, $a+b>0$이므로 점 $\left(\dfrac{a}{b}, a+b\right)$는 제1사분면 위의 점이다. $\qquad \cdots\cdots ❸$

답 제1사분면

채점 기준	배점 비율
❶ 점 P와 원점에 대하여 대칭인 점의 좌표 구하기	20 %
❷ $a>0, b>0$임을 알기	30 %
❸ 점 Q는 제몇 사분면 위의 점인지 구하기	50 %

20

점 B_n의 y좌표가 $2n$이므로 $y=\dfrac{6}{x}$에 $y=2n$을 대입하면

$$2n=\dfrac{6}{x}, x=\dfrac{3}{n} \qquad \therefore B_n\left(\dfrac{3}{n}, 2n\right) \qquad \cdots\cdots ❶$$

$$S_n=\dfrac{3}{n} \times 2n=6이므로$$

$$S_1=S_2=S_3=\cdots=S_{20}=6 \qquad \cdots\cdots ❷$$

$$\therefore S_1+S_2+S_3+\cdots+S_{20}=6 \times 20=120 \qquad \cdots\cdots ❸$$

답 120

채점 기준	배점 비율
❶ B_n의 좌표 구하기	30 %
❷ $S_1, S_2, S_3, …, S_{20}$의 값 구하기	40 %
❸ $S_1+S_2+S_3+\cdots+S_{20}$의 값 구하기	30 %

절대등급

중학 수학 1-1

정답과 풀이